| 최신판 |

철도공학

머리말

한국 및 세계 철도산업은 급격한 발전과 많은 변화를 겪어 왔습니다. 대량 운송수단에서 고속운송수단으로, 단순운송수단에서 연계운송수단으로, 단위기반기술에서 첨단복합시스템기술로, 더 나아가 녹색성장의 중심이 되는 친환경 교통수단으로 변모하여 그 가치가 높아지고 있습니다. 또한, 고속철도, 경전철, 자기부상, 틸팅열차, 트램, 바이모달, PRT 등 다양한 철도교통시스템이 개발되고 세계 각국이 경쟁적으로 다양한 철도시스템을 적용하면서 철도 역사에서 또 다른 도약기를 맞이하고 있습니다.

이 책은 선로, 차량, 전기, 신호, 통신, 정거장, 안전 등 여러 분야가 유기적으로 연계된 종합시스템공학으로서의 철도를 처음 접하는 대학생이나 관련 분야 종사자들, 그리고 관련 분야의 시험을 준비하는 분들을 대상으로, 그들이 좀 더 쉽고 효율적으로 접근할 수 있도록 내용을 구성하였습니다.

이를 위해 다양한 이미지를 함께 수록하였고, 단원별 기출문제 및 예상문제를 통해 숙지한 내용들을 정리할 수 있도록 하였습니다. 또한, 단원별로 새롭게 개정된 철도설계지침(KR CODE)과 철도보선관계법규(선로유지관리지침)를 준수하였고, 국토교통부에서 발행한 철도분야 전문용어 표준어에 관한 내용을 수록하여 독자들이 쉽고 빠르게 이해하고 내용을 숙지할 수 있도록 하였습니다.

한국철도의 국제화나 경쟁력 강화는 철도의 질적 변화를 주도할 새로운 철도전문인력 양성에 있음은 주지의 사실입니다. 그동안의 교육이 각 분야의 기능성과 인력 및 장비운용 중심이었다면, 앞으로는 세계화를 위한 첨단과학기술의 융복합 및 통합시스템 개발과 친환경, 지속가능한 수단으로서의 정책 및 운영을 교육하고 연구하는데 중점을 두게 될 것입니다.

이러한 시대적 요구에 부응하여 이 책이 한국철도의 국제화 및 경쟁력 강화를 위한 철도전문인력 양성에 작은 도움이 되기를 기대합니다. 특히 이 책은 철도기술발전에 힘써 온 연구자들의 연구결과를 바탕으로 제작되었음을 밝히며, 본 서적에 대한 미진한 부분에 대해서는 독자 여러분들의 충고와 지도·편달을 통해 수정 및 보완해 갈 것을 약속드립니다.

끝으로 출판을 위해 애써주신 예문사에 감사의 뜻을 전합니다.

2024. 10.

성덕룡(경일대학교 철도학부)
박성현((주)서현기술단 궤도사업본부)
정혁상(동양대학교 철도건설안전공학과)
권세곤(코레일 철도안전연구원)

CONTENTS

PART 01 철도일반

CHAPTER 01 총론

01 철도의 의의 ··· 3
02 철도의 역사 ··· 6
03 철도의 분류 ··· 6
- 기출 및 적중예상문제 | 11

CHAPTER 02 철도계획

01 계획 일반 ·· 15
02 역세권의 설정 ··· 16
03 경제조사 및 수송수요 ··· 17
04 설비기준 및 수송능력 검토 ·· 18
05 1일 열차운행횟수(선로용량) 증대방법 ·· 24
06 투자평가 및 효과분석 ··· 26
07 철도건설 ·· 27
- 기출 및 적중예상문제 | 29

CHAPTER 03 신교통시스템

01 경량전철 ·· 38
02 모노레일(Mono Rail) ··· 40
03 고무차륜 AGT(Automated Guideway Transit) ···································· 41
04 자기부상 철도 ··· 42
05 기타 신교통시스템 ·· 44
- 기출 및 적중예상문제 | 48

CHAPTER 04 철도차량 및 운전

01 철도차량 개요 ··· 52
02 동력차 ·· 53

03 객화차 및 특수차 ·· 54
04 운전 ··· 56
05 열차저항 ·· 59
06 운전선도(Run-Curve, ㉞ 열차 운행 도표) ································· 60
■ 기출 및 적중예상문제 | 62

CHAPTER 05 신호보안

01 개요 ··· 68
02 신호와 표지 ·· 69
03 신호기와 전철장치 ·· 76
04 궤도회로와 폐색장치 ·· 77
05 연동장치 ·· 80
■ 기출 및 적중예상문제 | 82

CHAPTER 06 전차선로

01 전차선로 종류 ·· 91
02 전차선로 설비 ·· 95
■ 기출 및 적중예상문제 | 97

PART 02 선로

CHAPTER 01 선로일반

01 궤간(㉞ 레일간격) ·· 105
02 설계속도 ··· 108
03 건축한계 ··· 109
04 궤도중심간격 ··· 114
05 노반과 시공기면 ·· 115
06 선로의 부담력 ·· 117
07 선로구조물 ··· 120
■ 기출 및 적중예상문제 | 132

CHAPTER 02 곡선과 기울기

01 곡선 ·· 142
02 캔트와 슬랙 ·· 143
03 최소곡선반경 ·· 149
04 직선 및 원곡선의 최소길이 ·· 151
05 완화곡선 ·· 153
06 기울기 ·· 156
07 종곡선 ·· 159
■ 기출 및 적중예상문제 | 161

CHAPTER 03 궤도

01 개요 ·· 186
02 레일 ·· 188
03 레일이음매 ·· 199
04 레일용접 ·· 205
05 레일체결장치 ·· 208
06 침목 ·· 210
07 도상 ·· 213
08 궤도의 부속설비 ·· 221
■ 기출 및 적중예상문제 | 226

CHAPTER 04 궤도역학

01 개요 ·· 262
02 궤도에 작용하는 힘 ·· 263
03 레일의 휨응력 및 침하량 ·· 265
04 침목응력, 도상 및 노반 반력 ·· 266
05 작용하중 ·· 269
06 궤도변형의 정역학 모델 ·· 272
■ 기출 및 적중예상문제 | 274

PART 03 분기기 및 장대레일

CHAPTER 01 분기기

01 개요 ········· 283
02 포인트 ········· 286
03 크로싱 ········· 289
04 가드(호륜)레일(Guard Rail) ········· 292
05 분기기의 정비 ········· 293
06 분기기의 열차통과속도 ········· 294
07 전환기 및 정위, 반위 ········· 295
■ 기출 및 적중예상문제 | 297

CHAPTER 02 장대레일

01 개요 ········· 311
02 장대레일 이론 ········· 312
03 장대레일 부설조건 ········· 314
04 장대레일 좌굴 ········· 316
05 장대레일 부설 ········· 317
06 장대레일 보수 ········· 318
■ 기출 및 적중예상문제 | 321

CHAPTER 03 신축이음매(Expansion Joint)

01 개요 ········· 334
02 설치방법 및 기준 ········· 335
03 종류 ········· 336
04 신축이음매 관리 ········· 337
05 완충레일 ········· 338
■ 기출 및 적중예상문제 | 339

PART 04 선로 및 정거장 설비

CHAPTER 01 선로설비 및 제표

01 선로방비 ·· 345
02 방설설비 ·· 349
03 선로제표 ·· 350
04 차막이 및 차륜막이 ································ 352
■ 기출 및 적중예상문제 | 353

CHAPTER 02 건널목설비

01 개요 ··· 358
02 건널목 보안설비 ····································· 359
03 건널목 포장 및 발전방향 ······················ 362
■ 기출 및 적중예상문제 | 363

CHAPTER 03 정거장설비

01 개요 ··· 367
02 정거장 설비 및 배선 ····························· 369
03 여객설비 ·· 373
04 화물설비 ·· 376
05 객차조차장 ·· 377
06 화차조차장 ·· 379
07 기타 및 측선 ·· 381
■ 기출 및 적중예상문제 | 383

CHAPTER 04 운전설비

01 개요 ··· 397
02 전향설비 ·· 398
■ 기출 및 적중예상문제 | 399

PART 05 선로보수 및 점검

CHAPTER 01 선로관리

01 선로보수계획 ··· 403
02 보수방법 ··· 403
03 궤도틀림 ··· 404
■ 기출 및 적중예상문제 | 408

CHAPTER 02 선로점검

01 개요 및 종류 ··· 409
02 궤도보수검사 ··· 410
03 궤도재료점검 ··· 415
04 선로구조물 점검 ·· 421
05 순회점검 ··· 423
■ 기출 및 적중예상문제 | 424

CHAPTER 03 보선작업

01 보선작업계획 및 안전대책 ··· 428
02 보선작업 종류 ··· 429
03 궤도재료 유지보수 작업 ·· 430
■ 기출 및 적중예상문제 | 444

CHAPTER 04 기계보선

01 기계보선 작업계획 ·· 448
02 보선장비 종류 및 특성 ·· 449
03 기계보선작업(기계화 및 현대화 방안) ··································· 453
■ 기출 및 적중예상문제 | 454

PART 06 철도안전 및 사고복구

CHAPTER 01 개요
01 정의 ··· 481
02 철도보호지구 ··· 484

CHAPTER 02 철도안전관련법령
01 개요 ··· 485
02 철도안전종합계획 ··· 486
03 철도종사자의 안전관리 ··· 490
04 철도재해업무처리규정 ··· 493

CHAPTER 03 철도사고복구
01 사고보고 ··· 496
02 사고복구 ··· 497

■ 기출 및 적중예상문제 | 502

PART 01

철도일반

Chapter 01 　총론
Chapter 02 　철도계획
Chapter 03 　신교통시스템
Chapter 04 　철도차량 및 운전
Chapter 05 　신호보안
Chapter 06 　전차선로

CHAPTER 01 총론

01 철도의 의의

철도(한국과 일본에서는 철도, 영국 Railway, 미국 Railroad)란 레일 또는 일정한 길잡이(Guide Way)에 따라 운행하는 육상교통기관의 총칭이다.

(1) 철도의 정의

1) 넓은 의미

'철도'라 함은 여객 또는 화물을 운송하는 데 필요한 철도시설과 철도차량 및 이와 관련된 운영·지원체계가 유기적으로 구성된 운송체계를 말한다. (철도산업발전기본법 제3조 제1호)

2) 좁은 의미

전용용지에 노반(토공, 교량, 터널, 배수시설 등)을 조성하고, 레일, 침목, 도상 및 그 부속품으로 구성한 궤도를 부설한 뒤, 그 위로 차량을 운행하여 일시에 대량의 여객과 화물을 수송하는 육상 교통기관

3) 넓은 의미로는 강색철도(Cable Railway), 가공삭도(Aerial Ropeway), 모노레일(Monorail), 자기부상철도(Magnetic Levitation Railway), 신교통시스템 등도 포함된다.

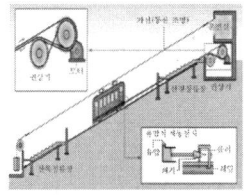  

[강색철도]   [가공삭도]   [모노레일]   [자기부상철도]

(2) 철도의 특징

1) 거대자본 고정성
고정자산(토지)이 대부분을 차지하고, 유동자산은 극히 적은 특성을 갖는다.

2) 독점성
철도시스템은 독점성이 높은 교통기관이다.

3) 공공성
국가 기간교통수단으로서 공익성을 추구하는 교통사업이다.

4) 통일성
철도의 선로, 차량, 전기신호방식, 운송조건 등의 통일성이 확보되어야 한다.

(3) 철도의 장점 >> 09. 산업. 14. 기사

1) 대량수송성
적은 에너지로 많은 차량(여객 및 화물)을 일시에 수송 가능

2) 안전성
최신 신호보안 설비를 통하여 안전한 수송 가능

3) 에너지 효율성
철로 만들어진 레일 위를 철로 만들어진 차륜이 구르기 때문에 주행저항이 다른 교통수단에 비해 작다.

4) 전기운전성, 저공해성
전기차량 운행 확대로 친환경적 수송 가능

5) 고속성
전용선로를 갖고 보안장치에 의한 안전하고 고속운전 가능

6) 정확성(정시성)
기상조건이나 교통혼잡의 영향을 거의 받지 않는다.

7) 쾌적성, 경제성, 장거리성

	질적 특징		철도	자동차	선박	항공기
수송 서비스의 질	안전성	인, km당 사고가 적다.	◉	×	◎	□
	정시성	목적지 도착예정시간에 늦지 않는다.	◉	×	□	?
	신속성	목적지까지 빠르게 도착한다.	○	□	×	◉
	편리성	목적지까지 편리하게 여행한다.	□	◉	×	×
	쾌적성	느긋하게 여행을 즐긴다.	○	◎	○	□
경제 효율	대량운반성	약간의 운전요원으로 다수의 여객이나 화물을 수송한다.	◎	×	○	?
		많은 여객과 화물을 수송할 수 있다.	◎	□	◉	□
	에너지효율성	동력을 효율적으로 이용할 수 있다.	◎	×	◉	×
외부 조건	저공해성	환경조건을 악화시키지 않는다.	□	×	◉	?
	토지이용 효율성	동일 양을 수송하는 데 넓은 설비용지를 요하지 않는다.	○	×	◎	?

※ 교통기관별 상대적 우열에 따른 결과
※ ◉ : 매우 좋음, ◎ : 상당히 좋음, ○ : 좋음, □ : 조금 나쁨, × : 나쁨, ? : 조건에 따라 다름

(4) 철도의 설비

'철도시설'이라 함은 다음과 같은 시설(부지)을 말한다.
① 철도의 선로(선로에 부대되는 시설을 포함), 역시설(물류시설, 환승시설, 편의시설 등) 및 철도운영을 위한 건축물·건축설비
② 선로 및 철도차량을 보수·정비하기 위한 선로보수기지, 차량정비기지 및 차량유치시설
③ 철도의 전철전력설비, 정보통신설비, 신호 및 열차제어설비
④ 철도노선간 또는 다른 교통수단과의 연계운영에 필요한 시설
⑤ 철도기술의 개발·시험 및 연구를 위한 시설
⑥ 철도경영연수 및 철도전문인력의 교육훈련을 위한 시설
⑦ 그 밖에 대통령령으로 정하는 시설

1) 역설비

역 건물과 승강장 등 승객이 타고 내리거나 화물을 싣고 내리기 위해 갖추어진 설비를 총칭

2) 차량

승객 또는 화물을 수송하는 설비

3) 선로

　　차량을 운행하기 위한 전용통로

4) 에너지공급설비

　　차량에 동력을 공급하는 설비

5) 신호통신설비(열차운행 정보전달체계)

　　열차운행을 위한 정보전달체계로서 위의 4가지 요소와 함께 종합관리하여 철도의 특성을 보장하는 기능

02 철도의 역사

최초는 16세기경 차륜이 지나는 부분에 나무판자를 설치하여 차륜을 통행시켰으며, 그 후 1767년에는 영국의 Raynlolds가 철제요형(凹型) 레일을 처음으로 만들었고, 1814년에는 영국의 스티븐슨(George Stephenson) 등에 의하여 증기기관차 제작에 성공하였다.

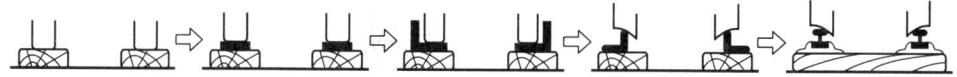

[차륜 및 레일의 발달과정]

03 철도의 분류

철도는 기술, 경제 또는 사업상 관점에서 분류할 수 있다.

(1) 기술상의 분류

1) 동력에 의한 구별

　① 증기철도(Steam Railway)

　　증기기관차를 운행하는 철도

② 내연기철도(Gasoline Railway or Diesel Railway)
디젤기관차

③ 전기철도(Electric Railway)
전기기관차를 운행하는 철도

2) 궤간(㊤1)레일 간격)에 의한 구분

① 표준궤간철도(Standard Gauge Railway)
궤간 1,435mm

② 협궤(㊤좁은 레일 간격)철도(Narrow Gauge Railway)
표준궤간 1,435mm보다 좁은 철도를 말하며, 일본 국철 등에서 사용, 국내에서는 과거 수인선이 있었으나 폐선됨

③ 광궤(㊤넓은 레일 간격)철도(Broad Gauge Railway)
표준궤간보다 넓은 철도, 러시아, 스페인 등에서 사용

3) 선로수에 의한 구분

① 단선 철도(Single Track Railway)
단선궤도를 부설하여 운행하는 철도

② 복선철도(Double Gauge Railway)
상·하행선으로 구분 운행하는 철도

③ 3선 철도(Triple Track Railway)

④ 2복선, 3복선, 4복선철도

4) 구동 및 견인방식에 의한 분류 ≫ 13. 07. 산업, 12. 03. 02. 기사

① 점착식 철도(Adhesion Railway)
레일과 차량바퀴(차륜)의 마찰에 의한 점착력으로 운행

② 치차레일식 철도(Rack Railway)
궤간 내 톱니바퀴(Gear Rail)와 차량의 치차가 서로 물려 산악 등급한 기울기에도 운행할 수 있는 철도

③ 인클라인드 철도(Inclined Railway)
점착식 철도로 연결운행이 곤란한 낙차가 심한 급기울기 구간 높은 위치에 전기식 호이스트(Hoist)를 설치하여 윈치(Winch)와 와이어로프로 기관차를 제외한 차량 1량식을 하향으로 내리거나 상향으로 감아올려 다시 기관차로 열차를 조성, 운행하는 철도

---

1) 표준어

④ 강색철도(Cable Railway)
   높은 산과 계곡에 철탑과 케이블을 설치하여 이 케이블에 차량 1량을 메달아 운행하는 철도
⑤ 가공철도(Rope Railway or Aerial Ropeway)
   케이블카와 같이 공중에서 이동하는 철도
⑥ 단궤철도(Monorail)
   한 개의 궤도로 움직이는 철도
⑦ 무궤철도(Railless Car, Trolley Bus)
   트롤리버스, 노면전차

5) 부설지역에 의한 구별
   ① 평지철도(Plans Railway)
      평탄한 지상에 놓인 철도(보통 철도)
   ② 산악철도(Mountainous Railway)
      산악지대에 부설된 철도
   ③ 시가철도(Street Railway)
      도시 시가지에 도로를 따라 설치된 철도
   ④ 해안철도(Seashore Railway)
      바닷가 인근에 부설된 철도

6) 레일 수에 의한 구분
   ① 모노레일(Mono Rail)
      부설레일이 1줄인 철도로서 상승식(上乘式) 또는 가좌식(跏坐式), 현수식(懸垂式)으로 구분
   ② 레일 2줄인 철도(General Railway)
      일반·고속철도, 지하철과 같이 궤간 위의 차량이 점착력에 의해 운행하는 철도
   ③ 레일 3줄인 철도(3rd Railway)   ≫ 08. 산업
      차륜이 운행되는 두 개 레일 외에 별도의 레일을 부설하여 급전용으로 사용되는 레일로 터널공간을 줄이는데 유용함

7) 시공기면 위치에 의한 구별
   ① 지표철도(Surface Railway)
      시공기면이 지표면에 있는 철도, 일반적인 철도
   ② 고가철도(Elevated Railway)
      시공기면이 고가에 위치한 철도

③ 지하철도(Under Ground Railway)
시공기면이 지표면 아래 지하에 부설된 철도, 시가지의 지하철 등

8) 열차운전속도에 의한 구별
① 일반철도(Railway or Railroad)
200km/h 미만의 속도로 주행하는 철도
② 고속철도(High-Speed Railway)
200km/h 이상으로 운행하는 철도
③ 초고속철도(Super High-Speed Railway)
일반적으로 300km/h 이상의 열차영업속도를 실현하는 신형식으로 유도된 초고속 육상교통시스템

(2) 경영주체, 수송대상물에 의한 분류

1) 경영주체에 의한 구분 　　　　　　　　　　　　　　　　　　　　　》12. 산업
① 국유철도 또는 국영철도(National Railway or Government Railway)
② 공유철도 또는 공영철도(Public Railway)
③ 사유철도 또는 민영철도(Private Railway)
민간이 소유하여 운영하는 철도
④ 제3섹터철도(Third sector Railway)
국영이나 공영 및 사영도 아닌 제3경영방식의 철도이며, 국가, 지방자치단체, 공적기관 등이 출자하여 운영하는 철도

2) 수송대상물에 따른 구분
① 여객철도(Passenger Railway)
여객만 전용으로 수송하는 철도
② 화물철도(Freight Railway)
화물만 전용으로 수송하는 철도
③ 광산철도(Mining Railway)
광산 전용으로 운행하는 철도
④ 산림철도(Forest Railway)
산림 전용으로 운행하는 철도
⑤ 군용철도(Military Railway)
군사 전용으로 운행하는 철도

3) 수송상의 중요도에 따른 구분

　① 간선철도(Main Line Railway)
　　노선망 중에서 수송량이 많고 중심이 되는 노선
　② 지선철도(Branch Line Railway)
　　간선철도에서 갈라져 나온 철도 노선

4) 사회간접자본시설에 대한 민간투자 철도 구분

　① BTO(Build-Transfer-Operate)방식 : 민간이 시설을 건설하고 직접 시설을 운영
　　민간투자회사가 SOC시설을 건설하여 소유권을 국가나 지방자치단체에 양도하고, 민간투자회사는 일정기간(통상 30년) 시설관리운영권을 부여받아 운영하는 방식
　　민간이 운영수입, 수익변동 등의 위험을 부담(높은 위험에 상응하는 높은 수익률)
　　예 신분당선(강남 – 정자) 전철 사업
　② BOT(Build-Own-Transfer) 방식
　　민간투자회사가 SOC시설을 건설하고 소유하여 시설을 운영하고 계약기간 종료 시에 시설소유권을 정부에 양도하는 방식
　　예 파주 수도권북부 내륙화물기지의 내륙컨테이너 건설사업
　③ BOO(Build-Own-Operate) 방식
　　민간투자회사가 SOC시설을 건설하고 소유하여 그 시설을 운영하는 방식
　　예 파주 수도권북부 내륙화물기지의 복합화물터미널 건설사업
　④ BTL(Build-Transfer-Lease) 방식 : 민간이 시설을 건설하고 정부에 임대　　》11. 기사
　　민간투자회사가 SOC시설을 건설하여 당해 시설의 소유권을 정부에 이전하고, 그 대신 일정기간 시설관리운영권을 인정받아 투자비를 회수하는 방식
　　민간이 운영수입, 수익변동 등의 위험 배제(수익률 사전 확정)

01 기출 및 적중예상문제

■ 정답 및 해설

01 철도의 분류 중 구동 및 견인방식에 의한 구분이 아닌 것은?
≫ 07, 13. 산업

① 점착식 철도
② 치차레일식 철도
③ 지표 철도
④ 강색 철도

01 시공기면 위치별 구분 : 지표철도, 고가철도, 지하철도

02 철도를 구동 및 지지방식에 의하여 구별할 때 특수철도가 아닌 것은?
≫ 02, 03. 기사

① 강색철도 ② 점착철도
③ 단궤철도 ④ 무궤철도

02 점착철도는 일반철도의 구동 및 지지방식이다.

03 다음 중 철도의 우수한 특성으로 볼 수 없는 것은?
≫ 09. 산업

① 안전성 ② 접근성
③ 정확성 ④ 저공해성

03 접근성은 자동차의 최대장점이다.

04 철도와 같은 사회간접자본시설에 대한 민간투자방식으로 시설의 준공과 동시에 당해 시설의 소유권이 국가 또는 지방자치단체에 귀속되며 사업시행자에게 일정기간 시설관리 운영권을 인정하는 투자방식은?
≫ 11. 기사

① BTO(build-transfer-operate) 방식
② BOT(build-own-transfer) 방식
③ BOO(build-own-operate) 방식
④ BTL(build-transfer-lease) 방식

04 BTO(build-transfer-operate) 방식은 시설관리 운영권을 인정. BTL(build-transfer-lease) 방식은 운영권을 임대하고 임대기간 종료 후 이전

정답 01 ③ 02 ② 03 ② 04 ①

▶ Part 01 | **철도일반**

05 제3레일식은 차륜이 운행되는 두 개 레일 외에 별도의 레일을 부설하여 급전용으로 사용되는 레일을 말함

05 전기철도의 집전방식에 의한 분류 중 열차주행용 궤도와 별개의 도전용 레일을 부설하여 전기차에 집전하는 방식으로 저전압의 산악협궤 철도나 지하철에서 사용되는 것은?
≫ 08. 산업
① 귀선로식　　　　② 제3레일식
③ 급전선식　　　　④ 조가선식

06 철도의 특징은 거대자본고정성, 공공성, 독점성, 통일성이다.

06 다음 중 철도의 특징이 아닌 것은?
① 거대자본 고정성
② 공공성
③ 독점성
④ 사업성

07 산악철도는 부설지역에 의한 구분이다.

07 철도의 분류 중 시공기면 위치에 의한 구분이 아닌 것은?
① 지표철도　　　　② 산악철도
③ 고가철도　　　　④ 지하철도

08 철도의 분류 중 국영이나 공영 및 사영도 아닌 제 3 경영방식 철도이며 국가, 지방자치단체, 공적기관 등이 출자하여 운영하는 철도를 무엇이라 하는가?
≫ 12. 산업
① 국유철도　　　　② 사유철도
③ 제 3섹터철도　　④ 공장선 철도

09 BTO(Build-Transfer-Operate)방식은 시설관리 운영권을 인정, BTL(Build-Transfer-Lease)방식은 운영권을 임대하고 임대기간 종료 후 이전

09 민간투자 철도 중 사업시행자가 사회간접자본시설을 준공한 후 일정기간 동안 운영권을 정부에 임대하고 임대기간 종료 후 시설물을 국가 또는 지방자치단체에게 이전하는 방식을 무엇이라 하는가?
① BTO 방식　　　② BTL 방식
③ BOO 방식　　　④ BOT 방식

정답   05 ②   06 ④   07 ②   08 ③   09 ②

10 철도수송이 구비하고 있는 특성으로 적합하지 않은 것은?
① 다른 수송기관에 비하여 안전하다.
② 수송능력이 높아 저렴한 수송이 제공된다.
③ 비교적 기상조건의 영향을 받지 않아 정확성을 확보할 수 있다.
④ 화물수송에 있어 분산집배수송에 유리하다.

10 철도의 특성상 소량 분산집배수송이 곤란하다.

11 철도의 특징이 아닌 것은?
① 안전성　　　② 신속성
③ 기동성　　　④ 대량수송성

11 철도는 자동차보다 기동성이 떨어진다.

12 다음 중 협궤와 비교하여 광궤 선로의 장점으로 볼 수 없는 것은? 》13. 산업
① 열차의 주행안전도를 증대시키고 동요를 감소시킨다.
② 급곡선을 채택하여도 협궤에 비해 곡선저항이 적다.
③ 수송력을 증대시킬 수 있다.
④ 고속도를 낼 수 있다.

12 광궤 선로는 협궤에 비해 곡선저항이 크다.

13 철도수송의 특성으로 옳지 않은 것은? 》14. 산업
① 철도는 여러 대의 차량으로 열차를 형성하여 운행하므로 대량수송이 가능하다.
② 철도는 교통공해 발생정도가 타 교통기관보다 상대적으로 적다.
③ 시간적, 공간적 제약이 적어 여행자유도가 높다.
④ 철도는 기상조건에 거의 영향을 받지 않고 정상적인 운행이 가능하여 정시성이 높다.

13 대량수송성은 적은 에너지 사용에 기인한다.

정답　10 ④　11 ③　12 ②　13 ③

14 점착식 철도는 레일과 차량바퀴(차륜)의 마찰에 의한 점착력으로 운행하는 철도

14 급기울기 철도 중 점착식 철도(Adhesion Railway)에 대한 설명으로 옳은 것은? ≫12. 기사
① 최대 기울기는 880/1000 정도의 시공 사례가 있다.
② 급기울기 철도의 종류 중 가장 급한 기울기에서 사용된다.
③ 차륜과 레일간의 마찰에 의하여 차륜이 주행하는 방식이다.
④ 동력차에 설치한 치차에 의해 급 기울기선을 운전하는 철도를 말한다.

15 국영이나 공영 및 사영도 아닌 제3경영방식의 철도이며, 국가, 지방자치단체, 공적기관 등이 출자하여 운영하는 철도 를 제3섹터 철도라 한다.

15 지방공공단체 등의 공적부문과 사기업 등의 사적부문의 합동 출자에 의한 회사가 운영하는 철도는? ≫12. 산업
① 국영철도 ② 사영철도
③ 제3섹터 철도 ④ Group 철도

16 광궤철도는 궤간에 의한 분류에 해당한다.

16 철도를 구동 및 견인방식에 의해 분류할 때 해당하지 않는 것은? ≫15. 산업
① 광궤 철도 ② 점착식 철도
③ 치차레일식 철도 ④ 강색 철도

17 전기철도는 타 교통수단에 비하여 에너지 효율성이 우수하다.

17 전기철도에 대한 설명으로 틀린 것은? ≫16. 산업
① 에너지 효율이 타 기관에 비하여 떨어진다.
② 변전소, 전차선설비 건설에 많은 비용이 소요된다.
③ 매연과 배기가스가 없고, 소음을 줄이는 등 환경오염을 막을 수 있다.
④ 견인력과 가·감속도가 커서 속도 향상과 수송량을 증가시킬 수 있다.

정답 14 ③ 15 ③ 16 ① 17 ①

02 철도계획

01 계획 일반

(1) 철도계획의 정의

공공철도건설촉진법에 규정하고 있는 공공철도의 건설 및 개량사업과 사회간접자본 시설에 관한 민간투자법에서 규정한 철도사업 등의 사업계획을 말한다. 철도계획의 기본은 수송계획으로 다음 사항을 고려하여 수립해야 한다. ≫14. 기사
① 운반의 대상(여객 또는 화물)
② 수요의 규모(인, 인·km, 톤, 톤·km)
③ 열차의 속도(km/h)
④ 열차의 빈도(열차횟수와 열차단위)
⑤ 수지분석(운임, 경영수지 등)

건설사업계획은 건설사업을 구상하여 예비타당성조사, 기본계획수립조사 및 기본계획수립, 기본설계, 실시설계, 공사집행 및 시공, 준공 및 시운전, 개통 및 영업개시 등 영업개시를 시작할 때까지의 단계별 사업계획을 수립하여 시행한다.

(2) 철도계획의 분류

1) 철도투자계획

① 수송력 증강 투자계획 ≫03, 02. 기사
복선화, 복복선화, 배선 변경, 전철화 등의 제 공사계획 포함

② 기존 설비의 근대화 투자계획
운전의 안전을 확보하기 위하여 필요한 투자계획

③ 수송서비스 투자계획
쾌적성의 향상을 주로 한 투자계획
차량 및 역 냉난방화, 대합실 정비, 맹인 등 지체장애자용 시설 충실, 역 미화 등

④ 신설건설계획 ≫07. 기사
수요가 증대하여 기존 시설의 공급 필요 시
단선, 복선 철도건설, 단복선 전기철도 건설 등

2) 철도영업계획   ≫04. 산업
① 여객유치를 촉진하는 판매계획
② 철도 영업시설 투자의 효율적 운용 : 역구내영업, 수탁 광고영업계획
③ 생력화를 주체로 하는 영업합리화 계획
④ 화물영업계획 및 운임요금의 설정계획

3) 철도계획의 특징   ≫10. 기사
① 장기간에 걸쳐 라이프 사이클(Life Cycle)을 가진다.
② 지역의 도시계획 및 많은 사람들과 직·간접으로 이해관계를 가진다.
③ 대규모 및 장기간의 투자를 필요로 한다.
④ 효과 및 영향이 지역사회에 광범위하고 복잡하게 미친다.

02 역세권의 설정

(1) 노선세력권 정의
일반적으로 계획 선로에 대하여 그 경제적 영향권을 말한다. 이 영향권을 경제권(Economic Sphere), 세력권(Influence Sphere), 또는 역세권(Station Influence Sphere)이라 부른다.
- **철도계획 조사사항** : 세력권은 선정된 지형도를 이용하여 도상 조사한다.
  ① 자연조건   ② 행정구역   ③ 교통조건
  ④ 경제조건   ⑤ 사회조건   ⑥ 인위조건

(2) 노선세력권 범위
계획노선을 중심으로 한 노선세력권의 범위는 노선의 중요도에 따라 다르다.
① 보행시간 1~2시간 경우 : 4~10km
② 자동차 등의 교통편이 불량한 경우 : 10~30km
③ 교통편이 양호한 경우 : 30~50km

03 경제조사 및 수송수요

(1) 경제 조사

1) 개요 및 목적
경제성 분석은 평가대상 사업이나 비교대안에 대한 사회적 편익과 비용을 비교하여 투자 여부를 판단하고 정책결정자의 의사결정을 지원하는 기법을 말한다.

2) 방법
① 순현재가치 방법(Net Present Value : NPV)
  평가 대상기간의 모든 비용과 편익을 현재가치로 환산하여, 총 편익에서 총 비용을 뺀 값을 바탕으로 사업의 경제적 타당성을 평가하는 기법

② 편익/비용비율 방법(B/C Ratio)
  평가기간 동안에 발생하는 총 편익을 총 비용으로 나눈 비율이 가장 큰 대안을 최적대안으로 선택하는 방법

③ 내부수익률 방법(Internal Rate of Return : I.R.R)
  투자사업이 원만히 진행될 경우 기대되는 총 편익의 현재가치와 총 비용의 현재가치가 같아지는 할인율을 말한다.

④ 초기 연도 수익률 방법(First-Year Rate of Return : FYRR)
  첫 편익이 발생한 연도까지 소요된 총 비용

⑤ 할인율
  각기 다른 시기에 발생하는 비용과 편익을 현재가치로 환산하여 비교

(2) 수송 수요

1) 수송 수요 요인
>> 05. 기사, 02. 산업

① 자연요인
  인구, 생산, 소득, 소비 등의 사회적·경제적 요인

② 유발요인
  열차횟수, 속도, 차량 수, 운임 등의 철도 서비스

③ 전가요인
  자동차, 선박, 항공기 등의 타 교통기관의 수송 서비스

2) 예측시행의 기본적 단계

① 과거의 경향과 장래의 예측에 관한 기본적 사실 규명
② 과거 수요의 변동요인 분석
③ 이전 예측과 현재의 수요가 다른 요인 해명
④ 장래 수요에 영향을 줄 것으로 생각되는 인자 탐색
⑤ 장래의 수요 예측 및 예측의 정밀도와 그 오차의 원인 검토

3) 수요예측의 방법

① 시계열분석법
   통계량의 시간적 경과에 따른 과거의 변동을 통계적으로 재구성요소로 분석하고, 이들 정보로부터 장래의 수요를 예측하는 방법
② 요인분석법
   현상과 몇 개의 요인변수와의 관계를 분석
③ 원 단위법
   여러 대상지역을 여러 개의 교통구역으로 분할하며, 그 장래의 토지이용과 인구로써 교통수송량을 구하는 방법
④ 중력 모델법
   두 지역 상호 간의 교통량이 두 지역의 수송수요발생량 크기의 제곱에 비례하고, 양지역간의 거리에 반비례하는 예측 모델법
⑤ OD표 작성법
   각각 지역의 여객 또는 화물의 수송경로를 몇 개의 존(zone)으로 분할하고 각 존 상호 간의 교통량을 출발, 도착의 양면에서 작성

04 설비기준 및 수송능력 검토

(1) 설비기준

>> 07. 기사

철도의 신선건설계획의 경우에 설비기준이 되는 주요사항

1) 궤간(㉮레일 간격)

   표준궤간 등 접속철도와 관련 있음.

2) 궤도구조

　레일, 침목, 도상 규격

3) 단선, 복선 구분

　수송량 구간변화, 단계적 건설에 따라 결정

4) 동력

　동력방식, 공급원 확보

5) 차량규격

　차량규정 및 차량치수

6) 선로기울기, 곡선반경 제한(운전속도와 견인력의 관계)

7) 역 예정지 선정

　화물집산지, 여객집중지의 조정

8) 선로유효장(㊛열차수용길이)과 열차길이

　1개 열차당 수송력과 관련

> **Reference**
>
> **선로유효장(㊛열차수용길이)**
>
> 정거장 내에서 열차를 정지하기 위한 선로가 수용하는 최대길이
>
>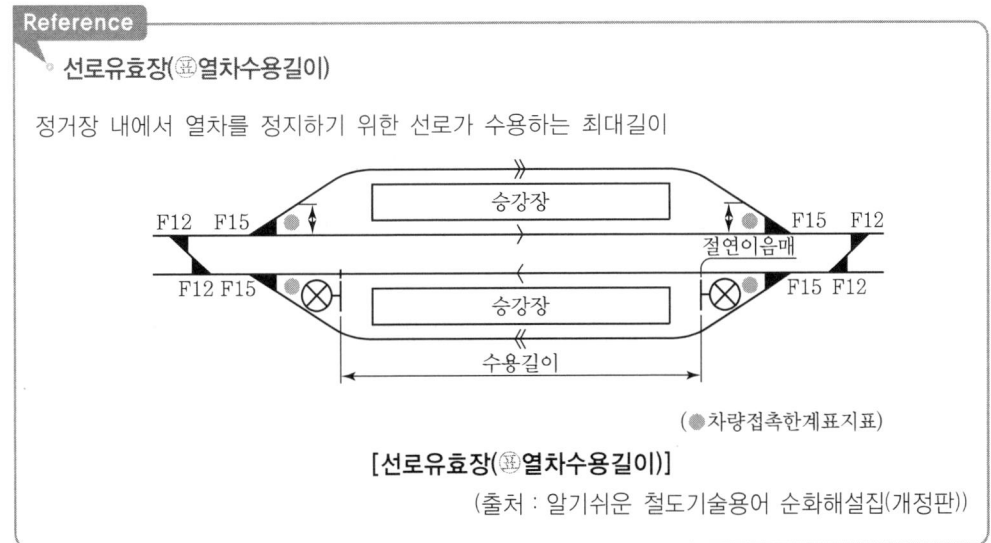
>
> **[선로유효장(㊛열차수용길이)]**
> (출처 : 알기쉬운 철도기술용어 순화해설집(개정판))

9) 운전속도

완화곡선 및 종곡선과 관련

10) 설정열차종별 및 회수

여객종별, 화물품목별, 유효시간대 등과 관련

11) 추정열차운전도표

단선시 교행설비, 일반으로 폐색구간 수 및 길이 등과 관련

12) 건설기준

건축한계, 시공기면폭, 궤도중심간격, 선로부담력 등

(2) 철도수송능력(Transport Capacity) 검토

철도수송능력이란 철도여객과 화물을 수송할 수 있는 능력을 말하며, 일반적으로 철도용량이라고 한다. 철도건설시의 시설능력 판단과 영업운영시의 선로, 차량, 운전설비 등의 능력판단의 기준이 되며, 철도수송능력을 판단 검토하려면 철도용량을 검토해야 한다.

1) 선로용량의 정의 　　　　　　　　　　　　　　　　　　》13, 09, 산업, 07, 기사

철도의 수송능력을 나타내며, 1일 최대설정 가능한 편도 열차운행횟수를 말한다. 즉, 계획상 실제에 운전가능한 편도(왕복을 나타낼 경우도 있음) 1일의 최대총열차횟수를 말한다.

2) 선로용량의 종류

① 한계용량

기존 선구의 수송능력의 한계를 판단하는 데 사용

② 실용용량 　　　　　　　　　　　　　　　　　　　　　》05. 산업

보통은 한계용량에 선로이용률을 곱하여 구하고 일반적으로 선로용량은 이 실용용량을 말한다.

③ 경제용량 　　　　　　　　　　　　　　　　　　　　　》04. 산업

최저의 수송원가가 되는 선구의 열차횟수로, 수송력 증강대책의 선택이나 그 착공시기에 대한 지표가 된다.

3) 선로용량 산정 시 고려사항 　　　　　　　　　　　　　》03. 산업

① 열차 속도(운전 시분)　② 열차 속도차
③ 열차종별 순서 및 배열　④ 역간거리 및 구내배선

⑤ 열차 운전시분 ⑥ 신호현시 및 폐색방식
⑦ 열차 유효시간대 ⑧ 선로시설 및 보수시간

4) 선로용량 변화요인 및 증대방안 　　　　　　　　　　　　　　≫ 14. 기사, 02. 산업
　① 열차설정을 크게 변경시켰을 경우
　　　㉠ 열차종별의 단순화(열차별 속도의 단순화) 및 열차길이 최대화
　　　㉡ 정차시간 단축 및 열차설정 시 불용시간의 최소화
　② 열차속도를 크게 변경시켰을 경우
　　　㉠ 차량 가속도 및 감속도 성능 향상
　　　㉡ 차량 최고속도 향상
　③ 폐색방식이 변경되었을 경우
　　　㉠ 폐색구간 단축(신호기 간격 조정)
　　　㉡ ABS 및 CTC 구간 폐색 신호기 거리간격 조정
　④ 신호시스템 개량(ABS, CTC, ATP 등 도입)
　⑤ 선로조건이 근본적으로 변경되었을 경우
　　　㉠ 단선을 복선화
　　　㉡ 무인신호장 등 교행대피시설의 확대
　　　㉢ 선로기울기 완화
　　　㉣ 정거장구내 시설개량
　　　㉤ 높은 번호의 분기기 사용

> **Reference**
>
> 1. **폐색(Block System)**
>   정거장 상호간에는 열차의 충돌이 없이 열차와 열차 사이에 항상 일정한 간격이 확보되어야 한다. 이때 일정한 시간과 거리를 두는 것을 폐색이라고 한다.
> 2. **자동폐색장치(ABS ; Automatic Block System)**
>   폐색구간별로 연속된 궤도회로를 설치하여 이것을 신호기와 관련시켜 신호기의 현시를 열차 자체에 의하여 자동적으로 제어하는 폐색방식을 자동폐색이라고 하며, 제어장치를 자동폐색장치라고 한다. 자동폐색신호기만 설치하기 때문에 별도의 폐색장치가 불필요하며, 폐색구간을 여러 개로 분할하여 고밀도 운전이 가능하고, 수송력이 대폭 향상되는 장점이 있다. 복선구간에서는 자동폐색식을 원칙으로 하며, 열차운행 횟수가 많은 단선구간에도 적용한다.

3. **열차집중제어장치(CTC ; Centralized Traffic Control)**
   수십개의 역에 대하여 열차의 운전에 필요한 신호보안장치를 1개 장소에서 집중하여 제어, 감시, 분석하는 장치로서 열차의 안전운행과 선로용량을 증대시킴. 한 지점에서 광범위한 구간의 많은 신호설비를 원격제어하여 운전취급을 직접 지령할 수 있는 장치로서, 각 현장역에 산재해 있는 신호기 및 전철기, 그 밖의 신호설비를 사령실(C.T.C 사령)에서 지령자가 직접 원격제어하면서 신호기의 현시여부, 전철기의 개통방향, 열차의 진행상태, 열차의 점유위치 등을 표시반을 통하여 한눈으로 감시할 수 있으므로, 열차의 운행변동, 규정 이외의 운전처리에 즉시 대처하여 열차지령을 할 수 있는 근대화된 신호보안장치이다.

4. **열차자동방호장치(ATP ; Automatic Train Protection)**
   자동열차제어장치(ATC)의 일부 개념으로 전방 열차의 위치에 따라 후방열차의 속도를 제어하는 장치

5) 선로용량 산정식

   ① 단선구간의 선로용량

   $$N = \frac{1,440}{t+s} \times d$$

   d : 선로이용률
   t : 역간평균 운전시분
   s : 열차취급시간(1일 1,440분)

   ② 복선구간의 선로용량

   ㉠ 통근선구, 동일속도 열차설정구간

   $$N = 2 \times \frac{1,440}{t+s} \times d$$

   d : 선로이용률
   t : 역간평균 운전시분
   s : 열차취급시간

   ㉡ 고속열차와 저속열차가 설정된 구간

   $$N = \frac{1,440}{hv + (r+u+1)v'} \times d$$

   h : 고속열차상호간의 최소운전시격(6분)
   v : 편도열차에 대한 고속열차의 비율
   r : 저속열차 선착과 고속열차와의 필요한 최소운전시격(4분)

u : 고속열차 통과 후 저속열차 발차까지 필요한 최소시격(25분)
v' : 편도열차에 대한 저속열차의 비율
d : 선로이용률

6) 선로용량을 증가시킬 수 있는 방법 >> 09. 기사
① 역간거리를 짧고 균일하게 한다.
② 열차종류를 적게 한다.
③ 열차의 속도를 높인다.
④ 폐색취급을 간편하게 한다.

(3) 선로이용률

1) 정의
선로이용률은 유효시간대와 설정열차와의 종별, 선로보수 등에 따라 열차를 설정할 수 있는 시간으로 1일 24시간에 대한 열차설정 가능시간의 비율을 말한다. 열차운전은 수요특성 및 선로보수 등에 따라 유효 운전시간대가 제약되기 때문에 실제 이용 가능한 총 열차횟수와 계산상 가능한 총 열차횟수는 차이가 있다.

2) 개념식

$$선로이용률 = \frac{임의선로의\ 이용가능한\ 열차\ 총횟수}{임의선로의\ 계산상\ 가능한\ 열차\ 총횟수}$$

3) 선로이용률 영향요인 >> 13. 기사
① 열차종별의 다소
② 열차지연 정도
③ 여객열차와 화물열차, 고속열차와 저속열차의 회수 비
④ 선로유지보수 시간
⑤ 불용시간 발생 등

4) 기준
① 선로이용률은 단선 60%, 복선 60~75%를 적용
② 용량산정구간은 일반적으로 조성역간을 1개 용량 기준구간으로 함

05 | 1일 열차운행횟수(선로용량) 증대방법

(1) 단선철도인 경우 >> 11. 기사, 10. 산업

1) 폐색구간을 단축

① 기존 정거장 대피선 신설(중간역)

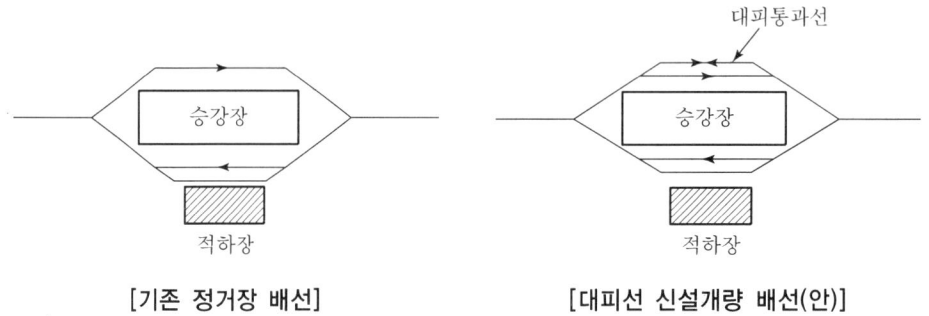

[기존 정거장 배선]　　　[대피선 신설개량 배선(안)]

② 교행역(신호장) 신설

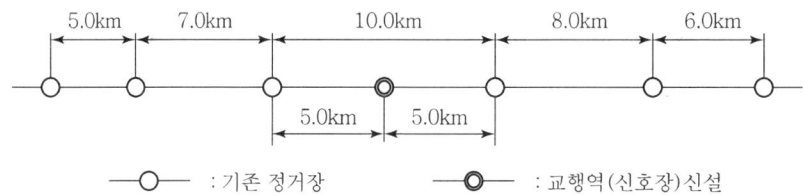

③ 정거장간 부분 복선화

단선철도의 선로용량을 증대하기 위해 폐색구간 연장을 단축하여도 선로조건이 교행역 신설이 불가능할 경우(예 태백선 예미~자미원 간 10.9km는 산악지대이고, 선로종단선형 기울기 30‰로 형성되어 선로개량이 불가능하여 부분 복선화함)

2) 속도 향상으로 폐색구간 운행시간 단축

① 궤도구조 보강
　레일중량화, 장대레일화, PC침목 사용, 탄성체결구 사용 등

② 정거장구내 통과속도 향상
　분기기 개량, 대피선 신설

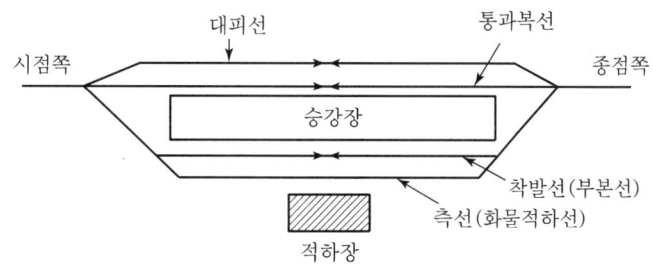

③ 신호보안장치 개량
   기계신호를 전기신호로 개량(ABS, CTC, ATP 등)
④ 선로개량
   선로 평면선형 및 종단선형 개량

3) 전철화
   ① 전철화시설개량
   ② 전력, 통신, 신호설비 개량

(2) 복선철도인 경우

1) 궤도구조 보강
   레일중량화, 장대레일화, PC침목 사용, 탄성체결구 사용 등

2) 정거장구내 통과속도 향상
   정거장구내 기존시설능력 파악 및 향상방안 검토

3) 선로개량

4) 신호보안장치 개량
   전기1종 쌍선폐색식을 자동폐색식, 전기연동폐색방식으로 개량

5) 차량성능 향상

06 투자평가 및 효과분석

(1) 투자평가(Appraisal or Evaluation of Project)
정해진 기준에 따라 그 투자의 실시가치의 여부, 또는 실시가능 여부에 대해 판단

1) 기술평가
① 투자의 내용이 기술적으로 최적성(Optimality)을 달성할 수 있는가?
② 투자가 기술적으로 타당성이 있는가?

2) 경제평가
경제평가는 투자의 경제적 목적의 달성 여부를 판단하는 것이며, 투자의 경제편익이 경제비용에 비하여 크면 클수록 좋다.

3) 재무평가
투자기관의 현금유통, 상환능력 및 사업수지성을 재무회계 측면에서 평가

4) 경영평가
투자주체가 완성 후 운영의 원활한 인력조직, 재정사정, 경영기술 등에 의하여 좌우되고, 최근에는 이러한 경영평가가 중요시되고 있다.

(2) 효과분석

1) 투자의 단계별 기간에 따른 효과
① 계획단계의 효과
② 건설단계의 효과
③ 이용단계의 효과

2) 투자의 효과대상에 따른 효과
① 수송시설의 경영주체에 대한 효과, 이용자에 대한 효과
② 수송시설의 투자에 의하여 연선지역주민에 대하여 주어지는 효과

07. 철도건설

철도건설사업이란 새로운 철도의 건설, 기존 철도노선의 직선화, 전철화 및 복선화, 철도차량기지의 건설과 철도역시설의 신설 및 개량 등을 위한 사업을 말한다. 신선건설과 기존 철도의 수송력 한계에 따라 선로를 증설하고, 복선화, 곡선 및 기울기를 개량하여 수송력 증강을 도모하는 선로개량을 포함한다.

(1) 철도건설 기본계획의 사항

① 장래의 철도교통 수요예측
② 철도건설의 경제성, 타당성 그 밖의 관련사항의 평가
③ 개략적인 노선 및 차량기지 등의 배치계획
④ 공사내용, 공사기간 및 사업시행자
⑤ 개략적인 공사비 및 재원조달계획
⑥ 환경보전 관리에 관한 사항
⑦ 지진대책
⑧ 그 밖의 대통령령이 정하는 사항

(2) 철도건설사업 단계

1) 사업구상 및 예비타당성조사

① 시설범위 구상 및 시설기준 조사·검토
② 관련 상위계획, 법, 사업계획 검토, 경제적·정책적 타당성 검토

2) 타당성조사 및 기본계획

① 철도시스템, 노선, 정거장 입지 선정
② 공사비, 보상비 등 건설비 적정성 검토
③ 수송수요 예측 및 열차운행계획 검토
④ 지자체 등 협의결과 노선변경

3) 기본설계

① 시설물 계획, 공사비, 공기 등을 고려 최적안 선정
② 최적안에 대한 기술자료 작성(구조물 형식, 설계도서 및 주요 시방 작성 등)
③ 상세측량($1:5,000 \rightarrow 1:1,200$) 및 지반조사(약 30%)에 따른 구조물 계획 상세화

4) 실시설계

① 기본설계 결과를 토대로 최적안 선정
② 최적안에 대한 설계도서 작성
③ 지반조사(약 70%) 및 상세측량에 따른 구조물 계획 확정
④ 지자체 요구 및 민원사항 반영, 환경 및 교통영향평가 결과 반영

5) 시공

① 실시설계 결과에 의한 공사 시행
② 터널보강 등(직접조사 곤란 부분)

02 기출 및 적중예상문제

■ 정답 및 해설

01 철도의 수송수요의 요인을 자연요인, 유발요인, 전가요인으로 구분할 때, 유발요인에 속하지 않는 것은? ≫05. 기사
① 열차횟수
② 운임
③ 차량수
④ 소비

01 자연요인으로는 인구, 생산, 소득, 소비가 있다.

02 수송수요의 요인 중에 속하지 않는 것은? ≫02. 산업
① 자연요인
② 유발요인
③ 강제요인
④ 전가요인

02 수송수요의 요인은 자연요인, 유발요인, 전가요인이다.

03 철도의 신선건설계획의 경우 설비기준이 되는 주요사항에 대한 결정요소로 잘못 짝지어진 것은? ≫07. 기사
① 궤도구조 : 레일 침목 도상의 규격
② 선로기울기, 곡선반경의 제한 : 열차운전속도, 견인력
③ 운전속도 : 완화곡선, 종곡선
④ 추정열차운전도표 : 상치신호기 수와 위치

03 추정열차운전도표는 단선시의 교행설비, 일반으로 폐색구간의 수 및 길이 등과 관련임

04 수송능력의 산정시 수송력 증강대책의 선택이나 착공시기에 대한 자료가 되는 것으로 최저의 수송원가가 되는 선로의 열차횟수를 나타내는 선로용량은? ≫04. 산업
① 경제용량
② 지표용량
③ 실용용량
④ 한계용량

04 선로용량의 종류는 한계, 실용, 경제용량이 있다. 한계용량은 기존선구의 수송능력의 한계를 판단하는 데 사용된다.

정답 01 ④ 02 ③ 03 ④ 04 ①

▶ Part 01 | 철도일반

05 선로용량 산정(査定) 시 한계용량에 선로이용률을 곱하여 구하는 것은? ≫ 05. 산업
① 실제용량 ② 실용용량
③ 경제용량 ④ 사실용량

06 철도의 수송능력을 나타내는 1일 열차횟수의 선로용량 산정의 종류가 아닌 것은? ≫ 03. 산업
① 실용용량 ② 표준용량
③ 경제용량 ④ 한계용량

07 고려사항으로 열차종별 순서 및 배열, 선로시설 및 보수시간도 있으며, 열차 연결량 수는 유효장과 관련이 있음

07 철도계획에서 선로용량 산정시 고려할 사항 중 옳지 않은 것은? ≫ 03. 산업
① 열차의 속도 및 속도차
② 역간거리 및 구내배선
③ 신호현시 및 폐색방식
④ 열차의 연결량 수

08 선로용량의 커지는 경우 : 열차속도 향상, 폐색방식 자동화, 선로조건 변경

08 다음 중 가장 선로용량이 많은 System은? ≫ 02. 산업
① 단선통표폐색식 ② 단선 C.T.C
③ 복선 쌍신폐색식 ④ 복선 A.B.S

09 $N=\dfrac{1{,}440}{t+s}\times d$

09 단선구간의 선로용량을 구할 때 사용되지 않는 것은? ≫ 08. 02. 산업
① 선로이용률
② 고속열차 회수비
③ 관계취급시분
④ 1개 열차의 역간평균 운전시분

정답 05 ② 06 ② 07 ④ 08 ④ 09 ②

10 일반적으로 복선화, 복·복선화, 배선변경, 전철화 등의 철도 건설공사가 포함되는 철도 투자계획은? ≫02, 03. 기사
① 신선건설계획
② 기존 설비의 근대화투자계획
③ 수송서비스 개량투자계획
④ 수송력 증강 투자계획

10 수송력 증강 투자계획은 복선화, 복·복선화, 배선변경, 전철화 등의 철도 건설공사가 포함

11 다음 철도계획 중 영업계획은 어느 것인가? ≫04. 산업
① 설비의 근대화
② 수송서비스 향상
③ 여객유치를 촉진
④ 수송력증강

11 영업계획 : 여객유치 촉진, 철도 영업시설 투자의 효율적 운용, 영업합리화계획, 화물영업계획 및 운임요금 설정계획

12 단선구간 선로용량의 간이 산정식에 해당되는 것은?(단, N : 선로용량, t : 1개 열차의 역간평균 운전시분, s : 운전취급시분, d : 선로 이용률) ≫07. 산업
① $N = [1440/(t+s)] \times d$
② $N = 2 \times (1440/t) \times d$
③ $N = (1440/t) \times d$
④ $N = 2 \times [(1440/t) + s] \times d$

12 단선구간 선로용량
$N = \dfrac{1,440}{t+s} \times d$

13 단선 자동폐색 구간에서 선로이용률 60%, 관계취급시분 1.5분, 역간 총 실운전시분 765분, 설정열차횟수 90회라고 할 때 선로용량(왕복)은 몇 회인가? ≫05, 07. 기사
① 54회
② 86회
③ 90회
④ 99회

13 $N = \dfrac{1,440}{8.5+1.5} \times 0.6$
$= 86.4 ≒ 86$회
여기서, 역간평균 운전시분은 $765/90 = 8.5$

14 단선구간에서 역간 평균 운전시분이 5분, 열차 취급시분이 1분, 선로이용률이 60%일 때 선로용량은? ≫05. 산업
① 144회
② 288회
③ 432회
④ 864회

14 $N = \dfrac{1,440}{t+s} \times d$
$= \dfrac{1,440}{5+1} \times 0.6$
$= 144$회

정답 10 ④ 11 ③ 12 ① 13 ② 14 ①

15 $N = \dfrac{1,440}{t+s} \times d$

$= \dfrac{1,440}{6} \times 0.7$

$= 168$회

16 선로용량은 철도의 수송능력을 나타내며, 1일 최대설정 가능한 열차횟수를 말한다.

17 선로용량을 증가시키는 방법은 역간거리를 짧고 균일하게 하고, 열차종류를 적게 하고, 열차 속도 증가, 폐색취급을 간편하게 한다.

18 철도사업은 효과, 영향의 파장이 광범위하게 지역사회에 미친다.

---

15 전동차 전용 구간 최소 운전시격 6분, 선로 이용률을 70%로 할 때 선로용량은 얼마인가?(회/일) ≫15, 08. 기사
① 144 ② 168
③ 180 ④ 240

16 열차운전계획과 밀접한 관계가 있는 선로 용량이란? ≫07. 기사, 09. 산업
① 1일 가능 최대열차운행횟수
② 1일 운행열차횟수
③ 1일 최대열차수×편성량수
④ 1일 운행열차횟수×계수

17 선로용량에 대한 설명으로 옳은 것은? ≫09. 기사
① 역간거리가 멀면 선로용량이 증가된다.
② 자동신호화에 의해 열차 취급시간을 감소시키면 선로용량은 증가된다.
③ 차량성능을 향상시켜 열차속도를 올리면 선로용량이 감소된다.
④ 선로이용률을 증가시키면 선로용량이 감소된다.

18 철도계획이 갖는 특성으로서 맞지 않는 것은? ≫10. 기사
① 장시간에 걸쳐 라이프 사이클(Life Cycle)을 가진다.
② 많은 사람들과 직·간접으로 이해관계를 가진다.
③ 대규모의 투자를 필요로 한다.
④ 효과, 영향의 파장이 비교적 소규모의 지역사회에 미친다.

정답 15 ② 16 ① 17 ② 18 ④

19 선로용량을 크게 할 수 있는 경우가 아닌 것은? ≫10. 산업
① 교행대피시설을 축소한다.
② 열차의 속도를 높인다.
③ 열차의 종별을 단순화한다.
④ 폐색구간을 단축(신호기 간격 조정)한다.

19 교행대피시설을 축소하면 선로용량은 감소한다.

20 단선으로 운전하는 기존 선로에 열차횟수 증대를 위한 조치들이다. 열차횟수 증대와 가장 거리가 먼 것은? ≫11. 기사
① ABS 및 CTC화 ② 레일의 중량화
③ 복선화 ④ 폐색구간 단축

20 단선구간 선로용량 증대방안으로는 폐색구간 단축, 복선화, ABS 및 CTC화, 선로개량 등이 있으며, 레일중량화에 따른 선로용량 증대효과는 다소 작다.

21 다음 중 노선세력권 범위의 설명 중 옳지 않은 것은?
① 노선의 중요도에 따라 다르다.
② 보행시간 1~2시간의 경우 10~20km 범위
③ 자동차 등의 교통편이 불량한 경우는 10~30km 범위
④ 교통편이 양호한 경우 30~50km 범위

21 보행시간 1~2시간의 경우 6~10km 범위

22 철도의 설비에 관한 사항 중 1개 열차당의 수송력과 관련 깊은 것은?
① 역 유효장과 열차장 ② 차량규격
③ 궤도구조 ④ 선로기울기

22
• 차량규격 : 차량규정 및 차량치수
• 궤도구조 : 레일, 침목, 도상의 규격
• 선로기울기 : 운전속도와 견인력과의 관계

23 선로용량을 증가시킬 수 있는 방법 중 옳지 않은 것은?
① 역간거리를 짧고 균일하게 한다.
② 열차종류를 적게 한다.
③ 열차의 속도를 높인다.
④ 폐색취급을 복잡하게 한다.

23 폐색취급을 간단하게 해야 선로용량이 증가됨

정답 19 ① 20 ② 21 ② 22 ① 23 ④

24 수요예측 방법으로 중력모델법도 있다.

24 각각 지역의 여객 또는 화물의 수송경로를 몇 개의 존(Zone)으로 분할하고 각 존 상호 간의 교통량을 출발, 도착의 양면에서 작성하는 수요예측의 방법은?
① 시계열분석법 ② 요인분석법
③ 원 단위법 ④ OD표 작성법

25 선로이용률은 보통 단선 60%, 복선 60~75%를 적용한다.

25 선로이용률에 대한 설명 중 옳지 않은 것은?
① 선로이용률은 1일 24시간에 열차설정가능 시간의 비율을 말한다.
② 선로이용률 = $\dfrac{\text{임의선로의 이용 가능한 열차 총횟수}}{\text{임의선로의 계산상 가능한 열차 총횟수}}$
③ 영향요인으로 선로 물동량의 종류에 따른 성격, 인접역 간 운전시분의 차, 운전 여유시분 등이다.
④ 선로이용률은 보통 단선 75%, 복선 85%를 적용한다.

26 경제성 분석 중 평가기간 동안에 발생하는 총 편익을 총 비용으로 나눈 비율이 가장 큰 대안을 최적대안으로 선택하는 방법을 무엇이라 하는가?
① 순현재가치 방법(Net Present Value : NPV)
② 편익/비용 비율방법(B/C Ratio)
③ 내부수익률 방법(Internal Rate of Return : IRR)
④ 초기 연도 수익률 방법(First-Year Rate of Return : FYRR)

27 장기간에 걸쳐 라이프 사이클(Life Cycle)을 가진다.

27 철도계획의 특징 설명 중 옳지 않은 것은?
① 단기간에 걸쳐 라이프 사이클(Life Cycle)을 가진다.
② 지역의 도시계획 및 많은 사람들과 직·간접으로 이해관계를 가진다.
③ 대규모 및 장기간의 투자를 필요로 한다.
④ 효과 및 영향이 지역사회에 광범위하고 복잡하게 미친다.

28 철도건설 투자계획의 종류에 속하지 않는 것은?
① 지역의 경제발전이나 지역사회의 격차를 해소하기 위한 신선건설
② 기존 철도의 수송력 한계에 따른 선로를 증설하여 복선화
③ 곡선 및 기울기를 개량하여 수송력을 증강을 도모하는 선로개량
④ 레일, 침목의 노후화에 따른 궤도재료 교환

28 레일, 침목의 노후화에 따른 궤도재료 교환 작업은 유지보수작업임

29 철도건설사업 단계별 설명 중 사업구상 및 예비타당성 조사 사항이 아닌 것은?
① 시설범위 구상 및 시설기준 조사·검토
② 관련 상위계획, 법, 사업계획 검토
③ 경제적, 정책적 타당성 검토
④ 시설물 계획, 공사비, 공기 등을 고려한 최적안 선정

29 시설물 계획, 공사비, 공기 등을 고려한 최적안 선정은 기본설계 사항임

30 철도 수송력 증강 투자계획과 거리가 먼 것은?
① 복선화　　　② 전철화
③ 노후설비 교체　　　④ 차량의 증가

30 노후설비 교체는 기존 설비의 근대화이다.

31 수송수요의 요인을 분류하면?
① 자연요인, 유발요인, 전가요인
② 조사요인, 자연요인, 유발요인
③ 일반요인, 전가요인, 자연요인
④ 전가요인, 유발요인, 예측요인

31 수송수요 요인은 자연, 유발, 전가요인으로 구분된다.

32 다음 중 수송수요 예측방법이 아닌 것은?
① 요인분석법　　　② OD표 작성법
③ 시계열분석법　　　④ 선로이용법

32 수송수요예측방법은 요인분석법, OD표작성법, 시계열분석법, 원단위법, 중력모델법 등이 있다.

정답　28 ④　29 ④　30 ③　31 ①　32 ④

33 통계량의 시간적 결과에 따른 과거의 변동을 통계적 제 구성요소로 분석하고 이 정보로부터 장래예측을 행하는 수송수요 예측방법은?
① 시계열분석법　　② 원 단위법
③ OD표 작성법　　④ 요인분석법

34 수송수요 요인 중 열차횟수, 속도, 차량수, 운임 등은 어떤 요인에 속하는가?
① 자연요인　　② 유발요인
③ 전가요인　　④ 감소요인

35 $\dfrac{1,440}{5} \times 0.6 = 172.8$
　　≒ 172회

35 통근전동차 전용구간에서 최소운전시격을 5분, 선로이용률을 0.6으로 가정할 때의 선로용량은?　　≫12. 산업
① 480회　　② 288회
③ 172회　　④ 144회

36 선로용량이란 1일 최대설정 가능한 편도 열차운행 횟수를 말한다.

36 다음 중 철도의 선로용량을 나타내는 것은?　　≫13. 산업
① 1일간 가능한 최대열차운행 횟수
② 열차의 운전을 가능하게 하는 기관사의 수
③ 선로의 개수
④ 정차장 배선수

37 철도 수송계획 수립 시 운반 대상, 수요 규모, 열차속도 및 빈도, 수지분석 등을 고려해야한다.

37 철도의 수송계획 수립 시 고려사항으로 가장 거리가 먼 것은?　　≫14. 기사
① 선로유지보수 시간(h)
② 운반의 대상(여객 또는 화물)
③ 열차의 중량(ton)
④ 수요의 규모(인, 톤 등)

정답　33 ①　34 ②　35 ③　36 ①　37 ③

38 다음 중 선로이용률에 영향을 주는 요소가 아닌 것은?
>> 13. 기사

① 선구 물동량에 따른 열차 종별의 다소
② 역간 거리 및 운전시간의 장단에 따른 열차지연 정도
③ 여객열차와 화물열차 회수비
④ 열차의 길이 및 승객 수

38 선로이용률의 영향요인
열차종별의 다소, 열차지연 정도, 선로유지보수 시간, 불용시간 발생, 여객열차와 화물열차의 회수비

39 철도계획에서 경영구조계획을 내용 및 방법에 의해 분류할 때 이에 속하지 않은 것은?
>> 16. 기사

① 신설계획   ② 보수계획
③ 기본계획   ④ 폐지계획

39 기본계획은 철도건설계획의 일환으로 시행한다.

정답 38 ④ 39 ③

 신교통시스템

최근 대도시에서 자동차의 급증과 도로시설 공급의 한계로 교통난이 심화되고 있으며, 이를 해결하기 위해 수송효율이 높은 도시철도를 건설하여 도시철도 중심의 교통체계를 확립하게 되었고, 도시교통문제에 대응하는 또 하나의 정책전환으로 저상형 노면경전철, 모노레일, 도시형 자기부상철도 등의 신교통시스템 개발 및 도입이 되게 되었다.

01 경량전철

(1) 도입 배경

버스와 중량전철(지하철)의 중간규모의 수송수요를 갖는 첨단 궤도교통시스템으로 지하철의 60% 수준의 건설비와 유연한 노선계획이 가능하고, 완전자동 무인운전을 통한 운영비 절감이 가능한 신교통시스템이다. 또한, 경전철은 도시교통의 문제점인 환경 측면과 미래지향적인 차원에서 교통혼잡과 환경오염을 경감시키고, 대중교통수단으로서 이용이 편리하며 속도감 확보 및 타 교통수단과의 연계성 검토가 필요하다.

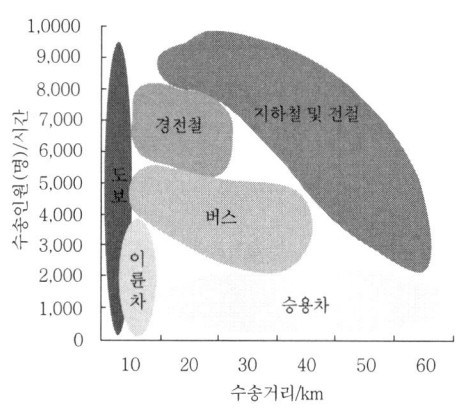

[육상교통기관별 수송효율 비교]

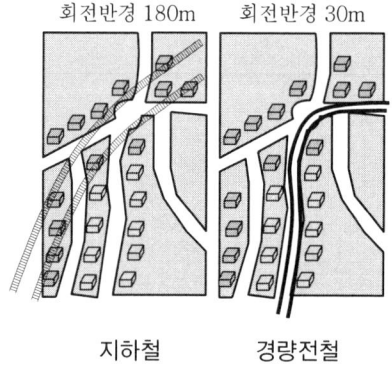

[지하철과 경량전철의 회전반경 비교]

(2) 특징

① 배차간격이 짧아 승차대기시간이 적다.
② 지하철보다 건설비 및 고정시설비가 적게 든다.
③ 무인운전 및 여객설비 자동화로 운영비용이 적게 든다.
④ 급기울기, 급곡선 채용이 가능하며, 주행성이 좋다.
⑤ 사령실에서 원격제어하므로 승객 수송수요 변화에 신속 대응이 가능하다.
⑥ 동력 및 차량형식이 현지여건에 따라 선택이 자유롭다.
⑦ 여객 요청의 다양화에 대응
⑧ 정거장 간격축소로 인근 주민에게 보다 높은 서비스 제공이 가능하다.

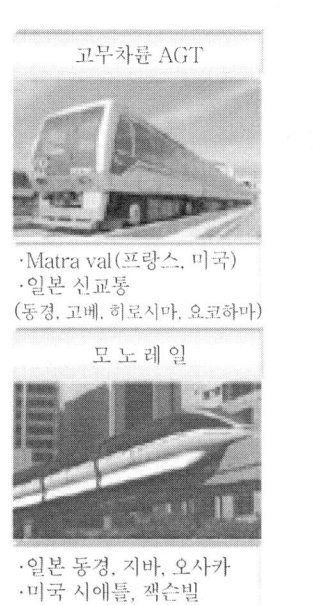

※ AGT(Automated Guideway Transit) : 무인경전철

[일반적인 경량전철의 종류]

02 모노레일(Mono Rail)

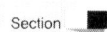

(1) 정의
부설레일이 1줄인 철도로서 상승식(上乘式) 또는 과좌식(跨坐式), 현수식(懸垂式)으로 구분한다.

(2) 특징
① 급구배, 급곡선 주행이 가능하다.
② 구조물이 직접 궤도가 되므로 정교한 시공이 요구된다.
③ 도로지장이 없고 공사가 용이하며 용지비가 적어 경제적이다.
④ 안전도가 높고 승차감이 양호하다.
⑤ 무인운전이 곤란하다.(비상시 승객의 피난유도를 위해)
⑥ 차량기지 확보 및 고가로 주택가 통과 시 민원이 발생할 수 있다.
⑦ 고가역에서 지하철역으로의 환승문제가 존재한다.
⑧ 도로 1개 차선 점유로 인한 공간확보 문제 등, 주로 위락단지와의 연결 및 관광성이 있는 지역에 적합하다.

구분	과좌식 모노레일	현수식 모노레일
개념도		
곡선	최소곡선반경에 제약 있음	급곡선 통과 기능
기후영향	기후에 영향으로 미끄럼 방지조치	주행면이 덮여 있어 기후영향 적음
건설	콘크리트빔 주행방식과 강재빔 주행방식	강재 구조물 건설이 일반적임
유지보수	유지보수 유리	주행면 내부에 신호, 전력 케이블 등이 있어 유지 보수 어려움

[모노레일의 형식별 특징]

03. 고무차륜 AGT(Automated Guideway Transit)

(1) 특징

잦은 정거장으로 표정속도 저하가 불가피하여 수송수요가 15,000명/시간/방향내외 지역에 적합하며, 적설을 감안한 대책이 수립되어야 한다.
① 평면궤도를 고무타이어 주행륜으로 주행
② 주행궤도에 설치된 가이드레일(안내레일)로 차량 유도
③ 급구배 등판능력 및 차량의 곡선주행성능 우수
④ 고무타이어 사용으로 저소음/저진동의 환경친화적인 주행특성
⑤ 소형 경량화된 차량으로 무인운전 가능
⑥ 적설 및 결빙에 대한 대책 필요

(2) 안내방식

1) 중앙안내방식

궤도중심에 설치된 1개의 레일에 안내차륜이 감싸고 안내하는 방식

2) 측방안내방식

안내레일을 주행면의 측면에 설치하여 안내하는 방식

3) 중앙측구안내방식

좌우의 주행로 구조물 내측을 이용하여 안내하는 방식

중앙안내방식	측방안내방식	중앙측구안내방식
궤도 중심에 안내레일 1개를 설치하여 한쌍의 안내륜이 레일을 따라 주행하는 방식	안내륜이 궤도 좌우에 설치되어 안내궤도를 따라 주행하는 방식, 주행면이 평탄하여 건설 및 유지 보수가 간단	좌우측 주행로 내측에 안내궤도를 설치하여 주행하는 방식
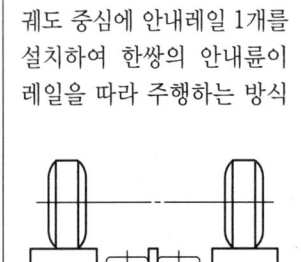	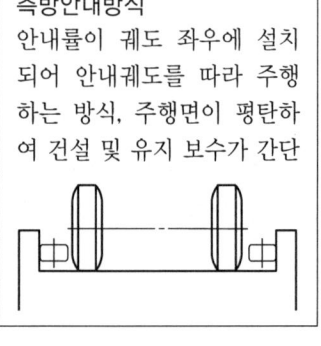	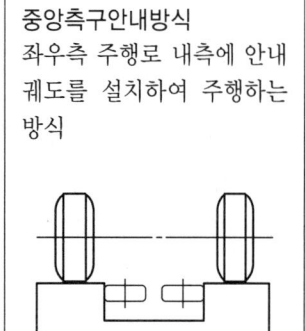

[고무차륜 AGT의 안내방식 구분]

(3) 분기방식

1) 부침식

   진행방식에 따라 가드레일을 상하로 작동하여 방향을 바꾸는 방식

2) 회전식

   분기장치가 180° 회전하여 진행방향을 변화

3) 가동안내판 방식

   가동안내판을 작동하여 방향 전환하는 방식

4) 수평회전식

   주방향과 안내궤도가 일체로 작동하는 방식

04 자기부상 철도

(1) 정의

레일과 차륜 없이 자기력의 반발력, 흡인력을 이용하여 부상하고 Linear Motor에 의하여 주행한다.

(2) 종류 및 특징

1) 초전도 반발식

   자기의 반발력을 이용 차량이 부상, 강한 자력으로 가이드웨이(Guideway) 상면에서 10mm 정도 부상하여 주행하며, 500km/h 수준의 장거리용으로 일본에서 개발되었으나, 속도제어를 위한 제동기(브레이크) 및 강한 자력을 차단하기 위한 자기차단장치 등의 기술개발이 필요하다.

 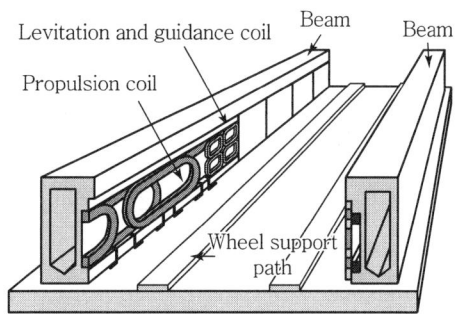

[일본의 초전도 반발식 자기부상철도와 선로]

2) 상전도 흡인식

자기의 흡인력을 이용하여 차량이 부상, 가이드웨이(Guideway) 상면에서 1cm 정도 부상하여 주행한다. 이 상전도 방식은 독일, 일본 등에서 개발이 완료되어 상업화가 용이하다.

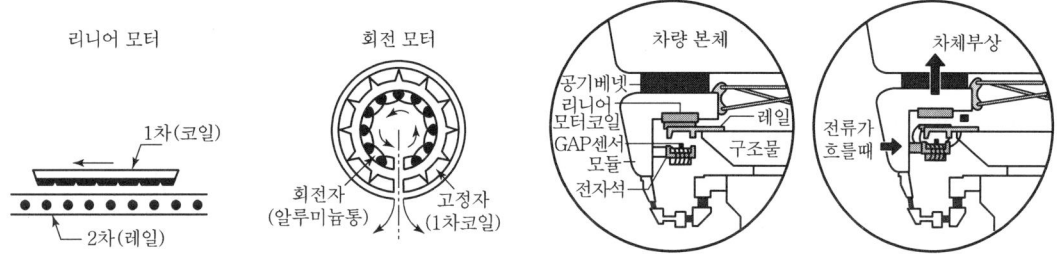

[상전도 흡인식 자기부상철도의 개념]

(3) 장점

① 500km/h 이상 초고속주행 가능하다.(초전도 반발식)
② 급곡선, 급기울기 등 선형 제약이 적다.
③ 가이드웨이(Guideway)를 따라 주행하고, 최첨단 컴퓨터 제어설비 사용으로 안전성이 높다.
④ 소음·진동이 거의 없다.(집전기, 차륜이 없다.)
⑤ 시설물이 단순하여 유지관리가 용이하다.
⑥ 보수노력 감소된다.(시설물 보수, 갱환이 필요없다.)

(4) 단점

① 초기 투자비가 높다.
② 기존 점착식 철도와 연계운행이 불가하다.
③ 기술의 신뢰성이 미흡하다.
④ 점착식에 비해 대량수송이 불리하다.

(5) 도시철도 적용

① 도시철도 시스템으로 100km/h 방식이 적합
② 대표적인 도시형 자기부상철도 : 일본 HSST(High Speed Surface Transit)

≫ 09. 기사, 05. 산업

05 기타 신교통시스템

(1) 노면철도(전차)(Tramway, Street Light Rail Transit)   ≫ 06. 04. 기사

노면전차는 도로에 같은 높이로 궤도를 부설하여 일반차량과 같이 운행하는 철도로서 우리나라도 1969년까지 서울에서 운행되었으며, 통상 전차선으로 급전하여 운행한다.

1) 장점

① 급구배, 급곡선 주행이 가능하다.
② 고령자, 신체장애자의 이용이 쉽고, 휠체어를 탄 채로 승하차가 가능하다.
③ 고가, 지하 등 계단 사용이 없어 접근성이 매우 높다.
④ 높은 승강장이 불필요하므로 건설비 절감이 가능하다.

2) 단점

① 도시 도로 정체로 정시성, 신속성이 떨어진다.
② 노면점유 및 횡단보도 설치가 필요하다.
③ 제3궤조의 설치가 불가능하여 도시미관을 저해시킨다.

[유럽의 노면철도(Tram)]

(2) 트롤리 버스(Trolly Bus)

대도시의 버스 등의 대기오염을 개선시키고 에너지 효율을 높이기 위하여 가공전차선으로부터 전기를 공급받아 운영하는 버스 전용차선을 운영하는 개념으로 수송량은 버스와 노면전차의 중간이고 대도시 주변의 거점 간 연결, 중소도시에서 1개의 노선 축을 운행할 때 적합하다.

[트롤리 버스]

(3) 리니어 모터카(LIM ; Linear Induction Motor)   ≫13, 04. 기사

회전모터의 1차 코일을 차량에 설치하고, 2차 코일을 궤도에 설치하여 전기에 의해 발생되는 전자력으로 차량을 움직이는 시스템으로 자기부상열차와 동일한 추진방식 개념이나 자기부상열차는 차체를 띄운 상태에서 운행하지만, 리니어 모터카는 차체를 띄우지 않고 일반 철재 차륜과 동일한 형태의 차륜을 부착하여 상부하중을 레일에 전달한다.
① 전차선이 없어 터널단면을 축소하여 건설비 절감이 가능하다.
② 지지 및 안내를 위한 특별한 구조가 필요하지 않고 주행저항이 적다.
③ 일반철도의 궤도구조를 사용할 수 있다.
④ 구배등판능력 우수, 소음 감소, 차륜과 레일마모 저감으로 유지관리비용 절감이 가능하다.

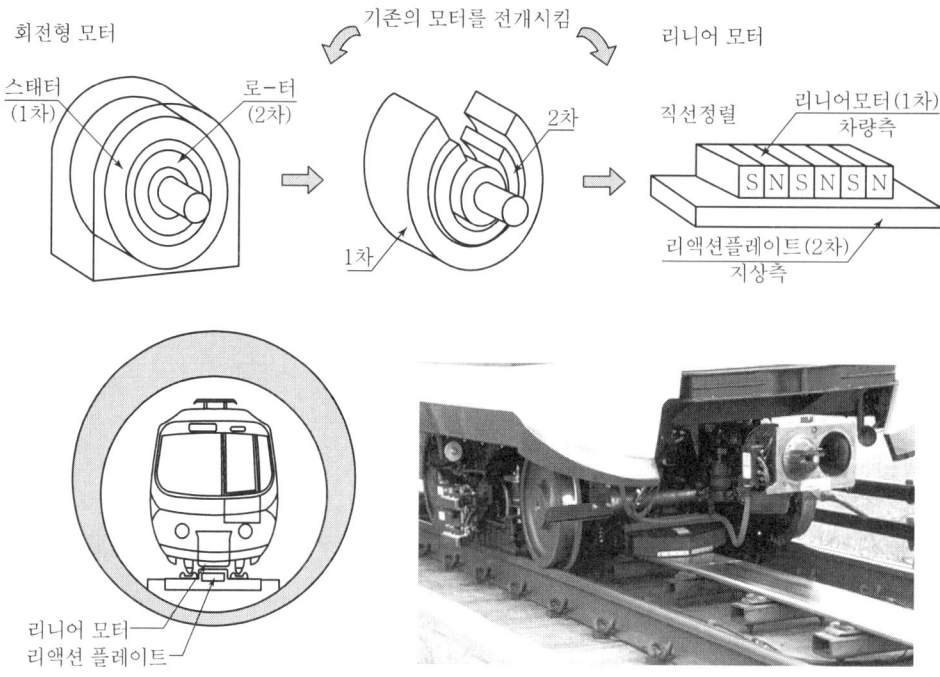

[리니어 모터카의 구조 및 작동원리]

(4) 궤도승용차 시스템(PRT ; Personal Rapid Transit)

PRT란 1~6인이 승차할 수 있는 소형차량이 궤도(Guidway)를 통하여 목적지까지 정차하지 않고, 운행하는 새로운 도시교통 수단으로서 일종의 궤도 승용차이다.

① 모든 역사를 네트워크로 구성하여 1~6명의 승객을 수송하는 미래형 경량전철시스템
② 지상, 지하, 고가에 적용 가능한 경량구조
③ 역사에서 승객 호출 시 차량이 운행되고 승객은 완전무인운전 차량에 탑승하여 가고자 하는 목적지까지 정차하거나 갈아탈 필요 없이 논스톱으로 운행
④ 최근 미국, 유럽, 호주, 한국에서 개발이 진행 중

[궤도승용차시스템(PRT)]

(5) 바이모달트램(Bimodal Tram)

바이모달(Bimodal)이란 2개의 모드 특성, 버스와 철도를 혼합한 신개념 차량으로 무공해 동력원인 연료전지를 이용해 버스처럼 일반도로를 달리기도 하고, 경전철처럼 전용 궤도에서 자동운전도 가능하다. 즉 일반도로를 운행하는 버스의 특성과 전용선로를 운행하는 철도의 특성을 가지는 교통수단을 의미한다. 국내에서는 세종시, 인천 청라지구에 도입

[한국형 바이모달트램]

① 비용절감, 공사기간 단축
② 저상화, 저소음, 저진동
③ 유지관리 및 운영비 절감
④ 교통약자 접근성 강화
⑤ 도로점유 및 표정속도 저하

> **Reference**
> **리타더 시스템(Retarder System)**
> 험프 조차장에서의 차량제동장치로 라이드 시스템(Ride System)과 리타더 시스템(Retarder System)이 있으며, 이 중 리타더 시스템은 자전도중에 궤도에 설치된 제동장치에 의하여 임의로 브레이크를 걸어주는 차량제동방식을 말한다.

03 기출 및 적중예상문제

■ 정답 및 해설

01 자기부상, 모노레일 등 경전철은 일반철도와 지하철과의 궤도와 운행시스템이 달라 상호환승이 용이하지 못하다.

01 교통시스템의 하나인 HSST(High Speed Surface Transport)의 특징에 대한 설명으로 옳지 않은 것은? ≫ 09. 기사, 05. 산업
① 공해가 없다.
② 고도의 안전성이 있다.
③ 우수한 경제성이 있다.
④ 타 교통기관과 상호승환이 용이하다.

02 노면철도는 전차선으로 급전하여 운행하므로 공해가 없다.

02 노면철도와 무레일 전차와의 차이를 설명한 것 중 맞지 않은 것은? ≫ 04. 기사
① 무레일 전차는 동력을 전기로 사용하기 때문에 노면철도보다 공해가 없다.
② 무레일 전차는 타이어와 노면 사이의 마찰계수가 크므로 노면철도보다 급구배 운전이 가능하다.
③ 노면철도는 레일에 의해 운행이 유도되므로 무레일 전차에 비해 운전조작이 간단하다.
④ 노면철도는 무레일 전차에 비해 주행저항이 작다.

03 전식은 전차에 공급되는 전류(직류급전방식)가 레일을 통하여 변전소로 되돌아갈 때 레일에 생기는 부식되는 현상을 말한다.

03 무레일궤도를 노면철도와 비교할 때 특징으로 옳지 않은 것은? ≫ 06. 기사
① 건설비와 궤도보수량이 적게 소요된다.
② 보도에 접근해 승차할 수 있어 승강에 편리하다.
③ 대량 수송에는 적당하지 않다.
④ 전식의 우려가 있다.

정답 01 ④ 02 ① 03 ④

04 리니어 모터(Linear Motor) 차량의 특징에 대한 설명 중 옳은 것은?　　　　　　　　　　　　　　　　》 13, 04. 기사
① 차륜과 레일 간의 마찰력이 필요없다.
② 원심력이 크게 작용되어 속도를 향상시킨다.
③ 치차등의 활동부에 부분적 마모 발생으로 경제적이다.
④ 소음, 진동은 적으나 대기오염이 크다.

04 리니어 모터 차량은 전자력으로 차량을 움직이는 시스템이므로 차륜은 상부하중을 레일을 전달하는 역할만 한다.

05 리타더 시스템(Retarder System)에 대한 설명으로 옳은 것은?　　　　　　　　　　　　　　》 11. 기사
① 차량이 자전할 때 제동 취급요원이 승차하여 브레이크를 조작하여 제동을 걸어주는 시스템
② 차량이 자전할 때 궤도에 설치된 제동장치에 의하여 제동을 걸어주는 시스템
③ 자동폐색 구간에서 신호고장시 대용하는 시스템
④ 중력 조차장에서 차량을 밀어 올리는 시스템

05 리타더시스템은 자전 도중에 궤도에 설치된 임의의 브레이크를 걸어주는 차량제동장치를 말한다.

06 경량전철의 특징으로 맞지 않는 것은?
① 배차간격이 짧아 승차대기시간이 적다.
② 지하철보다 건설비 및 고정시설비가 적게 든다.
③ 무인운전 및 여객설비 자동화로 운영비용이 적게 든다.
④ 급기울기, 급곡선 채용이 불가능하나, 주행성은 좋다.

06 급기울기, 급곡선 채용이 가능하며 주행성도 좋다. 정거장 간격축소로 인근 주민에게 보다 높은 서비스 제공이 가능하다.

07 고무차륜 AGT의 안내방식의 종류 중 옳지 않은 것은?
① 중앙 안내방식
② 부침식 안내방식
③ 중앙측구 안내방식
④ 측방 안내방식

07 분기방식으로 부침식, 회전식, 가동안내판 방식, 수평회전식이 있다.

정답　04 ①　05 ②　06 ④　07 ②

▶ Part 01 | 철도일반

08 자기부상, 모노레일 등 경전철은 일반철도와 지하철과의 궤도와 운행시스템이 달라 상호환승이 용이하지 못하다.

08 자기부상열차의 장점으로 옳지 않은 것은?
① 500km/h 이상 초고속주행 가능하다.
② 급곡선, 급기울기 등 선형 제약이 적다
③ 기존 점착식 철도와 연계운행이 가능하다.
④ Guide way를 따라 주행하고, 컴퓨터 제어설비 사용으로 안전성이 보장된다.

09 특수철도 중 1~6인이 승차할 수 있는 소형차량이 궤도(Guidway)를 통하여 목적지까지 정차하지 않고 운행하는 새로운 도시교통 수단으로서 일종의 궤도 승용차를 무엇이라 하는가?
① PRT(Personal Rapid Transit)
② LIM(Linear Induction Motor)
③ 노면철도(Tramway, Street Light Rail Transit)
④ Monorail

10 모노레일은 상승식과 가좌식, 현수식이 있다.

10 부설레일이 1줄인 철도로 구조물이 직접 궤도가 되므로 정교한 시공이 필요한 경전철은 무엇인가?
① 모노레일　　② AGT
③ 자기부상 철도　　④ 트롤리 버스

11 바이모달트램(Bimodal Tram)에 대한 설명으로 맞지 않는 것은?
① 버스와 철도를 혼합한 신개념 차량으로 무공해 동력원인 연료전지를 이용해 버스처럼 일반도로를 달리기도 하고, 경전철처럼 전용 궤도에서 자동운전도 가능하다.
② 교통약자의 접근성이 좋다.
③ 도로점유로 표정속도가 낮다.
④ 무인운전으로 운영비 절감이 가능하다.

정답 08 ③　09 ①　10 ①　11 ④

12 노면철도(전차)에 대한 설명으로 옳지 않은 것은? ≫15. 기사
① 노면철도는 도로에 같은 높이로 궤도를 부설하여 일반차량과 같이 운행하는 철도이다.
② 도시 도로에서 운행하므로 정시성, 신속성이 우수하다.
③ 급구배, 급곡선 주행이 가능하다.
④ 고가, 지하 등 계단 사용이 없어 접근성이 매우 높다.

12 노면철도는 도시도로의 정체로 인하여 정시성, 신속성이 떨어진다.

13 경량전철의 특징으로 틀린 것은? ≫15. 산업
① 지하철보다 건설비 및 고정시설비가 적게 든다.
② 무인운전 및 여객설비 자동화로 운영비용이 적게 든다.
③ 사령실에서 원격제어하므로 승객 수송수요 변화에 대한 신속 대응이 불가능한 단점이 있다.
④ 급기울기, 급곡선 채용이 가능하며, 주행성이 좋다.

13 경량전철은 사령실에서 원격제어하므로 승객 수송수요 변화에 신속대응이 가능하다.

14 모노레일의 특징으로 틀린 것은? ≫16. 산업
① 분기장치가 간단하고 작동시간이 짧다.
② 타 교통기관과 입체교차하므로 충돌이나 탈선의 위험이 적다.
③ 고무타이어를 사용하는 경우는 급기울기, 급곡선에서도 운전이 용이하다.
④ 소음, 진동 등이 적어 승차감이 좋고, 대기오염 등 공해가 다른 교통수단에 비해 적다.

14 모노레일의 분기기는 관절식 분기기 또는 수평이동식 분기기로 구조가 복잡하고 작동시간이 길다.

15 도시철도건설규칙에서 경량전철의 특례에 관한 설명으로 틀린 것은? ≫16. 산업
① 자기부상추진형식의 경우에는 확대궤간을 두지 아니한다.
② 노면전차형식의 경우에는 다른 도로교통이 주행할 수 없도록 하여야 한다.
③ 철제차륜을 사용하는 경우 궤간의 치수는 1천 435mm를 표준으로 한다.
④ 고무차륜을 사용하는 경우 궤간의 치수는 1천 700mm를 표준으로 한다.

15 노면전차형식의 경량전철인 경우에는 다른 도로교통과 함께 주행하는 특성을 고려하여 시·도지사 등이 다르게 정할 수 있다.

정답 12 ② 13 ③ 14 ① 15 ②

04 철도차량 및 운전

01 철도차량 개요

철도차량이란 전용의 궤도 위를 한 쌍의 차륜을 설비한 차축을 차체와 연결시켜 주행할 수 있도록 한 것으로서, 여객이나 화물을 운송할 목적으로 하는 차량과 이것을 견인하기 위한 동력을 갖춘 기관차나 자체적으로 주행할 수 있는 동력차량 등을 총칭하는 것이다.

차량의 분류는 사용목적에 따라 할 수도 있으나, 실제로는 차량의 동력원에 따라 디젤차량, 디젤전기차량, 전기차량, 자기부상열차 등으로 구분할 수 있고, 차량용도에 따라 견인기관차, 입환기관차, 침대객차, 순환열차, 통근열차, 지하철, 고속전철 등으로 나눌 수 있다.

철도차량에는 두 개의 고정축이 하나로 묶여있는 대차 장치가 있는데, 좌우 바퀴가 축에 고정되고 두 개의 축이 하나의 대차에 설치된 형태로 자동차의 바퀴는 모두 따로 따로 움직이지만 철도차량의 바퀴는 좌우가 같이 회전하고 앞·뒤축 간의 거리도 고정되어 있어 곡선을 주행하기에 부적합한 구조로 되어 있다.

[철도차량 대차(Bogie)]

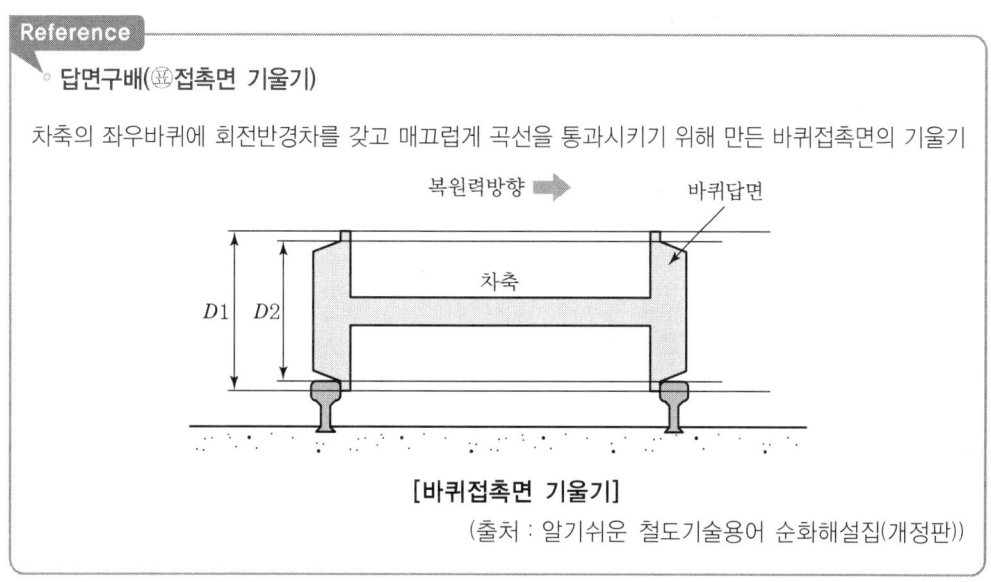

02 | 동력차

기관차 및 동력장치를 가진 차량을 총칭하여 동력차(Powered Rolling Stock)라 한다.

(1) 종류

1) 증기차량

원동기로 증기기관을 사용하는 차량

2) 디젤차량

원동기로 내연기관을 사용하는 동력차 및 이와 연결하여 운전되는 제어차와 부수차

3) 전기차량

원동기로 전동기를 사용하는 동력차와 이와 연결하여 운전되는 제어차, 부수차

(2) 동력집중식 및 동력분산식에 의한 분류 ≫08. 04. 산업

1) 동력집중방식(Locomotive, Power Car)

기관차가 객·화차를 견인하는 방식의 동력이 집중되어 있는 방식(예 무궁화, 새마을호, KTX 등)

2) 동력분산방식(EMU, Electric Multiple Unit)

통근형 전동차와 같이 편성된 여러 대의 차량에 동력을 분산 배치하는 방식(예 지하철 전동차, KTX-이음, 일본 신간선 열차 등)

3) 동력집중방식과 동력분산방식의 장단점 비교

구분	장점	단점
집중식	- 객실 내의 소음진동이 적다. - 제작비 및 열차의 유지보수비용 절감 - 열차의 전체중량 감소	- 축중이 무거워 선로부담 하중 증가 - 점착력이 낮아 가속 및 등판능력 낮음
분산식	- 가감속성능 우수 - 전기브레이크 사용으로 안전도 높음 - 축하중이 작아 궤도유지보수비용 절감 - 공간 활용률이 높아 승객정원 증가 (대도시 통근열차 활용도 우수)	- 객실내부 소음진동이 좋지 않음 - 차량제작 및 유지보수비용 증가 - 다른 종류의 열차와 연결 곤란

03 객화차 및 특수차

기관차에 견인, 추진되는 객차와 화차 및 동력장치를 갖춘 여객차

(1) 객차

1) 일반 영업용 차

고속철도객차, 새마을객차, 무궁화객차, 식당차, 우편차, 화물차 등

2) 업무용 차 및 기타

업무용 차, 시험차, 진료차, 귀빈차, 발전차 등

(2) 화차

  1) 일반 영업용 차

  유개차, 냉장차, 무개차, 호퍼카, 자갈차, 자동차운반차, 콘테이너화차 장물차 등

  2) 업무용 차 및 기타

  차장차, 제설차, 비상차, 기중기차, 공사차 등

(3) 특수차

특수 사용을 목적으로 제작된 사고복구용 차, 작업차, 시험차 등으로서 동력차와 객차 및 화차에 속하지 않는 철도차량

> Reference
>
> 1. 차량한계
>   차량의 크기를 결정하기 위해 규제해 놓은 것으로 차량의 어떤 부위도 이 한계에 저촉되는 것을 허용하지 않는 것으로 건축한계보다 좁다.
> 2. 건축한계
>   차량의 운전에 지장이 없도록 궤도상에 일정공간을 설정하는 한계로서 건물과 모든 건조물은 이 한계를 침범할 수 없도록 정하였다.
> 3. 고정축거(고정축간거리, Rigid Wheel Base)
>   중심회전이 가능한 대차 내의 첫째 차축과 마지막 차축의 중심 간 거리(차축간거리)로 선로곡선을 원활히 통과할 수 있도록 축간거리를 제한하고 있다.

04 운전

(1) 개요

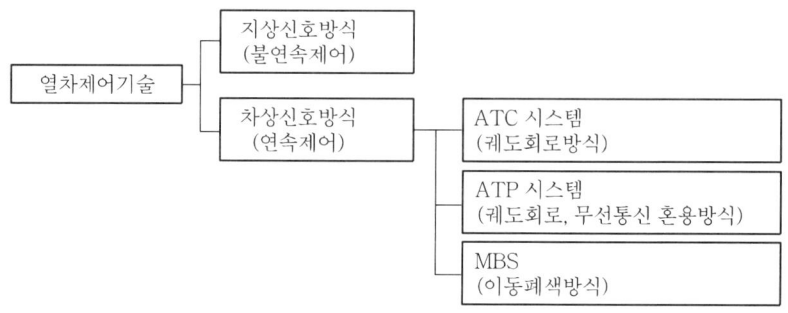

(2) 열차집중제어장치(CTC ; Centralized Traffic Control) >> 13. 02. 기사

한 지점에서 광범위한 구간의 많은 신호설비를 원격 제어하여 운전취급을 직접 지령할 수 있는 장치로서 정상운전스케줄이 유지되도록 하며, 선로 전체에 대한 열차운행을 제어함으로써 열차지연방지 및 수송능력을 전체적으로 증강시킨다.
① 보안도의 향상
② 선로 용량의 증대
③ 평균운행속도의 향상
④ 운전비, 인건비 등의 절감

(3) 열차운전제어장치

1) ATS(Automatic Train Stop : 열차자동정지장치)

기관사가 시각에 의한 확인 운전을 함으로써 오인과 조작착오가 발생할 우려가 있으므로 위험구역에 열차가 접근하면 경보음을 울려주고, 일정시간 동안에 브레이크 조작이 없을 경우 브레이크를 동작시켜 열차를 안전하게 정지하는 시스템이다.

2) ATC(Automatic Train Control : 열차자동제어장치) >> 03. 02. 기사, 04. 03. 산업

열차가 열차속도를 제한하는 구역에서 그 이상으로 운행하게 되면 자동적으로 속도를 제어하여 제한속도 이하로 운행하게 하는 장치로서, ATS가 정지신호 오인방지가 주목적인 데 반하여 ATC는 속도제어를 통한 열차 안전운행 유도를 목적으로 한다.

3) ATO(Automatic Train Operation : 열차자동운전장치)   ≫ 08, 07. 기사, 11. 산업

ATC(자동열차제어장치)에 자동운전 기능을 부가하여 열차가 정차장을 발차하여 다음 정차장에 정차할 때까지 가속, 감속 및 정차장에 도착할 때 정위치에 정차하는 일을 자동적으로 수행하는 시스템이다. 국내외에서는 ATC/ATO를 갖춘 1인 운전이 대부분이며, 이 장치에 Full Auto 기능을 추가하여 안전성과 신뢰성을 확보하여 장래 무인운전에 대비하고 있다.

4) ATP(Automatic Train Protection : 열차자동방호장치)

열차의 안전한 운행을 확보하기 위한 설비로서 열차간격 조정, 열차속도 조정, 자동운전, 비상정지 등의 기능을 제공하는 자동열차방호장치를 말한다. 작동원리로는 지상자를 통해 폐색구간의 길이, 기울기, 분기기 위치 등 지역정보와 지상신호기가 현시하고 있는 신호정보 등 지상정보를 차상으로 전송하여 열차길이, 제동력, 열차종별 등에 대한 차상 정보가 결합하여 스스로 연산함으로써 열차를 자동방호하는 시스템이다.

5) CBTC(Communication Based Train Control : 무선통신열차제어)

지상에 위치하는 컴퓨터가 각 열차로부터 위치와 속도를 주기적으로 수집하고, 선행열차와 속도제한 지점까지의 거리정보를 열차로 전송하여, 차상의 제어장치가 열차성능에 맞는 최적의 속도제어를 한다.

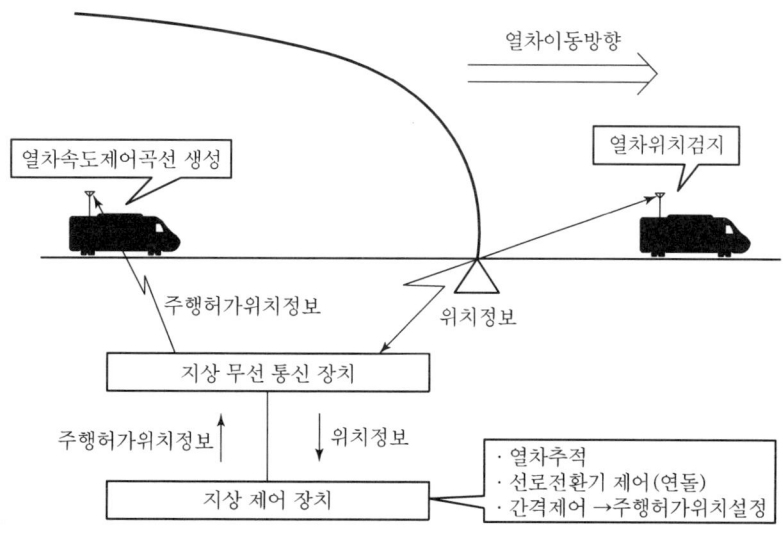

[통신기반열차제어장치(CBTC)의 열차간격제어 개념]

▶ Part 01 | 철도일반

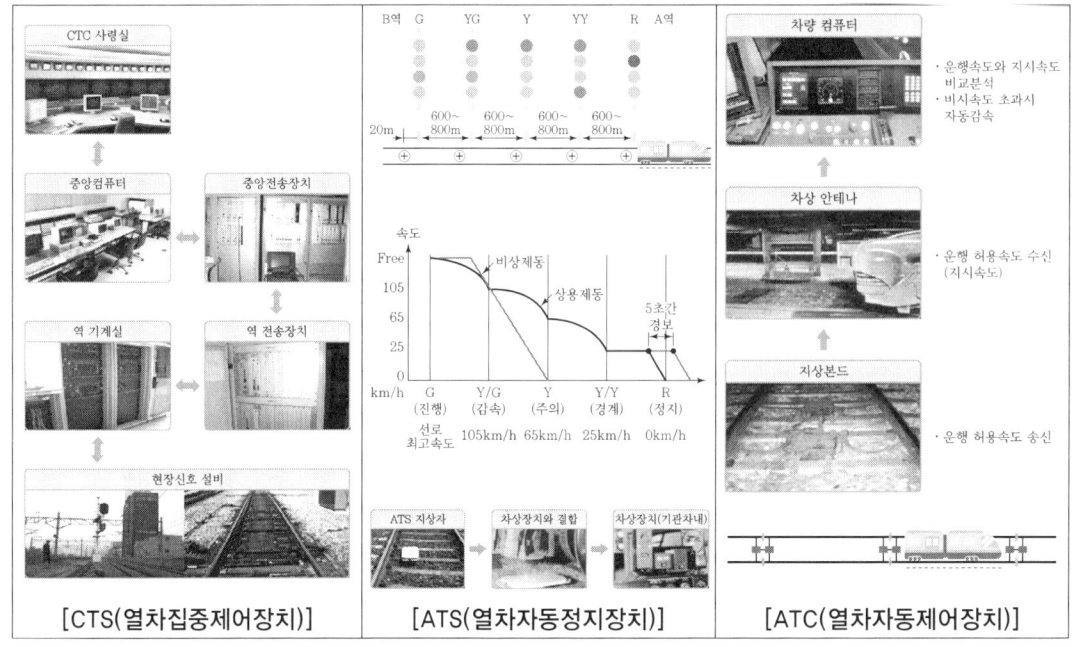

[CTS(열차집중제어장치)] [ATS(열차자동정지장치)] [ATC(열차자동제어장치)]

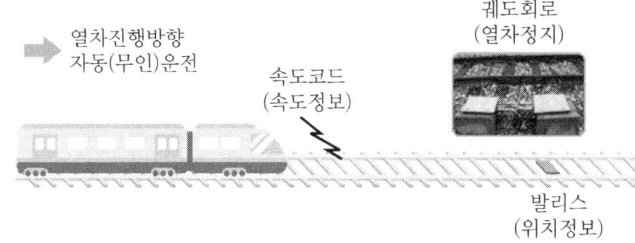

[ATO(열차자동운전장치)]

(출처: 알기쉬운 철도기술용어 순화해설집(개정판))

05 열차저항

(1) 정의

열차가 출발 또는 주행을 할 때 열차의 진행방향과 반대방향으로 주행을 방해하는 힘이 발생하는데 이를 열차저항이라고 하고, kg/ton으로 표시한다. 열차저항은 최고속도, 열차 가속성능, 견인력, 브레이크성능이 고려된다.

(2) 열차저항에 영향을 주는 인자

1) 선로상태

　① 기울기
　② 곡선반경
　③ 궤도구조
　④ 선로보수상태
　⑤ 터널단면적(내공단면적)

2) 차량상태

　① 차량의 구조
　② 차량의 보수상태
　③ 윤활유의 종류
　④ 기온에 따른 감마유의 점도 변화 등

(3) 열차저항의 종류

≫ 12, 08, 05, 04, 02, 산업

1) 출발저항(Starting Resistance)

열차가 출발할 때 열차진행방향과 반대방향으로 열차주행을 방해하는 저항으로 출발 시 큰 견인력이 필요하며, 출발저항은 출발 시 최대치를 이루다가 급격히 감소하여 열차속도 3km/h에서 최소가 된다.

2) 주행저항(Running Resistance)

열차가 주행할 때 열차 주행방향과 반대방향으로 작용하는 모든 저항을 주행저항이라 한다.
　① 기계저항
　② 속도저항
　③ 터널저항

3) 기울기저항(Grade Resistance)

열차가 기울기 구간을 주행할 때 주행방향 반대방향으로 발생하는 주행저항을 제외한 저항을 기울기저항이라 한다.

4) 곡선저항(Curve Resistance)

차량이 곡선주행 시 발생하는 주행저항을 제외한 마찰에 의한 저항을 곡선저항이라 한다.

5) 가속도저항(Acceleration Resistance)

각종 열차저항과 견인력이 일치하여 등속도 운전상태에서 더욱더 속도를 증가시키기 위하여 필요한 저항을 가속도저항이라 한다.

06 운전선도(Run-Curve, 열차 운행 도표)

(1) 정의

열차의 운전상태, 운전속도, 운전시분, 주행거리, 에너지소비량 등의 상호관계를 역학적인 도표로 나타낸 것으로 계획단계에서부터 시뮬레이션(Simulation) 되어 실제 열차운전 계획수립 및 보조자료로 활용한다.

1) 시간기준 운전선도

시간을 횡축으로 하고 종축에 속도, 거리, 구배, 전력량을 표시하여 작도한 것으로 열차의 속도나 전력소비량의 계산과 작도는 편리하나 이용범위가 좁아 실제 운전지침으로는 불리하다.

2) 거리기준 운전선도

거리를 횡축으로 하여 종축에 속도, 시간, 전력량 등을 표시하여 작도한 것으로 열차의 위치가 명확하고, 임의지점 위치에 운전속도와 소요시간을 구하는 데 편리하여 운전선도라 하면 보통 이 거리기준 운전선도를 말한다.

(2) 필요성

1) 열차운전계획 수립에 사용
신선건설, 전철화, 차종변경, 노선개량 등

2) 보조자료 활용
동력차 및 견인정수(Tractive Car) 비교, 운전시격 검토, 신호기 위치결정, 사고조사 등

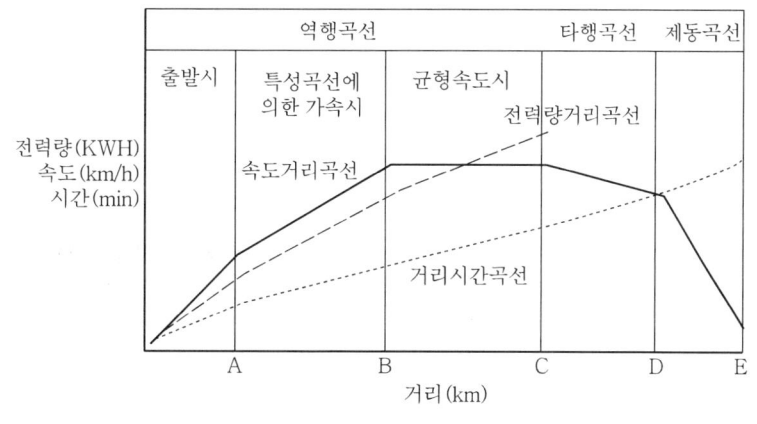

[운전선도]

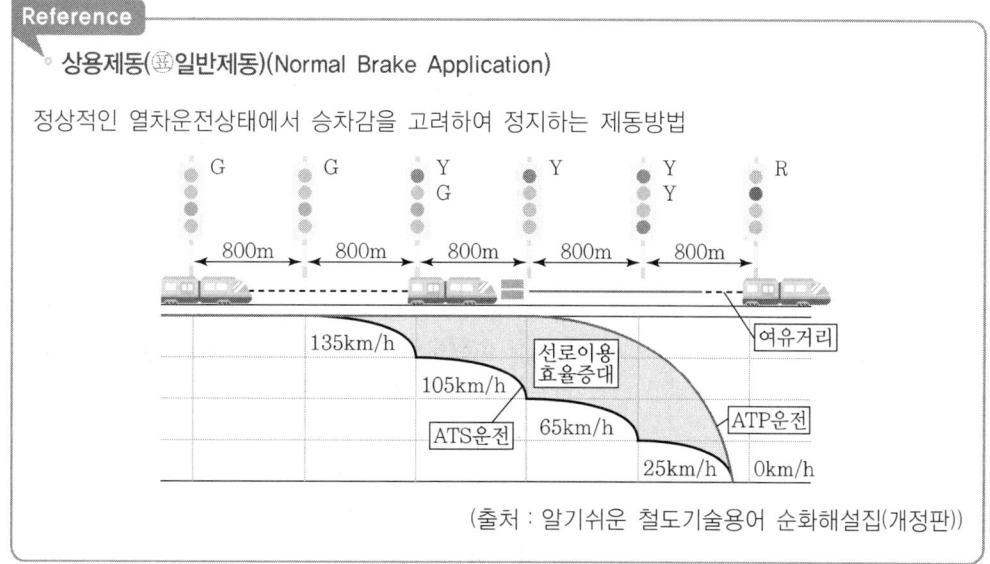

04 기출 및 적중예상문제

■ 정답 및 해설

01 동력집중방식은 기관차로 객차를 견인함으로써 객차의 소음, 진동이 적다.

02 주행저항의 종류로는 기계저항, 속도저항, 터널저항이 있다.

03 출발저항은 출발시 최대치, 열차속도 3km/h에서 최소가 된다.

04 ATS는 정지신호 오인방지가 주목적이며, ATC는 속도제어를 통한 열차 안전운행 유도를 목적으로 한다.

01 전기차량 중 동력집중방식과 동력분산방식의 득실을 비교한 내용 중 동력집중방식의 장점에 해당하는 것은? >> 13, 04 산업
① 가속성이 좋다.
② 객차의 소음·진동이 적다.
③ 동력차의 일부가 고장나도 운전이 가능하다.
④ 기기가 분산되어 있으므로 부담하중이 평균화되어 경량이다.

02 열차가 주행할 때 그 운행방향과 반대로 작용하는 모든 저항을 총칭하며, 전동기의 입력대 출력간의 손실, 치차의 전달손실 등이 포함되지 않는 저항은? >> 04. 산업
① 열차저항
② 출발저항
③ 주행저항
④ 가속도저항

03 평탄하고 직선인 선로에 있는 열차가 정지상태에서 움직일 때 처음 발생하는 저항은? >> 08, 05, 02. 산업
① 출발저항
② 주행저항
③ 가속도저항
④ 곡선저항

04 열차자동제어장치 중 열차속도를 제한하는 구역에 있어서 제한속도 이상으로 운행하게 되면 자동적으로 제동이 작용하여 감속을 하도록 열차속도를 제어하는 장치는? >> 04. 산업
① 자동열차 운행장치
② 자동열차 정지장치
③ 열차집중 운행장치
④ 자동열차 제어장치

정답 01 ② 02 ③ 03 ① 04 ④

05 열차속도가 지정속도보다 높아지면 자동으로 제동이 작용하여 일정속도의 열차운행을 하게 하는 장치는?
>> 03. 기사, 산업, 02. 기사
① 차내 경보장치
② 자동열차정지장치(A.T.S)
③ 자동열차제어장치(A.T.C)
④ 자동열차운행장치(A.T.O)

06 열차가 정거장을 발차하여 다음 정거장에 정차할 때까지 가속, 감속 및 정거장의 정위치 정차 등을 자동화한 운전방식은?
>> 07. 기사
① ATC ② ATO
③ ATH ④ ATS

06 ATO는 운전의 대부분이 자동화되어 기관사의 숙련도나 부담의 경감, 정확한 운전시간의 유지 등을 목적으로 한다.

07 철도보안설비를 열차운전제어장치, 진로제어장치, 차량제어장치, 건널목보안장치로 구분할 때 열차운전제어장치가 아닌 것은?
>> 08. 기사
① ATS ② ATC
③ ATO ④ CTC

07 CTC는 열차집중제어장치이다.

08 다음에 열거하는 내용은 철도의 어떤 특징인가? >> 08. 기사

수송기관으로서 가장 먼저 요구되는 것이며 경제성 이전의 문제다. 일정 궤도로 주행유도 되는 것을 타 교통과 동시에 ( )을 확보하는 기본이 되며 CTC, ATS 등의 설비를 동반하게 되어 더욱 유리하다.

① 안전성 ② 신속성
③ 정확성 ④ 편리성

08 열차제어기술은 열차의 안전한 운행을 확보하기 위한 설비들이다.

정답 05 ③ 06 ② 07 ④ 08 ①

09 운전선도는 신선건설, 전철화, 노선의 개량 등 열차운전계획 수립에 사용된다.

09 열차의 운전상태, 운전속도, 운전시분, 주행거리, 전기소비량 등의 상호관계를 열차운행에 수반하여 변화하는 상태를 역학적으로 도시(圖示)한 것은? >>02. 03. 기사

① 속도기록지 ② 열차시간표
③ 운전선도 ④ 운전상황도

10 차량의 운전에 지장이 없도록 궤도상에 일정공간을 설정하는 한계로서 건물과 모든 건조물을 침범할 수 없도록 정한 한계는? >>04. 산업

① 차량한계 ② 선로한계
③ 열차한계 ④ 건축한계

11 열차가 발차하여 정차 시까지 가속, 감속 및 정거장의 정위치 정차를 자동적으로 수행할 수 있는 장치는? >>11. 산업

① A.T.C ② A.T.O
③ A.T.H ④ A.T.S

12 차량한계와 건축한계의 관계를 바르게 나타낸 것은? >>11. 산업

① 건축한계≥차량한계
② 건축한계<차량한계
③ 건축한계=차량한계
④ 건축한계>차량한계

13 신호보안장치에 관한 설명으로 거리가 먼 것은? >>11. 산업

① 안전운행을 확보시켜 준다.
② 수송력을 증강시켜 준다.
③ 열차속도 향상에 장애가 된다.
④ 선로이용률을 높여준다.

정답 09 ③ 10 ④ 11 ② 12 ④ 13 ③

14 철도의 보안설비를 열차운전제어장치, 진로제어장치, 차량제어장치, 건널목 보안장치 등으로 구분할 때 열차운전제어장치에 해당되지 않는 것은?   ≫08. 기사
① Automatic Train Stop System
② Automatic Train Control System
③ Automatic Train Operation System
④ Car Automatic Control System

14 열차운전제어장치는 ATS, ATC, ATO, ATP, CBTC가 있다.

15 열차가 출발 또는 주행을 할 때 열차의 진행방향과 반대방향으로 주행을 방해하는 힘이 발생하고 이를 열차저항이라 하는데, 고려사항이 아닌 것은?
① 최고속도　　　　② 열차시간표
③ 가속성능　　　　④ 견인력

15 열차시간표는 열차운행에 필요한 사항이다.

16 각종 열차저항과 견인력이 일치하여 등속도 운전상태에서 더욱더 속도를 증가시키기 위하여 필요한 저항은 무엇인가?
① 기울기저항　　　② 곡선저항
③ 가속도저항　　　④ 주행저항

17 열차의 안전한 운행을 확보하기 위한 설비로서 열차 간격조정, 열차속도 조정, 자동운전, 비상정지 등의 기능을 제공하는 열차자동제어장치는 무엇인가?
① ATS　　　　　　② ATP
③ ATO　　　　　　④ ATC

17 ATP의 작동원리는 지상정보와 차상정보가 결합하여 스스로 연산하여 자동 방호하는 시스템을 말한다.

18 전기차량 중 동력집중방식과 동력분산방식의 득실을 비교한 내용 중 동력분산방식의 장점에 해당하지 않는 것은?
① 견인력을 크게 할 수 있고, 높은 가속도를 얻을 수 있다.
② 축중 분산이 가능하고, 기관차의 방향전환이 필요 없다.
③ 전기브레이크를 사용하여 안전도가 높다.
④ 선로 기울기의 제한을 많이 받는다.

18 동력이 분산되고 축중 분산이 가능하여 선로 기울기의 제한을 적게 받는다.

정답　14 ④　15 ②　16 ③　17 ②　18 ④

▶ Part 01 | 철도일반

19 자동열차정지(ATS ; Automatic Train Stop)장치이며, 점제어식과 속도조사식이 있다.

19 위험구역에 열차가 접근하면 기관사가 경보음을 울려주고 일정시간 동안에 브레이크 조작이 없을 경우 브레이크를 동작시켜 열차를 안전하게 정지하는 시스템을 무엇이라 하는가?
① ATS   ② ATP
③ ATO   ④ ATC

20 지상의 거점에 위치하는 컴퓨터가 각 열차로부터 위치와 속도를 주기적으로 수집하고, 선행열차와 속도 제한 지점까지의 거리정보를 열차로 전송하여, 차상의 제어장치가 열차성능에 맞는 최적의 속도제어를 하는 장치는?
① CBTC   ② ATS
③ ATP   ④ ATO

21 차량 크기 제한요인은 차량한계, 축중, 고정축거, 차륜지름, 차량연결기 높이 등이다.

21 다음 중 차량의 크기 제한요인이 아닌 것은?
① 차량한계   ② 고정축거
③ 건축한계   ④ 차륜지름

22 차축간거리를 고정축거라 한다.

22 차축간거리로 선로곡선을 원활히 통과할 수 있도록 축간거리를 제한하고 있는 것은?
① 축중
② 차륜지름
③ 차량연결기 높이
④ 고정축거

23 열차저항의 종류
출발저항, 주행저항, 기울기저항, 곡선저항, 가속도저항

23 열차저항의 종류에 해당되지 않는 것은?   >> 12. 산업
① 출발저항   ② 곡선저항
③ 가속도저항   ④ 교량저항

24 열차운행의 공전 발생에 대한 설명으로 틀린 것은?
≫ 16. 기사

① 점착력을 증대시키기 위해 레일에 살사를 실시한다.
② 동륜주인장력이 점착력보다 작아지는 순간에 발생한다.
③ 강우, 서리 등으로 인한 습윤선로에서 비교적 쉽게 발생한다.
④ 공전방지법으로 인장력을 제어하는 방법과 점착력을 증대하는 방법이 있다.

24 공전은 동륜주인장력이 점착력보다 커지는 순간에 발생한다.

25 신호 보안설비를 잘못 설명한 것은?
≫ 16. 기사
① CTC : 열차집중제어장치   ② ATC : 자동열차제어장치
③ ATO : 자동열차방호장치   ④ ATS : 자동열차정지장치

25 ATO(Automatic Train Operaton : 자동열차운전장치)

26 일반철도에서 기관차용 전차대의 길이는 얼마 이상인가?
≫ 16. 기사

① 24m   ② 27m
③ 32m   ④ 35m

26 철도건설기준에 의거하여 전차대의 길이는 27m 이상이어야 한다.

27 열차가 발차하여 정차 시까지 가속, 감속 및 정거장의 정위치 정차를 자동적으로 수행할 수 있는 장치는?
≫ 16. 산업
① ATC   ② ATO
③ ATH   ④ ATS

27 ATO(Automatic Train Operaton : 자동열차운전장치)에 대한 설명이다.

정답 24 ② 25 ③ 26 ② 27 ②

05 신호보안

01 개요

① 열차 운전의 안전 확보와 효율적인 운행에 필수적인 설비로서 최근 열차의 고밀도 운행과 고속화가 진행됨에 따라 열차 보안도 향상 및 고효율 운전이 요구되어 첨단기술이 집약되고 있다.
② **종류** : 신호장치, 폐색장치, 전철장치, 연동장치, 궤도회로, ATS, ATC, CTC, 건널목 보안장치, 열차위치 표시장치, 열차선별장치 등이 있다.

> **Reference**
>
> 1. 폐색장치
>   열차의 안전하고, 신속한 운행을 위해서 대향열차, 선행열차, 후속열차가 서로 지장이 없도록 일정한 간격을 두고 운행하도록, 일정한 거리를 두고 일정한 구간을 정하여 1개의 열차만 운행하는 구간을 폐색구간이라 하며, 폐색구간 운영을 위해 설치한 설비를 폐색장치라 한다.
>
> 2. 연동장치
>   정거장 구내 열차운행과 차량입환을 안전하고 신속하게 하기 위해 신호기와 전철기 등을 상호 연관시켜 작동하도록 한 장치를 말한다.
>
> 3. 궤도회로
>   레일에 전기적인 회로를 구성하여 열차 또는 차량의 점유 유무를 검지하는 설비를 말한다.
>
> 4. 신호보안장치(신호장치)
>   일정한 모양, 색, 소리 등을 이용하여 운전의 조건, 위치, 장소 등의 상태를 상대방에게 지시 또는 표시하여 전달하는 것으로 열차의 안전운행을 확보하고 수송력의 증대를 위해 설치한 선로 설비
>
>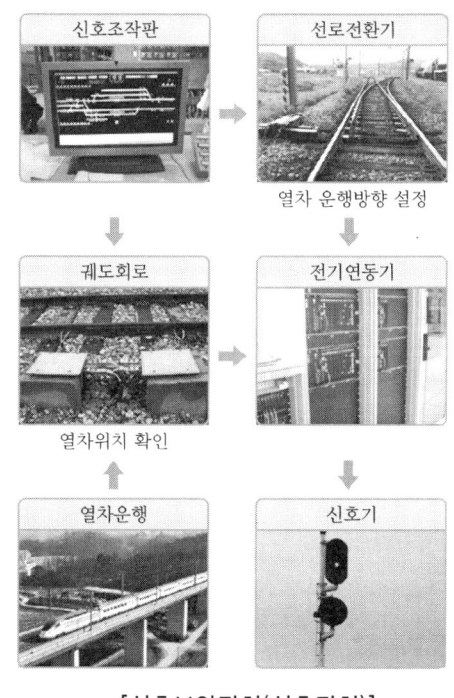
>
> [신호보안장치(신호장치)]
> (출처 : 알기쉬운 철도기술용어 순화해설집(개정판))

02 | 신호와 표지

철도신호는 기관사에게 운행조건을 지시하는 신호, 종사원의 의사를 표시하는 전호, 장소의 상태를 나타내는 표식으로 분류하며 부호, 형상, 색, 음성으로 전달한다.

(1) 신호

- 상치신호기 (㉿상설 신호기)
  - 주신호기 : 장내, 출발, 폐색, 유도, 입환 ≫ 11, 10, 기사, 13, 12, 산업
  - 종속신호기 : 원방, 통과, 중계
  - 신호부속기 : 진로표시기
- 임시신호기 : 서행, 서행 예고, 서행 해제
- 수신호기 : 대용수, 통과, 임시
- 특수신호기 : 발유, 발광, 발보, 화재, 폭음

1) 분류
  ① 구조에 의한 분류 : 기계식, 색등식, 다등형 신호기
  ② 조작에 의한 분류 : 수동, 자동, 반자동 신호기

2) 신호 현시(㉿신호 표시) 방법은 2위식과 3위식(주로 사용)이 있음

3) 3위식의 종류
  ① 3현시 : G진행 Y주의 R정지
  ② 4현시 : G진행 YG감속(또는 YY경계) Y주의 R정지
  ③ 5현시 : G진행 YG감속 Y주의 YY경계 R정지

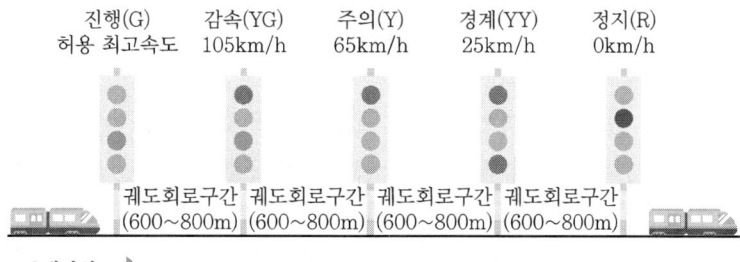

[신호현시(㉿신호 표시) – 5현시]

(출처 : 알기쉬운 철도기술용어 순화해설집(개정판))

4) 절대신호기   >> 07. 산업

열차의 진행을 허용하는 신호가 현시된 경우 이외는 절대로 신호기 내방에 진입할 수 없는 신호기로 장내, 출발, 입환, 엄호신호기 등이 있다. 장내, 출발, 입환, 엄호신호기는 600m 이상의 거리에 설치한다.

① 장내(진입)신호기

정거장에 진입할 열차에 대하여 그 신호기 내방으로 진입 여부를 지시하는 신호기

[장내(진입)신호기]

(출처 : 알기쉬운 철도기술용어 순화해설집(개정판))

② 출발신호기

정거장에서 출발하고자 하는 열차에 다음 방호구간 앞까지 진행할 수 있도록 운전을 지시하는 신호기

③ 입환(㈜차량 정리)신호기

입환 시 열차의 구내 왕복을 지시하는 신호기

④ 엄호신호기

정거장 외에 있어서 특별히 방호를 요하는 지점을 통과하려는 열차에 대해 그 신호기 내방으로 진입의 가부를 지시하는 신호기. 정거장 외에 가동교나 교통이 빈번한 건널목과 같이 열차운전보안을 요하는 개소에는 엄호신호기를 설치해야 하며, 엄호신호기의 설치위치는 장내신호기의 설치위치에 준한다. 단, 정거장 내에는 장내신호기나 출발신호기에 의하여 방호되므로 엄호신호기가 필요 없다.

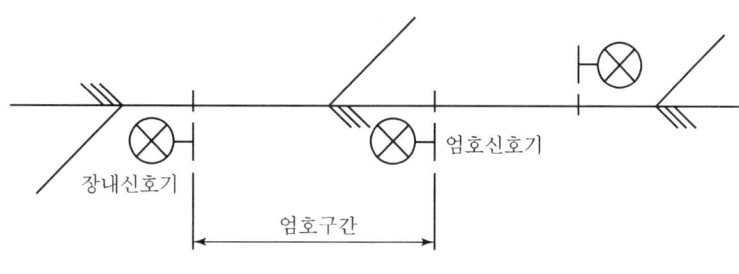

[엄호신호기의 설치]

⑤ 폐색신호기

신호보안 설비에 있어서 역과 역 사이를 여러 구간으로 나누어 동시에 여러 개의 열차를 운전하게 되는데 이와 같은 경우 각 구간의 시점에 설치되는 신호기로서 그 구간에 열차가 진입할 수 있는가의 가부를 지시하는 신호기

5) 허용신호기

자동폐색신호기와 같이 정지신호가 현시되었다 하더라도 열차가 일단 정지한 다음 제한속도로 운행할 수 있는 신호기로 식별표지가 붙어 있는 신호기

6) 종속신호기

① 원방(예고)신호기(Distant Signal)

상당한 속도로 진행 중인 열차에 정지신호를 현시하는 신호를 어느 상당한 거리에서부터 확인할 수 있도록 해야 하지만, 지형·천후·기타 정거장 전후의 조건으로 확인할 수 없는 경우에 주신호기를 예고하는 신호기. 원방신호기는 장내신호기의 외방 400m 이상의 지점에 설치한다.

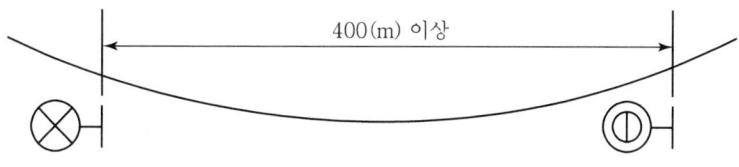

[원방신호기의 설치위치]

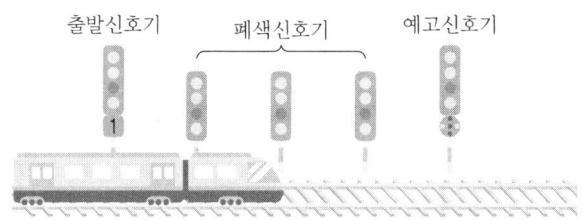

[원방(예고)신호기]

(출처 : 알기쉬운 철도기술용어 순화해설집(개정판))

② 중계신호기

장내, 출발, 폐색신호기 또는 엄호신호기 확인거리가 600m 이상인데 이 거리보다 미달될 경우에 설치하며, 장내신호기 또는 출발신호기가 2기 이상 설치된 경우는 각각 별개로 설치한다.

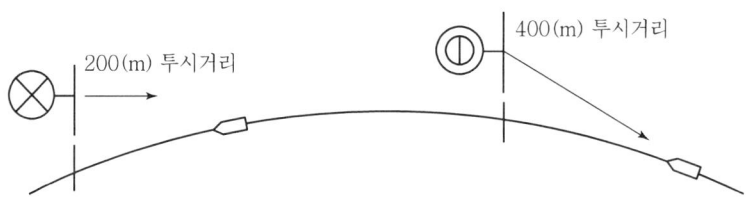

[투시거리가 중단되는 경우 중계신호기 설치위치]

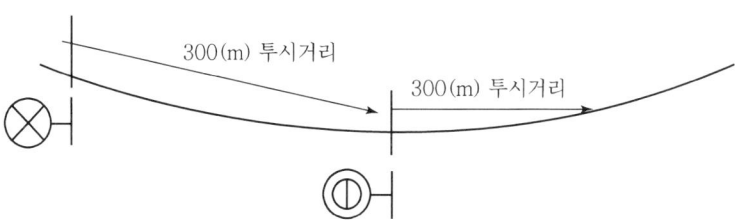

[투시거리가 연속될 경우 중계신호기 설치위치]

[중계신호기]

(출처 : 알기쉬운 철도기술용어 순화해설집(개정판))

7) 임시신호기

서행(50m 전방), 서행예고(400m 전방), 서행해제신호기를 말하며, 공사구간 또는 사고구간에 임시로 설치하는 신호기이다.

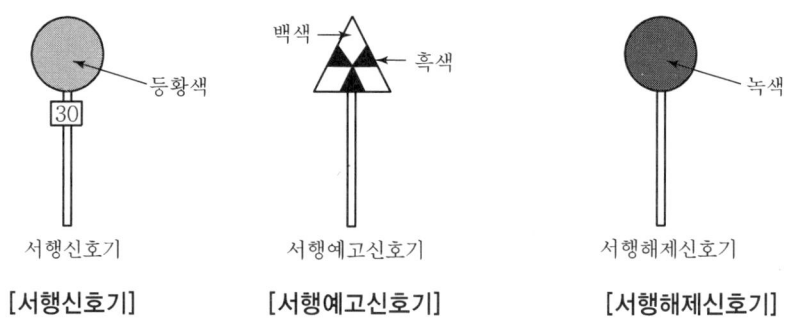

8) 선로작업표 등

① 선로작업표 건식은 130km/h 이상 선로는 400m, 100~130km/h까지는 300m, 100km/h 미만 선로는 200m 이상 거리에 세워야 한다.

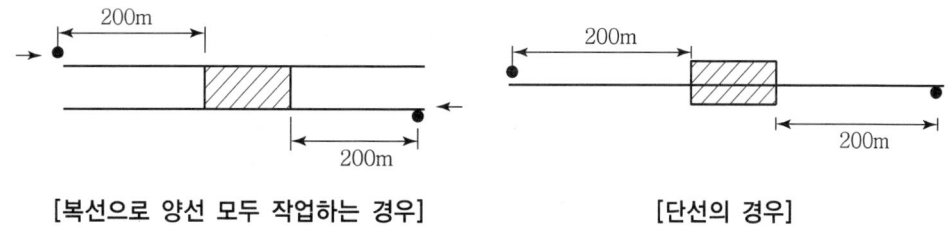

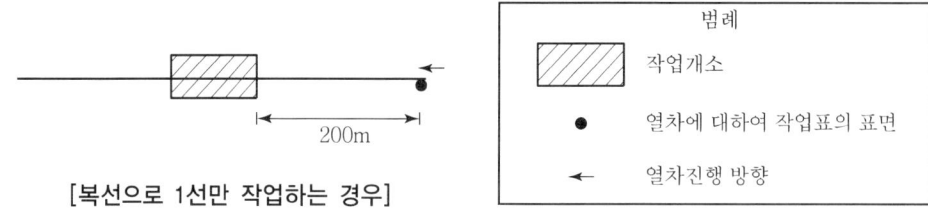

[복선으로 1선만 작업하는 경우]

② 공사알림판을 열차진행방향에 대향방향으로 200m와 500m 이상 거리에 공사 시행업체에서 세워야 한다.

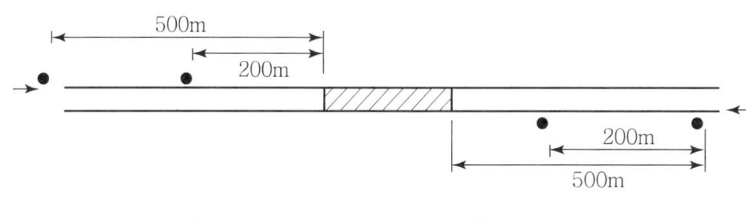

[복선으로 양선 모두 작업하는 경우]

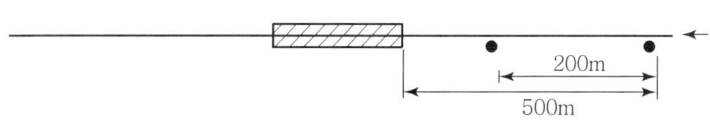

[복선으로 1선만 작업하는 경우]

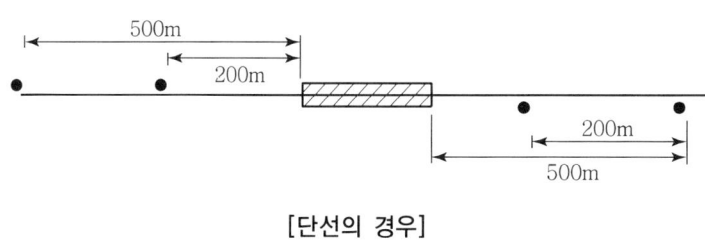

[단선의 경우]

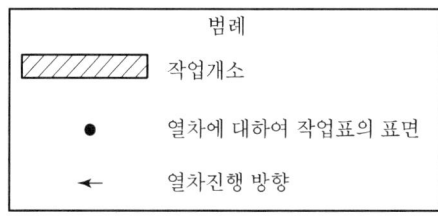

> **Reference**
> ○ 선로작업표
>
> 선로보수 작업원의 작업 위치를 기관사에게 알려 주의를 환기시키며, 열차에 대항하여 약 200m 밖에 세워야 하고, 400m 전방에서 기관사가 알아볼 수 있는 위치에 건식한다.

(2) 신호기의 확인거리

1) 장내·출발·엄호신호기

600m 이상, 다만 해당 폐색구간이 600m 이하인 경우에는 그 길이 이상으로 할 수 있다.

2) 수신호등

400m 이상

3) 원방·입환·중계신호기

200m 이상

4) 유도신호기

100m 이상

5) 진로표시기

주신호용 200m 이상, 입환신호용 100m 이상

(3) 전호

≫ 09. 산업, 13. 06. 03. 02. 기사

출발전호, 입환전호, 전철전호, 비상전호, 제동시험전호 등 철도에서는 종사원 상호 간의 의사를 표시하는 것

(4) 표지

① 열차표지, 폐색신호기지별표지, 속도제한표지
② 속도제한해제표지, 출발반응표지, 열차정지표지
③ 차량정지표지, 입환표지, 전철표지
④ 차막이표지, 차량접촉한계표지

03 신호기와 전철장치

(1) 신호기 장치

신호기 장치란 열차 또는 차량이 일정한 구역 내를 운행할 때 선로의 이상 유무, 분기기의 개통방향 및 선행열차의 운행상태 등 열차가 운행하는데, 필요한 여러조건들을 하나의 신호로 집약하여 최종적으로 기관사에게 진행조건을 지시하는 장치를 말한다.(종류로는 기계신호기, 전기신호기, 신호전구가 있다.)

(2) 전철장치

>> 10. 기사

1) 정의

선로의 분기에는 분기기(Turnout)가 설치되며, 그 진로를 전환하는 장치, 즉 분기기의 진로방향을 변환시키는 장치를 선로전환기(전철기, Point Machine)라 한다.

2) 선로전환기의 종류 및 설치장소

① 전기선로전환기
  본선 및 측선
② 기계선로전환기(표지 포함)
  중요하지 않은 측선
③ 차상선로전환기
  정거장 측선 또는 각 기지 내의 빈번한 입환작업 장소

[전기선로전환기]

[기계선로전환기]

04 | 궤도회로와 폐색장치

(1) 궤도회로(Track Circuit)

1) 정의

레일을 전기회로의 일부로 이용하여 회로를 구성하고 열차가 진입하게 되면 차량의 차축에 의해서 양쪽 레일의 전기적인 회로가 단락함에 따라 열차 또는 차량의 점유 유·무를 검지하여 신호기, 선로전환기, 연동장치를 직접 또는 간접으로 제어할 목적으로 설치된 궤도를 이용한 전기회로이다. 궤도회로의 구성방식은 폐전로식 궤도회로로 한다. 다만, 필요에 따라 개전로식 궤도회로를 조합하여 설비할 수 있다.

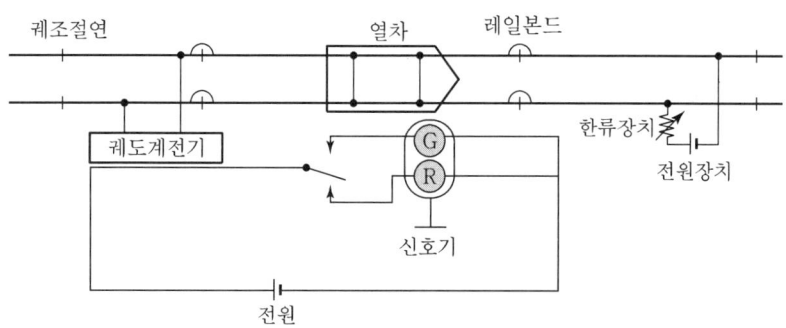

[궤도회로의 원리]

2) 각 선구별 설치할 궤도회로

① 직류 전철구간

　가청주파수, 고전압임펄스, 상용주파수 궤도회로

② 교류 전철구간

　가청주파수, 고전압임펄스, 직류바이어스 궤도회로

③ 비전철구간

　가청주파수 궤도회로, 직류바이어스 궤도회로

3) 궤도회로의 구성

전원장치, 한류장치, 궤조절연, 레일본드, 점퍼선, 궤도계전기

4) 궤도회로와 사구간(軌절연 구간, Dead Section) >> 11. 07. 04. 기사

사구간은 선로의 분기교차점, 크로싱부분, 드와프거더교량 등에서 좌우 레일의 극성이 같게 되어 궤도회로의 단락이 불가능한 경우에 두게 된다. 궤도회로의 사구간은 7m를 넘지 않게 해야 한다.

> **Reference**
>
> **사구간(軌절연 구간, Dead Section)**
>
> (출처 : 알기쉬운 철도기술용어 순화해설집(개정판))
>
> 1. 전차선 사구간
>   전기철도구간에서 직류와 교류가 바뀌거나, 전기주파수가 바뀌거나, 관할 변전소가 바뀌거나 등의 이유로 잠시 전기가 끊어지는 구간으로 이 구간에서는 모터를 돌릴 수 없기 때문에 관성주행을 하게 되는 구간을 말한다.
>
> 2. 궤도회로 사구간
>   궤도회로를 구성하는 궤도의 일부분에 열차가 점유하여도 궤도계전기가 작동되지 않는 구간을 말한다.(궤도회로를 구성하는 좌우 레일상에 차량의 차축이 놓이더라도 궤도회로가 단락되지 않는 구간)

(2) 폐색구간(Block Section) >> 07. 기사

열차의 충돌방지를 위하여 일정한 시간 및 거리를 두는 것으로, 2 이상의 열차를 동시에 운전시키지 않도록 하기 위해 정한 구역을 말한다.

1) 폐색방법

① 시간간격법
  선행열차가 출발한 뒤 일정시간이 경과한 후 후속열차를 출발시키는 방법으로 사고로 중간에 지연열차가 있을 경우 대형사고의 우려가 있다.

② 공간간격법
  열차 사이에 일정한 공간을 두고 운행시키는 방법으로 폐색구간이 길면 길수록 보안도는 향상되지만 운행밀도가 제한되고 열차운영효율이 떨어진다(고밀도 운전 곤란).

2) 폐색방식
    ① 상용폐색방식
        평상시 사용하는 폐색방식
        ㉠ 복선구간
            자동폐색식, 연동폐색식, 차내신호폐색식(ATC 장치 운영)
        ㉡ 단선구간
            자동폐색식, 연동폐색식, 통표폐색식
    ② 대용폐색방식
        폐색장치의 고장 등으로 상용폐색방식 시행이 불가능한 경우 사용
        ㉠ 복선구간
            통신식
        ㉡ 단선구간
            지도식, 지도통신식

3) 폐색방식의 종류
    ① 자동 폐색장치(ABS ; Automatic Block System)
        역 사이에 많은 폐색구간을 설치하고 그 구간의 경계에 자동신호기를 세워 설치구간의 궤도회로와 열차의 유무에 따라 신호현시를 자동적으로 제어하는 방식이다. 복선구간에서는 자동 폐색장치 채용을 원칙으로 하며, 열차 횟수가 많은 단선 구간에도 채용되고 있다. 단선구간의 경우는 열차의 방향을 설정할 필요가 있기 때문에 양단 정거장이 공동으로 취급하는 한 쌍의 방향 정자(精子)가 설치되지만, 최근에는 CTC(Centralized Train Control)화에 의하여 원격 제어되는 예가 많다.
    ② 연동 폐색장치(Controlled Manual Block System)
        폐색구간의 양단에 폐색 레버를 설치하여 신호기와 연동시켜 신호현시와 폐색 취급의 2중 취급을 단일화한 방식이다. 연동폐색장치(Controlled Manual Block System)는 복선과 단선구간에 모두 사용되며, 복선구간의 쌍신폐색기와 단선구간의 통표폐색기의 단점을 보완한 것이다. 관련된 출발 신호기(Starting Signal)를 폐색기와 상호 연동시킴으로써 한 가지라도 충족되지 않으면 열차를 출발시킬 수 없는 설비이므로 특히 단선구간에서 통표를 주고받는 데 따른 열차의 서행운전(Slow Operation)이 필요하지 않게 되었다.
    ③ 이동폐색장치(MBS ; Moving Block System)
        수송수요의 증가로 인한 선로용량의 증대가 필요하고, 자동폐색 및 연동폐색의 고정폐색장치를 이용한 선로용량의 증대가 한계에 이르면서 고정폐색의 한계를 극복하기 위

하여 폐색구간을 일정하게 구획하지 않고 열차의 제동성능에 따라 열차간격을 제어하기 위하여 이동폐색장치가 고안되었다.

이동폐색장치는 지상의 중앙제어센터에 설치된 컴퓨터가 각 열차의 위치와 속도를 주기적으로 수집하고, 선행열차 위치와 속도제한 지점까지의 거리를 열차로 전송하여 차상의 컴퓨터가 열차성능에 맞는 최적의 속도제어를 하는 시스템이다.

이동폐색장치에서 지상과 차상 간의 데이터 송수신은 무선을 이용하여 궤도회로 등과 같은 지상설비의 감소로 공사비용의 절감은 물론 수송능력의 향상, 연속정보에 의한 열차위치제어에 정밀성을 기할 수 있다.

> **Reference**
>
> **통표폐색방식(Token Block System)**
>
> 폐색방식의 일종으로 단선구간에서만 사용되며, 1 폐색구간에 1개의 열차만 운행시키는 방식으로 1 폐색구간의 양쪽 끝 역장이 협동하여 상대역장이 전기적 신호를 보내야만 통표(운전허가증)를 꺼낼 수 있으며, 이 통표를 갖는 열차만이 그 구간을 운전할 수 있는 방식
>
>

05 연동장치

정거장 구내에서 열차의 안전을 확보하기 위하여 신호기 상호 간에 그리고 이들 신호기와 분기기 상호 간에 약속된 조건이 충족될 때만 상호 연쇄하면서 작동하게 하는 장치를 연동장치라 한다.

(1) 연동장치의 종류

1) 전자연동장치

   연동장치를 모듈화된 마이크로프로세서에 의해 제어, 분석, 기록하는 설비

2) 전기연동장치

   연동장치를 전기연동기에 의해 제어하는 설비

(2) 연동도표

정거장 구내의 안전한 열차운전을 위해 여러 가지 방법의 연쇄가 연동장치에 의해 이루어지고 있는데, 이러한 연동장치가 어떤 내용인지를 일목요연하게 알 수 있도록 도표로 표시한 것을 말한다. 연동도표는 신호기와 전철기의 연동관계를 표시한 도표로서 배선약도와 연동도표로 되어 있다.

05 기출 및 적중예상문제

■ 정답 및 해설

01 서행, 서행예고, 서행해제신호기는 임시신호기이다.

02 종속신호기는 원방, 통과, 중계신호기이다.

04 허용신호기는 일단 정지한 후 다음 제한속도로 운행할 수 있는 신호기이며, 절대신호기는 절대로 운행을 할 수 없는 신호기를 말한다

05 사구간이 생기는 구간은 분기부, 크로싱부분, 드와프거더교량이며, 7m를 넘지 않아야 한다.

01 다음 중 상치신호기가 아닌 것은? 〉〉07. 산업
① 장내신호기　　② 중계신호기
③ 서행신호기　　④ 입환신호기

02 다음 상치신호기 중 주신호기가 아닌 것은? 〉〉11, 05. 기사
① 출발신호기　　② 폐색신호기
③ 입환신호기　　④ 원방신호기

03 다음 중 주신호기가 현시하는 신호의 인지거리를 보완하기 위하여 설치되는 종속신호기에 해당되는 것은? 〉〉09. 기사
① 유도신호기　　② 엄호신호기
③ 원방신호기　　④ 입환신호기

04 자동폐색신호기와 같이 정지신호가 현시되었다 하더라도 열차가 일단 정지한 다음 제한속도로 운행할 수 있는 신호기로 식별표지가 붙어 있는 신호기는? 〉〉11, 08. 산업
① 허용신호기　　② 절대신호기
③ 기계식신호기　　④ 색등식신호기

05 궤도회로는 어떠한 경우에도 단락되어서는 안 되나 분기부 등 특별한 경우에는 불가피하게 단락구간인 사구간(Dead Section)이 생기게 된다. 이 경우에도 사구간의 길이는 얼마를 넘지 않아야 하는가? 〉〉07, 04. 기사
① 6m　　② 7m
③ 8m　　④ 9m

정답　01 ③　02 ④　03 ③　04 ①　05 ②

Chapter 05 | 신호보안

06 철도신호 중 전호란? ≫06, 03, 02. 기사
① 기관사에게 선로상태를 알려주는 것
② 종사자의 의사를 표시하는 것
③ 장소의 상태를 표시하는 것
④ 신호기의 신호표시

07 전호의 종류가 아닌 것은? ≫09. 산업
① 출발전호   ② 화재전호
③ 대용수신호현시 전호   ④ 제동시험전호

07 전호의 종류로는 출발, 입환, 전철, 비상, 제동시험, 대용수신호현시 가 있다.

08 선로의 노반이 50m에 걸쳐 침하되어 서행신호기를 건식하였을 때 열차가 지정 서행속도 이하로 운전하여야 할 거리는? (단, 통과열차의 열차길이는 200m로 함) ≫02, 05. 산업
① 50m   ② 150m
③ 350m   ④ 450m

08 서행은 서행개소 전방 50m + 침하개소 50m + 후방50m + 열차길이 200m의 합이므로 350m이다.

09 다음 중 상치신호기에 해당되는 것은? ≫10. 산업
① 유도신호기   ② 서행예고신호기
③ 서행신호기   ④ 서행해제신호기

09 서행예고, 서행, 서행해제신호기는 임시신호기이다.

10 폐색구간 시점에 설치되는 자동폐색신호기가 정지신호로 현시하여야 할 상황이 아닌 것은? ≫10, 07. 산업
① 폐색구간에 열차 또는 차량이 있을 때
② 장치가 고장이 났을 때
③ 폐색구간의 전철기가 정당한 방향에 있지 아니할 때
④ 폐색구간 종점신호기의 현시 상태가 주의 신호일 때

10 자동폐색신호기는 폐색구간의 시점에 설치되는 신호기로서 그 구간에 열차가 진입할 수 있는가의 가부를 지시하는 신호기이다.

정답 06 ② 07 ② 08 ③ 09 ① 10 ④

▶ Part 01 | 철도일반

11 정거장 상호 간에 열차충돌을 방지하기 위하여 열차와 열차 사이에 항상 일정한 간격을 확보해야 하며 이렇게 일정한 시간과 거리를 두는 구간으로 하나의 열차만을 운행할 수 있는 구간은? ≫07. 기사

① 쇄정구간　　　　② 안전구간
③ 연동구간　　　　④ 폐색구간

12 신호보안설비 중에서 전철기의 전철장치를 설명한 것으로 옳은 것은? ≫10. 기사

① 기관사에게 운행조건을 지시하는 장치
② 열차의 진로를 전환시켜주는 장치
③ 신호기와 전철기 등의 상호 연관을 시켜주는 장치
④ 일정구간을 1개 열차만 운행할 수 있도록 하는 장치

13 선로의 분기교차점, 크로싱부, 교량부 등에 있어서 레일극성이 같게 되어 열차에 의한 궤도회로의 단락이 불가능한 곳이 생기는 구간을 무엇이라 하는가? ≫11. 기사

① 사구간　　　　② 폐색구간
③ 대용구간　　　④ 제어구간

14 철도신호보안설비인 연동장치, 폐색장치, 궤도회로는 열차의 안전한 운행을 위해 필요한 설비이다.

14 철도의 설비를 구분할 때 안전, 신속 그리고 정확한 열차의 운행을 확보하기 위한 보안설비로 거리가 먼 것은? ≫10. 산업

① 연동장치　　　　② 무선전화
③ 폐색장치　　　　④ 궤도회로

15 철도신호와 관련하여 종사자 상호 간의 의사전달을 위한 의사표시를 무엇이라 하는가? ≫10. 산업
① 신호 ② 전호
③ 표지 ④ 현시

16 서로 인접한 궤도에서 차량의 접촉을 피하기 위하여 세우는 표지로서 분기부 뒤쪽의 위치에 설치하는 것은? ≫11. 산업
① 건축한계표 ② 차량한계표
③ 차량접촉한계표 ④ 선로경계표

17 신호보안장치에 관한 설명으로 거리가 먼 것은? ≫11. 산업
① 안전운행을 확보시켜 준다.
② 수송력을 증강시켜 준다.
③ 열차속도 향상에 장애가 된다.
④ 선로이용률을 높여준다.

18 다음 중 확인거리가 가장 크게 확보되어야 하는 신호기는? ≫07. 산업
① 유도신호기 ② 출발신호기
③ 원방신호기 ④ 중계신호기

18 장내, 출발, 엄호신호기는 600m 이상의 거리에 설치하며, 원방, 입환, 중계신호기는 200m 이상의 거리에 설치한다.

19 일반철도에서 선로작업개소에는 선로작업표를 열차진행방향에 대향으로 일정 기준 이상의 거리에 세워야 한다. 이때 열차속도가 120km/h인 선구에서의 거리는? ≫04. 산업
① 200m 이상 ② 300m 이상
③ 400m 이상 ④ 500m 이상

19 선로작업표 건식
130km/h 이상 : 400m
100~130km/h : 300m
100km/h 미만 : 200m 이상

정답 15 ② 16 ③ 17 ③ 18 ② 19 ②

▶ Part 01 | 철도일반

20 운전취급규정
차장률 15량 및 30량의 거리에 서행구역통과 측정표를 설치. 단선의 경우 설치하지 않을 수 있다.

20 복선구간에서 서행구역통과 측정표는 서행해제신호기로부터 얼마의 거리에 설치하는가? 》06. 기사
① 차장률 10량 및 20량의 거리
② 차장률 15량 및 30량의 거리
③ 차장률 20량 및 40량의 거리
④ 차장률 25량 및 50량의 거리

21 다음 중 임시신호기가 아닌 것은?
① 서행 신호기 ② 수신호기
③ 서행예고신호기 ④ 서행해제신호기

22 절대신호기는 열차의 진행을 허용하는 신호가 현시된 경우 이외에는 절대 신호기 내방에 진입할 수 없는 신호로 장내, 출발, 입환, 엄호신호기가 있다.

22 다음 중 절대신호기기가 아닌 것은?
① 장내신호기 ② 출발신호기
③ 입환신호기 ④ 통과신호기

23 사구간이 생기는 구간은 분기부, 크로싱부분, 드와프거더교량이다.

23 사구간이 생기는 구간으로 옳지 않은 것은?
① 분기부선로의 분기교차점 ② 크로싱부분
③ 건널목부분 ④ 드와프거더

24 연동장치의 종류로는 전자연동장치, 전기연동장치가 있다.

24 정거장 구내에서 열차의 안전을 확보하기 위하여 신호기 상호간, 신호기와 분기기 간을 상호 연쇄하면서 작동하게 하는 장치를 무엇이라 하는가?
① 연동장치 ② 폐색장치
③ 연동도표 ④ 보안장치

25 열차의 안전운행을 확보하고 수송력 증강을 위한 설비를 총칭하여 무엇이라 하는가?
① 신호전철장치 ② 신호보안장치
③ 폐색장치 ④ 건널목 보안장치

정답 20 ② 21 ② 22 ④ 23 ③ 24 ① 25 ②

26 2개 이상의 무색등으로 각 등의 점등위치가 수평, 경사 또는 수직이 되게 점등되도록 하여 신호를 현시하는 신호기는?
① 기계식 신호기 ② 단등식 신호기
③ 다등식 신호기 ④ 등열식 신호기

26 기계식 신호기는 주간에는 신호기에 부착된 완목의 위치, 야간에는 완목에 달려 있는 색등에 따라 신호를 현시한다.

27 궤도회로의 사용목적으로 옳은 것은?
① 차량을 이용해 신호기를 자동적으로 제어하기 위하여
② 역에서 원거리에 위치한 신호기에 전류를 보내기 위하여
③ 차량에서 누전되는 전류를 노반에 접지하기 위하여
④ 벼락 등으로 인한 철도시설 및 차량 등의 피해를 방지하기 위하여

27 궤도를 이용하여 전기회로를 구성하는 것으로 차량에 의해서 궤도가 단락되므로 신호기를 자동적으로 제어할 수 있다.

28 상치 신호기의 분류 중 주신호기에 속하는 것은? ≫12. 산업
① 중계 신호기 ② 유도 신호기
③ 통과 신호기 ③ 원방 신호기

28 주신호기는 장내, 출발, 폐색, 유도, 입환 신호기를 말한다.

29 다음 철도용어의 정의로 옳지 않은 것은? ≫12. 산업
① 철로란 차량을 운행하기 위한 궤도와 이를 받치는 노반 또는 인공구조물로 구성된 시설을 말한다.
② 궤도란 레일, 침목 및 도상과 이들의 부속품으로 구성된 시설을 말한다.
③ 신호소란 열차의 교차 통행 및 대피를 위한 시설이 없이 열차의 운행에만 필요한 상치신호기를 취급하기 위하여 시설한 장소를 말한다.
④ 폐색구간이란 선로를 여러 개의 구간으로 나누어 반드시 둘 이상의 열차가 점유하도록 정한 구간을 말한다.

29 폐색구간은 반드시 하나의 열차가 점유하도록 정한 구간이다.

30 다음 상치 신호기 중 주신호기가 아닌 것은? ≫13. 산업
① 통과 신호기 ② 출발 신호기
③ 유도 신호기 ④ 장내 신호기

30 종속신호기
원방, 통과, 중계 신호기

정답 26 ④ 27 ① 28 ② 29 ④ 30 ①

Part 01 | 철도일반

31 유도신호기는 장내신호기에 진행을 지시하는 신호를 현시할 수 없는 경우 유도를 받을 열차에 대하여 그 신호기 안쪽으로 진입할 수 있는 것을 지시하는 신호기이다.

31 다음 중 유도신호기에 대한 설명으로 맞는 것은? ≫14. 기사
① 정거장을 출발하는 열차에 대하여 출발의 가부를 지시하는 신호기이다.
② 정거장에 진입하는 열차에 대하여 진입의 가부를 지시하는 신호기이며 정거장 내외의 경계를 표시한다.
③ 먼저 도착한 열차가 정거장 내에 정차 중일 때 뒤에 오는 열차를 장내신호기 안쪽으로 서행시켜 진입시킬 경우 등 열차진로를 현시할 때 사용하는 신호기이다.
④ 정거장 구내 운전을 하는 차량에 그 신호기를 넘어서 진입할 수 있는가의 가부를 지시하기 위하여 설치하는 신호기이다.

32 종속신호기
원방, 통과, 중계

32 신호보안설비 중 상치신호기를 주신호기, 종속신호기, 신호부속기로 분류할 때, 주신호기에 속하지 않는 것은? ≫11. 기사
① 장내신호기 ② 출발신호기
③ 원방신호기 ③ 엄호신호기

33 ATO
열차가 정차장을 발차하여 다음 정차장에 정차할 때까지 가속, 감속 및 정차장에 도착할 때 정위치에 정차하는 일을 자동적으로 수행하는 시스템

33 열차가 발차하여 정차 시까지 가속, 감속 및 정거장의 정위치 정차를 자동적으로 수행할 수 있는 장치는? ≫11. 산업
① A.T.C ② A.T.O
③ A.T.H ④ A.T.S

34 $\sum t = \dfrac{3,600 \times 0.6}{60}$
$+ 9 + 30 + 25 + 1 + 3$
$= 104초$

34 열차편성을 10량 200m로 하고 진출시간 9초, 정거시간 30초, 진입시간 25초, 신호기의 간격 600m, 열차속도 60km/h, 신호변환시간 1초, 제동 공주시간 3초로 가정하면 열차 최소 시격은? ≫12. 기사
① 80초 ② 104초
③ 116초 ④ 192초

35 다음 중 전호(Sign)의 종류에 속하지 않는 것은? ≫13. 기사
① 출발전호② 전철전호
③ 입환전호④ 장내전호

35 전호란 출발전호, 입환전호, 전철전호, 비상전호, 제동시험전호 등 철도에서는 종사원 상호 간의 의사를 표시하는 것을 말한다.

36 철도의 설비 중 보안설비로만 짝지어진 것은?
① 전신, 유선전화② 신호, 연동장치
③ 역, 조차장④ 폐색장치, 선로

36 보안설비는 폐색장치, 궤도회로, 열차운전제어장치 등이 있다.

37 신호보안장치의 필요성과 가장 거리가 먼 것은? ≫15. 기사
① 수송능률 향상② 선로이용률 증대
③ 소음, 진동 감소④ 열차안전운행 확보

37 소음·진동 감소와 신호보안 장치는 관계가 없다.

38 주신호기가 현시하는 신호의 인지거리를 보완하기 위하여 설치되는 종속신호기에 해당하지 않는 것은? ≫15. 기사
① 서행신호기② 원방신호기
③ 통과신호기④ 중계신호기

38 종속신호기는 원방, 통과, 중계 신호기이며 서행신호기는 임시 신호기에 해당한다.

39 운행되는 열차의 최고속도가 90km/h이고, 경보시간이 30sec 일 때, 경보제어구간길이(L)와 이 구간을 저속도 열차가 54 km/h로 주행할 경우 경보시간(T)은? ≫15. 산업
① L=750m, T=50sec② L=750m, T=40sec
③ L=900m, T=50sec④ L=900m, T=40sec

39 • 제어구간길이(L)
= 90,000/3,600 × 30sec
= 750m
• 경보시간(T)
= 54,000/3,600 × Tsec
= 750m
∴ T = 50sec

40 다음 중 상치신호기가 아닌 것은? ≫15. 산업
① 장내신호기② 출발신호기
③ 원방신호기④ 서행신호기

40 서행신호기는 임시신호기에 해당한다.

정답 35 ④ 36 ② 37 ③ 38 ① 39 ① 40 ④

41 정거장 또는 폐색구간 도중의 평면교차분기를 하는 지점 그 밖의 특수한 시설로 인하여 열차의 방호를 요하는 지점에 설치하는 신호기는?   ≫ 15. 산업
① 엄호 신호기   ② 원방 신호기
③ 중계 신호기   ④ 유도 신호기

41 특별히 방호를 요하는 지점의 경우 열차운전보안을 요하는 개소이므로 엄호신호기를 설치하여야 한다.

42 철도신호기 중 상치신호기가 아닌 것은?   ≫ 16. 산업
① 서행신호기   ② 유도신호기
③ 출발신호기   ④ 통과신호기

42 서행신호기는 임시신호기이다.

06 전차선로

01 전차선로 종류

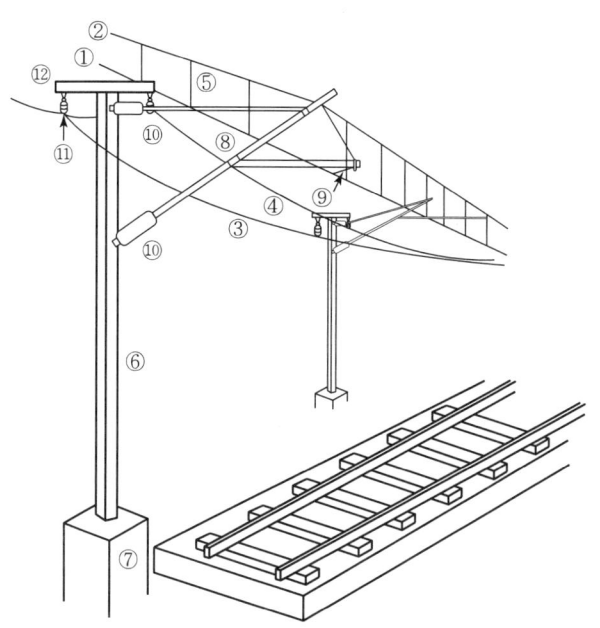

번호	명칭
①	전차선
②	조가선
③	급전선
④	부(-)급전선
⑤	드롭퍼
⑥	H형 전주
⑦	전주 기초
⑧	가동브래킷
⑨	곡선당김금구
⑩	장간애자
⑪	현수애자
⑫	완철

(1) 구조 특성 비교

1) 가공 전차선(㈜공중 전차선) 방식

궤도면상의 일정한 높이에 가선한 전선에 전력을 공급하고, 전기차는 팬터그래프로 집전하여 기동하며, 궤도(레일)를 통해 귀선한다. 전차선로의 가선방식은 심플 커티너리(Simple Catenary) 방식과 강체가공방식(Rigid Bar System)으로 한다.

2) 제3궤도 방식(제3레일식) >> 08. 산업

열차주행용 궤도와 별개의 도전용 레일을 부설하여 전기차에 전력을 공급하는 방식으로 저전압의 산악 협궤열차나 지하철에서 사용하고 있다.

① 장점

건설 시 터널단면이 가공전차식보다 약 1m 절약되어 건설비가 절감되고, 유지관리비가 적으며, 전차선 교체가 필요 없다.

② 단점

눈, 서리가 많은 지역에서는 별도의 보완대책이 필요하며, 연계운전이 불가능하다.(가공전차선식 차량과 연계운전 곤란)

3) 직류방식과 교류방식의 구분 >> 09. 산업

① 교류방식(25,000V)
    ㉠ 장거리 간선철도에서 사용, 건설비 약 20% 정도 절감
    ㉡ 변전소 간격이 30~50km 정도, 통신유도장해가 있음
② 직류방식(1,500V)
    ㉠ 지하철, 도시철도에서 사용
    ㉡ 변전소 간격이 10~20km 정도, 전식 발생

(2) 지지방식에 의한 종류

1) 직접 조가방식(Direct Suspension System)

현수선을 설치하지 않고, 트롤리선을 스팬선 등에 의해 직접 지지하는 방식으로 트롤리선의 지지간격이 길고 고저차가 발생하므로 고속운전에 적합하지 않다. 저속의 역구내 측선과 노면전차선 등에 채용한다.

2) 현수 조가방식(Catenary Suspension System)

조가선을 따로 설치하여 그 조가선에 약 5m 간격의 행거로 트롤리선을 매달아 조가선이 현수곡선으로 되어 트롤리선의 처짐은 대단히 작다. 구조는 복잡하지만 트롤리선의 높이가 균일하여 성능이 우수하고 고속운전에 적합하다.

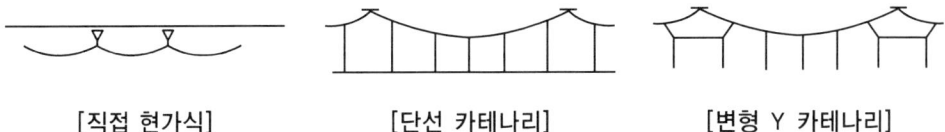

[직접 현가식]　　　[단선 카테나리]　　　[변형 Y 카테나리]

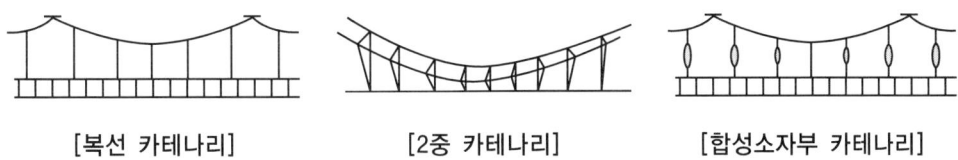

[복선 카테나리]   [2중 카테나리]   [합성소자부 카테나리]

3) 강체 조가방식

터널 구간과 교외철도에 직통하는 가선식의 지하철 등에 채용

(3) 전차선로의 가선방식

1) 전차선의 높이

① 가공 전차선로의 전차선 공칭 높이는 전차선로 속도등급에 따라 5,000mm에서 5,200mm를 표준으로 한다. 다만, 전차선로 속도등급 200km/h 이하에 대하여 해당 노선의 특수 화물 적재 높이를 고려하여 전 구간을 5,400mm까지 높일 수 있다. ≫ 05. 03. 기사

② 건널목 구간 등에서 안전을 위하여 전차선 높이를 부분적으로 높일 수 있으며, 기존에 시설되어 있는 터널이나 과선교 및 교량 등의 구조물을 통과하여야 하는 경우에 전차선 높이를 부분적으로 낮출 수 있다.

③ 경간 내에서 전차선의 처짐은 가장 낮은 지점의 전차선 높이가 공칭 높이보다 경간 길이의 1천분의 1 이내이어야 한다.

④ 기존에 이미 시설되어 안전하게 운영되고 있는 노선에서 전차선 공칭 높이가 (a)항의 높이와 다를 경우 기존 전차선로의 등급 상향을 위한 대규모 개보수 작업이 있다 하더라도 기존의 높이를 영구적으로 그대로 유지하는 것이 허용된다.

⑤ 전차선 기울기는 해당 구간의 열차 통과 속도에 따라 다음의 기울기 이내로 하여야 한다. 다만 에어섹션, 에어조인트 또는 분기 구간에는 기울기를 주지 않는다. ≫ 06. 04. 기사

설계속도(km/h)	전체 기울기(‰)
70	10
120	4
150	3
200	2
250	1
> 250	0

2) 전차선의 편위

곡선당김구 또는 지지물이 설치되는 지점의 레일 윗면에 수직인 궤도중심으로부터 좌우로 벗어난 거리, 열차 정지 및 운행 시 최악의 운영환경에서도 전차선이 팬터그래프 집전판의 집전 범위를 벗어나지 않도록 하되, 팬터그래프 집전판이 최대한 고르게 마모되도록 설치해야 한다.

① 전차선의 편위는 오버랩이나 분기구간 등 특수구간을 제외하고 좌우 200mm 이내로 하여야 한다. >> 09. 산업
② 팬터그래프 집전판의 고른 마모를 보장하기 위하여, 선로의 곡선반경 및 궤도 조건, 열차 속도, 차량의 편위량, 바람과 온도의 영향, 전차선로 시공 오차 등의 영향 파라미터를 반영하여 경간 길이별로 최적의 편위기준을 수립하여 설계에 적용하여야 한다.
③ 평행개소나 분기구간 등 특수구간의 편위기준은 별도 수립 후 시행하며, 최악의 운영환경 조건에서도 전차선이 팬터그래프 집전판의 집전 범위를 벗어나지 않도록 설계하여야 한다.
④ 역구내나 터널구간에서 설비 특성상 전차선 편위를 축소 적용하는 경우에도 직선 구간을 기준으로 좌우 100mm 이상이어야 하며, 곡선구간인 경우는 이보다 더 축소할 수 있다.

3) 절연 이격거리 >> 04. 기사

전차선로에서 상시 전압이 인가되는 가압부는 대지, 구조물, 다른 전선 또는 식물 등과 최악의 조건에서도 전압 레벨 및 오염지구 여부에 따른 최소절연이격거리가 확보되어야 한다.

① 25,000V 공칭 전압이 인가되는 부분에 적용하는 최소절연이격거리는 다음 표를 따른다.

구분		최소 이격 거리(mm)
정상 적용	비오염 지구	250
	오염 지구	300

② 50,000V 공칭 전압이 인가되는 합성 전차선과 급전선 사이의 최소절연이격거리는 다음과 같다.

구분		최소 이격 거리(mm)
정상 적용	비오염 지구	500
	오염 지구	550

③ 염해의 영향이 예상되는 해안지역 및 분진농도가 높은 터널 지역 또는 산업화로 인한 오염이 심한 지역 등은 오염지구로 간주하여 절연이격거리를 적용하여야 한다.

02 전차선로 설비

(1) 집전장치

가공 전차선이나 제3레일 등에서 전류를 공급하기 위한 장치

1) 트롤리 폴(Trolley Pole, 집전봉)

차체로부터 긴 장대 1개 또는 2개를 들어올려서 가공가선에 접촉시켜 집전하는 방식이다. 시가형 전차용

2) 궁형 집전장치(Current Collector Bow)

트롤리 폴은 가선에서 벗어나기 쉽기 때문에 이를 보완하여 트롤리 폴과 동일하게 차량의 진행방향을 따라 설치하는 방식이다.(시가형 전차용)

3) 팬터그래프(Pantagraph)

현재 가장 일반적으로 사용되고 있는 집전장치. 전차선의 종변위를 감당하는 가동부를 다단 링크 구조 또는 스프링 구조에 의존한 것으로 접촉부의 권동을 상하방향으로 최대한 억제하고, 다양한 높이의 가공가선에 대응할 수 있도록 설계한 것이다.(고속 전철용)

4) 집전슈우(Collector Shoe) : 제3레일 방식의 집전장치

[트롤리 폴]   [궁형 집전장치(뷔겔)]   [팬터그래프]   [제3궤도]

(2) 구분장치

사고 시 또는 보수작업 시 전차선을 국부적으로 구분해서 정전시키기 위한 정전장치

1) 전기적 구분장치

① 에어섹션(Air Section)
전차선로에서 동상(同相)의 두 전차선이 나란히 있을 때(평행부분) 공기를 이용하여 전기적으로 구분되는 절연개소. 전차선로의 급전계통 구분장치. 전기적 구분장치인 에

어섹션은 두 개의 평행한 합성 전차선 사이에 300mm 이상의 정적 수평이격거리를 두어야 한다.

② 섹션 인슈레이터(Section Insulator)

사고 발생 시 사고구간과 장애시간의 단축을 위해 전차선의 일정구간을 한정 구분하는 장치

③ 사구간(Dead Section)(㊟절연 구간)

변전소와 구분소 및 직·교류의 접속개소에 설치하며 서로 다른 전기를 구분하기 위해서 설치하고, 전차선의 길이는 장력조정, 시공방법상의 제한 등으로 보통 1600m로 한계이다.

- 설치 위치 : 직선 또는 곡선반경 800m 이상, 평탄선형 또는 하향기울기 구간, 부득이한 경우 1000분의 5 이하의 기울기 구간

2) 기계적 구분장치

① 에어조인트(Air Joint)

전차선의 장력조정 및 전선의 길이 등과 관련하여 설치하는 것으로 기계적으로는 분리되나 전기적으로는 완전 접속된다.

> **Reference**
>
> ○ 전식(㊟전기 부식)
>
> 전차에 공급되는 전류는 레일을 통하여 변전소로 되돌아 가는데, 레일이 대지와 완전히 절연되어 있지 않아 전류의 일부가 땅속으로 누설되어, 땅속에 묻혀있는 금속매설물에 전류가 통하여 전기 분해가 일어나게 되어 매설물 및 레일이 부식되는 현상을 말한다.
> 직류급전방식에서 발생한다.
> - **발생개소** : 1일평균 누설전류량이 +5V를 초과하면 전식의 문제 발생
>   ① 레일로부터 전류가 유출되는 개소
>   ② 레일의 대지전압이 높고 레일의 접지저항이 낮은 개소
>   ③ 변전소에서 먼 구간 및 다습한 장대레일 구간

06 기출 및 적중예상문제

■ 정답 및 해설

01 전차선로는 전기차의 집전장치를 통하여 전력을 공급할 목적으로 궤도를 따라 시설하는 것으로서 우리나라에서의 전차선로 구성은 어떤 식을 표준으로 하고 있는가? ≫ 03. 산업
① 가공단선식
② 가공복선식
③ 제3궤조식(저전압)
④ 강체복선식

01 가공선 방식에는 가공단선식과 가공복선식이 있으며, 가공단선식을 표준으로 한다.

02 전차선로에서 전원공급 방식이 직류방식일 때 널리 채용되고 있는 전압방식은? ≫ 09. 산업
① 300V와 500V
② 1,500V와 3,000V
③ 4,000V와 5,000V
④ 6,600V와 50,000V

02 직류방식은 1,500V와 3,000V가 많이 사용되며, 보통 지하철, 도시철도에서 사용된다.

03 전기철도의 집전방식에 의한 분류 중 열차주행용 궤도와 별개의 도전용 레일을 부설하여 전기차에 집전하는 방식으로 저전압의 산악협궤 철도나 지하철에서 사용되는 것은? ≫ 08. 산업
① 귀선로식
② 제3레일식
③ 급전선식
④ 조가선식

03 터널단면이 축소되어 건설비가 절감되고 레일식이라 전차선 교체가 필요없다.

04 전차선로의 절연이격거리는 전압레벨 및 오염지구 여부에 따른 최소 절연이격거리를 확보해야 하는데 이 때의 범위로 틀린 것은? ≫ 04. 기사
① 25,000V, 비오염지구 250mm
② 25,000V, 오염지구 350mm
③ 50,000V, 비오염지구 500mm
④ 50,000V, 오염지구 550mm

04 25,000V, 오염지구의 경우 최소 절연이격거리는 300mm이다.

정답 01 ① 02 ② 03 ② 04 ②

05 전차선 공칭높이는 5~5.2m를 표준으로 하고, 속도등급 200km/h 이하의 경우 특수화물 적재높이를 고려 5.4m까지 높일 수 있다.

05 철도건설규칙상 전차선 높이는 부득이한 경우를 제외하고 얼마를 표준으로 하는가?   >> 05. 기사
① 레일 윗면으로부터 4,200mm
② 레일 윗면으로부터 5,200mm
③ 레일 윗면으로부터 6,200mm
④ 레일 윗면으로부터 7,200mm

06 전차선 편위는 오버랩이나 분기구간 등 특수구간을 제외하고 좌우 200mm 이내로 한다.

06 일반철도의 전차선 편위는 레일 윗면에서 수직한 궤도중심으로부터 좌우 얼마 이내로 하여야 하는가?   >> 09. 산업
① 200mm 이내
② 220mm 이내
③ 250mm 이내
④ 270mm 이내

07 전기적 구분장치는 에어섹션, 섹션 인슈레이터, 사구간이 있다.

07 구분장치는 사고 시 또는 보수작업 시 전차선을 국부적으로 구분해서 정전시키기 위한 정전장치를 말하는데, 다음 중 기계적 구분장치는 무엇인가?
① 에어섹션(Air Section)
② 섹션 인슈레이터(Section Insulator)
③ 사구간(Dead Section)
④ 에어조인트(Air Joint)

08 전차에 공급되는 전류는 레일을 통하여 변전소로 되돌아가는데, 레일이 대지와 완전히 절연되어 있지 않아 전류의 일부가 땅속으로 누설되어 전기분해가 일어나게 되어 매설물 및 레일이 부식되는 현상을 무엇이라 하는가?
① 사구간   ② 전식
③ 에어섹션   ④ 부식

Chapter 06 | 전차선로

09 전기철도에 있어 교류방식이 직류방식보다 유리한 점은?
① 절연이격거리가 짧아 터널 단면이 작다.
② 통신유도장애가 적다.
③ 점착성능이 좋아 적은 힘으로 큰 하중을 견인할 수 있다.
④ 차량가격이 저렴하다.

09 직류방식에 비해 교류방식은 20% 정도의 건설비 절감이 가능하며, 장거리 운행 시 유리하다.

10 가공전차선의 선형을 지그재그로 부설하는 이유는?
① 차량의 사행동을 고려하기 위해
② 집접의 효율을 높이기 위해
③ 팬터그래프의 미끄럼판 이상마모 방지를 위해
④ 전차선 설치를 용이하게 하기 위해

10 가공전차선의 편위는 직선부에서 지그재그로 부설해야 한다.

11 직류, 교류의 접속개소에 설치하여 전기적으로 구분하는 전차선로의 구분장치는 무엇인가?
① 에어섹션   ② 에어조인트
③ 데드섹션   ④ 카테너리

11 전기적 구분장치에는 에어섹션, 섹션 인슈레이터, 사구간 등이 있으며, 기계적 구분장치에는 에어조인트가 있다.

12 가공단선식 전차선로에서 귀선으로 이용되는 것은?
① 주행레일   ② 가드레일
③ 제3레일   ④ 가공전차선

13 전기차의 집전장치로 볼 수 없는 것은?
① 축전지   ② 트롤리 폴(Trolley Pole)
③ 팬터그래프   ④ 뷰겔(Bugel)

14 철도건설규칙에서 전차선로의 가선방식으로 옳은 것은?
① 심플 커터너리
② 심플 커터너리 또는 강체 가공방식
③ 제3궤조 방식
④ 제3궤조 방식 또는 강체 가공방식

정답 09 ③ 10 ③ 11 ③ 12 ① 13 ① 14 ②

15 철도소음의 발생요인과 대책 중 차량분야의 대책으로 옳지 않은 것은?
① 차량바닥 아래의 기기류를 완전히 덮는 바디 마운트(Body Mount)구조로 한다.
② 팬터그래프를 밀어 올리는 힘을 향상시킨다.
③ 다이어 플랫(Flat)을 방지하는 설비를 한다.
④ 차륜의 강도를 높인다.

16 다음 중 동력차에 전기에너지를 공급하기 위하여 선로를 따라 설치한 시설물로서 전선, 지지물 및 관련 부속 설비를 총괄하여 말하는 것은?
① 조가선   ② 가공전차선
③ 폐색구간   ④ 전차선로

16 동력차에 전기에너지를 공급하기 위한 부속설비를 총괄하여 전차선로라 한다.

17 다음 용어의 정의 중 옳지 않은 것은?
① "궤도"란 레일·침목 및 도상과 이들의 부속품으로 구성된 시설을 말한다.
② "슬랙"이란 차량이 곡선구간의 선로를 원활하게 통과하도록 바깥쪽 레일을 기준으로 궤간을 넓히는 것을 말한다.
③ "설계속도"란 해당 선로를 설계할 때 기준이 되는 하한 속도를 말한다.
④ "전차선로"란 동력차에 전기에너지를 공급하기 위하여 선로를 따라 설치한 시설물로서 전선, 지지물 및 관련 부속 설비를 총괄하여 말한다.

17 설계속도는 해당 선로를 설계할 때 기준이 되는 최고속도를 말한다.

18 전철전력의 전기적 구분장치인 에어섹션은 두 개의 평행한 합성 전차선 사이에 최소 얼마 이상의 정적 수평 이격거리를 두어야 하는가?
① 100mm   ② 300mm
③ 500mm   ④ 1,000mm

18 에어섹션은 두 개의 평행한 합성 전차선 사이에 300mm 이상의 정적수평이격거리를 두어야 한다.

정답 15 ④ 16 ④ 17 ③ 18 ②

19 철도건설규칙상 전차선의 공칭높이의 범위는? ≫ 16. 산업
① 4,000mm 이상 4,800mm 이하
② 4,500mm 이상 5,000mm 이하
③ 5,000mm 이상 5,400mm 이하
④ 5,300mm 이상 5,800mm 이하

19 가공전차선로의 전차선 공칭높이는 전차선로 속도 등급에 따라 5,000mm에서 5,400mm 이하 표준으로 한다.

PART 02

선로

Chapter 01 선로일반
Chapter 02 곡선과 기울기
Chapter 03 궤도
Chapter 04 궤도역학

01 선로일반

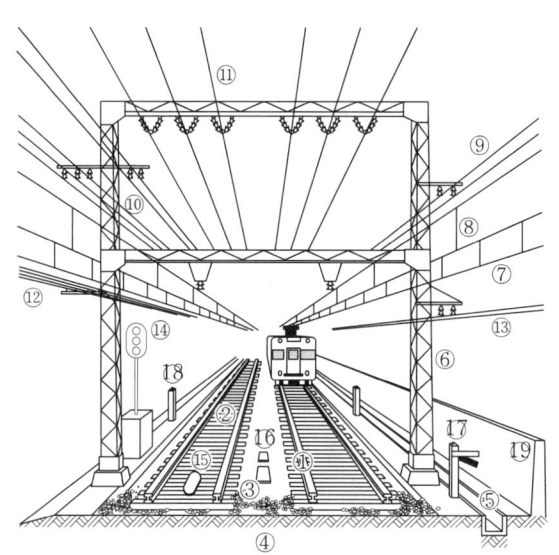

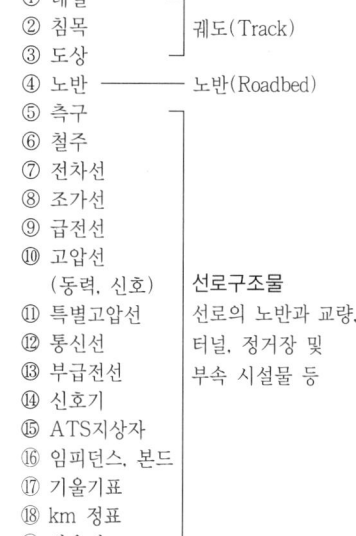

① 레일
② 침목   ┐ 궤도(Track)
③ 도상
④ 노반 ──── 노반(Roadbed)
⑤ 측구   ┐
⑥ 철주
⑦ 전차선
⑧ 조가선
⑨ 급전선
⑩ 고압선
  (동력, 신호)   선로구조물
⑪ 특별고압선   선로의 노반과 교량,
⑫ 통신선   터널, 정거장 및
⑬ 부급전선   부속 시설물 등
⑭ 신호기
⑮ ATS지상자
⑯ 임피던스, 본드
⑰ 기울기표
⑱ km 정표
⑲ 방음벽

01 궤간(≒레일간격)

철도선로(Roadway, Permanent Way)라 하면, 열차 또는 차량을 운행하기 위한 전용통로의 총칭이며, 궤도(Track)와 이것을 지지하는 데 필요한 기반을 포함한 지대를 말한다. 궤도는 도상, 침목, 레일과 그 부속품으로 이루어진다.

(1) 궤간의 정의

레일두부면으로부터 아래쪽 14mm 지점에서 양쪽 레일 내측 간의 최단거리를 말하며, 수송량, 속도, 지형 및 안전도 등을 고려하여 결정되고, 철도의 건설비, 유지관리비, 수송력에 영향을 준다.

(2) 종류

1) 표준궤간(표준 레일 간격) : 1,435mm

세계각국에서 가장 많이 사용(약 60%)하고 있으며, 1887년 스위스 베른 국제철도회의에서 최초로 제정되었다.

2) 광궤(넓은 레일 간격)

표준궤간보다 넓은 궤간으로 러시아, 스페인 등에서 사용

3) 협궤(좁은 레일 간격)

표준궤간보다 좁은 궤간을 말하며, 일본 국철에서 일부 사용

4) 이중궤간(Double Gauge)

레일을 3개 이상 설치하여 궤간이 다른 2종의 차량이 운전할 수 있는 궤간으로 교량상에서는 편심하중이 작용하여 불리하며 분기기가 복잡하다.

(3) 장단점

≫ 08, 07, 02. 산업

광궤의 장점(협궤의 단점)	협궤의 장점(광궤의 단점)
• 고속주행 가능 • 수송력 증대 • 주행안전성 증대 • 열차동요 감소 • 수송효율 향상 • 차륜 마모 감소 • 승차감이 좋다.	• 건설비와 유지관리비의 경감 • 곡선저항이 적어 산악지대 선로 선정 용이 (則 급곡선 주행 가능)

(4) 현장 적용

1) 확대궤간

① 철도건설규칙

≫ 11. 기사

실제 궤간은 열차동요와 선로보수 등을 고려하여 "실제의 궤간=1,435+슬랙±공차" 범위 내에서 결정한다.(공차 : 일반철도 +10~-2mm, 고속철도 +5~-2mm)

② 도시철도 건설규칙　　　　　　　　　　　　　　　　　　　　　》02. 기사

　　선로가 곡선인 구간에서는 확대궤간을 두어야 한다. 확대궤간은 곡선부 안쪽레일에 두어야 하며, 25mm를 초과하지 않는 범위에서 곡선반경 등을 고려하여 정한다.

2) 허용공차　　　　　　　　　　　　　　　　　　　　　　　　》02. 기사, 08. 산업

① 크로싱의 경우 : +3mm, -2mm

② 기타의 경우 : +10mm, -2mm

③ 허용공차에 확대궤간을 가산한 치수는 30mm를 초과해서는 안 된다.

(5) 서로 다른 궤간의 연결

1) 차량측 직결방안

① 궤간가변 방식

　　궤간에 따라 차륜간 거리를 가변적으로 조절하는 방식

② 대차교환 방식

　　차량의 대차를 궤간에 맞도록 교환하는 방식

2) 궤도측 직결방안

4선방식, 3선방식, 전면궤도 개량방식

[궤간가변방식(뒤쪽 : 표준궤, 앞쪽 : 협궤)]

02 | 설계속도

(1) 설계속도 정의

선로의 설계속도는 해당 선로의 경제적·사회적 여건, 건설비, 선로의 기능 및 앞으로의 교통수요 등을 고려하여 정하여야 한다. 다만, 철도운행의 안정성 등이 확보된다고 인정되는 경우에는 철도건설의 경제성 또는 지형적 여건을 고려하여 해당 선로의 구간별로 설계속도를 다르게 정할 수 있다.

(2) 설계속도 결정과정

① 여객 및 화물에 대한 교통수요분석을 실시하여 속도수준과 수송수요와의 관계, 즉 속도별 여객 및 화물수요의 변화추이 등을 고려한다.
② 속도수준별 비용분석을 실시하며 보상비를 포함한 초기 건설비용, 운영비 및 차량구입비 등을 구분하여 산정한다.
③ 속도수준별 효과분석을 수행하기 위하여 속도수준에 따라 변화하는 수송수요와 편익을 고려한다.
④ 최적 설계속도는 편익/비용(B/C) 비율 등을 이용하여 결정할 수 있으며, 이때 편익을 계산하기 위하여 사회적 할인율의 개념 등을 사용할 수 있다.
⑤ 사회적 통념이나 지역개발 등의 특수한 상황이 발생하는 경우 예외적으로 설계속도를 미리 정할 수도 있다.

(3) 설계속도 고려사항

신설 및 개량노선의 설계속도를 정하기 위해서는 다음 사항을 고려하여 속도별 비용 및 효과분석을 실시하여야 한다.
① 초기 건설비, 운영비, 유지보수비용 및 차량구입비 등의 총비용 대비 효과 분석
② 역간 거리
③ 해당 노선의 기능
④ 장래 교통수요 등

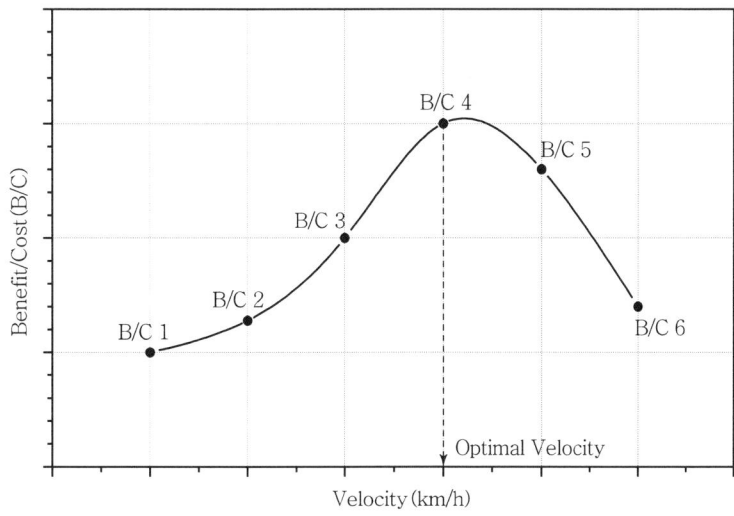

[최적 속도대역과 B/C의 관계]

03 건축한계

차량한계 외측으로 열차가 안전하게 운행될 수 있도록 궤도상에 확보되는 모든 공간을 건축한계라 한다. 차량한계와 건축한계는 차량과 시설물 사이에 일정한 공간을 확보하여 어떤 경우라도 접촉하지 않고 안전하게 주행할 수 있도록 정해 놓은 것이다.

(1) 직선구간의 건축한계
≫ 11. 산업

구분	차량한계(mm)	건축한계(mm)
높이	4,800	5,150
넓이	3,600	4,200
궤도 중심에서 승강장까지 거리	1,600	1,675(고상홈 1,700)

(2) 곡선구간의 건축한계   >> 09, 02, 산업

1) "직선구간 건축한계 + 확대량(W) + 캔트에 의한 차량경사량 + Slack량" 만큼 확대

① 일반철도 : $W = \dfrac{50,000}{R(m)}$

② 전동차 전용선 : $W = \dfrac{24,000}{R(m)}$

W : 궤도 중심에서 좌·우측으로의 확대량(mm)

2) 내궤

① 일반철도 : $W_i = 2,100 + \dfrac{50,000}{R} + 2.4 \times C + S$

② 전동차 전용선 : $W_i = 2,100 + \dfrac{24,000}{R} + 2.4 \times C + S$

3) 외궤

① 일반철도 : $W_o = 2,100 + \dfrac{50,000}{R} - 0.8 \times C$

② 전동차 전용선 : $W_o = 2,100 + \dfrac{24,000}{R} - 0.8 \times C$

(3) 곡선구간 건축한계 산정 배경

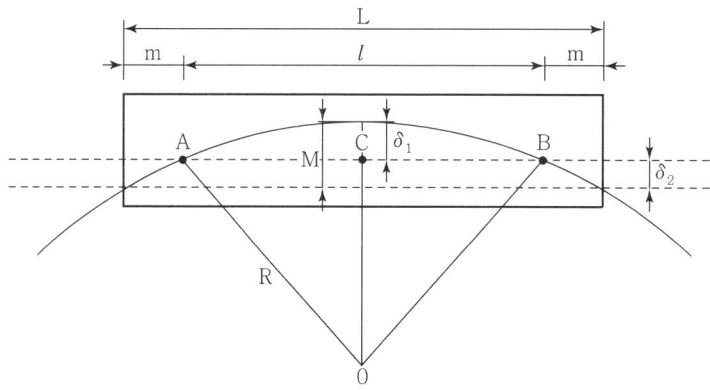

[곡선에서의 차량편의]

1) 차량 중앙부에서의 편의량

$$\overline{AC}^2 = \overline{AO}^2 - \overline{CO}^2, \quad M = \delta_1 + \delta_2$$

$$\left(\frac{\ell}{2}\right)^2 = R^2 - (R-\delta_1)^2 \text{ 이므로,}$$

$$R^2 = \left(\frac{\ell}{2}\right)^2 + (R-\delta_1)^2 = \frac{\ell^2}{4} + R^2 - 2R\delta_1 + \delta_1^2$$

δ_1^2 은 미소하므로, $\delta_1^2 = 0$ 으로 보면,

$$2R\delta_1 = \frac{\ell^2}{4}, \quad \delta_1 = \frac{\ell^2}{8R}$$

2) 차량 전·후부에서의 편의량 >> 08. 기사

$$\delta_2 = M - \delta_1 = \frac{(\ell+2m)^2}{8R} - \frac{\ell^2}{8R} = \frac{m(m+\ell)}{2R}$$

R : 곡선반경(m)
m : 대차 중심에서 차량 끝단까지 거리(m)
δ_1 : 곡선을 통과하는 차량 중앙부가 궤도 중심의 내방으로 편의하는 양(mm)
δ_2 : 곡선을 통과하는 차량 양끝이 궤도 중심의 외방으로 편의하는 양(mm)
M : 선로 중심선이 차량 전후부의 교차점과 만나는 선에서 곡선 중앙종거(mm)
l : 차량의 대차 중심간 거리(m)
L : 차량의 전장(m)

건축한계 확대량은 $\delta_1 = \frac{\ell^2}{8R}, \delta_2 = \frac{m(m+\ell)}{2R}$ 에 차량제원을 대입하여 계산하면 특수장물차량의 대차중심 간 거리는 $L = 18.0$m이고 대차중심에서 차량 끝단까지의 거리는 $m = 4.0$m 이므로,

① 내측편의량 : $\delta_1 = \frac{18^2}{8R} \times 1,000 = \frac{40,500}{R}$ (mm)

② 외측편의량 : $\delta_2 = \frac{4(4+18)}{2R} \times 1,000 = \frac{44,000}{R}$ (mm)

차량이 곡선구간을 안전하게 주행할 수 있도록 하기 위해 다소 여유를 주어 $W = \frac{50,000}{R}$ 으로 하였다.

3) 캔트에 의한 차량경사량

곡선에서는 캔트가 설치되며 내측레일을 기준으로 외측레일을 상승시키게 되므로 내측레일 정점부를 기준하여 내측으로 경사된다. 이때 곡선구간의 건축한계는 차량의 경사에 따라 캔트량만큼 경사되어야 하나, 실제 구조물의 시공은 경사시킬 수 없으므로 편의되는 양만큼 확대하여 주되 선로 중심에서 구조물까지의 이격거리는 차량의 상부와 하부가 달라지게 된다.

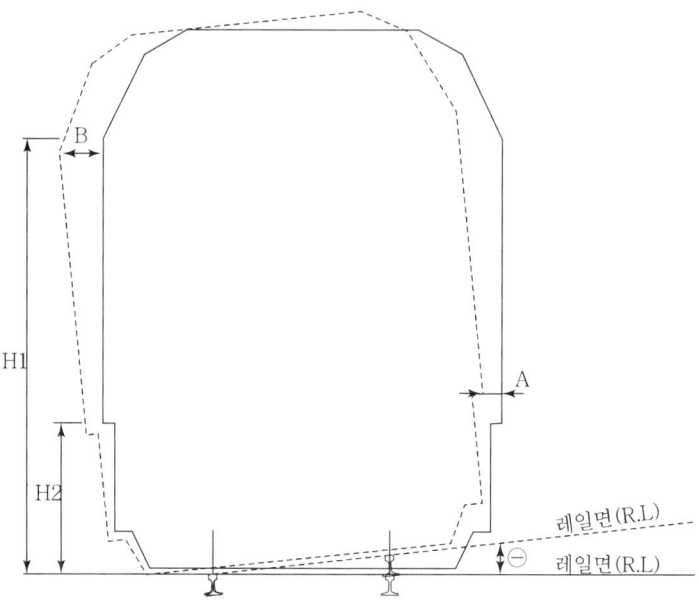

[캔트에 의한 차량의 경사]

캔트에 의해 차량이 θ만큼 경사되었다고 하면, $\tan\theta = \dfrac{C}{G} = \dfrac{B}{H_1} - \dfrac{A}{H_2}$ 에 의해서,

① 내측편의량 : $B = C \times \dfrac{H_1}{G} = C \times \dfrac{3,600}{1,500} = 2.4 \times C$

② 외측편의량 : $A = C \times \dfrac{H_2}{G} = C \times \dfrac{1,250}{1,500} = 0.8 \times C$ 가 되며, 내측으로는 확대, 외측으로는 축소가 되는 수치이다.

4) 슬랙에 의한 건축한계 확대

슬랙은 R=300m 이하의 곡선에 설치하여야 하고 최대 30mm로 제한되어 있으며, 곡선의 내궤측을 확대하도록 되어 있다. 따라서 슬랙에 의한 건축한계의 확대는 곡선의 내궤측에만 적용한다.

5) 건축한계의 설정

앞에서 검토한 내용을 정리하면 곡선부의 건축한계는

① 내궤에서는 $W_i = 2,100 + \dfrac{50,000}{R} + 2.4 \times C + S$

② 외궤에서는 $W_o = 2,100 + \dfrac{50,000}{R} - 0.8 \times C$ 가 된다.

전동차전용선의 선로 중심에서 각 측으로 확대할 치수(W)는 전동차의 대차중심간 거리 (13.8m)와 대차중심에서 차량 양쪽 끝단까지의 거리(2.85+2.85)를 감안하여 차량 전후부에서의 편의량을 기준으로 $W = 24,000/R$까지 축소할 수 있도록 한 것이다.

(4) 건축한계 체감

1) 철도 건설규칙

① 완화곡선의 길이가 26m 이상인 경우
완화곡선 전체의 길이

② 완화곡선의 길이가 26m 미만인 경우
완화곡선구간 및 직선구간을 포함하여 26m 이상의 길이

③ 완화곡선이 없는 경우
곡선의 시점·종점으로부터 직선구간으로 26m 이상의 길이

④ 복심곡선의 경우
26m 이상의 길이. 이 경우 체감은 곡선반경이 큰 곡선에서 행한다.

2) 도시철도 건설규칙　　　　　　　　　　　　　　　　　　　　　　　　≫ 07. 산업

① 완화곡선이 있는 구간
완화곡선에 따라 체감한다.

② 완화곡선의 길이가 20m 이하인 경우 또는 완화곡선이 없는 경우
원곡선 끝으로부터 20m 이상의 길이

③ 복심곡선의 경우
반경이 큰 곡선으로부터 20m 이상의 길이

(5) 건축한계의 예외

① 가공전차선 및 현수장치
② 선로보수 등의 작업상 필요한 일시적 시설

(6) 차량한계의 예외

① 차륜의 범위 이내에 있는 차량의 부분
② 정차 중에 개폐하는 차량의 문이 열려있는 경우
③ 제설장치, 기중기, 기타 특수장치를 사용하고 있는 경우

04 궤도중심간격

궤도가 2선 이상 부설되어 있을 경우 열차교행에 지장이 없고, 선로입환, 차량정비 등에 필요한 작업공간(Safety Zone)을 확보하며, 열차 내의 승객이나 승무원의 위험이 없도록 궤도 간에 일정한 거리를 두는 것을 말한다. 궤도 사이에 가공전차선 지주, 신호기, 급수주 등을 설치하는 경우 해당 부분만큼 확대하며, 궤도중심간격이 너무 넓게 되면 용지비와 건설비가 증대하므로 일정한도를 정하여 설치한다.

(1) 직선구간

① 정거장 외의 구간에서 2개의 선로를 나란히 설치하는 경우 >> 03. 기사, 13. 산업

설계속도 V(km/h)	궤도의 최소 중심간격(m)
$350 < V \leq 400$	4.8
$250 < V \leq 350$	4.5
$200 < V \leq 250$	4.3
$70 < V \leq 200$	4.0
$V \leq 70$	3.8

② 궤도중심간격이 4.3m 미만인 구간에 3개 이상의 선로를 나란히 설치하는 경우에는 서로 인접하는 궤도의 중심간격 중 하나는 4.3m 이상으로 해야 한다.
③ 정거장(기지를 포함한다.) 안에 나란히 설치하는 궤도중심간격은 4.3m 이상으로 하고, 6개 이상의 선로를 나란히 설치하는 경우에는 5개 선로마다 궤도중심간격을 6.0m 이상 확보하여야 한다.

(2) 곡선구간

곡선구간에서의 궤도중심간격은 직선구간의 궤도중심간격에 건축한계 확대량을 더하여 확대하여야 한다.

① 일반선로인 경우, 선로의 중심간격이 4.0m일 때,

$$A = 4.0 + \left(\frac{50,000}{R} + 2.4\,C + S\right) + \left(\frac{50,000}{R} - 0.8\,C\right)$$

$$= 4.0 + \frac{100,000}{R} + 1.6\,C + S \text{ 를 확보하여야 한다.}$$

② 전동차전용선로인 경우, 선로의 중심간격이 4.0m일 때,

$$A = 4.0 + \left(\frac{24,000}{R} + 2.4\,C + S\right) + \left(\frac{24,000}{R} - 0.8\,C\right)$$

$$= 4.0 + \frac{48,000}{R} + 1.6\,C + S \text{ 를 확보하여야 한다.}$$

05 노반과 시공기면

(1) 노반

노반은 궤도를 지지하기 위하여 천연의 지반을 가공하여 만든 인공의 지표면으로서 궤도를 충분히 강고하게 지지하고 궤도에 대하여 적당한 탄성, 노상으로 하중을 전달하는 기능을 한다.

1) 노반의 재료

   ① 흙, 물, 공기의 복합물질
   ② 함수비에 따라 그 성질이 변하는 특징이 있음

2) 철도노반의 구비조건

   ① 분니현상 또는 자갈이 노반 속에 매립되지 않도록 노반표층의 파괴가 적을 것
   ② 노반 자체의 파괴가 적을 것
   ③ 노반상에 견디는 하중이 그 지지력 이하가 되도록 하중을 고루 분산, 전달할 것
   ④ 노반 침하계수가 기준치 이상일 것

3) 일반노반에서 노반분니와 도상분니 방지를 위해 강화노반을 설치

> **Reference**
>
> **분니현상(Pumping of Track)**
>
> 철도선로에서 열차하중으로 인해 세립화된 노반토 또는 도상 내의 혼입토사가 강우 또는 지하수에 의하여 반죽이 되고, 열차 통과 시 펌핑작용으로 혼입토사가 도상표면으로 분출되는 현상을 말한다. 열차가 통과할 때 도상의 탄성기능 저하, 궤도침하, 침목도상 등의 재료 오손 및 부식 촉진을 초래하며 건조기에는 도상의 응고현상을 일으킨다. 노반분니와 도상분니로 구분된다.
> 대책으로는 도상두께 증가, 도상갱환, 배수환경 정비, 노반치환, 노반면 피복, 콩자갈 삽입 등이 있다.
>
>

(2) 시공기면(Track Formation)

≫ 13, 09, 08, 06, 기사, 04, 산업

노반을 조성하는 기준이 되는 면을 말한다. 수평인 기준면이 시공기면이며, 배수 측구를 붙인 것이 노반면이다. 실용상으로는 노반면과 혼동하여 사용되기도 한다.

① **시공기면폭** : 궤도중심선에서 기면턱까지의 수평거리
② 도상두께, 침목길이, 보선작업 시 작업성, 열차 대피 여유 등을 고려해 결정
③ 곡선구간은 캔트량에 의하여 궤도 외측의 도상어깨가 올라가고 늘어남에 따라 그만큼의 통로 폭이 축소되므로 α만큼 곡선 외측으로 확대한다.(다만, 콘크리트도상의 경우에는 확대하지 않는다.)

설계속도 V(km/h)	시공기면의 최소 폭(m)	
	전철	비전철
$250 < V \leq 350$	4.25	–
$200 < V \leq 250$	4.0	–
$150 < V \leq 200$	4.0	3.7
$70 < V \leq 150$	4.0	3.3
$V \leq 70$	4.0	3.0

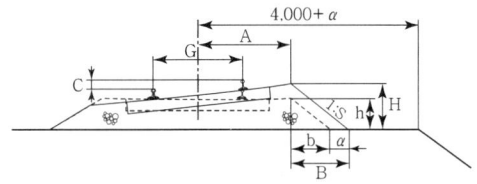

[곡선구간에서의 시공기면의 확폭량]

※ 곡선구간에서의 시공기면 확폭량
$\alpha = B - b$ 에서,
$B = H \times S$, $b = h \times S$, $H = h + \left(\dfrac{G}{2} + A\right) \times \dfrac{C}{G}$
$h = $ 도상두께 + 침목두께
$\therefore \alpha = \left(h + \dfrac{C}{2} + \dfrac{A \times C}{1,500}\right) \times S - b$

06 선로의 부담력

(1) 표준활하중

1) 개요

선로구조물을 설계할 때 활하중으로 작용하는 차량은 그 종류가 많고 차축수, 축거, 축중 등이 각각의 차량마다 모두 달라 이를 감안하여 설계한다는 것은 곤란하다.

기관차가 객차나 화차를 견인하여 주행할 때 궤도와 노반에 미치는 응력을 구하는 기준을 정하기 위하여 표준활하중을 사용하며, 차량의 개조나 다른 형식의 차량설계·제작보다, 궤도나 노반을 개량하는 것이 공사비와 공사기간이 더 많이 소요되므로, 철도건설규칙에서는 선로의 부담력을 정하여 차량이 궤도를 주행할 때 궤도에 미치는 영향이 이 부담력보다 적게 되도록 규정하고 있다.

2) 표준활하중의 종류

① **여객 및 화물혼용** : KRL2012 표준활하중
② **여객전용선** : KRL2012 여객전용 표준활하중(KRL2012 표준활하중의 75%)
③ **전동차 전용선** : EL 표준활하중
④ **L(Live load)** : 기관차 동륜의 축중과 축거 관계를 표시
  S(Special load) : 객화차 중 특수차량의 축중과 축거 관계를 표시

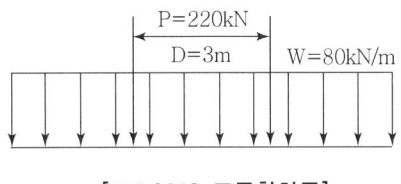
[KRL2012 표준활하중]

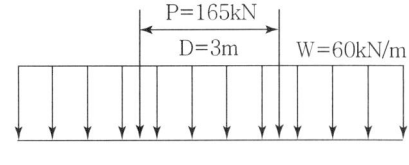
[KRL2012 여객전용 표준활하중]

3) 하중계산법

Ln의 하중 $= (L18$의 하중$) \times \dfrac{n}{18}$, Sn의 하중 $= (S18$의 하중$) \times \dfrac{n}{18}$

㉮ LS-22의 하중값은 LS-18의 하중에 22/18배하여 구한다.

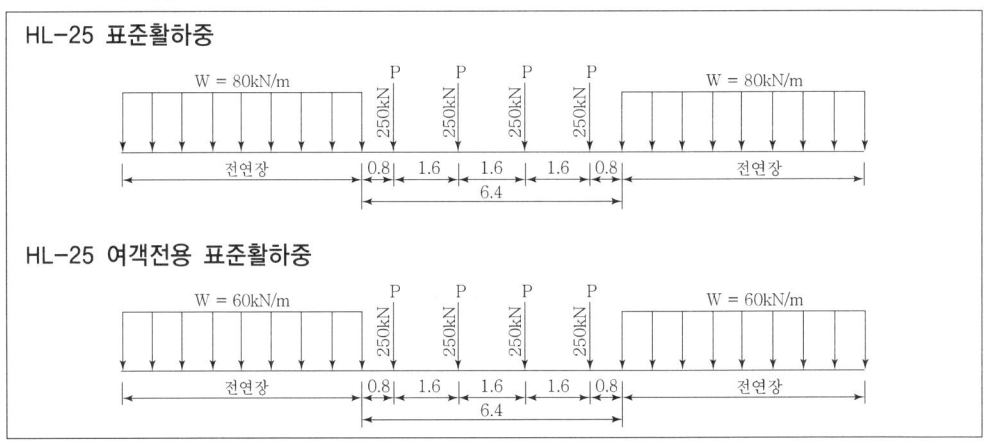

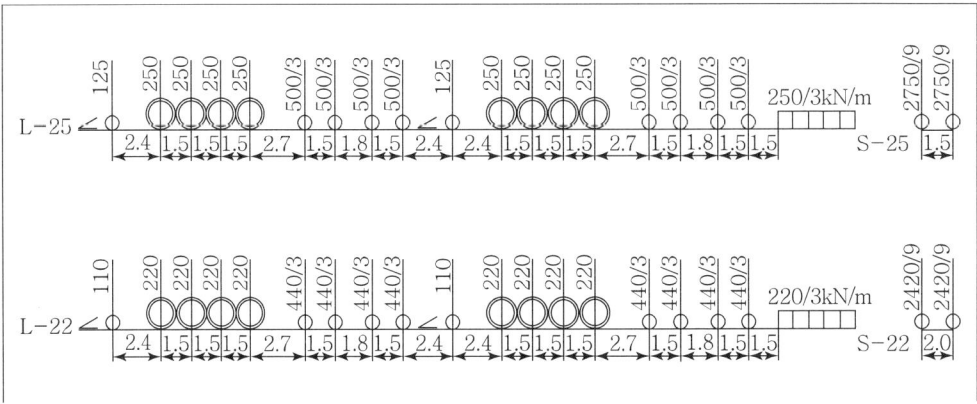

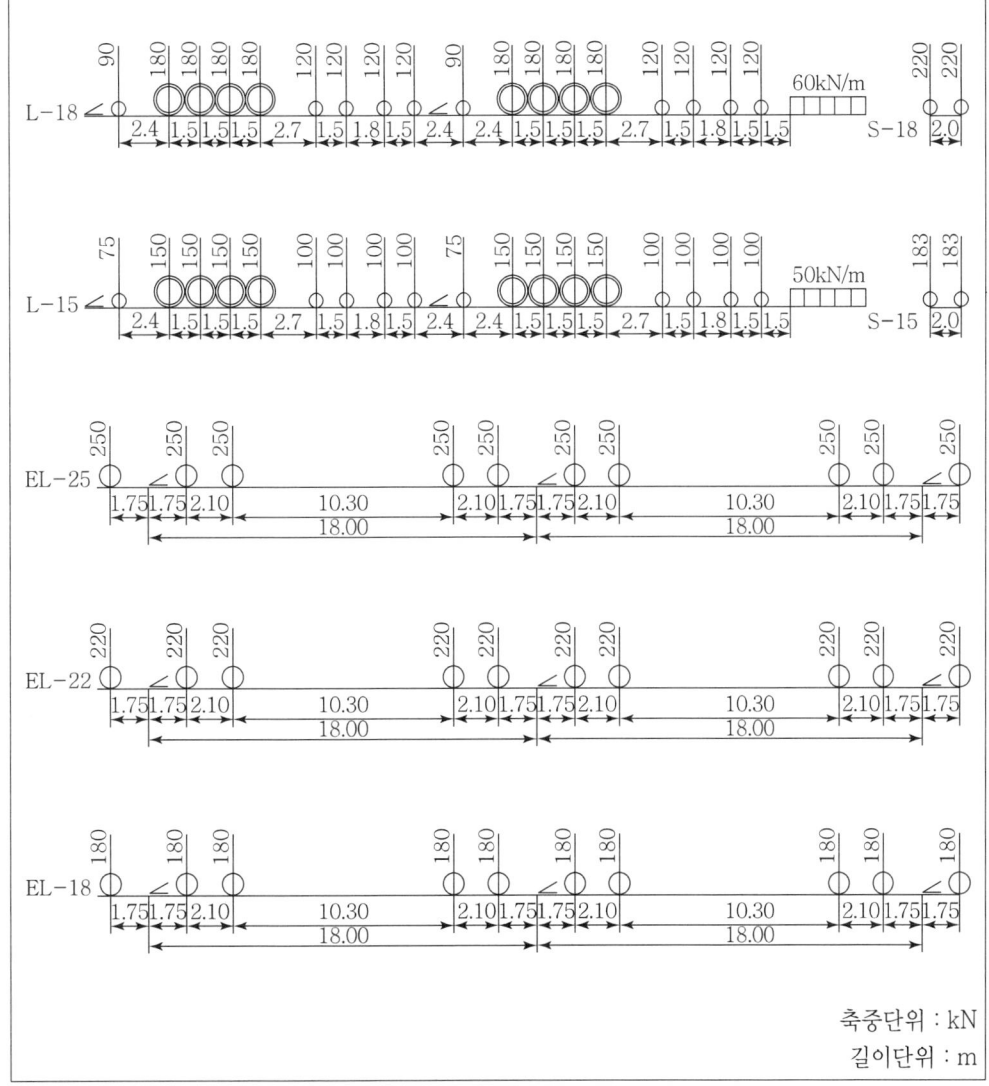

축중단위 : kN
길이단위 : m

07 선로구조물

(1) 철도구조물(토목)과 궤도의 특징

1) 철도구조물(토목)
상부에 궤도를 부설하기 위한 기반 시설로서 탄성체의 영구적인 구조물로 축조되는 구조물

2) 궤도
각 구성재료를 조립하여 도상자갈의 다짐과 강성에 의해서 단면을 유지하는 탄소성체의 구조물로 부설된다. 즉 궤도는 반복되는 열차주행에 따라 점진적으로 파괴가 진행되는 구조물

3) 비교표

구분	철도구조물(토목)	궤도구조물
설치형태	영구구조물	유지보수 필요한 변형구조물
성격	탄성체	탄소성체
거동형태	탄성거동	소성거동
설치규모	큰 단면의 부재와 강성	작은 단면의 부재
강성	불균일	균일
구조물파괴개념	기능상실(파손, 절손, 균열)	기능저하(처짐, 침하)

(2) 터널(Tunnel)

지표하에 축조되는 도로나 공간으로 이용하는 지하구조물로 단면적이 $2m^2$ 이상인 것을 말한다. 산악이나 구릉지대에서 소정의 구배와 곡선반경으로 철도를 건설하기 어려운 곳과 하저나 교통량이 많고 복잡한 시가지를 통과할 때 설치한다. 대략 시공기면과 지반과의 고저차가 20m 이상일 때 터널건설이 경제적이다. 터널은 위치에 따라 산악, 지하, 해저, 하저터널로 분류되고 용도에 따라 교통용, 수송용, 지하실 터널로 분류된다.

1) 피암터널
낙석을 받아 막거나 계곡으로 낙하시켜 낙석에 의한 피해를 방지한다.
① 철도 선로 인근에 여유폭이 없는 개소로서 낙석 발생의 가능성이 있는 급경사의 절개면(30m 이상) 또는 낙석의 규모가 커서 낙석방지 울타리나 옹벽으로 막을 수 없는 경우에 설치한다.

② 종류 : 캔틸레버형, 문형, 역L형, 아치형 피암터널

2) 개착식 터널(Cut and Cover Tunnel)

흙막이용 H 파일을 설치하고 토류판을 삽입하여 지반의 붕괴를 방지하고, 노면교통의 처리를 위해 I 형강을 가설하여 그 위에 복공판을 사용하며, 노면을 유지하고 구조물 완성 후 되메우기를 통해 노면을 복구하는 공법을 개착식 공법(Open Cut)이라 한다. 개착식 터널은 개착식 공법과 같이 지표면에서부터 굴착하고 터널식 구조물을 완성한 후 다시 매립한 터널을 말하며, 개굴식 터널 또는 개착터널이라고도 한다. 굴착 깊이가 낮은 지하구조물 공사에 널리 사용된다.

[피암터널]

[개착식 터널]

3) 터널공법의 분류

발파굴착공법, 기계굴착공법, 기타 공법

① 재래식 산악터널 공법(ASSM ; American Steel Support Method)

주변지반은 지보재로서의 역할이 아닌 단지 하중으로만 작용하는 것으로 보고 터널을 설계하는 개념으로 강재지보공은 굴착 후 내부라이닝 완료까지 가설 지보부재로 고려하며, 터널구조물에 작용하는 토압은 최종적으로 내부라이닝이 지지하므로 내부라이닝은 영구 구조물로서의 역할을 하게 된다.

② NATM(New Austrian Tunnelling Method)

지반이 주지보재로 숏크리트 및 록볼트 등의 지보재를 사용하고 발파에 의해 굴착하는 공법으로 터널공법 중 가장 널리 적용되는 공법으로 일반조건하에서 경제성이 우수하다. 풍화토에서 경암까지 지반변화의 적응성이 좋고, 소단면에서 대단면까지 적용단면의 범위가 넓다.

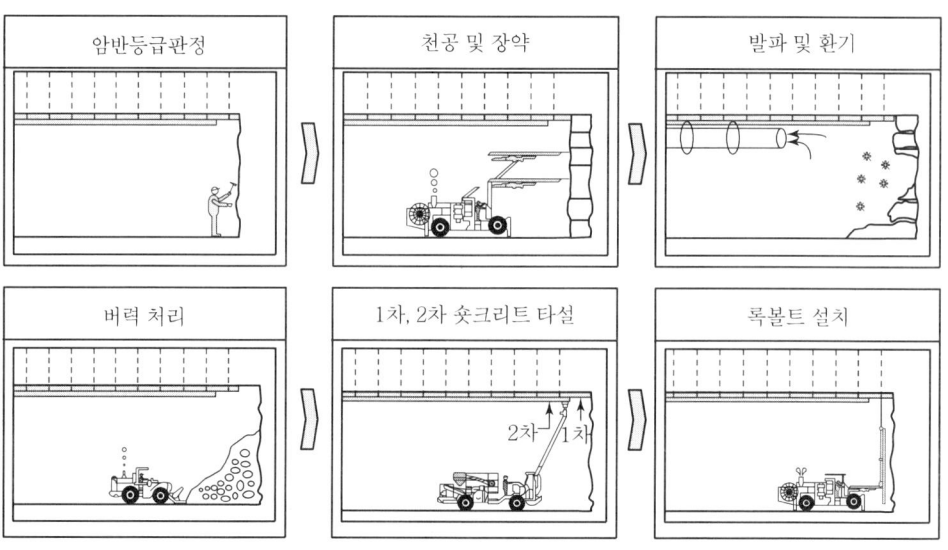

[NATM 시공순서]

③ NMT(Norwegian Method of Tunnelling)

노르웨이에서 개발된 터널공법으로 NATM과 유사하나 적용지반이 경암인 경우 적합하다. 콘크리트 라이닝을 원칙적으로 적용하지 않고 여굴을 허용하는 등 시공속도가 빨라 경제적이다.

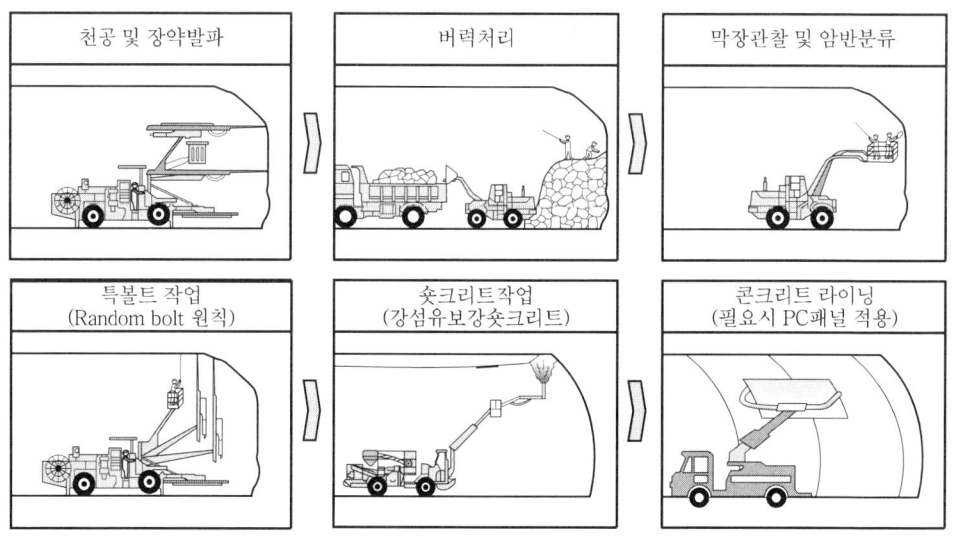

[NMT 시공순서]

④ TBM(Tunnel Boring Machine)

기계굴착공법으로 기계 본체 헤드 전면에 장착된 커터의 회전압축력을 이용하여 암석을 굴착한 후 주지보재인 숏크리트와 록볼트로 지반을 보강하는 공법이다. 보통암에서 경암까지 적용가능하며, 굴진속도가 10m/일 이상으로 시공속도가 빠르고 직경 2.5~12m까지 다양하게 굴착이 가능하다. 기계장비 사용에 따른 비용 등으로 최소 3km 이상의 장대터널 등에서 사용하는 것이 적합하며, 지반변화가 심한 개소에서는 적용이 곤란하다.

⑤ Shield 공법

기계굴착공법으로 쉴드를 Jack으로 추진하며 굴착하고, 후방에서 프리캐스트 세그먼트를 조립하는 공법이다. 자립성이 낮은 지반 및 지하수위하에서 시공이 가능하다.

⑥ 로드헤더공법

연약 암반층에서 진동 및 소음 저감 등의 목적으로 개발된 절삭식 기계를 사용하는 굴착공법으로 풍화암에서 연암층까지 적용이 가능하고 TBM에 비해 소형, 경량이며, 이동성이 양호하고 단면형태에 관계없이 적용가능하다.

 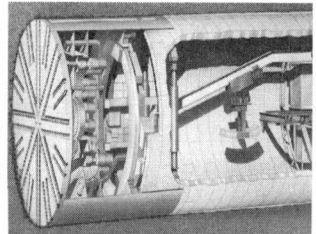 

[TBM 공법]　　　　　[Shield 공법]　　　　　[로드헤더공법]

⑦ 침매터널공법

하저 또는 해저터널 공법으로 수중에서 굴착된 트렌치 안에 다른 곳에서 제작한 터널 본체를 이동하여 부분으로 나누어 설치하고, 물을 뺀 후 토사를 덮어 터널을 완성하는 공법이다. 토피를 낮게 할 수 있어 쉴드공법에 비해 종단선형 설계에 유리하며, 구조물을 지상 또는 부상 dock 위에서 시공하기 때문에 단면을 자유롭게 할 수 있어 품질관리가 용이하다.

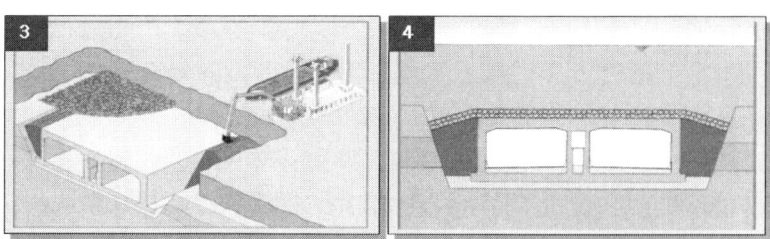

⑧ 카린시안공법(Carinthian Cut and Cover Method)

저토피구간 통과시 저토피로 인한 아칭효과의 부재로 NATM터널 시공이 어려운 경우 개착공법의 적용이 일반적이지만, 개착터널은 NATM터널과 라이닝 두께 등 단면특성 차이로 인해 그 접속부에서 발생하는 응력집중과 누수가 발생될 수 있는 문제점과 개착토공 가시설을 장기간 존치해야 하는 문제를 가지고 있다. 이를 보완하기 위해 토피가 충분하지 않아 NATM터널 시공이 어렵거나, 장기간 개착토공을 유지하기 곤란한 구간, 가시설 시공에 필요한 대형장비 진입 등이 곤란한 저토피 구간에 대하여 적용한다.

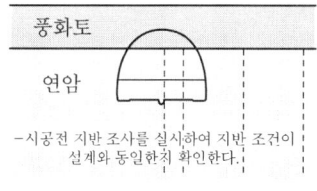

① 원지반 상태

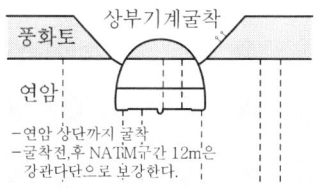

② 아치 상부 절토

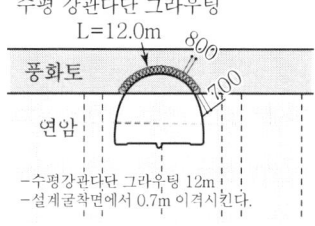

③ 시종점 접속부 강관 다단 보강

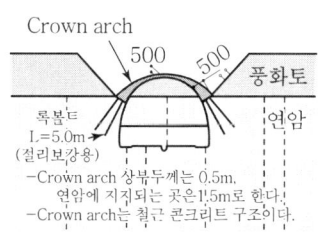

④ CROWN ARCH 설치

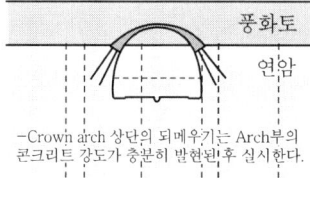

⑤ 되메우기 및 복구

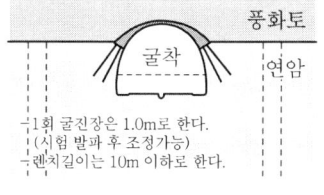

⑥ 상반 굴착

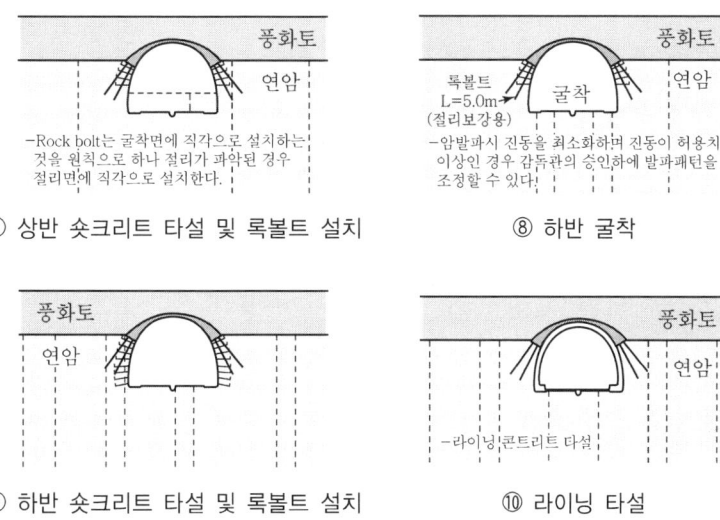

[카린시안공법 시공순서]

(3) 교량

>> 04. 산업

하천, 호소, 해협, 만, 운하, 저지 또는 다른 교통로나 구축물 위를 건너갈 수 있도록 만든 구조물, 장애물을 통과할 목적으로 가설되는 구조물이다. 상부구조는 교대나, 교각 위에서 차량 등의 하중을 직접 받아 교대, 교각으로 전달하는 구조로 보통 주형(Girder), 상판(Slab) 등으로 구성되며, 하부구조는 상부구조에서 작용하는 하중을 지지층에 전달하는 역할을 하는 구조로 교대, 교각, 기초 등이 있다.

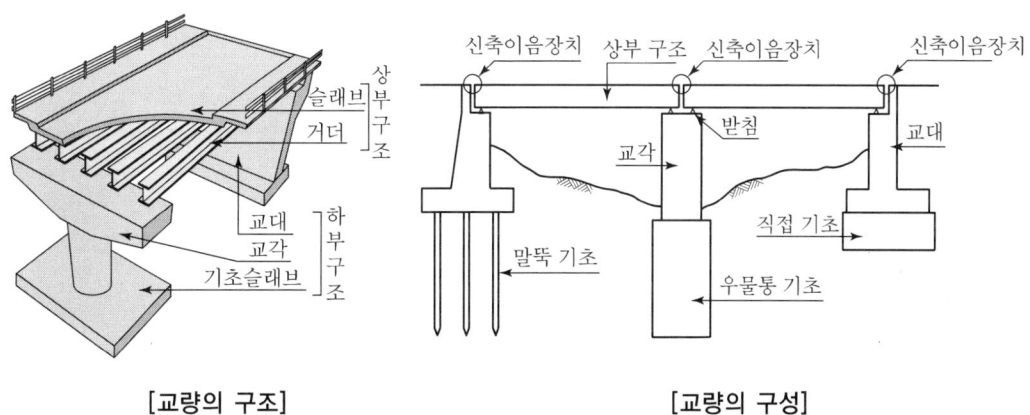

[교량의 구조]　　　　　　[교량의 구성]

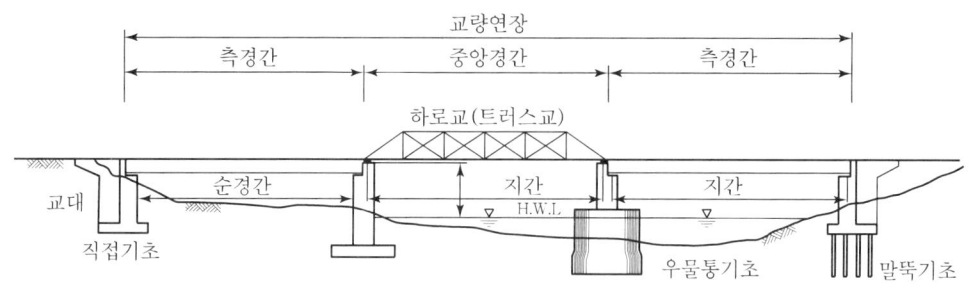

[교량구간 각부 명칭]

1) 사용목적에 의한 분류

  ① 교량 : 양교대면간이 5m 이상의 것
  ② 피일교 : 하천의 범람을 예상하여 교량에 인접하여 설치하는 교량
  ③ 가도교(㈜도로 횡단 철도교) : 도로 위에 철도가 있는 교량
  ④ 과선교 : 과선도로교, 과선선로교, 과선인도교

[가도교]   [과선인도교]

2) 상부구조의 형식에 의한 분류

  I빔 거더, 드와프 거더, 플레이트 거더, 트러스교, 아치교, 라멘교, PC빔교, T빔교 등

[I빔 거더교]   [라멘교]   [트러스교]   [아치교]

[사장교]　　　　[현수교]　　　　[Extradosed교]

3) 교면의 위치에 의한 분류

　　상로교, 중로교, 하로교, 이층교

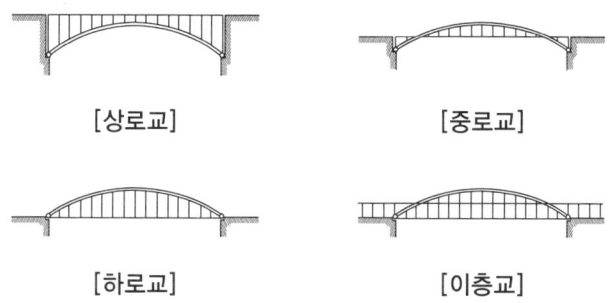

[상로교]　　　　[중로교]

[하로교]　　　　[이층교]

4) 상부구조의 평면형에 의한 분류

　　직교, 사교, 곡선교

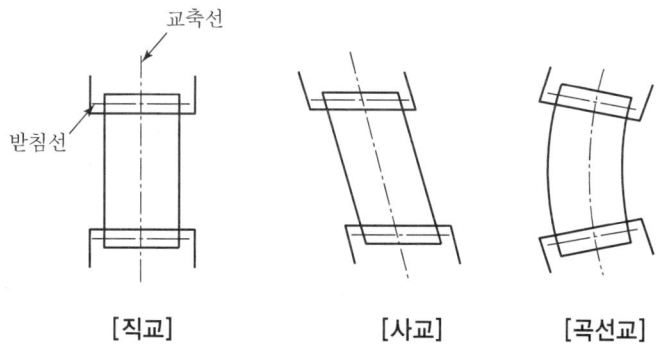

[직교]　　　[사교]　　　[곡선교]

5) 지지형태에 의한 분류

　　단순교, 연속교, 게르버교

6) 교대 및 교각

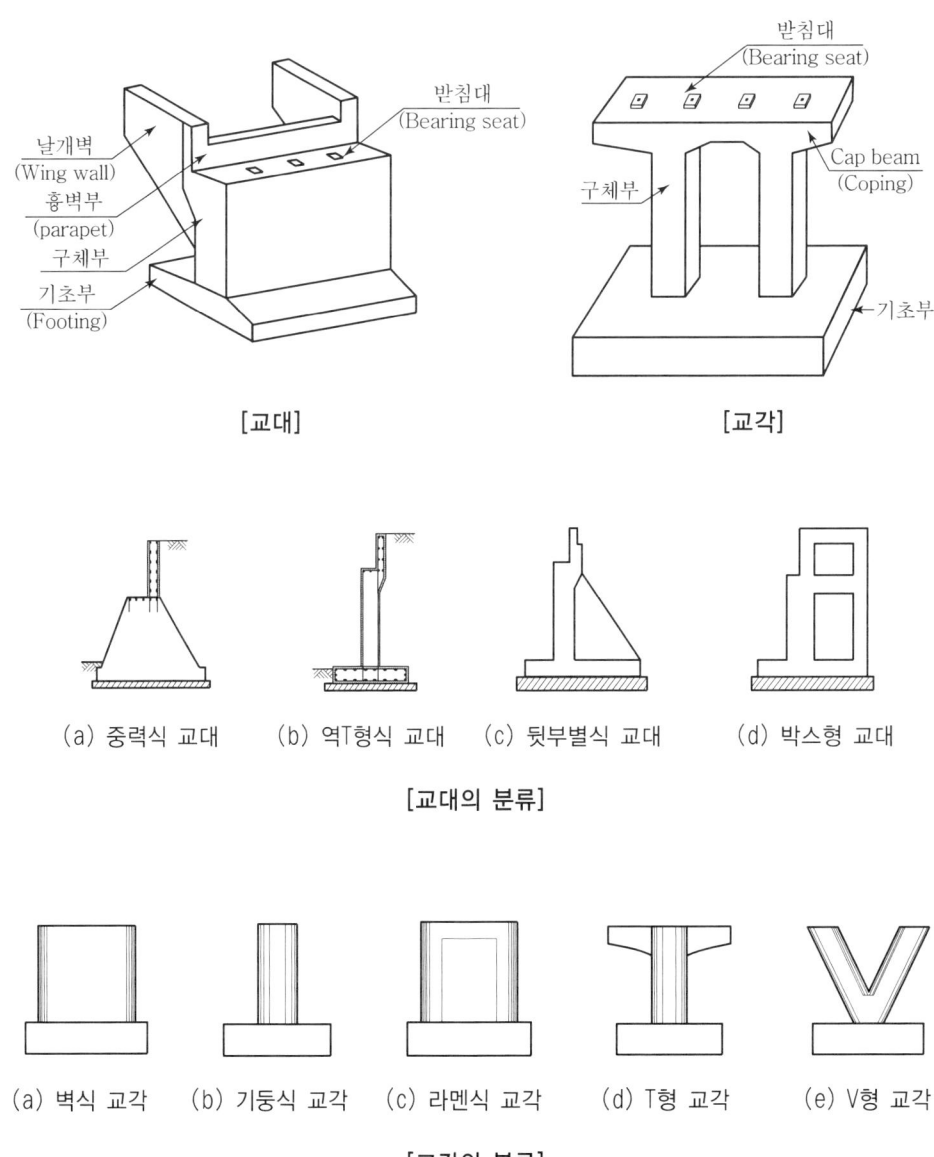

[교대]　　　　　　　　　[교각]

(a) 중력식 교대　(b) 역T형식 교대　(c) 뒷부벽식 교대　(d) 박스형 교대

[교대의 분류]

(a) 벽식 교각　(b) 기둥식 교각　(c) 라멘식 교각　(d) T형 교각　(e) V형 교각

[교각의 분류]

(4) 소수로의 횡단

1) 하수

시공기면 이하에 매설되며 경간이 1m 이하
① 관하수
횡단수로가 시공기면과 상당한 차이가 있을 때 설치하며 토관, 철근 콘크리트관, 철관 등
② 개거
수로가 시공기면보다 깊지 않을 때, 경간은 30~45cm 정도이며 45cm 이상일 때는 레일빔 또는 소형 I빔 가설
③ 암거
돋기가 높아지면 개거로서는 비경제적이므로 Box형, 아치형 등의 암거 설치

2) 고가수로, 사이폰, 구교

① 고가수로
돋기가 깊고 수로가 시공기면보다 높아 수로의 하부가 건축한계에 충분할 때 사용되며 용수로는 물론 산악지대에서는 작은 단면의 수로까지 시공
② 사이폰
깎기가 깊지 않고 수로면이 높지 않을 때 철근 콘크리트 구조물을 궤도 하부에 매설
③ 구교
경간이 1m 이상이고, 2경간 이상의 전장이 5m 미만이며 구교도 개거와 암거가 있다.

(5) 깎기와 돋기

시공기면 구축을 위하여 지반을 절취하거나 성토해야 한다. 비탈은 통과하는 열차의 진동과 강우, 강설, 풍화 등의 기상작용에 대하여 안전해야 한다.
① 돋기방법
수평쌓기법, 전방쌓기법, 비계쌓기법 등
② 비탈면의 구배
높이와 수평거리비가 보통토사일 때 1 : 1.5, 줄떼로 비탈면 보호 시 또는 석재 보호 시 1 : 1.2 또는 1 : 1의 비탈구배, 깎기는 1 : 1 정도
③ 더돋기
공사 후 침하를 예상하여 토질, 시공방법, 지반의 토질, 높이 등에 따라 $H/12 \sim H/40$ 정도 시행

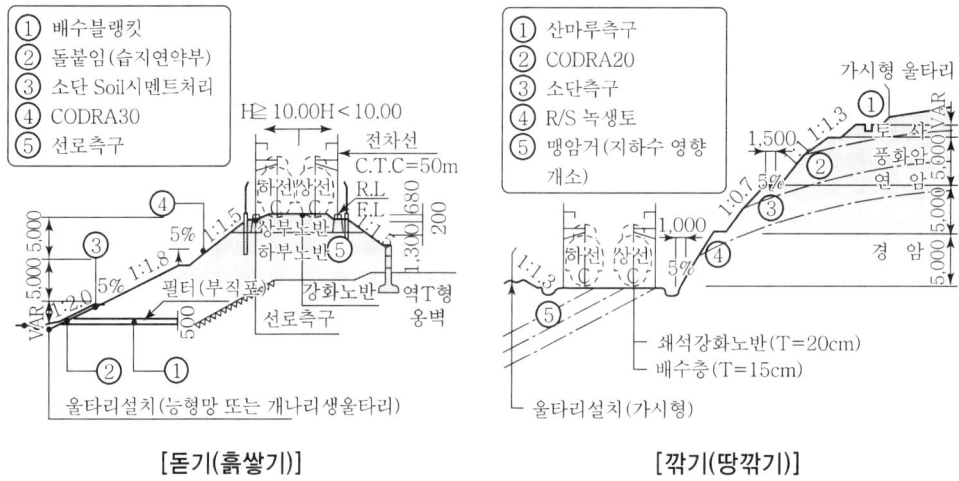

[돋기(흙쌓기)]   [깎기(땅깎기)]

(6) 흙막이 및 호안

깎기나 돋기의 높이가 높은 것에 대하여는 필요에 따라서 흙막이를 설치하고, 하천이나 해안에 따르고 있는 경우에는 호안을 설치한다.

1) 옹벽(흙막이공)

① 옹벽 설치

노반축조 시 지형상 비탈길이가 길게 될 경우 또는 선로 인근에 이전하기 곤란한 건물과 용지가격이 고가일 때 설치한다.

② 옹벽 종류

선로가 큰 하천이나 해안을 따라 부설될 경우 유수나 파랑의 침식에 견디고 노반의 파괴 및 유실을 방지하기 위하여 호안옹벽, 1·2·3종 옹벽, 산옹벽, 해안옹벽 등이다.

2) 테트라포드공

바닷가 인근에서 파도를 분쇄하기 위해 설치

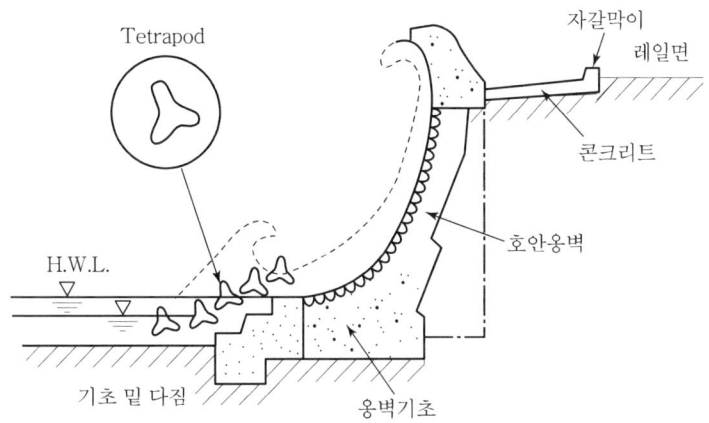

[테트라포드공(호안옹벽)]

(7) 구조물 접속부

교량, 터널, 횡단구조물 접속부 및 콘크리트와 토노반 등 상호 노반강성 차이로 인해 열차 주행 시 침하량의 차이가 발생하고, 부등침하 및 궤도틀림량 증가로 승차감 및 열차주행안전성이 저해될 수 있어 접속부에는 어프로치 블록(Approach Block)을 설치한다.

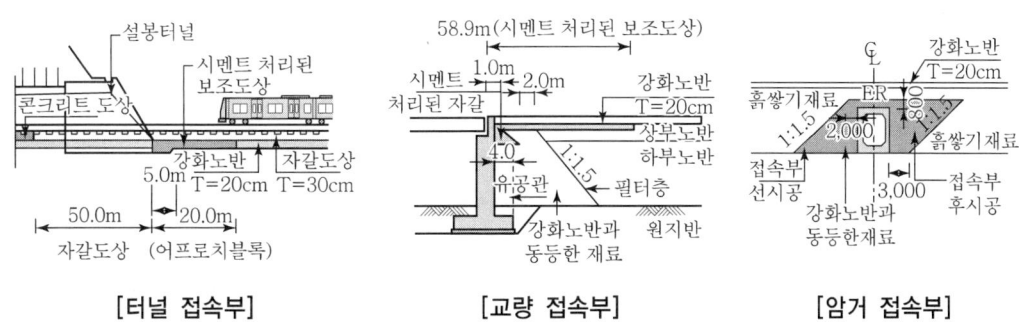

[터널 접속부]　　　　[교량 접속부]　　　　[암거 접속부]

01 기출 및 적중예상문제

■ 정답 및 해설

01 협궤의 장점은 건설비 및 유지비 경감, 곡선저항이 적어 급속선 주행이 가능하다.

01 궤간에는 표준궤간, 광궤, 협궤 등이 있다. 다음 중에서 협궤와 비교할 때 광궤의 장점이 아닌 것은? ≫ 07, 02. 산업
① 고속도를 낼 수 있다.
② 수송력을 증대시킬 수 있다.
③ 열차의 주행 안전도를 증대시킨다.
④ 급곡선에서 곡선저항이 적다.

02 표준궤간보다 좁은 협궤의 장점은? ≫ 08. 산업
① 고속도를 낼 수 있다.
② 수송력을 증대시킬 수 있다.
③ 급곡선을 채택하여도 곡선저항이 적다.
④ 열차의 주행안전도를 증대시키고 동요를 감소시킨다.

03 건축한계는 차량한계 외측으로 열차가 안전하게 운행할 수 있도록 궤도상에 확보되는 모든 공간을 말한다.

03 건축한계에 대한 설명으로 옳은 것은? ≫ 06, 04. 기사
① 차량의 크기를 결정하고 제한하는 범위이다.
② 레일 부위는 건축한계와 무관하고 레일 상부만 제한한다.
③ 건축한계는 직선부와 곡선부가 같다.
④ 열차가 안전하게 주행하기 위한 공간으로 건축한계 내에는 건조물을 설치하지 못한다.

04 차량의 운전에 지장이 없도록 궤도상에 일정공간을 설정하는 한계로서 건물과 모든 건조물이 침범할 수 없도록 정한 한계는? ≫ 08, 07, 04. 산업
① 차량한계   ② 선로한계
③ 열차한계   ④ 건축한계

정답 01 ④ 02 ③ 03 ④ 04 ④

05 직선 구간에서의 건축한계가 4.2m인 국철 구간에서 곡선반경 500m인 곡선에서는 확폭을 포함한 건축한계가 몇 m인가?
>> 02. 산업

① 4.25m ② 4.30m
③ 4.40m ④ 5.20

05 곡선에 따른 확대량
$W = \dfrac{50,000}{R(m)} = \dfrac{50,000}{500}$
= 100mm, 양쪽이므로
4.2 + (0.1 + 0.1) = 4.4m

06 일반철도에서 반지름 (R) = 400m인 원곡선부의 건축한계 확대량(폭)은?(단, 캔트와 슬랙은 설치하지 않는 것으로 가정한다)
>> 09. 산업

① 100mm ② 125mm
③ 250mm ④ 500mm

06 곡선에 따른 확대량
$W = \dfrac{50,000}{R(m)} = \dfrac{50,000}{400}$
= 125mm이므로 양쪽으로 하면 250mm이다.

07 철도교량 설계시 교량의 공간이 부족한 곳에 사용되는 상부 구조 형식은 무엇인가?
>> 04. 산업

① I빔거더 ② 드와프거더
③ 플레이트거더 ④ PC빔

08 노반의 선로 중심에서 비탈면 머리까지의 수평거리를 무엇이라 하는가?
>> 08. 기사

① 궤도중심간격 ② 도상정규
③ 시공기면 폭 ④ 여성토

08 시공기면 폭으로 시공기면은 노반을 조성하는 기준이 되는 면을 말한다.

09 곡선을 통과하는 차량 끝이 궤도중심외방으로 편의하는 양 C_1 공식은?(단, m = 대차 중심에서 차량 끝단까지 거리, R = 곡선반경, l = 차량의 대차 중심간 거리이다.)
>> 08. 기사

① $C_1 = \dfrac{1}{2R}\left(\dfrac{l}{2}\right)^2$ ② $C_1 = \dfrac{m(m+l)}{2R}$
③ $C_1 = \dfrac{1}{2R}(m+l)$ ④ $C_1 = \dfrac{l^2}{8R}$

09 곡선반경에 따른 차량 전·후부의 차량편기량은 $\dfrac{m(m+\ell)}{2R}$ 이다.

정답 05 ③ 06 ③ 07 ② 08 ③ 09 ②

10 [철도건설규칙 개정으로 문제 수정]
국내에서는 여객/화물 혼용선의 경우 KRL2012 표준활하중을 설계시 적용한다.

11 피암터널은 낙석을 막거나 계곡으로 낙하시켜 낙석에 의한 피해를 방지한다.

12 생석회 공법은 연약지반 점성토 지반개량공법. 웰포인트공법은 기초 지반굴착 시 진공펌프로 지중수를 강제적으로 흡입하여 배수하는 공법. 트렌치 공법은 얕은기초의 부분단면 개착공법으로 건물의 외주에 해당하는 부분을 먼저 시공하고 내부를 굴착한다.

---

10 국내 화물 및 여객 혼용선 설계 시 적용하여야 할 표준활하중은?
① EL-18　　　　② EL-22
③ EL-25　　　　④ KRL2012 표준활하중

11 어느 산악철도에 낙석이 심하여 항구적인 대책을 수립하고자 한다. 다음 중 가장 확실한 방안은?　　≫ 03. 산업
① 낙석방지철책
② 낙석방지옹벽
③ 피암터널
④ 숏크리트에 의한 암석고정

12 지하철을 건설할 때 교량이나 건물 아래 기존의 구조물을 대신 지지할 수 있는 다른 기초를 신설하고 나서 터널을 굴착하는 공법은?　　≫ 06. 기사
① 언더피닝 공법　　② 트렌치 공법
③ 생석회 공법　　　④ 웰 포인트 공법

13 철도의 구성요소 중 선로구조물만으로 구성되어 있는 것은?　　≫ 09. 기사
① 측구, 전차선, 신호기, 침목, 레일
② 도상, 측구, 전차선, 통신선, 노반
③ 노반, 레일, 침목, 도상, 철주
④ 특별고압선, 신호기, 방음벽, 측구, 철주

14 차량한계와 건축한계의 관계를 바르게 나타낸 것은?　　≫ 11. 산업
① 건축한계 ≤ 차량한계　　② 건축한계 < 차량한계
③ 건축한계 = 차량한계　　④ 건축한계 > 차량한계

15 다음 용어 설명 중 옳지 않은 것은? >> 02. 산업
① 궤간이라 함은 레일면에서 하방 12mm 지점의 상대편 레일 두부내측간 최단거리를 말한다.
② 본선이라 함은 열차운전에 상용하는 선로를 말한다.
③ 역이라 함은 여객 또는 화물을 취급하기 위하여 시설한 장소를 말한다.
④ 신호장이라 함은 열차의 교행 또는 대피를 하기 위하여 시설한 장소를 말한다.

15 궤간은 레일면에서 하방 14mm 지점의 상대편 레일 두부내측간 최단거리를 말한다.

16 용어에 대한 정의로 틀린 것은? >> 06. 기사
① 궤간 : 레일면에서 레일 윗면의 중심에서 상대편 레일의 중심을 말한다.
② 수평 : 레일의 직각방향에 있어서의 좌우 레일면의 높이 차를 말한다.
③ 면맞춤 : 한쪽 레일의 레일길이방향에 대한 레일면의 높이 차를 말한다.
④ 줄맞춤 : 궤간 측정선에 있어서의 레일 길이방향의 좌우 굴곡치를 말한다.

16 궤간은 레일면에서 하방 14mm 지점의 상대편 레일 두부내측간 최단거리를 말한다.

17 다음 중 시공기면의 폭에 대한 설명으로 옳지 않은 것은?
>> 06. 기사
① 전철구간 설계속도 200<V≤250일 때 시공기면 폭은 직선을 기준으로 할 때 선로 중심에서 4m 이상으로 한다.
② 비전철구간 설계속도 70<V≤150일 때 시공기면 폭은 직선을 기준으로 할 때 선로 중심에서 3.3m 이상으로 한다.
③ 비전철구간 설계속도 V≤70의 시공기면 폭은 직선을 기준으로 할 때 선로 중심에서 3m 이상으로 한다.
④ 전동차 전용선의 경우 시공기면 폭은 직선을 기준으로 3.5m 이상으로 한다.

17 [철도건설규칙 개정으로 문제 수정] 전동차 전용선의 경우 직선구간 최소 시공기면 폭은 4m 이상으로 한다.

18 전철구간 직선구간에 있어서 설계속도에 따른 선로 중심으로부터 시공기면의 폭으로 틀린 것은? >> 04. 산업

① 250<V≤350의 경우 4.5m 이상
② 200<V≤250의 경우 4.0m 이상
③ 150<V≤200의 경우 4.0m 이상
④ V≤70의 경우 4.0m 이상

18 [철도건설규칙 개정으로 문제 수정]
전철구간 설계속도 250<V≤350의 경우 시공기면의 폭은 4.25m 이상으로 한다.

19 전동차전용선의 토공구간에서 노반을 조성하는 기준이 되는 면의 폭은 설계속도 150<V≤200의 직선구간에서 궤도중심으로부터 몇 m 이상으로 하여야 하는가? >> 09. 기사

① 4.25m ② 4.0m
③ 3.7m ④ 3.3m

19 [철도건설규칙 개정으로 문제 수정]
150<V≤200에서 시공기면 폭은 4.0m 이상으로 한다.

20 설계속도 200km/h 구간에서 정거장 외에 4개선을 부설하려 할 때, 직선구간의 최소 노반폭은 몇 m가 되는가? >> 03. 기사

① 20.0 ② 20.5
③ 20.6 ④ 20.9

20 [철도건설규칙 개정으로 문제 수정]
V=200km/h일 때 궤도중심간격은 4.3m이고, 시공기면 폭은 4m이므로
4+4.3+4.3+4.3+4=20.9m
가 된다.

21 곡선구간의 건축한계 산출량에 포함되지 않는 것은? >> 06, 04, 02. 기사

① 슬랙량
② 좌우레일간 거리오차
③ 캔트에 의한 차량경사량
④ 확폭량

21 곡선구간 건축한계 산출은 확폭량($\frac{50,000}{R}$), 곡선반경(R), 캔트량(C), 슬랙량(S)에 영향을 받는다.

22 직선구간에서 설계속도가 150km/h 이하인 전철화 구간의 시공기면의 폭은 얼마 이상으로 하여야 하는가? >> 13. 기사

① 2.5m ② 3.0m
③ 3.5m ④ 4.0m

22 V≤150에서 시공기면 폭은 4.0m 이상으로 한다.

23 정거장 외의 구간에서 2개의 선로를 나란히 설치하는 경우, 궤도의 최소 중심 간격은?(단, 설계속도 70km/h<V≤150km/h 이다.) ≫13. 산업

① 3.5m
② 4.0m
③ 4.3m
④ 4.8m

23 70km/h<V≤150km/h에서 궤도의 최소 중심간격은 4.0m이다.

24 도시철도에서 곡선부 건축한계 확대치수 체감방법 중 완화곡선이 없는 경우의 체감방법으로 옳은 것은? ≫07. 산업

① 원곡선 끝으로부터 20m 이상의 길이에서 체감한다.
② 원곡선과 직선 각각 10m 이상씩 체감한다.
③ 원곡선 내에서 20m 이상 체감한다.
④ 지형형태에 따라 직선과 곡선 중 편리한 개소에서 체감한다.

24 도시철도건설규칙
- 완화곡선이 있는 경우 : 완화곡선에 따라 체감
- 완화곡선의 길이가 20m 이하 또는 완화곡선이 없는 경우 : 원곡선 끝으로부터 20m 이상의 길이
- 복심곡선의 경우 : 반경이 큰 곡선으로부터 20m 이상의 길이

25 도시철도건설규칙에서 정하는 확대궤간에 대한 설명으로 틀린 것은? ≫12, 02. 기사

① 확대궤간은 곡선부분의 안쪽레일에 두어야 한다.
② 확대궤간의 치수는 30mm를 초과하지 않는 범위에서 결정한다.
③ 궤간의 허용 공차에 확대궤간을 가산한 치수는 30mm를 초과할 수 없다.
④ 완화곡선이 없는 경우 확대궤간의 체감거리는 표준캔트의 600배 이상으로 한다.

25 확대궤간의 치수는 25mm를 초과하지 않도록 하며, 궤간에 확대궤간을 합하여 30mm를 초과할 수 없다.

26 도시철도건설규칙에서 정하는 궤간의 허용공차는? ≫08. 산업

① 크로싱 : 증3mm, 감2mm, 기타의 경우 : 증10mm, 감2mm
② 크로싱 : 증3mm, 감2mm, 기타의 경우 : 증10mm, 감5mm
③ 크로싱 : 증2mm, 감3mm, 기타의 경우 : 증10mm, 감2mm
④ 크로싱 : 증2mm, 감3mm, 기타의 경우 : 증10mm, 감5mm

26 궤간의 허용공차
- 크로싱 : +3, -2mm
- 기타 : +10, -2mm

정답 23 ② 24 ① 25 ② 26 ①

27
- 차량측 직결방안 : 궤간가변 방식, 대차교환방식
- 직결방안 : 4선방식, 3선방식, 전면궤도 개량방식

28 건축한계의 예외사항은 가공전차선 및 현수장치, 선로작업을 위한 일시적 시설이다.

29 궤도중심간격은 차량의 안전운행 및 유지보수 편의성을 고려하여 정한다.

30 설계속도 $250 < V \leq 350$의 경우 시공기면 최소폭은 4.25m이다.

27 서로 다른 궤간의 연결 방법으로 바르게 짝지어지지 않은 것은?

① 차량 : 궤간가변 방식, 궤도 : 대차교환방식
② 차량 : 궤간가변 방식, 궤도 : 4선방식
③ 차량 : 대차교환 방식, 궤도 : 4선방식
④ 차량 : 대차교환 방식, 궤도 : 전면궤도 개량방식

28 건축한계 예외에 해당하는 것은?

① 가공전차선 및 현수장치
② 차륜의 범위 이내에 있는 차량의 부분
③ 정차 중에 개폐하는 차량의 문이 열려있는 경우
④ 제설장치, 기중기, 기타 특수장치를 사용하고 있는 경우

29 궤도의 최소중심간격 설치에 대한 설명으로 옳은 것은?

① 궤도중심간격은 넓을수록 좋다.
② 자갈도상의 궤도중심간격은 콘크리트도상보다 좁게 하여도 된다.
③ 곡선구간도 직선구간과 똑같이 궤도중심간격을 정한다.
④ 직선의 경우 차량한계의 최대폭과 차량의 안전운행을 고려하여 정한다.

30 시공기면 폭 결정사항으로 옳지 않은 것은?

① 시공기면 폭은 궤도중심선에서 기면턱까지의 수평거리를 말한다.
② 설계속도 $250 < V \leq 350$ 구간의 콘크리트궤도일 경우 폭은 4.0m까지 축소할 수 있다.
③ 도상두께, 침목길이, 보선작업 시 작업성, 열차대피 여유 등을 고려하여 결정한다.
④ 궤도에 받는 하중을 노반으로 광범위하게 전달하도록 설치한다.

정답 27 ① 28 ① 29 ④ 30 ②

31 신설 및 개량노선의 설계속도를 정하기 위해서는 속도별 비용 및 효과분석을 실시하여야 하고 중점적으로 고려하여야 할 사항이 있다. 다음 중 틀린 것은?
① 노선 전체거리
② 초기 건설비, 운영비, 유지보수비, 차량구입비 등 총비용 대비 효과 분석
③ 해당 노선의 기능
④ 장래 교통수요

31 열차성능 모의시험을 통하여 구간별 설계속도를 달리 하여 비용대비 투자효과를 극대화하여야 하는데 이때 필요한 자료에는 역간거리가 포함되어야 한다.

32 공사 후 침하를 예상하여 토질, 시공방법, 지반의 토질, 높이 등에 따라 더돋기를 하여야 하는데 옳은 것은?
① H/10~H/30
② H/12~H/40
③ H/15~H/45
④ H/20~H/50

32 더돋기는 H/12~H/40 정도 시행

33 설계속도를 정하기 위해서는 신설 및 개량노선의 속도별 비용 및 효과분석을 실시하여야 하는데 이때 고려해야 할 항목이 아닌 것은?
① 초기 건설비, 운영비 및 차량구입비 등의 총비용 대비 효과 분석
② 역간거리
③ 종곡선 및 기울기
④ 장래 교통수요

33 종곡선 및 기울기는 열차의 주행안전성 및 승차감 향상을 위해 설치한다.

34 선로구조물의 계획 시 유의할 사항에 해당되지 않는 것은?
≫15. 기사
① 선로구조물은 열차가 설계 최고 속도로 주행할 수 있도록 계획하여야 한다.
② 소음/진동, 일조저해, 전파장애 등 사회생활에 지장을 주는 일이 없도록 환경보전상의 문제가 적은 구조물로 계획하여야 한다.
③ 철도의 기능에 큰 영향을 주는 요소는 선로의 평면곡선과 종단기울기이므로 기준치 범위 이내에서 큰 곡선반경과 작은 종단기울기로 계획하여야 한다.

34 선로구조물은 해당 선로의 기능과 지역특성을 고려하여 구간별 최적구조물 형식을 채택하여야 한다.

정답 31 ① 32 ② 33 ③ 34 ①

④ 계획의 대상이 되는 구조물에 대하여 설계조건(설계하중, 사용재료, 환경 등), 구조해석의 방법, 부재강도의 산정방법 등을 적절하게 정하여 안정성을 확보하여야 한다.

35 분기기의 구성요소인 포인트의 종류에 해당하지 않는 것은?
≫15. 기사

① 첨단 포인트
② 스프링포인트
③ 가동포인트
④ 승월포인트

35 포인트의 종류로는 둔단포인트, 첨단포인트, 승월포인트, 스프링포인트가 있다.

36 특수장물차의 대차 중심에서 차량 끝단까지 거리가 4m이고, 차량의 대차 중심 간 거리가 17m일 때, 곡선을 통과하는 차량 끝이 궤도중심 외방으로 편의하는 양의 산출식은?(단, R : 곡선반경(m), 산출식의 단위 : mm)
≫16. 기사

① $\dfrac{40,500}{R}$
② $\dfrac{42,000}{R}$
③ $\dfrac{43,000}{R}$
④ $\dfrac{44,000}{R}$

36 외측편의량
$\delta_2 = n(m+l)/2R$
$= 4(4+17)/2R$
$= 42,000/R(mm)$

37 노반 분니의 발생 원인으로 틀린 것은?
≫16. 기사

① 도상 고결에 의한 탄성력 회복
② 반복응력에 의한 노반 흙의 반죽
③ 침목의 상하운동에 의한 펌핑작용
④ 노반 흙의 강도 부족 때문에 자갈이 노반으로 박힘

37 노반 분니의 원인 중 하나는 도상의 탄성기능 저하이다.

38 노반의 배수불량으로 분니 또는 동상 발생을 방지하기 위한 적절한 보수방법으로 틀린 것은?
≫16. 산업

① 곁도랑을 깊이파기 또는 준설을 하였다.
② 도상과 노반 중에 맹하수를 설치하였다.
③ 철도용지 바깥쪽 수로를 선로곁도랑에 연결시켰다.
④ 콘크리트 도상으로 부설된 개소에 직경 200mm 배수관을 설치하였다.

38 철도용지 바깥쪽의 수로·하수구 등은 함부로 선로 쪽으로 돌리거나 선로 겉도랑에 연결시키지 않아야 한다.

39 터널조명설비에 대한 철도의 건설 기준에 관한 규정으로 맞는 것은? ≫16. 산업

① 고속철도전용선 직선구간 길이 250m 이상의 터널에는 조명설비를 갖추어야 한다.
② 곡선반경 600m 이상 구간 복선철도에서 길이 150m 이상의 터널에는 조명설비를 갖추어야 한다.
③ 곡선반경 600m 미만 구간 복선철도에서 길이 130m 이상의 터널에는 조명설비를 갖추어야 한다.
④ 정전 시 60분 이상 계속 켜질 수 있는 유도등을 설치하여야 한다.

40 다음 ( ) 안에 알맞은 것은? ≫16. 산업

> 설계속도 180km/h인 선로의 정거장 외의 구간에서 2개의 선로를 나란히 설치하는 경우에 궤도의 중심간격은 ( )m 이상으로 한다.

① 3.8　　② 4.0
③ 4.3　　④ 4.5

40 선로유지관리지침에 의거 설계속도 150<V≤250일 때 궤도의 최소 중심 간격은 4.3m 이상으로 한다.

정답 39 ④　40 ③

곡선과 기울기

01 곡선

>> 04. 기사

철도선로는 직선으로 하는 것이 가장 좋으나 지형지물을 따라 경제적으로 건설하기 위하여 부득이 직선으로 할 수 없는 개소에는 차량이 일정한 속도로 원활하게 주행할 수 있도록 굽은 모양의 곡선을 넣는다.

(1) 곡선의 표시
① 곡선은 보통 원곡선을 사용하며 일반적으로 곡선반경 R로 표시
② 미국에서는 100ft의 현으로 형성되는 중심각 $\theta\degree$로 표시

(2) 종류

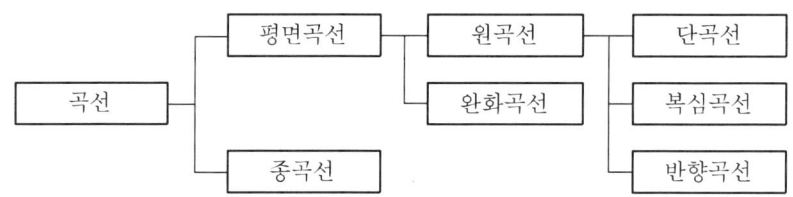

(3) 곡선형상

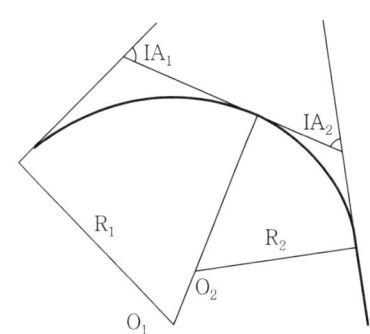

[복심곡선]

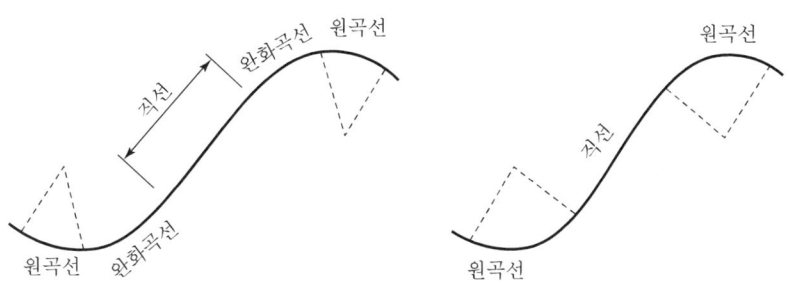

[원곡선, 완화곡선, 반향곡선]

02 캔트와 슬랙

(1) 캔트(Cant)(좌우레일 높이차이) ≫ 14, 13, 12, 08, 07, 04, 03.산업, 14, 13, 12, 02. 기사

열차가 곡선구간을 주행할 때 차량의 원심력이 곡선 외측에 작용하여 차량이 외측으로 기울면서 승차감이 저하하고, 차량의 중량과 횡압이 외측레일에 부담을 주어 궤도 보수비 증가 등 악영향이 발생한다. 이러한 악영향을 방지하기 위하여 내측레일을 기준으로 외측레일을 높게 부설하는데 이를 캔트(Cant)라 하고, 내측레일과 외측레일과의 높이차를 캔트량이라 한다.

1) 균형캔트

열차속도 V에 대해서 궤도면에 평행한 횡가속도 p가 0일 경우의 캔트(C)를 균형캔트(C_{eq})라 하며 이때, 곡선반경과 원심력, 중력, 궤간, 균형캔트의 관계는 다음과 같다.

$$\frac{V^2}{R} = \frac{C_{eq}}{G}g \quad C_{eq} = \frac{GV^2}{gR}$$

여기서, C_{eq} : 균형캔트
G : 궤간
V : 열차속도
R : 곡선반경
g : 중력가속도

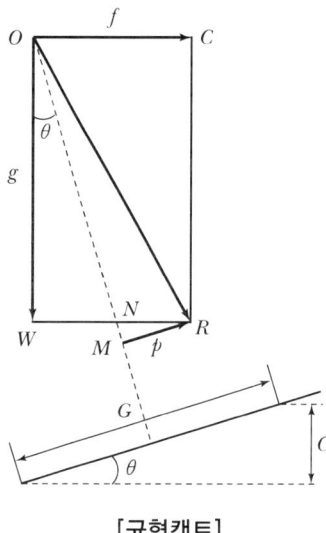

[균형캔트]

위의 식에서 중력가속도 $g = 9.8\text{m/sec}^2$, 레일의 좌우 접촉점 간 거리 $G = 1,500\text{mm}$라 하고, 각 기호의 단위를 맞추면 다음과 같다.

$$C_{eq} = \frac{1500(\text{mm}) \times V(\text{km/hr})^2}{9.8(\text{m/sec}^2) \times 3.6^2 \times R(\text{m})} \approx 11.8 \frac{V^2}{R}$$

여기서, C_{eq} : 균형캔트(mm)
V : 열차속도(km/h)
R : 곡선반경(m)

2) 설정캔트

$$C = 11.8\frac{V^2}{R} - C_d$$

여기서, C_d : 부족캔트(mm)

우리나라의 철도는 여객전용선이나 화물전용선이 별도로 없어 여객열차, 열차 및 전동열차가 혼용 운행하고 있으므로 유지보수 시에는 이를 고려한 적정한 캔트로 설정하여야 하며, 이때의 적정한 캔트를 "설정캔트"라고 한다.

3) 초과캔트

열차의 실제 운행속도와 설계속도의 차이가 큰 경우에는 다음 공식에 의해 초과캔트를 검토하여야 하며, 이때 초과캔트는 110mm를 초과하지 않도록 하여야 한다.

$$C_e = C - 11.8\frac{V_o^2}{R}$$

여기서, C_e : 초과캔트(mm)
C : 설정캔트(mm)
V_o : 최소열차속도(km/h)
R : 곡선반경(m)

4) 곡선구간에 차량의 정차 시 최대캔트와 차량의 전복 한계

≫ 02. 기사

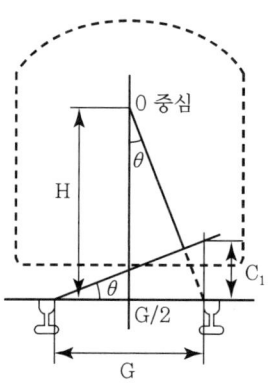

[곡선구간 차량 정차 시 차량중심방향]

$$C_1 = \frac{\frac{G}{2} \times G}{H} = \frac{G^2}{2 \cdot H}$$

여기서, C : 설정 최대캔트(C_m =160mm)
C_1 : 정차 중 차량의 전복한도 캔트(mm)
G : 궤간(차륜과 레일접촉면과의 거리(1,500mm)
H : 레일면에서 차량중심까지 높이(2,000mm)

그러므로 정차 중 차량의 전복한도 캔트 C_1은

$$C_1 = \frac{1,500 \times 1,500}{2 \times 2,000} = 562 \text{ mm}$$

설정캔트 C_m =160mm일 때, 안전율은

$$S = \frac{C_1}{C_m} = \frac{562}{160} \fallingdotseq 3.5$$

그러므로 자갈도상의 설정최대 캔트량 C_m =160mm는 차량이 정차 중 전복에 대하여 안전하다.

5) 캔트의 체감거리(도시철도 건설규칙)

① 완화곡선이 있는 경우에는 그 곡선 전체의 거리
② 완화곡선이 없는 경우에는 캔트의 600배 이상의 거리
③ 복심곡선이 있는 경우에는 반경이 큰 곡선상에서의 캔트차의 600배 이상의 거리
④ 부득이한 경우에는 표준캔트의 450배 이상의 거리

(2) 슬랙(Slack)

철도차량은 2개 또는 3개의 차축이 대차에 강결되어 고정된 프레임으로 차축이 구성되어 있어 곡선구간을 통과할 때, 전후 차축의 위치이동이 불가능할 뿐만 아니라 차륜에 플랜지(Flange)가 있어 곡선부를 원활하게 통과하지 못한다.

그러므로 곡선부에서는 외측레일을 기준으로 내측레일을 직선부 궤간보다 확대시켜야 하는데 이를 슬랙(Slack)이라 한다.

1) 계산식

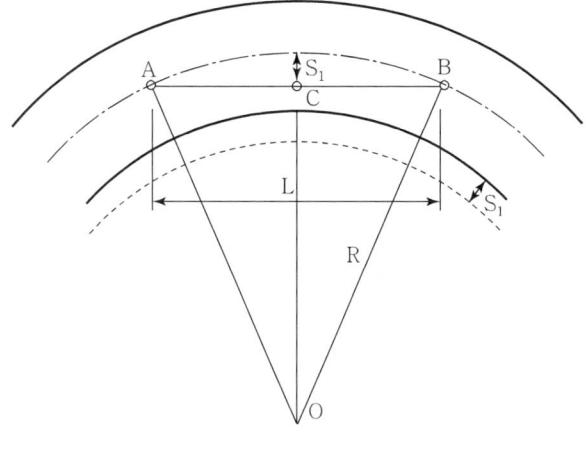

A,B : 고정축거의 중심점
C : 현의 중심점
L : 고정축거(m)
R : 곡선반경(m)
S_1 : 편기량

[슬랙의 산정]

위 그림에서 A, B는 고정축거의 중심점, C, L, R, S_1는 현의 중심점, 고정축거(m), 곡선 반경(m) 및 편의량이다. 위 그림에서 차량중심과 선로 중심과의 최대편의는 A, B점의 중앙인 C점에서 발생한다. 이 편의량을 S_1이라 하면,

$$\overline{AC}^2 = \overline{AO}^2 - \overline{CO}^2$$

여기서, $\overline{AC} = \dfrac{L}{2}$, $\overline{AO} = R$, $\overline{CO} = (R - S_1)$ 을 대입하면, $\left(\dfrac{L}{2}\right)^2 = R^2 - (R - S_1)^2$, $\dfrac{L^2}{4} = 2RS_1 - (S_1)^2$이다. 또한 S_1^2은 RS_1에 비하여 매우 작으므로 무시할 수 있다.

$$S_1 = \dfrac{L^2}{8R}$$

위 식은 이론적으로 구한 슬랙량이다. 3축차인 경우에는 고정축거 사이의 최대편의는 $\overline{AB}$의 중앙에서 생기지 않고, $\overline{AB}$의 3/4 위치에서 생긴다고 가정하여 고정축거를 길게 하여 슬랙량을 구할 수 있다. 슬랙량 산출식에서 고정축거를 디젤기관차 7000대를 기준하여 3.75m로 정하였는데, 곡선부를 열차가 주행할 경우에 차륜과 레일의 접촉점이 차륜의 플랜지에 의해 앞 축에서는 좀 더 앞에, 뒤 축에서는 좀 더 뒤에 접촉점이 생기는 것을 고려하여 축거에 0.6m를 연장하여 계산하였다. 고정축거 $L = 3.75\text{m} + 0.6\text{m} = 4.35\text{m}$로 정하고 위 식에 대입하면,

$$S_1 = \frac{L^2}{8R} = \frac{4.35^2}{8R} = \frac{2.365}{R} \text{(m)} \fallingdotseq \frac{2,400}{R} \text{(mm)}$$

따라서, 슬랙량의 기본공식은 현장실정을 고려하여 다음과 같이 선정된다.

$$S = \frac{2,400}{R} - S'$$

여기서, S : 슬랙(mm)
S' : 조정치(0~15mm)
R : 곡선반경(m)

2) 설치개소와 방법 ≫ 03. 05. 산업

① 슬랙은 외측레일을 기준으로 내측레일을 확대
② 곡선반경 300m 미만의 곡선에 부설한다.
③ 슬랙 치수는 30mm를 초과하지 못한다.(정비기준치 고려 35mm 이내)
④ 분기부를 제외하고 완화곡선 전장에 걸쳐 체감
⑤ 완화곡선이 없는 경우 캔트의 체감길이와 같은 길이(직선과 곡선을 포함한 캔트의 600배 이상의 길이)에서 체감

3) 슬랙의 설치효과

① 차량동요가 적고 승차감 향상
② 소음·진동 발생감소
③ 레일 마모감소 및 사용연수 증가
④ 횡압감소로 궤도 틀림 감소

4) 슬랙표(일반 및 고속철도)

곡선반경(m)	슬랙(S)		곡선반경(m)	슬랙(S)	
	최소 (S'=15)	최대 (S'=0)		최소 (S'=15)	최대 (S'=0)
R<120	12	27	190≤R<210	0	13
120≤R<170	5	20	210≤R<250	0	11
170≤R<190	0	14	250≤R<300	0	9

03 최소곡선반경   >> 14, 13, 12. 산업, 14, 13, 12. 기사

(1) 최소곡선반경

설계속도별 곡선구간에서 열차가 최고속도로 안전하게 주행할 수 있는 최소한의 곡선반경을 말하며, 열차속도, 캔트와의 상관관계로 최소곡선반경을 설정한다.

1) 최소곡선반경 산정방법

차량이 곡선구간을 주행할 때 승객의 승차감과 차량의 주행안전성을 고려하여 C_{max}(최대 설정캔트(mm)), $C_{d,min}$(최대 부족캔트(mm))를 기준으로 최소곡선반경의 크기를 결정한다.

$$C = 11.8 \frac{V^2}{R} \Rightarrow R = 11.8 \frac{V^2}{C} \text{ 에서 } R \geq \frac{11.8 V^2}{C_{max} + C_{d,min}}$$

설계속도 V (km/h)	자갈궤도		콘크리트궤도	
	최대 설정캔트 (mm)	최대 부족캔트 (mm)[1]	최대 설정캔트 (mm)	최대 부족캔트 (mm)[1]
350 < V ≤ 400	–[2]	–[2]	180	130
250 < V ≤ 350	160	80	180	130
V ≤ 250	160	100[3]	180	130

(1) 최대 부족캔트는 완화곡선이 있는 경우 즉, 부족캔트가 점진적으로 증가하는 경우에 한한다.
(2) 설계속도 350 < V ≤ 400 구간에서는 콘크리트궤도를 적용하는 것을 원칙으로 하고, 자갈궤도 적용 시에는 별도로 검토하여 정한다.
(3) 기존선을 250km/h까지 고속화하는 경우에는 최대 부족캔트를 120mm까지 할 수 있다.

2) 본선의 최소곡선반경

설계속도 V(km/h)	최소곡선반경(m)	
	자갈궤도	콘크리트궤도
350	6,100	4,700
300	4,500	3,500
250	3,100	2,400
200	1,900	1,600
150	1,100	900
120	700	600
$V \leq 70$	400	400

3) 정거장 전후구간 등 부득이한 경우

설계속도 V(km/h)	최소곡선반경(m)
$200 < V \leq 350$	운영속도고려 조정
$150 < V \leq 200$	600
$120 < V \leq 150$	400
$70 < V \leq 120$	300
$V \leq 70$	250
전동차전용선로	설계속도에 관계없이 250

(2) **최소곡선반경의 축소**

① 역세권이 이미 형성된 도심을 통과하여 철도를 신설(정거장을 설치)할 경우
② 기존선 개량 등 특수한 경우
③ 경제성, 시공성 고려 전동차 전용선로는 250m까지 축소 가능
④ 부본선, 측선 및 분기기에 연속되는 경우에는 곡선반경을 200m까지 축소할 수 있다(단, 고속철도 전용선의 경우, 주본선 및 부본선은 1,000m까지(부득이한 경우 500), 회송선 및 착발선은 500m(부득이한 경우 200)까지 축소할 수 있다).

04 | 직선 및 원곡선의 최소길이 ≫ 14, 13, 12. 기사, 14, 13, 12. 산업

① 차량이 인접한 곡선에서 곡선으로 주행하는 경우 차량방향이 급변하여 차량에 동요가 발생하므로 불규칙한 동요를 방지하고자 차량의 고유진동주기를 감안하여 곡선 사이에 삽입하는 직선의 거리이다.
② 급격한 직선과 곡선의 연결은 승차감을 저해하게 된다. 특히 횡방향 불평형 가속도 변화에 의해 열차의 좌우 움직임을 일으키는 가진 진동수와 차량의 고유진동수와 일치하게 되면 공진에 의해 열차의 동요가 커지고 승차감이 급격히 저하하게 된다. 따라서 가진 진동수가 차량의 고유진동수보다 작도록 원곡선과 직선의 최소길이를 설정해야 한다.
③ 본선구간 직선 및 원곡선 최소길이는 다음 값 이상으로 한다. ≫ 11. 기사, 09. 산업

$$L = 0.5V$$

여기서, L : 직선 및 원곡선의 최소길이(m)
V : 설계속도(km/h)

④ 곡선 중의 차량동요가 다음 곡선으로 이동하는 사이에 소멸하기 위하여 차량의 고유진동주기를 생각하여 적어도 1주기 이상 진행하는 길이의 직선을 두 곡선 사이에 삽입해야 한다. 사행동이 차량별로 발생하는 주기를 차량고유진동주기라 한다.
⑤ 목적
   ㉠ 불규칙한 동요 감소
   ㉡ 승차감 향상
   ㉢ 궤도재료 손상방지 및 유지보수 노력 경감
   ㉣ 차륜마모 감소
⑥ 본선의 경우 두 원곡선이 접속하는 곳에서는 완화곡선을 두어야 하며, 이때 양쪽의 완화곡선을 직접 연결할 수 있다. 다만 부득이한 경우에는 완화곡선을 두지 않고 두 원곡선을 직접 연결하거나 중간직선을 두어 연결할 수 있으며, 중간직선이 있는 경우, 중간직선 길이의 기준값은 설계속도에 따라 정한다.

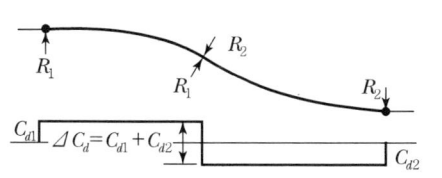 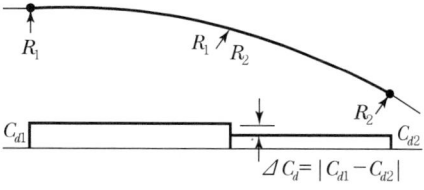

[중간 직선이 없는 경우]

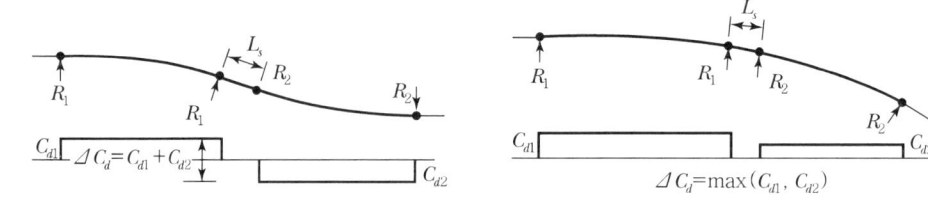

[중간 직선이 있는 경우]

설계속도 V(km/h)	중간직선 길이 기준값 $L_{s,lim}$(m)
$200 < V \leq 350$	$0.5V$
$100 < V \leq 200$	$0.3V$
$70 < V \leq 100$	$0.25V$
$V \leq 70$	$0.2V$

Reference

사행동(蛇行動, Snake Motion Hunting Motion)

답면이 있는 차륜을 직선의 레일 상에서 굴리면, 좌우의 직경차 때문에 윤축이 일정한 파장으로 인하여 좌우로 정현파를 그리며 뱀처럼 움직이면서 앞으로 진행하는 현상을 말한다.

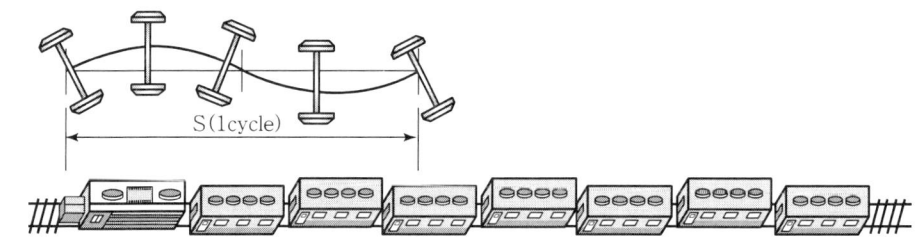

05 완화곡선

>> 14, 13, 12. 기사, 14, 13, 12. 산업

차량이 직선에서 원곡선으로 진입하거나, 원곡선에서 직선으로 진입할 경우 열차의 주행방향이 급변함으로써, 차량의 동요가 심하여 원활한 주행을 할 수 없으므로 직선과 곡선 사이에 반경이 무한대(∞)에서 R(원곡선반경) 또는 R(원곡선반경)에서 무한대(∞)로 변화하는 완만한 곡률의 곡선을 삽입하는데 이를 완화곡선(Transition Curve)이라 한다.

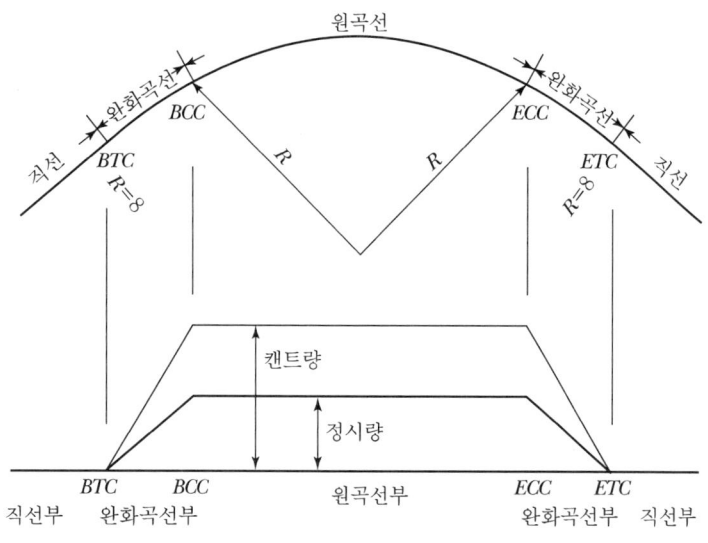

[완화곡선 개념]

(1) 설치 목적

① 3점지지에 의한 탈선의 위험 제거
② 캔트, 캔트부족량의 변화를 서서히 행하여 승차감 향상
③ 차량운동의 급변을 방지하고, 원활한 주행 유도
④ 궤도의 파괴를 경감
⑤ 슬랙의 체감을 합리적으로 함

(2) 완화곡선 삽입

본선의 경우 설계속도에 따라 다음 표 값 이하의 곡선반경을 가진 곡선과 직선이 접하는 곳에는 완화곡선을 두어야 한다. 다만, 분기기에 연속되는 경우이거나 그 밖에 완화곡선을 두기

곤란한 구간에서는 운전속도를 제한하는 등의 조치를 마련하는 경우에 한하여 예외로 할 수 있다.

설계속도 V(km/h)	곡선반경(m)
250	24,000
200	12,000
150	5,000
120	2,500
100	1,500
$V \leq 70$	600

(3) 완화곡선의 종류

① 3차 포물선($y = ax^3$) : 일반철도, 고속철도 사용
② 클로소이드 곡선(Clothoid curve) : 곡률이 곡선에 비례하여 체감, 지하철과 도로에서 사용
③ 사인 반 파장(sin 저감곡선)
④ 렘니스케이드 곡선(Lemniscate spiral) : 곡률이 장현에 비례하여 직선체감
⑤ 4차 포물선, 3차 나선, AREA나선 등
⑥ 종곡선상의 완화곡선 종류 : 원곡선식, 2차 포물선식

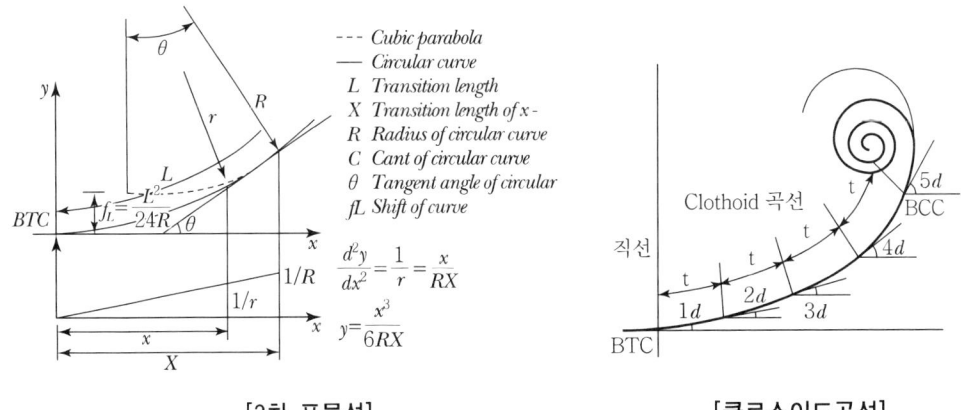

[3차 포물선]　　　　　[클로소이드곡선]

(4) 완화곡선 길이 결정요소

완화곡선 길이는 캔트, 설계속도 등을 고려하여 다음 3가지 경우 중 큰 값 이상으로 하여야 한다.

1) 차량의 3점지지에 의한 탈선을 방지하기 위한 안전한도

$$L_1 = 0.6 \Delta C$$

2) 캔트의 시간변화율을 고려한 승차감 한도 ≫ 11. 산업

$$L_2 = \frac{7.31\, V \Delta C}{1000}$$

3) 부족캔트에 의해 열차가 받는 초과 원심력의 시간변화율을 고려한 승차감 한도

$$L_3 = \frac{6.18\, V \Delta C_d}{1000}$$

여기서, L_1, L_2 및 L_3 : 완화곡선 길이(미터)
V : 설계속도(킬로미터/시간)
ΔC_d : 부족캔트 변화량(밀리미터)
ΔC : 캔트 변화량(밀리미터)

06 기울기

선로의 기울기는 최소곡선반경보다도 수송력에 직접적인 영향을 주기 때문에 가능한 수평에 가깝도록 하는 것이 좋으나, 수평으로 하면 토공과 장대터널을 필요로 하게 되어 건설비가 많이 소요된다. 기울기의 단위는 천분율(‰)을 사용한다.

(1) 기울기의 분류

1) 최급기울기
열차 운전 구간 중 가장 물매가 심한 기울기를 말한다.

2) 제한기울기
기관차의 견인정수를 제한하는 기울기를 말한다.

3) 타력기울기
제한기울기보다 심한 기울기라도 그 연장이 짧은 경우에는 열차의 타력에 의하여 이 기울기를 통과할 수가 있는데 이러한 기울기를 말한다.

4) 표준기울기
열차운전 계획상 정거장 사이마다 조정된 기울기로서 역간의 임의지점 간의 거리 1km의 연장 중 가장 급한 기울기로 조정한다.

5) 가상기울기
기울기선을 운전하는 열차속도의 변화를 기울기로 환산하여 실제의 기울기에 대수적으로 가감하여 얻어지는 가상적인 기울기를 말한다.

> **Reference**
> **견인정수**
>
> 기관차가 정해진 운전속도로서 견인할 수 있는 최대 차량수. 여기서의 차량수는 실제 차량수가 아니라 환산량수로서 객차는 40t, 화차는 43.5t을 1량으로 계산한 것으로 견인정수는 주로 동력차의 견인력과 열차저항의 상호관계로 결정되며, 기관차의 종류와 선로 기울기가 같은 경우에는 운전속도에 따라 정해진다. 인장력은 열차속도가 저속일 때 크고, 열차저항은 저속일 때 작다.

(2) 선로의 기울기 규정(철도건설규칙)

>> 07. 기사

1) 본선의 최대기울기

설계속도 V(km/h)		최대 기울기(‰)
여객전용선	$250 < V \leq 350$	$35^{(1),(2)}$
여객화물 혼용선	$200 < V \leq 250$	25
	$150 < V \leq 200$	10
	$120 < V \leq 150$	12.5
	$70 < V \leq 120$	15
	$V \leq 70$	25
전기동차전용선		35

[1] 연속한 선로 10킬로미터에 대해 평균기울기는 1천분의 25 이하여야 한다.
[2] 기울기가 1천분의 35인 구간은 연속하여 6킬로미터를 초과할 수 없다.
(주) 단, 선로를 고속화하는 경우에는 운행차량의 특성 등을 고려하여 열차운행의 안전성이 확보되는 경우에는 그에 상응하는 기울기를 적용할 수 있다.

2) 특수한 경우

① 정거장 전후구간 등 부득이한 경우 확대제한값

설계속도 V(km/h)	최대 기울기(‰)
$200 < V \leq 250$	30
$150 < V \leq 200$	15
$120 < V \leq 150$	15
$70 < V \leq 120$	20
$V \leq 70$	30

(주) 단, 선로를 고속화하는 경우에는 운행차량의 특성을 고려하여 그에 상응하는 기울기를 적용할 수 있다.

② 전동차 전용선인 경우에는 설계속도와 관계없이 그 한도를 35/1,000로 한다.

3) 본선의 기울기 중에 곡선이 있을 경우, 곡선보정(환산기울기의 값을 뺀 기울기) 이하로 한다.

4) 정거장 안에서 선로의 기울기는 2/1,000 이하로 한다. 단, 열차를 해결하지 아니하는 본선으로서 전동차 전용선인 경우 10/1,000까지, 그 외의 선로인 경우에는 8/1,000까지 할 수 있으며, 열차를 유치하지 아니하는 측선은 35/1,000까지 할 수 있다.

(3) 곡선보정

기울기 중에 곡선이 있는 경우 열차에는 곡선저항이 가산되므로 곡선저항과 동등한 기울기량만큼 최급기울기를 완화시켜야 한다. 이와 같이 환산기울기량만큼 기울기를 보정한 것을 곡선보정이라 한다.

1) 종류

① 환산기울기
   곡선저항을 기울기저항으로 환산한 기울기(Equivalent Grade)
② 보정기울기
   실제 기울기에서 환산 기울기만큼 뺀 기울기
③ 곡선보정
   실제 기울기에서 환산 기울기만큼 기울기를 보정한 것

2) 보정공식 유도

곡선저항 산정식 : 모리슨 실험식이용(4축2대차)

$$G_c = \frac{1000 \cdot f \cdot (G+L)}{R} \text{ (kgf/tonf)}$$

여기서, f : 차륜과 레일 간 마찰계수(0.15~0.25, $f=0.2$)
    G : 궤간
    L : 고정축거(평균고정축거 2.2m)
    R : 곡선반경(m)

G_c(kgf/tonf) $= i$(‰)이므로

$$G_c = \frac{1000 \cdot f \cdot (G+L)}{R} = \frac{1000 \times 0.2 \times (1.435 + 2.2)}{R} = \frac{727}{R} \fallingdotseq \frac{700}{R}$$

3) 환산기울기 적용 예

10‰ 상기울기 구간에 $R=350$m 곡선이 있을 경우

$$G_c = \frac{700}{R} = \frac{700}{350} = 2\text{kgf/tonf}$$

$G_c = i$이므로 $i = 2$‰에 해당하므로

$$i_c = I + G_c = I + \frac{700}{R} = 10 + 2 = 12\text{‰}$$

따라서, 열차저항치는 12kgf/tonf이고, 이는 열차가 12‰ 상기울기를 운전할 때의 열차가 저항하는 값과 같음을 의미한다.

07 | 종곡선

>> 14, 13, 12, 기사, 14, 13, 12, 산업

선로의 연직면의 곡선을 말하며, 열차의 원활한 주행을 위해 기울기구간에서 수평구간으로 변화는 곳에 설치하는 곡선을 종곡선이라 한다.

선로의 기울기 변화점에서는 열차가 통과할 때 열차 전·후에 인장력과 압축력이 작용하여 연결부 손상 및 볼록 기울기에서 탈선 위험, 오목 기울기에서 부담력 증가로 궤도파괴의 우려가 있으며, 수직가속도 증가에 따른 승차감 악화를 해소하기 위하여 기울기 변화점에는 종곡선을 설치한다.

(1) 종곡선의 삽입

① 기울기가 서로 다른 선로가 접하는 경우로서 기울기 차이가 아래와 같을 경우 설계속도별로 종곡선을 삽입한다.

설계속도 V(km/h)	기울기 차(‰)
$200 < V \leq 350$	1
$70 < V \leq 200$	4
$V \leq 70$	5

② 설계속도별 최소 종곡선 반경   >> 11, 기사

설계속도 V(km/h)	최소 종곡선 반경(m)
$265 \leq V$	25,000
200	14,000
150	8,000
120	5,000
70	1,800

(주) 이외의 값은 다음 공식에 의해 산출한다.

$R_v = 0.35 V^2$

여기서, R_v : 최소 종곡선 반경(m)
V : 설계속도(km/h)

$200 < V \leq 350$의 경우, 종곡선 연장이 $1.5V/3.6$(m) 미만이면 종곡선 반경을 최대 4만미터까지 할 수 있다.

③ 종곡선은 직선 또는 원의 중심이 1개인 곡선구간에 두어야 한다. 다만, 부득이한 경우 콘크리트도상 궤도에 한하여 완화곡선 또는 직선에서 완화곡선과 원의 중심이 1개인 곡선구간에 둘 수 있다.

④ 종곡선 부설에 필요한 수식 ≫ 09, 06. 기사

$$l = \frac{R}{2,000}(m \pm n) \qquad y = \frac{x^2}{2R}$$

여기서, l : 종곡선 길이(m)　　R : 곡선반경(m)
　　　　m, n : 인접 기울기(‰)　y : 종거, x : 횡거

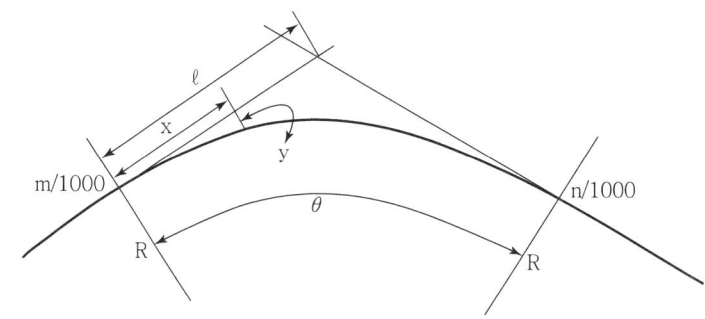

(2) 도시철도 건설규칙의 기울기 한도 ≫ 07. 기사

1) 정거장 밖

본선 기울기는 35‰을 초과할 수 없다.

2) 정거장 안

① 본선의 차량을 분리연결 또는 유치용도로 사용되는 경우 : 3‰
② 이외의 경우 : 8‰
③ 부득이한 경우 : 10‰

3) 곡선인 선로의 기울기

곡선보정을 한 기울기를 둔다.

4) 측선

3‰을 초과할 수 없다. 단, 차량을 유치하지 않는 측선의 경우 45‰까지 할 수 있다.

02 기출 및 적중예상문제

■ 정답 및 해설

01 선로의 곡선에서 완화곡선의 길이를 결정하는 주요 요인으로 옳은 것은? 》 08. 기사
① 평균 열차횟수(1일)   ② 열차의 운전속도
③ 원곡선의 길이   ④ 슬랙량

01 완화곡선의 길이는 캔트량과 관계가 있으며, 캔트량은 곡선 중 열차통과속 등에 따라 결정된다.

02 설계속도 150km/h 철도 본선에 있어서 완화곡선은 최대곡선반경 몇 m 이하의 곡선과 직선이 접속하는 곳에 부설하는가? 》 05. 산업
① 5,000m   ② 3,000m
③ 2,000m   ④ 1,000m

02 규칙 개정('09.9)에 따라 설계속도별로 내용 변경. 제9조 완화곡선 삽입 내용 참조

03 우리나라 고속철도에서 채용하고 있는 완화곡선 형상은? 》 09, 02. 산업
① 3차 포물선   ② 정현반파장곡선
③ 클로소이드곡선   ④ 렘니스케이트곡선

03 우리나라 일반·고속철도에는 3차포물선 채택, 지하철은 클로소이드 곡선 채택

04 완화곡선 중 곡률이 곡선장에 비례하여 체감되는 곡선은? 》 02. 산업
① 클로소이드곡선
② 3차포물선
③ 사인반파장곡선
④ 렘니스케이트곡선

04 클로소이드 곡선으로 지하철과 도로에서 채택 중이다.

정답 01 ② 02 ① 03 ① 04 ①

▶ Part 02 | 선로

05 선로기울기 변화점에는 통과열차에 대해 인장력과 압축력이 발생하므로 도상의 횡방향에 대한 저항력과는 무관하다.

5 상향의 기울기 변환점에 반경 3,000m의 종곡선을 삽입하면 도상의 횡방향 저항력은 어떻게 되는가? ≫ 07. 기사
① 변함이 없다.
② 약 3% 정도 감소한다.
③ 약 50% 정도 감소한다.
④ 종곡선 반경에 비례하여 증가한다.

06
- 기관차의 견인정수 제한하는 기울기 : 제한기울기
- 열차의 탄력에 의해 운행되는 구간의 기울기 : 타력기울기
- 열차운전 구간 중 경사가 가장 심한 기울기 : 최급기울기

6 선로의 표준기울기를 설명한 것으로 옳은 것은? ≫ 08. 기사
① 기관차의 견인정수를 제한하는 기울기
② 열차의 탄력에 의해 운행되는 구간의 기울기
③ 열차운전 계획상 정거장 사이마다 조정된 기울기로서 역간에 임의지점 간의 거리 1km의 연장 중 가장 급한 기울기
④ 열차운전 구간 중 경사가 가장 심한 기울기

07 $G_c = \dfrac{700}{R} = \dfrac{700}{700}$
= 1kg/ton
= 1‰이다.
보정 전 20‰ − 1‰ = 19‰이다.

7 곡선반경 700m의 곡선인 본선의 기울기가 보정 전에 20‰일 때 환산기울기로 보정한 후의 기울기는? ≫ 07. 기사
① 18‰ ② 19‰
③ 20‰ ④ 21‰

08 $G_c = \dfrac{700}{R} = \dfrac{700}{350}$
= 2kg/ton
= 2‰이다.
보정 전 10‰ − 2‰ = 8‰이다.

8 본선의 기울기가 10‰이고, 곡선반경이 350m인 곡선이 있을 경우, 곡선저항을 감안한 환산기울기를 고려할 때 선로의 기울기(보정기울기)는? ≫ 11. 산업
① 8‰ ② 9‰
③ 11‰ ④ 12‰

정답 05 ① 06 ③ 07 ② 08 ①

09 기울기에 대한 설명 중 틀린 것은? ≫07. 산업

① 최급기울기란 열차운전구간 중 가장 경사가 심한 기울기이다.
② 표준기울기란 열차운전 계획상 정차장과 정차장 사이마다 조정된 기울기이다.
③ 제한기울기란 기관차의 견인정수를 제한하는 기울기이다.
④ 가상기울기란 제한기울기보다 심한 기울기라도 그 연장이 짧을 경우에는 열차의 타력에 의하여 이 기울기를 통과할 수 있는 기울기이다.

09 타력기울기 : 열차의 탄력에 의해 운행되는 구간의 기울기

10 1,000분의 15 경사 중에 반경 700m 곡선이 들어 있을 경우 최급 기울기를 얼마로 완화시켜야 하는가? ≫08. 기사

① 1000분의 13.6(13.6‰)
② 1000분의 13.8(13.8‰)
③ 1000분의 14.0(14.0‰)
④ 1000분의 14.2(14.2‰)

10 $G_c = \dfrac{700}{R} = \dfrac{700}{700}$
= 1kg/ton = 1‰이다.
곡선저항만큼 기울기를 완화시켜야 최급기울기의 기준에 적합해지므로 15‰ − 1‰ = 14‰이다.

11 속도향상을 위한 선로의 대책 중 평면선형에 대한 대책으로 틀린 것은? ≫13, 05, 03. 산업

① 곡선반경을 될 수 있는 한 크게 한다.
② 캔트를 될 수 있는 한 크게 한다.
③ 캔트 부족량을 될 수 있는 한 크게 한다.
④ 곡률 변화구간과 캔트 변화구간이 일치하는 것이 바람직하다.

11 캔트 부족량이 클수록 속도는 낮아진다.

12 터널 내와 교량상의 기울기에 대한 설명 중 옳지 않은 것은? ≫11, 03, 02. 기사

① 터널 내에서는 습기에 의한 점착력 감소를 감안하여 제한구배보다 1‰ 정도 완화할 필요가 있다.
② 터널은 공사 중 또는 완성 후의 보수노력을 고려하여 가능한 수평으로 하는 것이 좋다.

12 터널은 터널 내 원활한 배수를 위하여 일정 기울기를 두는 것이 좋다.

정답 09 ④ 10 ③ 11 ③ 12 ②

▶ Part 02 | 선로

③ 교량상에서는 제동 시 구조물에 제동하중을 가하게 되므로 급구배로 하지 않는 것이 좋다.
④ 개상식(開床式) 교량상에서는 구배의 변환점을 두지 않는 것이 좋다.

13 $C = 11.8 \dfrac{V^2}{R} - C_d$
$= 11.8 \dfrac{100^2}{800} - 40$
$= 107.5$
$≒ 108 \text{mm}$

13 곡선반경이 800m인 곡선궤도에서 열차가 100km/h로 주행시 산출 캔트량은 얼마인가?(단, C_d = 40mm임)   ≫ 03. 산업

① 108mm ② 112mm
③ 118mm ④ 120mm

14 $C = 11.8 \dfrac{V^2}{R} - C_d$
$= 11.8 \dfrac{110^2}{600} - 90$
$= 147.9$
$≒ 148 \text{mm}$

14 열차가 110km/h 속도로 반경 600m 곡선상을 주행할 때 적정한 선로 캔트량은 얼마로 하여야 하는가?(단, 캔트조정량 C' = 90이다.)   ≫ 08. 산업

① 136mm ② 140mm
③ 148mm ④ 155mm

15 $l = \dfrac{R}{2,000}(m \pm n)$
$= \dfrac{4,000}{2,000}(2+3)$
$= 10 \text{m}$이므로
$y = \dfrac{x^2}{2R} = \dfrac{10^2}{2 \times 4,000}$
$= 0.0125 \text{m}$
$= 1.25 \text{cm}$

15 그림과 같은 원곡선에 의한 종곡선에서 경사변환점의 편기량 (y)은?(단, m = 2 , n = -3 , R = 4,000m)   ≫ 09. 06. 기사

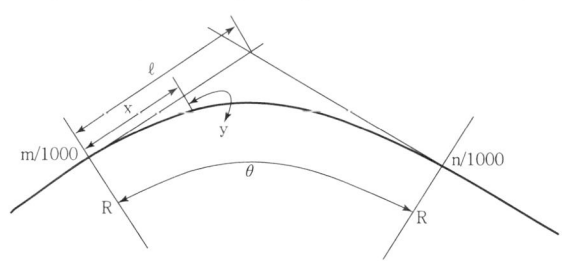

① 1cm ② 1.25cm
③ 1.5cm ④ 2.5cm

16 캔트(Cant)에 대한 설명으로 옳지 않은 것은?   >> 10. 기사
① 일정한 범위 내의 조정치가 존재한다.
② 열차속도에 정비례한다.
③ 곡선반경에 반비례한다.
④ 내측레일과 외측레일의 높이차를 의미한다.

16 캔트는 열차속도 제곱에 비례한다.
$$C = 11.8 \frac{V^2}{R}$$

17 곡선반지름이 300m인 곡선에 부설되는 슬랙의 크기로 옳은 것은?(단, S′=0이고, 일반철도이다.)   >> 02, 08, 11. 기사
① 4mm   ② 5mm
③ 6mm   ④ 8mm

17 $S = \dfrac{2400}{R} - S'$
$= \dfrac{2400}{300} - 0 = 8$

18 일반철도에서 곡선반경 600m, 통과속도 80km/h일 때 균형(설정) 캔트량은?   >> 10, 07, 04. 산업
① 116mm   ② 136mm
③ 126mm   ④ 106mm

18 $C = 11.8 \dfrac{V^2}{R}$
$= 11.8 \dfrac{80^2}{600} \simeq 126$

19 철도 건설 시 최급기울기가 25‰인 선로상에 반지름 500m의 곡선이 있다면 기울기를 몇 ‰ 이하로 하여야 하는가?   >> 11. 산업
① 23.6   ② 24.6
③ 25.6   ④ 26.6

19 $G_c = \dfrac{700}{R} = \dfrac{700}{500} = 1.4‰$
$25 - 1.4 = 23.6‰$

20 최소곡선반경 결정 시 고려해야 할 사항이 아닌 것은?   >> 10. 기사
① 신호방식   ② 궤간
③ 열차속도   ④ 차량고정축거

20 최소곡선반경은 열차속도와 캔트에 의해 결정, 궤간 및 고정축거는 캔트량에 영향을 미칠 수 있다.

정답 16 ② 17 ④ 18 ③ 19 ① 20 ①

21

$$C_1 = \frac{\frac{G}{2} \times G}{H} = \frac{G^2}{2 \cdot H}$$

$$\frac{1,500 \times 1,500}{2 \times 2,000} = 562\,mm$$

최대캔트 160mm,

$$S = \frac{C_1}{C_m} = \frac{562}{160} \fallingdotseq 3.5$$

22 슬랙공식

$$S = \frac{2400}{R} - S' \text{으로}$$

슬랙조정치가 최대일 때 슬랙은 최소가 된다. 슬랙조정치는 0~15mm로 하며, 슬랙은 최대 30mm 까지로 한다.

24

150km/h로 운행하는 일반철도 (자갈도상)에서의 최대부족캔트 는 100mm이다.

---

21 표준 궤간에서 최대캔트 160mm로 인한 정차 중 차량의 전복에 대한 안전율은 얼마인가?(단, 레일 면에서 차량 중심까지의 거리 H=2.0m이다.)   ≫ 02. 기사

① 2.0
② 3.0
③ 3.5
④ 5.0

22 다음 중 철도의 슬랙(Slack)에 관한 설명으로 틀린 것은?   ≫ 04. 산업

① 슬랙의 최대치는 30mm이다.
② 슬랙조정치가 최대일 때 슬랙값도 최대가 된다.
③ 슬랙의 크기는 곡선반경에 반비례한다.
④ 완화곡선이 없는 경우 슬랙체감은 캔트의 체감길이와 같다.

23 슬랙에 관한 설명 중 옳지 않은 것은?   ≫ 03, 05. 산업

① 반경 300m 이하의 곡선구간에 붙인다.
② 슬랙은 20mm를 초과하지 못한다.
③ 완화곡선에서 슬랙의 체감은 그 전연장에서 한다.
④ 완화곡선이 없는 경우에는 캔트의 체감길이와 같은 길이로 체감하여야 한다.

24 철도의 건설기준에 관한 규정에서 정하는 150km/h로 운행하는 일반철도(자갈도상)에서의 캔트에 대한 설명으로 틀린 것은?   ≫ 11. 산업

① 최대 설정캔트는 160mm이다.
② 완화곡선이 있는 경우, 캔트는 완화곡선 전체의 길이에서 체감하여야 한다.
③ 최대 부족캔트는 110mm이다.
④ 복심곡선의 경우, 캔트는 곡선반경이 큰 곡선에서 체감하여야 한다.

정답 21 ③ 22 ② 23 ② 24 ③

25
설계속도 70 < V ≤ 200에서 기울기 차이가 최소 얼마 이상일 때 종곡선을 삽입하여야 하는가? ≫ 05. 산업

① 1,000분의 2　　② 1,000분의 3
③ 1,000분의 4　　④ 1,000분의 5

25 [2009년 철도건설규칙 개정으로 문제수정]

설계속도(km/h)	기울기 차(‰)
200 < V ≤ 350	1
70 < V ≤ 200	4
V ≤ 70	5

26
고속선에 대한 선로의 설계속도는 몇 km/h 이하를 기준으로 하는가? ≫ 06. 기사

① 350km/h　　② 200km/h
③ 150km/h　　④ 120km/h

26 [2009년 철도건설규칙 개정으로 문제수정]
고속선은 열차속도 200km/h 이상을 말하며, 설계속도는 200 < V ≤ 350이다.

27
설계속도 120 < V ≤ 150일 때 최대기울기는? ≫ 05. 산업

① 15‰　　② 16.75‰
③ 13.2‰　　④ 12.5‰

27 [2009년 철도건설규칙 개정으로 문제수정]
설계속도 120 < V ≤ 150에 대한 최대기울기는 12.5‰이다.

28
철도건설규칙에 의거 본선의 곡선반경은 설계속도에 따라 다음의 크기 이상으로 하여야 한다. 옳게 짝지어진 것은?(단, 자갈궤도의 경우임) ≫ 05. 기사

① 설계속도 200km/h, 1,900m
② 설계속도 150km/h, 1,200m
③ 설계속도 120km/h, 800m
④ 설계속도 70km/h 이하, 500m

28 [2009년 철도건설규칙 개정으로 문제수정]
200km/h : 1900m
150km/h : 1100m
120km/h : 700m
V ≤ 70km/h : 400m

29
철도건설규칙에 따라 선로의 기울기에 대한 설명으로 옳지 않은 것은? ≫ 07. 기사

① 본선의 기울기는 특별한 경우를 제외하고는 150 < V ≤ 200에서 10/1,000 이하로 하여야 한다.
② 본선인 전동차전용선로에 있어서는 설계속도에 관계없이 35/1,000까지 선로의 기울기를 확대할 수 있다.

29 [2009년 철도건설규칙 개정으로 문제수정]
부득이한 경우, 본선 전동차전용선인 경우 선로의 기울기는 10‰까지 할 수 있다.

정답 25 ③　26 ①　27 ④　28 ①　29 ④

③ 정거장 안에서의 선로의 기울기는 특별한 경우를 제외하고는 2/1,000 이하로 한다.
④ 정거장 안에서의 차량을 해결하지 아니하는 본선으로서 전동차 전용선인 경우에는 선로의 기울기는 20/1000까지 할 수 있다.

30 열차운전계획상 철도선로의 기울기 종류가 아닌 것은?
≫ 11. 기사

① 최급기울기
② 제한기울기
③ 타력기울기
④ 열차기울기

31 [2009년 철도건설규칙 개정으로 문제수정]
최소직선길이는
V = 350 : 180m
V = 200 : 100m
V = 150 : 80m
V = 120 : 60m
V ≤ 70 : 40m

31 본선의 인접한 두 곡선 간에는 캔트체감 후에 다음의 길이 이상의 직선을 삽입하여야 하는데 다음 중 옳지 않은 것은?
≫ 03. 산업

① 설계속도 200km/h, 100m
② 설계속도 150km/h, 80m
③ 설계속도 120km/h, 60m
④ 설계속도 70km/h 이하, 30m

32 [2009년 철도건설규칙 개정으로 문제수정]
설계속도 70 < V ≤ 200일 때 4‰ 이상의 기울기 차가 발생할 때 종곡선을 삽입한다.

32 일반철도에서 설계속도 70 < V ≤ 200km/h인 선로에서 기울기가 서로 접하는 경우 종곡선을 삽입하지 않아도 되는 것은?
≫ 06. 기사

① +2‰, -2‰
② +2‰, -3‰
③ -2‰, -4‰
④ +2‰, +6‰

33 철도건설규칙에서 종곡선을 두어야 하는 경우에 선로의 설계 속도별 종곡선 반경의 기준으로 옳은 것은? ≫ 09. 산업

① 설계속도 200km/h, 15,000m
② 설계속도 150km/h, 10,000m
③ 설계속도 120km/h, 5,000m
④ 설계속도 70km/h, 3,000m

33 [2009년 철도건설규칙 개정으로 문제수정]
최소직선길이는
$V \geq 265 : 25,000m$
$V = 200 : 14,000m$
$V = 150 : 8,000m$
$V = 120 : 5,000m$
$V \leq 70 : 1,800m$

34 차량은 20mm의 슬랙을 가진 반경 몇 m의 곡선구간의 선로를 통과할 수 있는 구조로 하여야 하는가? ≫ 02. 산업

① 150m ② 120m
③ 90m   ④ 80m

34 $S = \dfrac{2,400}{R}$ 에서
$20 = \dfrac{2,400}{R}$ 이므로
$R = 2,400/20 = 120$

35 철도건설규칙에서 정한 철도선로 부설방법에 대한 설명으로 틀린 것은? ≫ 09. 산업

① 설계속도 200km/h의 경우 본선에서 최소직선길이는 100m 이상으로 하여야 한다.
② 설계속도 120km/h의 경우, 곡선반경이 2,500m 이하인 경우에는 완화곡선을 두어야 한다.
③ 정거장 전후 등 부득이한 경우에는 설계속도가 150 < V ≤ 200이라도 곡선반경을 600m까지 부설할 수 있다.
④ 전동차전용선의 경우 설계속도에 관계없이 200m까지 곡선반경을 축소하여 부설할 수 있다.

35 [2009년 철도건설규칙 개정으로 문제수정]
전동차전용선의 경우 설계속도에 관계없이 250m까지 곡선반경을 축소할 수 있다.

36 일반철도에서 전동차 전용선로의 최소 곡선반경은? ≫ 08. 산업

① 200m ② 250m
③ 300m ④ 400m

정답 33 ③ 34 ② 35 ④ 36 ②

▶ Part 02 | 선로

37 차량을 유치하지 아니하는 측선의 경우 45‰까지 기울기 한도를 할 수 있다.

37 도시철도건설규칙에서 정한 기울기 한도에 대한 설명으로 틀린 것은?　　　　　　　　　　　　　　　》07. 기사

① 정거장 밖의 본선 기울기 한도 : 1천분의 35
② 차량 유치용도로 사용하는 정거장 안 본선의 기울기 한도 : 1천분의 3
③ 차량을 유치하는 측선의 기울기 한도 : 1천분의 3
④ 차량을 유치하지 아니하는 측선의 기울기 한도 : 1천분의 50

38 $S = \dfrac{2,400}{R} - S'$에서
$S' : 0 \sim 15$mm이므로
최대 : $\dfrac{2,400}{300} - 0 = 8$
최소 : $\dfrac{2,400}{300} - 15 = -7 \approx 0$

38 곡선반경 300m인 선로의 최소 및 최대슬랙량으로 맞는 것은?　　　　　　　　》09. 기사, 07. 산업

① 최소 5mm, 최대 20mm
② 최소 0mm, 최대 14mm
③ 최소 0mm, 최대 8mm
④ 최소 0mm, 최대 6mm

39 곡선반지름이 300m인 곡선에 부설되는 슬랙의 크기로 옳은 것은?(단, $S' = 0$이고, 일반철도이다.)　　》11. 기사

① 4mm　　② 5mm
③ 6mm　　④ 8mm

40 $S = \dfrac{2,400}{R} - S'$에서
$S' : 0 \sim 15$mm이므로
최대 : $\dfrac{2,400}{240} - 0 = 10$,
허용공차 : 10mm
최대허용범위는
1,435 + 슬랙±공차
= 1,435 + 10 + 10
= 1,455mm

40 곡선반경이 240m인 본선에서 슬랙이 포함된 궤간의 최대 허용범위는?　　　　　　　　　　》11. 기사

① 1,435mm　　② 1,445mm
③ 1,455mm　　④ 1,465mm

정답 37 ④　38 ③　39 ④　40 ③

41 다음 중 완화곡선의 종류가 아닌 것은? ≫ 12. 기사
① 3차 포물선
② 클로소이드곡선
③ 운전곡선
④ 렘니스케이트곡선

41 완화곡선으로는 3차포물선, 클로소이드곡선, 사인반파장곡선, 렘니스케이트곡선 등이 있다.

42 설계속도 150km/h인 일반철도의 본선에서 완화곡선을 두어야 하는 곡선의 최대곡선반경은? ≫ 11. 기사
① 12,000m
② 5,000m
③ 2,500m
④ 1,500m

42 완화곡선 삽입

설계속도(km/h)	곡선반경(m)
200	12,000
150	5,000
120	2,500
100	1,500
≤ 70	600

43 철도의 건설기준에 관한 규정에 의하여 설계속도 180km/h인 선로에 종곡선을 설치할 때, 계산 공식에 의한 최소 종곡선 반경은? ≫ 11. 기사
① R = 11,340m
② R = 13,180m
③ R = 14,000m
④ R = 18,000m

43 설계속도별 최소 종곡선 반경 산정
$0.35V^2 = 0.35 \times 180^2 = 11,340m$

44 철도의 건설기준에 관한 규정상 특수한 경우를 제외한 본선 선로의 기울기 한도로 옳지 않은 것은?(단, V : 설계속도[km/h]) ≫ 11. 기사
① 150 < V ≤ 200 : 8/1,000
② 120 < V ≤ 150 : 12.5/1,000
③ 70 < V ≤ 120 : 15/1,000
④ V ≤ 70 : 25/1,000

44

설계속도 (km/h)	최대 기울기 (‰)
200~250	25
150~200	10
120~150	12.5
70~120	15
≤ 70	25

정답 41 ③ 42 ② 43 ① 44 ①

45 철도의 건설기준에 관한 규정에 의거 본선에서 설계속도(V)에 따른 직선 및 원곡선의 최소 길이로 옳은 것은?   >> 11. 기사

① V = 200km/h : 120m
② V = 150km/h : 80m
③ V = 120km/h : 50m
④ V ≤ 70km/h : 20m

45 직선 및 원곡선의 최소길이는 L = 0.5V 이상으로 하며, 26m보다 작아서는 안 된다.
0.5×200 = 100m
0.5×150 = 75m
0.5×120 = 60m
0.5×70 = 35m

46 도시철도 건설규칙에서 정한 캔트의 최대 치수는?   >> 11. 산업

① 160mm ② 180mm
③ 200mm ④ 220mm

46 도시철도 건설규칙에서는 최대 캔트를 160mm로 정하고 있다.

47 선로의 곡선반지름은 운전 및 선로보수상 큰 것이 좋으나 불가피하게 반지름이 작은 곡선을 두게 될 때, 최소곡선 반지름의 결정요인으로 짝지어진 것은?   >> 12. 기사

① 궤간, 열차속도, 차량의 고정축거
② 레일종류, 궤도구조, 궤간
③ 도상두께, 궤도구조, 열차속도
④ 도상두께, 열차속도, 차량의 고정축거

47 최소곡선반경은 열차속도와 캔트에 의해 결정, 궤간 및 고정축거는 캔트량에 영향을 미칠 수 있다.

48 열차의 설계속도가 150km/h인 선로의 본선에서 원곡선의 최소 길이는?   >> 11. 산업

① 100m ② 90m
③ 80m ④ 70m

48 직선 및 원곡선의 최소길이는 L = 0.5V 이상으로 하며, 26m보다 작아서는 안 된다.
0.5×150 = 75m ≒ 80m

49 캔트변화량에 대한 완화곡선 길이의 산출식 $L_{T1} = C_1 \Delta C$에서 설계속도가 150km/h인 경우에 캔트변화량에 대한 완화곡선의 길이(L_{T1})는 캔트변화량(ΔC)의 몇 배 이상이어야 하는가?   >> 11. 산업

① 2.50 ② 1.50
③ 1.10 ④ 0.90

49 완화곡선의 길이는 다음 공식에 의한 값 중 큰 값 이상으로 한다.
$L_1 = 0.6 \Delta C$
$L_2 = \dfrac{7.31 V \Delta C}{1000}$
$L_3 = \dfrac{6.18 V \Delta C_d}{1000}$
따라서
$L_2 = \dfrac{7.31 \times 150}{1000} \Delta C$
$= 1.0965 \Delta C ≒ 1.10$

50 본선의 인접한 두 원곡선이 접속하는 곳에서는 완화곡선을 두어야 하나 완화곡선을 두지 않고 두 원곡선을 직접 연결하거나 중간직선을 두어 연결할 수 있다. 이때 중간직선이 있는 경우, 설계속도 100 < V[km/h] ≤ 200인 경우의 중간직선 길이 기준값[m]은? ≫ 10. 산업

① 0.1V
② 0.2V
③ 0.25V
④ 0.3V

50

설계속도 (km/h)	중간직선 길이 기준값(m)
200 < V ≤ 350	0.5V
100 < V ≤ 200	0.3V
70 < V ≤ 100	0.25V
V ≤ 70	0.2V

51 차량이 인접한 두 곡선을 주행하는 경우 차량방향이 급변하여 차량에 동요가 발생하므로 불규칙한 동요를 방지하고자 차량의 고유진동주기를 감안하여 곡선 사이에 삽입하는 직선의 목적이 아닌 것은?

① 불규칙한 동요 감소
② 승차감 향상
③ 궤도재료 손상방지 및 유지보수 노력 경감
④ 사행동 감소

51 사행동은 직선구간에서 궤도틀림에 의해 좌우 흔들림이 뱀 모양으로 나타나는 것을 말한다.

52 완화곡선의 설치 목적이 아닌 것은?

① 3점지지에 의한 탈선의 위험을 제거한다.
② 캔트가 필요 없어 승차감이 향상된다.
③ 차량운동의 급변을 방지하고, 원활한 주행을 유도한다.
④ 궤도의 파괴를 경감시킨다.

52 원곡선에서의 캔트량을 완화곡선에서는 체감하여 완화시켜야 하며, 승차감 또는 탈선위험을 줄일 수 있다.

53 기관차의 견인정수를 제한하는 기울기를 말하며 반드시 최급 기울기와 일치하지 않는 기울기는 어느 것인가?

① 제한기울기
② 타력기울기
③ 표준기울기
④ 가상기울기

53 기관차의 견인정수 제한하는 기울기 : 제한기울기

정답 50 ④ 51 ④ 52 ② 53 ①

54 견인정수는 기관차가 정해진 운전속도로서 견인할 수 있는 최대 차량수를 말한다.

54 열차를 정해진 시간 내에 안전하게 운전할 수 있도록 연결하는 객화차 중량의 한도를 구하는 것은?
① 운전선도 ② 균형속도
③ 속도정수 ④ 견인정수

55 실제로 선로의 궤간은 열차의 동요와 선로보수상 1435mm+슬랙±공차의 범위 내에 있어야 한다.

55 실제 궤간에 대한 설명으로 가장 옳은 것은?
① 1435mm+슬랙+공차
② 1435mm+캔트+공차
③ 1435mm+슬랙±공차
④ 1435mm+캔트±공차

56 최대 허용범위 : 30mm, 궤간의 최대공차 : 10mm, 1435+30+10 =1475mm

56 슬랙을 포함한 궤간의 최대허용 범위는?
① 1485mm ② 1475mm
③ 1435mm ④ 1433mm

57 궤간 공차 −2mm, 1435−2=1433mm

57 슬랙이 없는 궤간의 최소허용 범위는?
① 1445mm ② 1440mm
③ 1435mm ④ 1433mm

58 종곡선은 원곡선을 사용하며 반경은 클수록 좋다.

58 철도건설규칙에서 사용하는 종곡선의 선형은?
① 원곡선 ② 2차 포물선
③ 3차 포물선 ④ 클로소이드 곡선

59 본선에서 인접한 두 곡선 간에는 캔트체감 후 0.5V 이상 직선을 삽입한다. 단, 26m보다 작아서는 안 된다.

59 철도 본선에서 인접한 두 곡선 간의 캔트체감 후 중간직선의 길이를 구하는 공식은?(단, V는 설계속도이다.)
① 0.5V ② 0.3V
③ 0.25V ④ 0.2V

60 철도건설규칙에서 곡선반경은 열차의 주행안전성 및 승차감을 확보할 수 있도록 설계속도 등을 고려하여 정하는데 최소곡선반경을 정하기 위한 식으로 맞는 것은?(단, R은 곡선반경, V는 속도, C는 설정캔트, Cd는 부족캔트임)

① $R \geq \dfrac{11.8V^2}{C_d}$ ② $R \geq \dfrac{11.8V^2}{C}$

③ $R \geq \dfrac{11.8V^2}{C+C_d}$ ④ $R \geq \dfrac{11.8V^2}{C-C_d}$

60 최소곡선반경 산정식은 $R \geq \dfrac{11.8V^2}{C+C_d}$ 이다.

61 철도건설규칙에서 정거장 전후구간 등 부득이한 경우의 설계속도별 최소곡선반경으로 맞지 않는 것은?

① 200 < V ≤ 350km/h일 때 800m
② 150 < V ≤ 200km/h일 때 600m
③ 120 < V ≤ 150km/h일 때 400m
④ 70 < V ≤ 120km/h일 때 300m

61 설계속도 200 < V ≤ 350의 경우에는 운영속도를 고려하여 최소곡선반경을 산정한다. V ≤ 70일 때 최소곡선반경은 250m로 한다.

62 철도건설규칙에서 콘크리트궤도를 채택하는 속도 200km/h 이상의 철도에서의 최대 설정캔트와 최대부족캔트를 알맞게 짝지어 놓은 것은?

① 최대설정캔트 160mm, 최대부족캔트 80mm
② 최대설정캔트 160mm, 최대부족캔트 130mm
③ 최대설정캔트 180mm, 최대부족캔트 130mm
④ 최대설정캔트 180mm, 최대부족캔트 100mm

62 고속철도 전용선의 경우 설계속도는 200 < V ≤ 350이며, 자갈궤도의 경우 최대설정캔트는 160mm, 최대부족캔트는 80mm이고, 콘크리트궤도의 경우 최대설정캔트는 180mm, 최대부족캔트는 130mm이다.

63 철도건설규칙에서 캔트의 체감 길이에 대한 설명으로 맞지 않는 것은?

① 완화곡선이 있는 경우에는 완화곡선 전체 길이
② 완화곡선이 없는 경우에는 최소체감길이는 캔트변화량의 0.6배보다 작아서는 안 된다.
③ 곡선과 직선에서 체감위치는 곡선구간에서 체감하는 것으로 한다.
④ 복심곡선에서 체감위치는 곡선반경이 큰 곡선에서 체감한다.

63 곡선과 직선에서 체감위치는 곡선의 시종점에서 직선구간에서 체감한다.

정답 60 ③ 61 ① 62 ③ 63 ③

▶ Part 02 | 선로

64 완화곡선의 삽입
$R = \dfrac{11.8V^2}{\Delta C_{d.lim}}$ 이하의 경우
여기서, R : 곡선반경
V : 설계속도
$\Delta C_{d.lim}$: 부족캔트 변화량 한계값

64 철도건설규칙에서 본선의 경우 곡선과 직선이 접속하는 곳에 완화곡선을 설치하기 위해서 고려해야 할 항목이 아닌 것은?
① 곡선반경
② 설계속도
③ 부족캔트
④ 부족캔트 변화량 한계값

65 철도건설규칙의 종곡선의 삽입에는 150 < V ≤ 200에 대한 항목은 없다.

65 철도건설규칙에서 설계속도에 따라 종곡선을 설치해야 하는 기울기 차로 틀린 것은?
① 설계속도 200 < V ≤ 350km/h, 1‰
② 설계속도 150 < V ≤ 200km/h, 2‰
③ 설계속도 70 < V ≤ 200km/h, 4‰
④ 설계속도 V ≤ 70km/h, 5‰

66 $l = \dfrac{R}{2,000}(m \pm n)$
$= \dfrac{3,000}{2,000}(5+25)$
$= 45m$ 이므로
$y = \dfrac{x^2}{2R} = \dfrac{45^2}{2 \times 3,000}$
$= 0.3375m = 33.7cm$

66 종곡선의 기울기가 +5‰와 -25‰일 때 접선장과 곡선 시점으로부터 6m 지점의 종거 y는 얼마인가?(단, 종곡선 반지름은 3,000m이다.) 》 12. 기사
① y=30m, y=4cm
② y=45m, y=34cm
③ y=50m, y=8cm
④ y=60m, y=12cm

67 콘크리트도상 조건의 경우 설계속도 150킬로미터인 경우 최소 곡선반경은 900m이다.

67 철도의 건설기준에 관한 규정에서 설계속도(V)에 따른 본선의 최소 곡선반경(R)으로 옳지 않은 것은?(단, 콘크리트 도상의 경우임) 》 12. 기사
① V=200km/h : R=1600m
② V=150km/h : R=1200m
③ V=120km/h : R=600m
④ V≤70km/h : R=400m

정답 64 ③ 65 ② 66 ② 67 ②

68 일반 철도 설계속도 130km/h 선로에 대한 설명 중 옳지 않은 것은? ≫ 13. 기사
① 자갈도상 궤도의 최대 부족캔트는 100mm이다.
② 정거장의 전후구간 등 부득이한 경우 곡선반경은 400m 까지 축소 할 수 있다
③ 선로의 기울기는 12.5/1000 이하로 하여야 한다.
④ 종곡선 반경은 7000m 이상이어야 한다.

68 설계속도별 최소 종곡선 반경 산정
$0.35V^2 = 0.35 \times 130^2 = 5,915m$

69 본선의 최대기울기 12.5‰로 하고자 한다. 본선의 기울기 중에 반경 350m인 곡선구간에서 시공 시 기울기는 얼마 이하로 하여야 하는가? ≫ 13. 기사
① 8.5‰   ② 10.5‰
③ 12.5‰ ④ 13.5‰

69 $G_c = \dfrac{700}{R} = \dfrac{700}{350} = 2\text{kg/ton}$
$= 2‰$임
보정 전 12.5‰ - 2‰
= 10.5‰이다.

70 곡선부에서는 열차 속도에 따라 적정한 캔트(cant)를 붙여야 한다. 일반철도에서 사용하는 캔트(C)공식은?(단, V : 열차 최고속도[km/h], R : 곡선반경[m], c' : 조정치[mm]) ≫ 12. 산업

① $C = 11.8 \dfrac{V^2}{R} - C'$
② $C = 11.8 \dfrac{V}{R} - C'$
③ $C = 11.3 \dfrac{V^2}{R} - C'$
④ $C = 11.3 \dfrac{V}{R} - C'$

71 완화곡선의 길이를 결정하는 데 관계되는 것은? ≫ 12. 산업
① 열차운전속도
② 궤간의 크기
③ 차량의 고정축거
④ 열차운행횟수

71 완화곡선의 길이는 열차속도, 궤간 및 고정축거의 영향을 받는다.

▶ Part 02 | 선로

72 $S = \dfrac{2,400}{R} - S'$ 에서

S' : 3mm이므로

슬랙 : $\dfrac{2,400}{300} - 3 = 5$,

궤간 1,435 + 슬랙 = 1,435 + 5
= 1,440mm

그러므로
1,440 - 1,445 = -5mm

73 $S = \dfrac{2,400}{R} - S'$ 에서

S' : 2mm이므로

슬랙 : $\dfrac{2,400}{300} - 2 = 6$

74 설계속도별 최소 종곡선 반경 산정
$0.35V^2 = 0.35 \times 200^2 = 14,000$m

75 최소곡선반경은 열차속도, 궤간 및 고정축거의 영향을 받는다.

76 $C = 11.8 \dfrac{V^2}{R} - C_d$

$= 11.8 \dfrac{200^2}{2,000} - 80$

$= 156$mm

72 곡선 반지름 300m의 곡선선로의 궤간이 1,445mm라면 궤간 틀림량은 얼마인가?(단, 슬랙의 조정치는 3mm이다.)   ≫ 12. 산업
① +2mm
② -2mm
③ +4mm
④ -5mm

73 일반철도에서 곡선반경 300m인 원곡선의 슬랙 값으로 옳은 것은?(단, 조정치 = 2mm)   ≫ 12. 산업
① 2mm
② 4mm
③ 6mm
④ 8mm

74 철도의 건설기준에 관한 규정에 의하여 열차의 설계속도가 200km/h인 선로에 대한 최소 종곡선 반경(R)은?   ≫ 12. 산업
① R = 12,000m
② R = 14,000m
③ R = 15,000m
④ R = 16,000m

75 선로의 최소곡선반경의 결정요인이 아닌 것은?   ≫ 13. 산업
① 궤간
② 수송량
③ 열차속도
④ 차량의 고정축거

76 설계속도 200km/h 곡선 반경 2,000m의 표준궤간 선로에서 부족 캔트량이 80mm일 경우 설정 캔트량은 얼마인가?   ≫ 13. 산업
① 126mm
② 136mm
③ 146mm
④ 156mm

정답 72 ④ 73 ③ 74 ② 75 ② 76 ④

Chapter 02 | 곡선과 기울기

77 본선에서 설계속도에 따른 최소 곡선반경으로 맞는 것은?(단, 자갈도상 궤도의 경우임) ≫ 13. 산업

① 200km/h : 1,900m　② 150km/h : 1,500m
③ 120km/h : 1,000m　④ v≤70km/h : 600m

77 자갈도상 조건의 경우

설계속도(km/h)	최소 곡선반경(m)
200	1,900
150	1,100
120	700
≤ 70	400

78 도시철도에서 종곡선을 설치하여야 하는 경우로 맞는 것은? ≫ 13. 산업

① 선로의 기울기가 변하는 경우로서 인접 기울기의 변화가 2/1,000를 초과하는 경우
② 선로의 기울기가 변하는 경우로서 인접 기울기의 변화가 3/1,000를 초과하는 경우
③ 선로의 기울기가 변하는 경우로서 인접 기울기의 변화가 4/1,000를 초과하는 경우
④ 선로의 기울기가 변하는 경우로서 인접 기울기의 변화가 5/1,000를 초과하는 경우

78 도시철도건설규칙에서는 인접한 선로와의 기울기차가 1천분의 5를 초과하는 경우 종곡선을 설치하도록 하고 있다.

79 30‰ 기울기의 선로 중에 반경 500m의 곡선이 들어있을 경우 곡선부분의 열차 저항을 직선부분과 동등하게 하려면 기울기를 몇 ‰로 해야 하는가? ≫ 14. 기사

① 28.6‰　② 29.6‰
③ 30.6‰　④ 31.6‰

79 $Gc = \dfrac{700}{R} = \dfrac{700}{500}$
= 1.4kg/ton = 1.4‰임.
보정 전 30‰ − 1.4‰ = 28.6‰

80 선로의 곡선에서 완화곡선의 길이를 결정하는 주요요인으로 옳은 것은? ≫ 14. 기사

① 평균 열차횟수(1일)
② 열차의 운전속도
③ 원곡선의 길이
④ 슬랙량

80 완화곡선의 길이는 열차속도, 궤간 및 고정축거가 주요 영향인자이다.

정답　77 ①　78 ④　79 ①　80 ②

81 슬랙은 반경 300m 이하인 곡선 구간에 설치하도록 한다.

82 설계속도 120km/h일 때, 캔트변화량에 대한 배수 C_1,
$$C_1 = \frac{7.31\,V}{1000}$$
$$= \frac{7.31 \times 120}{1000}$$
$$= 0.8772$$
$$\fallingdotseq 0.85$$

83 일반철도의 완화곡선은 3차 포물선을 적용하며, 곡률을 0에서부터 1/R까지 직선으로 변화시키는 방법이다.

84 복심곡선의 경우 건축한계 확대량의 체감은 곡선반경이 큰 곡선에서 행한다.

---

81 다음 중 슬랙에 대한 설명으로 옳지 않은 것은? ≫ 14. 기사
① 반경 600m 이하인 곡선구간의 궤도에는 슬랙을 두어야 한다.
② 슬랙의 최대 한도는 30mm이다.
③ 슬랙(S)의 공식은 $S = \frac{2,400}{R} - S'$ 이다.(단, R : 곡선반경, S' : 조정치)
④ 슬랙은 곡선의 외측 레일을 기준으로 안쪽 레일을 확대하여 붙인다.

82 철도의 건설기준에 관한 규정에서 정하는 완화곡선의 길이는 설계속도에 따라 설정된 캔트변화량과 부족캔트 변화량의 일정 배수 이상으로 하여야 한다. 다음 중 설계속도에 따른 캔트변화량에 대한 배수가 맞지 않는 것은?(단, 설계속도 : 캔트변화량에 대한 배수) ≫ 14. 기사
① 200km/h : 1.50
② 150km/h : 1.10
③ 120km/h : 1.00
④ 70km/h 이하 : 0.60

83 철도 본선에서 설계속도에 따라 일정한 크기 미만의 반경을 가진 곡선과 직선이 접속하는 곳에 두는 완화곡선의 형상은 어떤 것인가? ≫ 14. 기사
① 클로소이드 곡선
② 4차 포물선
③ 싸인 곡선
④ 3차 포물선

84 다음 중 곡선구간의 건축한계 확대량에 대한 체감방법으로 옳지 않은 것은? ≫ 14. 기사
① 완화곡선 길이가 26미터 이상인 경우 : 완화곡선 전체의 길이
② 완화곡선 길이가 26미터 미만인 경우 : 완화곡선구간 및 직선구간을 포함하여 26미터 이상의 길이
③ 완화곡선이 없는 경우 : 곡선의 시 종점으로부터 직선구간으로 26미터 이상의 길이
④ 복심곡선의 경우 : 26미터 이상의 길이. 이 경우 체감은 곡선반경이 작은 곡선에서 행한다.

85 캔트에 대한 설명 중 틀린 것은? ≫15. 기사
① 윤중 및 횡압에 의한 궤도 파괴를 경감하기 위해 캔트를 설치한다.
② 곡선 내방에 작용하는 초과원심력에 의한 승차감 악화 방지를 위해 설치한다.
③ 열차의 실제 운행속도와 설계속도의 차이가 큰 경우에는 초과캔트를 검토하여야 한다.
④ 분기기 내의 곡선과 그 전후의 곡선, 측선 내의 곡선 등 캔트를 부설하기 곤란한 곳에 있어서 열차의 운행 안정성을 확보한 경우에는 캔트를 설치하지 않을 수 있다.

85 캔트는 곡선외방에 작용하는 초과원심력에 의한 승차감 저하를 방지하기 위해 설치한다.

86 철도선로에서 최소 곡선반경을 결정하는 요소가 아닌 것은? ≫15. 기사
① 열차의 속도   ② 차량의 고정축거
③ 열차의 중량   ④ 궤도의 궤간

86 최소 곡선반경은 열차의 속도, 차량의 고정축거, 궤간 등 캔트와의 상관관계로 설정한다.

87 설계속도 150km/h인 선로에서 기울기가 서로 다른 두 개의 선로를 접속할 경우 종곡선을 삽입해야 하는 것은?(단, 보기 항은 두 개 선로의 기울기를 나타낸 것이며, +: 상향기울기, -: 하향기울기) ≫15. 기사
① +2‰, +4‰   ② +3‰, -2‰
③ +10‰, +13‰   ④ +1‰, -2‰

87 종곡선은 서로 다른 2개의 선로기울기 차이가 4‰ 이상이어야 한다.

88 설계속도(V)에 따른 본선의 최소 곡선반경(R)으로 옳지 않은 것은?(단, 콘크리트도상 궤도인 경우) ≫15. 기사
① $V \leq 70(\text{km/h})$, $R = 400\text{m}$
② $V = 200(\text{km/h})$, $R = 1,600\text{m}$
③ $V = 250\text{km/h}$, $R = 2,400\text{m}$
④ $V = 300\text{km/h}$, $R = 4,500\text{m}$

88 $V=300$km/h일 때는 $R=4,500$m가 아닌 3,500m이다.

정답 85 ② 86 ③ 87 ② 88 ④

▶ Part 02 | 선로

89 슬랙은 곡선의 안쪽 레일이 아닌 외측 레일을 기준으로 내측 레일을 직선부 궤간보다 확대시켜 붙인다.

89 슬랙에 대한 설명으로 옳지 않은 것은? ≫ 15. 기사
① 곡선반경 300m 이하인 곡선구간의 궤도에는 슬랙을 두어야 한다.
② 슬랙은 곡선의 안쪽 레일을 기준으로 외측 레일을 확대하여 붙인다.
③ 슬랙은 30mm를 초과하지 못한다.
④ 곡선반경 300m 초과의 곡선이라도 필요에 따라 4mm까지 슬랙을 붙일 수 있다.

90 표준기울기란 열차운전계획상 정거장 사이마다 조정된 기울기로서 역간의 임의지점 간의 거리 1km의 연장 중 가장 급한 기울기로 조정한다.

90 선로의 기울기에 대한 설명으로 옳지 않은 것은? ≫ 15. 산업
① 최급기울기란 열차운전구간 중 가장 경사가 심한 기울기이다.
② 표준기울기란 열차운전 계획상 정거장 사이마다 조정된 기울기로서 역간의 임의지점 간의 거리 2km의 연장 중 가장 완만한 기울기로 조정한다.
③ 제한기울기란 기관차의 견인정수를 제한하는 기울기이다.
④ 타력기울기란 제한기울기보다 심한 기울기라도 그 연장이 짧은 경우에는 열차의 타력에 의하여 이 기울기를 통과할 수 있는 기울기이다.

91 환산기울기
Rc = 700/R = 700/500 = 1.4kgf/ton
= 1.4‰
따라서, 25‰ − 1.4‰ = 23.6‰

91 철도 건설 시 최급기울기가 25‰인 선로상에 반지름 500m의 곡선이 있다면 기울기는 몇 ‰ 이하로 하여야 하는가? ≫ 15. 산업
① 23.6 ② 24.6
③ 25.6 ④ 26.6

92 콘크리트 도상 궤도의 150km/h 때 최소곡선반경은 900m이다.

92 설계속도에 따른 본선의 최소 곡선반경으로 옳지 않은 것은? ≫ 15. 산업
① 350km/h : 4,700m ② 200km/h : 1,600m
③ 150km/h : 1,200m ④ 120km/h : 600m

93 설계속도 120km/h 선로에서 종곡선에 대한 설명으로 옳지 않은 것은?   ≫15. 산업

① 기울기의 차이가 4‰ 이상일 때 종곡선을 설치한다.
② 종곡선의 형상은 3차포물선으로 하여야 한다.
③ 종곡선의 반경은 5,000m 이상이어야 한다.
④ 종곡선은 직선 또는 원의 중심이 1개인 곡선구간에 부설하여야 한다.

93 설계속도 120km/h 선로에서 종곡선의 형상에 관한 설명은 없다.

94 곡선반경이 600m인 곡선궤도에서 열차가 80km/h로 주행 시 적당한 캔트량은 얼마인가?(단, 부족캔트 Cd = 0임)   ≫16. 기사

① 100mm   ② 110mm
③ 120mm   ④ 126mm

94 설정캔트 $= 11.8 \times V^2 / R - Cd$
$= 11.8 \times 80^2 / 600 - 0$
$= 126mm$

95 도시철도건설규칙에서 기울기에 대한 설명으로 틀린 것은?   ≫16. 기사

① 정거장 밖에서의 본선의 기울기 한도 : 35/1,000
② 정거장에서 차량을 유치하는 본선의 기울기 한도 : 3/1,000
③ 정거장에서 차량을 분리/연결하는 본선의 기울기 한도 : 3/1,000
④ 정거장에서 차량을 유치하지 아니하는 본선의 기울기 한도 : 45/1,000

95 정거장에서 차량을 유치하지 않는 용도로 사용되는 본선의 기울기는 8~10‰까지 허용된다.

96 설계속도 V = 200km/h, 곡선반경 R = 2,000m인 본선 선로의 최대 기울기는?   ≫16. 기사

① 9.65‰   ② 9.80‰
③ 10.0‰   ④ 10.35‰

96 Gc = 700/R 공식에 의해 R = 2,000m이면 Gc : 환산기울기(천분율) = 0.35
∴ 200km/h기준 최대 기울기가 10‰이므로 10 - 0.35 = 9.65‰
∴ 9.65‰

정답   93 ②   94 ④   95 ④   96 ①

97 설계속도 200km/h인 본선의 경우에 대한 설명으로 옳은 것은?(단, 자갈도상 구간) ≫16. 기사
① 종곡선반경 R=6,000m 이상
② 최소곡선반경 R=1,200m 이상
③ 원곡선 최소길이 L=80m 이상
④ 완화곡선 삽입 곡선반경 R=12,000m 미만

- 자갈도상구간의 종곡선반경 R=14,000m 이상
- 최소곡선반경 R=1,900m
- 원곡선 최소길이 L=0.5V=0.5×200=100m 이상

98 선로의 기울기를 정할 때 고려할 사항이 아닌 것은? ≫16. 기사
① 해당 선로의 성격
② 해당 선로의 기능
③ 운행차량의 특성
④ 구조물 시공의 편의성

선로의 기울기를 정할 때, 구조물 사용의 편의성은 고려대상이 아니다.

99 반경 1,000m인 곡선구간을 통과하는 열차의 최고속도가 100km/h일 때, 곡선구간의 궤도에 두어야 하는 설정캔트는 얼마인가? ≫16. 산업
① 90mm
② 98mm
③ 103mm
④ 108mm

설정캔트 = $11.8 \times V^2/R - Cd$
= $11.8 \times 100^2/1,000 - 20$
= 98mm

100 차량의 고유 진동 주기가 1.8초이고, 최고열차속도가 120km/h라면 반향곡선 간에 삽입하여야 하는 최소 직선거리는 얼마인가? ≫16. 산업
① 30m
② 50m
③ 60m
④ 70m

직선 및 원곡선의 최소길이는 L=0.5V이므로 최소직선거리는 0.5×120=60m이다.

101 철도의 건설기준에 관한 규정에 의거 본선의 경우 설계속도에 따라 일정 크기 미만의 곡선반경을 가진 곡선과 직선이 접속하는 곳에는 완화곡선을 두어야 한다. 다음 중 설계속도에 따른 곡선반경이 맞는 것은? ≫16. 산업
① 120km/h : 2,500m
② 150km/h : 4,000m
③ 200km/h : 6,000m
④ 250km/h : 10,000m

150km/h : 5,000m
200km/h : 12,000m
250km/h : 24,000m

정답 97 ④ 98 ④ 99 ② 100 ③ 101 ①

102 도시철도에서 인접 기울기의 변화가 1천분의 5를 초과하는 개소에 설치하는 종곡선의 곡선반경은? ≫ 16. 산업

① 3,000m 이상
② 5,000m 이상
③ 9,000m 이상
④ 10,000m 이상

102 선로기울기가 변하는 경우로서 인접기울기변화가 5/1,000을 초과하는 경우에는 반경 3,000m 이상의 종곡선을 삽입해야 한다.

103 철도의 건설기준에 관한 규정에 의하여 열차의 설계속도가 200km/h인 선로에 대한 최소 종곡선 반경(R)은? ≫ 16. 산업

① R=12,000m
② R=14,000m
③ R=15,000m
④ R=16,000m

103 설계속도별 최소종곡선반경표에 의거 200km/h시 최소종곡선 반경은 14,000km이다.

정답 102 ① 103 ②

03 궤도

01 개요

(1) 궤도의 의의

레일, 침목, 도상, 그 부속품으로 구성되며, 견고한 노반 위에 도상을 일정한 두께로 설치하고 그 위에 침목을 일정 간격으로 부설하여 침목 위에 두 줄의 레일을 평행하게 체결한 것으로 노면과 함께 열차하중을 직접 지지하는 역할을 한다.

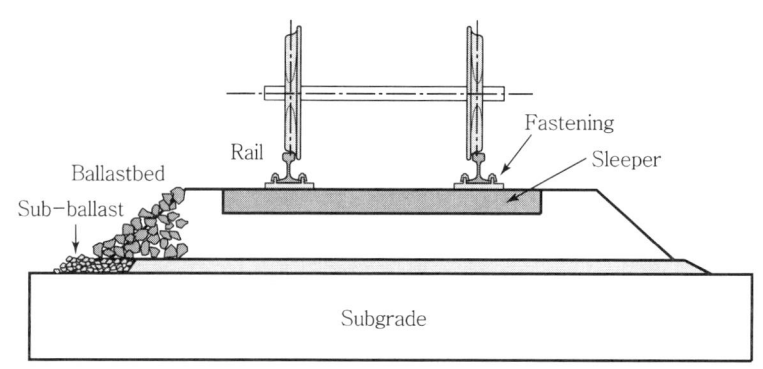

[궤도의 구성]

(2) 궤도의 구성요소 및 기능 >> 09, 03. 산업

1) 레일(Rail)

① 차량을 직접 지지한다.
② 열차하중을 침목과 도상을 통하여 광범위하게 노반에 전달한다.

2) 침목(Sleeper)

① 레일을 견고하게 체결하여 위치를 유지한다.
② 레일로부터 받은 하중을 도상에 전달한다.

3) 도상(Ballast or Ballastbed)
   ① 레일 및 침목 등에서 전달된 하중을 널리 노반에 전달한다.
   ② 침목의 위치를 유지한다.

4) 레일체결장치(Fastening System)
   ① 열차로부터의 진동과 충격을 흡수 완화시킨다.
   ② 레일의 복진을 방지하고 횡압에도 저항한다.
   ③ 레일을 소정의 위치에 고정시킨다.
   ④ 레일과 침목과의 절연을 확보한다.

(3) 궤도구조의 구비조건 ≫13. 기사, 12. 산업
① 차량의 동요와 진동이 적고, 승차감이 양호할 것
② 차량의 원활한 주행과 안전이 확보될 것
③ 열차의 충격에 견딜 수 있는 강한 재료일 것
④ 열차하중을 시공기면 아래 노반에 균등하고 광범위하게 전달할 것
⑤ 궤도틀림이 적고 열화 진행이 완만할 것
⑥ 유지보수작업이 용이하고, 구성재료 교환이 간편할 것

(4) 궤도구조의 형식 및 궤도강도 증진

1) 자갈궤도, 콘크리트궤도, 기타 궤도구조로 분류한다.

2) 궤도강도 증진 ≫06, 04. 기사
   ① **레일중량화**, 장대화
   ② **침목 PC화** : 이중탄성체결, 충격흡수, 궤도안정
   ③ **노반개량** : 분니처리, 유공관 매설, 모래치환 등
   ④ **도상개량** : 양질의 쇄석, 도상두께 확보
   ⑤ **분기기 개량** : 망간 크로싱, 탄성 포인트, 분기기 고번화

(5) 궤도 소음·진동 방지대책 ≫09. 기사
① 레일의 장대화 및 중량화   ② 방진매트 사용
③ 궤도구조 개선(체결장치의 강성 및 탄성 개선 등)
④ 흡음효과 개선   ⑤ 레일연마
⑥ 궤도틀림 및 단차 방지 등

02 레일

(1) 레일의 구비조건 및 특성

1) 레일의 구비조건

① 구조적으로 충분한 안전도를 확보할 것
② 초기투자비와 유지보수비를 감안하여 경제적일 것
③ 유지보수가 용이하고 내구성이 길 것
④ 진동 및 소음저감에 유리할 것
⑤ 전기흐름에 저항이 적을 것
⑥ 레일 및 부속품(체결구, 이음장치 등)의 수급이 용이할 것

2) 국내 레일의 종류 및 특성

국내에서 사용되는 레일은 보통레일과 열처리레일로 구분하고, 레일기호 및 기계적 특성은 다음과 같다.

구분	기호	계산 무게	인장강도 (MPa)	연신율 (%)	경도 (HBW)	쇼어 경도 (HSC)	단면경화층의 경도 비커스경도(HV)	
							게이지 코너 (A점)	머리부의 중심선 (B점)
50kgN 보통레일	50N	50.4	800 이상	10 이상	235 이상	–	–	–
60kg 보통레일	60	60.8	800 이상		235 이상	–	–	–
60kgK 보통레일	60K	60.7	880 이상		260~300	–	–	–
60kgKR 보통레일	KR60		800 이상		235 이상	–	–	–
60E1 보통레일	60E1	60.34	880 이상		260~300	–	–	–
열처리레일	00[1] – HH340	–	1,080 이상	8 이상	–	47~53	311~410	311~410
	00[1] – HH370	–	1,130 이상		–	49~56	331~410	331~410

[1] 50N, 60, KR60, 60K 중 한 종류의 레일을 의미한다.

※ 열처리레일 사용표준
- HH370 : 곡선반경 500m 이하의 외측레일, 분기기용 레일
- HH340 : 곡선반경 500m 초과 800m 이하의 외측레일
- 단, 내측레일에도 필요성, 경제성을 검토하여 사용할 수 있음

(2) 설계속도별 레일의 사용

레일의 중량은 아래 표에서 정하는 크기 이상으로 하는 것을 원칙으로 하되 열차 통과톤수, 축중 및 속도 등을 고려하여 경제적인 설계가 되도록 조정할 수 있다.

설계속도 V(km/h)	레일의 중량(kg/m)	
	본선	측선
$V > 120$	60	50
$V \leq 120$	50	50

철도설계지침(KR C 14030)에서는 설계속도에 따른 레일종류, 레일패드, 침목높이, 최소도상 두께, 레일높이(R.L)와 시공기면(F.L)의 높이차를 제시하고 있다.

설계속도 (km/h)	레일종류	레일높이 (mm)	레일패드 (mm)	침목높이 (mm)	최소도상두께 (mm)	여유 (mm)	R.L-F.L 산정기준
$230 < V \leq 350$	60E1	172	10	203(PCT)	350	5	740
$150 \leq V \leq 230$	60E1	172	10	203(PCT)	300	5	690
$120 < V < 150$	KR60	174	10	195(PCT)	300	1	680
$70 < V \leq 120$	50N	153	10	195(PCT)	270	2	630
$V \leq 70$	50N	153	10	195(PCT)	250	2	610

단, 장대레일인 경우 최소 도상두께 300mm로 하며, 최소 도상두께는 도상매트를 포함한다.

(3) 레일복부 기입사항 5가지

≫ 08. 산업

```
       ①   ②  ③   ④     ⑤      ⑥      ⑦
  →   50   N  LD  NKK   1995   ||||||
```

① 강괴의 두부방향표시 또는 레일 압연 방향표시
② 레일중량(kg/m)
③ 레일종별
④ 전로의 기호 또는 제작공법(용광로)
⑤ 회사표 또는 레일 제작회사
⑥ 제조년 또는 제작년도
⑦ 제조월 또는 제작월(1월당 1로 표시)

(4) 레일의 재질 >> 14. 07. 기사, 13. 04. 산업

① 탄소
함유량이 1.0%까지는 증가할수록 결정이 미세하여지고, 항장력과 강도가 커지는 반면에 연성이 감퇴된다.

② 규소
적정량이 있으면 탄소강의 조직을 치밀하게 하고 항장력을 증가시키나 지나치게 많으면 약해진다.

③ 망간
경도와 항장력을 증대시키나 연성이 감소된다. 유황과 인의 유해성을 제거하는 데 효과적이다. 1% 이상이면 특수강이 된다.

④ 인
탄소강을 취약하게 하여 충격에 대한 저항력을 약화시키므로 최대한 제거한다.

⑤ 유황
강재에 가장 유해로운 성분으로 적열상태에서 압연작업 중에 균열을 발생한다. 레일에 유황이 함유되면 사용 중에 충격에 의한 파손이 발생되며, 강질을 불균일하게 한다.

⑥ 레일강의 화학성분 함유량 순서
망간 > 탄소 > 규소 > 유황 > 인

(5) 레일검사 항목

① 인장시험
② 낙중시험
③ 휨시험
④ 경도시험
⑤ 파단시험
⑥ 피로시험

(6) 레일의 종류

① 일반 레일
② 고탄소강 레일 >> 05. 기사
탄소강 레일의 탄소함유량(0.85% 정도)을 증가시켜 내마모성을 증가시킨 레일

③ 솔바이트레일[경두레일(⑳열처리 레일)] ≫12. 06. 기사, 03. 산업

레일두부면 약 20mm를 열처리하여 솔바이트 조직으로 만들어 강인하고 내마모성을 크게 한 것으로 이음매부의 끝닳음을 예방하기 위하여 보통레일의 단부를 10~20mm 정도 표면 열처리한 것을 레일단부열처리(rail-ead hardening)라 한다.

④ 망간레일 ≫03. 02. 기사

망간을 10~14% 함유시켜 내마모성을 높인 레일로서 내구연한이 보통레일의 약 6배가 되고, 분기기, 곡선부, 기타 마모가 심한 개소에 사용한다.

⑤ 복합레일

레일 두부에 내마모성이 큰 특수강을 사용한 것으로 두부에는 고탄소 크롬강을 복부 및 저부에는 저탄소강을 사용한다.

(7) 레일의 길이에 의한 분류 ≫10. 산업

① 장대레일 : 200m 이상(고속철도 300m 이상)
② 장척레일(⑳긴레일) : 25~200m 미만
③ 정척레일(⑳표준레일) : 25m
④ 단척레일(⑳짧은 레일) : 5~25m 미만

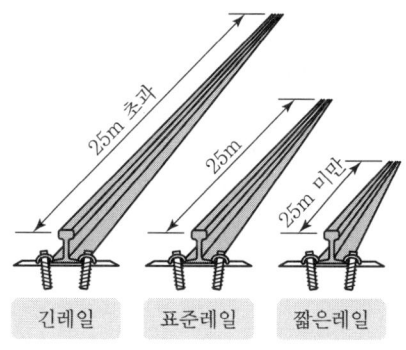

[레일의 길이에 의한 분류]

(출처 : 알기쉬운 철도기술용어 순화해설집(개정판))

(8) 레일 내구연한 ≫05. 기사

레일의 내구연한은 훼손, 마모, 부식, 회로, 전식 등 요인에 의하여 결정된다.
일반적으로 레일의 수명은 열차의 통과톤수, 차량중량 또는 궤도가 해변이나 터널 등 부설된 조건에 따라 일정치 않으나 다음과 같다.

1) 직선부 : 20~30년

2) 해안 : 12~16년

3) 터널내 : 5~10년

4) 직선부 레일관리(누적통과톤수 고려) ≫ 13, 12, 09, 04. 기사

   본선 직선구간에서 레일의 누적통과톤수가 아래 표에 제시된 값에 도달하기 전(제시된 값의 90% 도달시점)에 주의관찰(레일탐상 및 점검 주기 단축, 레일용접부 표면결함 검측 등)을 실시하고 보수작업계획(레일교환 등)을 수립하여 예방보수를 시행하여야 한다(단, 정척레일의 경우 일반철도 자갈궤도 레일연마 미시행 시를 적용한다).

구분	자갈궤도		콘크리트궤도		레일연마 시행여부
	50kg/m레일	60kg/m레일	50kg/m레일	60kg/m레일	
고속철도	–	8억 톤	–	10억 톤	시행
일반철도	5억 톤	6억 톤	7억 톤	8억 톤	미시행
	7억 톤	8억 톤	9억 톤	10억 톤	시행

5) 레일마모량에 따른 레일교환

   레일두부의 최대마모높이(마모면에서 측정한다)가 다음 한도에 이르기 전에 교환해야 한다(여기서 편마모는 45°마모를 말한다).

레일종류	곡선반경	R(m)<700	700≤R(m)<1200	R(m)≥1200
60, 60K, KR60, 60E1(UIC60)	직마모	10mm		
	편마모	14mm		10mm
50N	직마모	10mm		
	편마모	14mm	10mm	
37	직마모	7mm		
	편마모	12mm		

6) 균열, 심한 파상마모, 레일변형 및 손상, 부식 등으로 열차운전상 위험하다고 인정되는 경우 레일을 교환한다.

(9) 레일 훼손 및 탐상

1) 원인
   ① 제작 중 내부의 결함 또는 압연작용 불량 등 품질적인 결함 발생
   ② 취급방법 및 부설방법 불량
   ③ 궤도상태 불량 시
   ④ 부식, 이음매부 레일 끝 처짐 시
   ⑤ 차량불량, 사고 및 탈선 시

2) 종류
   ① 유궤, 좌궤
   열차의 반복하중 등으로 두부 정부의 일부가 궤간 내측으로 찌그러지거나, 두부정부의 전부가 압좌되어 얕아지는 현상
   ② 종렬, 횡렬
   종렬은 두부의 연직면을 따라 발생되며, 때로는 복부의 볼트구멍을 따라 발생된다. 횡렬은 두부 내부에 발생된 균열이 반복하중에 의하여 발달된다.
   ③ 파단   >> 04. 기사
   이음매볼트 부근의 응력집중이 원인으로 되어 방사형으로 발생하는 균열이 대부분이며, 경우에 따라서 두부와 복부에 발생하는 것
   ④ 파저
   레일 저부가 레일못과 침목과의 지나친 밀착관계로 파손되는 것을 파저라 한다. 레일 훼손의 약 50%를 점유하고 있다.
   ⑤ 흑점균열
   고속중량운전에서 곡선외궤 두부 내부에서 발생하는 균열
   ⑥ 파상마모
   차륜의 공전 등에 의해 레일의 두부에 세로 방향으로 발생하는 파상 모양으로 된 마모 형태
   ⑦ 부식
   금속이 외부로부터의 화학적 작용에 의해 소모되어 가는 현상
   ⑧ 전식
   전차에 공급되는 전류는 레일을 통하여 변전소로 되돌아 가는데, 레일이 대지와 완전히 절연되어 있지 않아 전류의 일부가 땅속으로 누설되어, 땅속에 묻혀있는 금속매설물에 전류가 통하여 전기분해가 일어나게 되어 매설물 및 레일이 부식되는 현상

 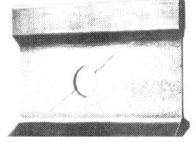 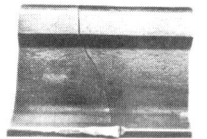 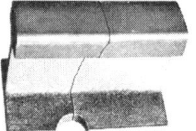 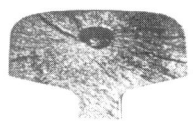

[유궤, 좌궤(Squats)] [종렬(종방향 균열)] [횡렬(횡방향 균열)]　　[파단, 파저]　　[흑점균열]

 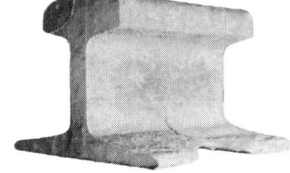 

　　[파상마모(Corrugation)]　　　　[부식(Corrosion)]　　　　[전식(Electric corrosion)]

3) 레일탐상 및 마모검사

① 수동탐상기 및 레일탐상차를 이용한 레일 내부 검사
　초음파를 레일 내부에 주사하여 반사파를 받아 결함을 판독

② 종합검측차를 이용한 레일마모검측
　레이저로 레일의 상태를 측정하고 고속 디지털 카메라로 레일상태를 촬영하여 연산프로세서에 의해 데이터로 출력

③ 인력마모측정
　레일마모측정기를 이용하여 레일 두부 및 복부에 거치시킨 뒤 레일 측마모 및 직마모량을 검사한다.

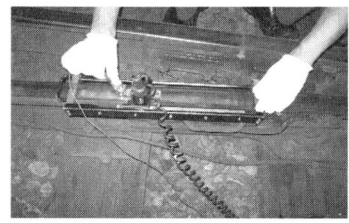 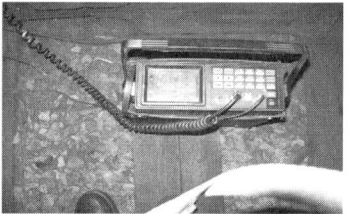 

[수동탐상기 및 레일탐상차를 이용한 레일 내부결함 측정]

  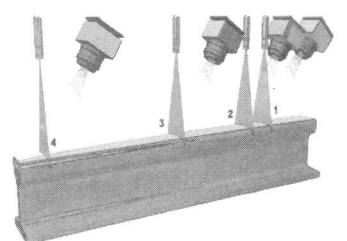

(a) 종합검측차   (b) 레일마모 측정시스템   (c) 파상마모 측정시스템

[종합검측차를 이용한 레일마모 측정]

[디지털 레일마모측정기를 이용한 레일마모량 측정]

④ 레일결함관리 기준

번호	레일결함 종류		판정기준	등급[주)]	조치방법
1	레일 횡방향 결함		H≤5mm	O	요주의 결함
			5<H<20mm	X1	계획보수
			H≥20mm	X2	긴급보수

번호	레일결함 종류		판정기준	등급[주]	조치방법
2	레일 종방향 수평균열		$L \leq 30mm$	O	요주의 결함
			$30 < L < 150mm$	X1	계획보수
			$L \geq 150mm$	X2	긴급보수
3	레일 종방향 수직균열		$L \leq 10mm$	O	요주의 결함
			$10 < L < 40mm$	X1	계획보수
			$L \geq 40mm$ 또는 육안발견 시	X2	긴급보수
4	볼트구멍 주변 균열		$L \leq 40mm$	O	요주의 결함
			$40 < L < 100mm$	X1	계획보수
			$L \geq 100mm$	X2	긴급보수

번호	레일결함 종류		판정기준	등급^{주)}	조치방법
5	레일표면 결함 (압좌, Squat)	L(length)은 레일표면에 발생된 종방향 압좌길이를 측정하여 판정할 수도 있음	H≤5mm 또는 L≤30mm	O	요주의 결함
			5<H<20mm 또는 30<L<150mm	X1	계획보수
			H≥20mm 또는 L≥150mm	X2	긴급보수
6	레일표면 결함 (표면미세균열, Headcheck)	SC(Surface Crack)는 레일상면 표면에 발생한 미세균열 길이를 측정하여 판정할 수도 있음	H≤5mm 또는 10<SC≤20mm	O	요주의 결함
			5<H<20mm 또는 20<SC<30mm	X1	계획보수
			H≥20mm 또는 SC≤30mm	X2	긴급보수

주) O : 요주의 결함, X1 : 1개월 이내 교체가 필요한 결함, X2 : 10일 이내 교체가 필요한 결함

(10) 레일쌓기

>> 09. 기사, 12. 02. 산업

레일은 다음 표에 의하여 선별, 단면에 도색하여 일정한 장소에 쌓으며, 한쪽 단면을 일직선으로 되게 쌓고 레일종별, 길이 및 수량을 표시한 표찰을 세운다.

구분		단면도색	선별기준
신품	보통	백색	신품으로 본선사용이 가능한 것
	열처리	황색	
중고품	보통	청색	일단 사용했다가 발생한 것으로 마모상태, 길이 등이 다시 사용가능한 것
	열처리	황색(두부) 청색(복부, 저부)	
불용품		적색	훼손, 마모한도 초과, 단척 및 기타 레일 종류상 불용조치하여 다시 사용할 수 없는 것
기타			상기 이외의 것은 파쇄붙이로 취급한다.

(11) 레일면 다듬기(레일 연마, 밀링)

레일 표면결함 발생을 예방하거나 표면결함이 존재하는 경우 레일면 다듬기를 하여 사용한다.

① 레일면 다듬기 방법

레일면 다듬기 방법에는 회전식, 왕복식, 밀링식으로 구분된다.

(a) 회전식(Rotating)

(b) 왕복식(Sliding)

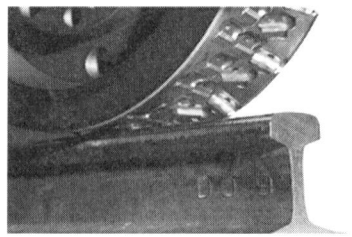
(c) 밀링방식(Milling)

[레일표면 삭정방식]

② 레일면 다듬기의 효과
  ㉠ 레일의 사용기한 연장
  ㉡ 레일의 파단 및 균열 발생 예방
  ㉢ 궤도유지보수 주기 연장(도상자갈다짐 작업량 감소, 궤도틀림량 감소 등)
  ㉣ 차륜 사용기한 연장, 차량연료소모량 감소
  ㉤ 소음 및 진동 저감

③ 레일면 다듬기 기준

> **선로유지관리지침 제23조(레일 및 분기기 연마)**
> ① 고속철도 본선, 고속열차 운행비율이 50% 이상 또는 설계속도가 200km/h 이상인 일반철도 본선의 레일연마는 다음 각 호와 같이 예방연마와 보수연마로 구분하여 실시하여야 한다(단, 분기기는 2호에 따른 보수연마 시행).
>   1. 예방연마는 다음 각 목에 해당하는 경우 시행하여야 한다.
>   가. 탈탄층 제거를 위한 경우 : 선로 신설 및 레일교환 후 1회(통과톤수 500,000톤 이내 시행)
>   나. 주기적인 연마 : 2년마다 1회(연간 누적통과톤수 2천만톤 미만 선구는 3년마다 1회)
>   (단, 1회 삭정량은 0.2mm로 하며 현장여건에 따라 유지보수자가 판단하여 변경할 수 있다.)
>   2. 보수연마는 다음 각 목에 해당하는 경우 시행하여야 한다.
>   가. 궤도검측 및 선로점검 결과 레일표면 결함이 발견된 경우
>   나. 자갈비산 등 이물질의 충격으로 레일 표면결함 및 파상마모가 발생한 경우
> ② 일반철도 본선의 레일 연마의 경우도 고속철도와 동일하게 예방연마와 보수연마를 구분하여 시행할 수 있다.

03 레일이음매

레일을 연결하기 위해 이음매판을 레일복부에 양쪽으로 붙여서 볼트로 연결하는 설비 또는 구간을 의미한다.

(1) 레일이음매의 구비조건

① 이음매 이외의 부분과 강도와 강성이 동일할 것
② 구조가 간단하고 설치와 철거가 용이할 것
③ 레일의 온도신축에 대하여 길이방향으로 이동할 수 있을 것
④ 연직하중 뿐만 아니라 횡압력에 대해서도 충분히 견딜 수 있을 것
⑤ 가격이 저렴하고 보수에 편리할 것
⑥ 전철화 구간에서는 전기절연이 양호할 것

(2) 구조상의 분류

1) 보통이음매

   한쌍의 이음매판, 볼트, 너트 록크 너트 와셔로 구성

2) 특수이음매

   절연이음매, 이형이음매, 신축이음매, 용접이음매 등

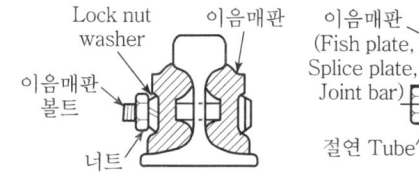

[보통이음매]

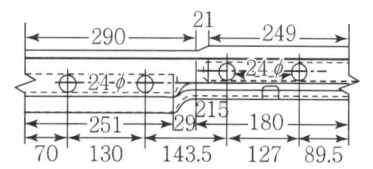

[절연이음매]

[이형이음매]

[신축이음매]

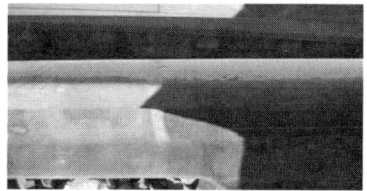

[용접이음매]

(3) 배치상의 분류

1) 상대식 이음매

   좌우 레일의 이음매가 동일 위치에 있는 것으로 소음이 크고, 노화도가 심하나 보수작업은 상호식보다 용이하다.

2) 상호식 이음매

   편측 레일의 이음매가 타측 레일의 중앙부에 있는 것으로 충격과 소음이 작으나 보수작업이 불리하다.

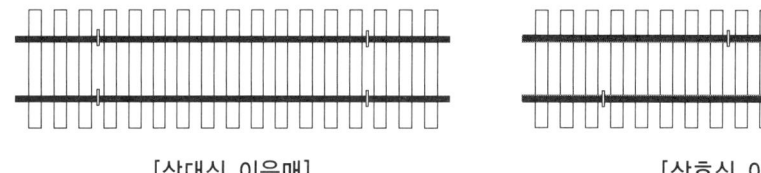

[상대식 이음매]   [상호식 이음매]

(4) 침목위치상의 분류   >> 12, 05. 기사

1) 지접법

   이음매부를 침목 직상부에 두는 것

2) 현접법

   이음매부를 침목 사이의 중앙부에 두는 것

3) 2정 이음매법

   지접법에서 지지력을 보강하기 위하여 2개의 보통침목을 체결하여 지지

4) 3정 이음매법

   현접법과 지접법을 병용한 것

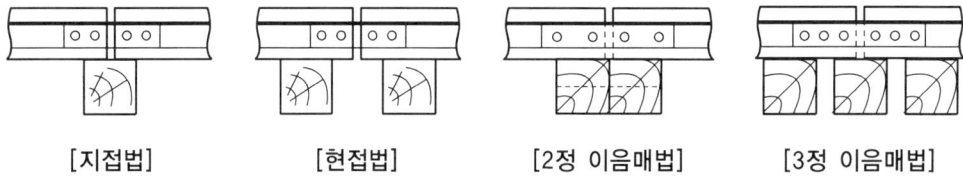

[지접법]   [현접법]   [2정 이음매법]   [3정 이음매법]

(5) 이음매판 종류

>> 13, 10, 08, 05, 기사

1) 단책형 이음매판
구형단면의 강판으로 제작되어 레일두부에서 저부로 힘의 전달이 유효한 구조, 50kg 레일에 사용

2) I형 이음매판
레일두부 하부와 레일저부 상부 2부분에서 밀착하여 쐐기작용을 함

3) L형(앵글형) 이음매판
단책형에 하부 플랜지를 붙여 단면증가를 시켜 강도를 높인 구조

4) 두부자유형 이음매판
레일목에 집중응력이 발생하지 않고 이음매판의 마모와 절손이 적음

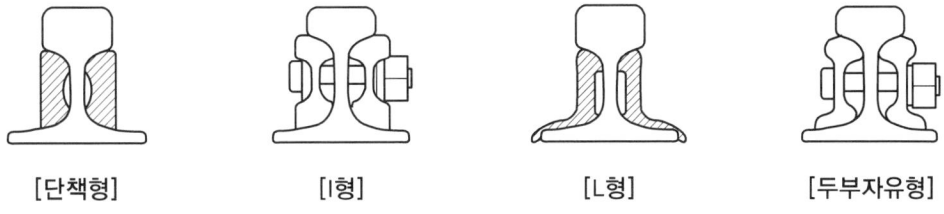

[단책형]　　　[I형]　　　[L형]　　　[두부자유형]

5) 본자노 이음매판
강도는 크지만 이음매부 도상작업이 불편함

6) 연속식 이음매판
이음매판이 타이플레이트 역할까지 할 수 있으나 고가임

7) 웨버 이음매판
목괴를 삽입하여 진동을 완화시키고, 이음매판 볼트의 이완을 예방할 수 있음

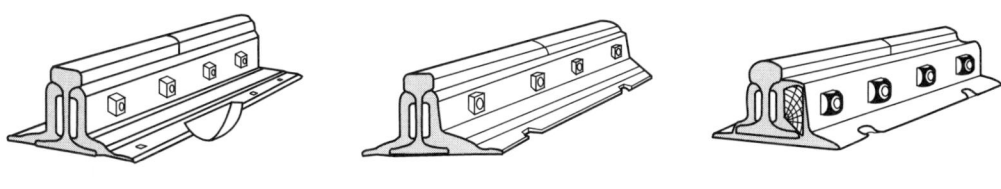

[본자노 이음매판]　　　[연속식 이음매판]　　　[웨버 이음매판]

(6) 레일이음매 유간

1) 레일을 부설하거나 유간을 정정할 때의 레일이음매는 다음 표에 의하여 유간을 두어야 한다.

>> 13. 기사

레일온도(℃) 레일길이	-20 이하	-15	-10	-5	0	5	10	15	20	25	30	35	40	45 이상
20m	15	14	13	11	10	9	8	7	6	5	3	2	1	0
25m	16	16	15	14	12	11	9	9	7	5	4	2	1	0
40m	16	16	16	16	14	11	9	7	5	2	0	0	0	0
50m	16	16	16	16	15	13	10	7	4	1	0	0	0	0

2) 온도변화가 적은 터널 내에서는 갱구로부터 각 100m 이상은 위 표에 관계없이 2mm의 유간을 두어야 한다.

>> 12. 04. 기사

3) 유간의 정정 여부는 레일온도가 올라갈 때 유간이 축소되기 시작할 때와 레일온도가 내려갈 때 유간이 확대되기 시작할 때의 양측 측정치의 평균치에 의하여 판정한다.

4) 유간은 여름철 또는 겨울철에 접어들기 전에 정정하는 것을 원칙으로 한다.

5) 유간정리 기준

>> 09. 기사, 11. 산업

① 위의 유간표(선로유지관리지침 제172조)에 대하여 과대유간 또는 3개소 이상의 이음매가 연속하여 유간이 없을 때[맹유간(盲遊間)]는 서둘러서 유간정정을 하여야 한다.
② 유간의 적정 여부는 레일온도가 올라갈 때 즉 유간이 좁혀지기 시작할 때의 유간과 레일온도가 내려갈 때 즉 유간이 벌어지기 시작할 때의 유간을 평균한 것으로 판단한다.
③ 이음매 유간의 정정시기는 현장상태에 따라 결정하되 되도록 하기와 동기를 피하여 춘추에 시행하도록 한다.
④ 순서

>> 09. 04. 산업

유간측정, 신유간 계산, 이음매절단개소 표시, 정정작업 시행 및 다지기

6) 유간정리 구분

>> 09. 기사, 12. 07. 03. 산업

① 간이정리
상례보수 작업으로 맹유간 또는 과대유간을 정리하는 정도의 경우로서 수시로 시행할 수 있으나 혹서·혹한에서는 주의하여 시행한다.

② 소정리

레일은 크게 이동시키지 않으면서 상당한 연장에 걸쳐 유간을 정리하는 경우로서 유간을 균등하게 배분함을 원칙으로 하되 다음과 같이 시행한다.

㉠ 레일 밀림이 있는 구간에서 밀림의 기점쪽은 적게, 종점쪽은 크게 한다.
㉡ 레일의 신축량을 고려한다.
㉢ 작업구간을 소구간으로 구분하여 구간 내의 유간의 과부족을 가감한다.

③ 대정리

상당한 연장에 걸쳐 레일을 대이동하여 유간을 근본적으로 정리하는 경우로서 유간정리 시행구간 전반을 표준유간으로 정리하되 위의 소정리 때의 각 사항을 고려한다.

(7) 레일이음매 해체검사

1) 검사항목

   추가천공 점검, 균열 및 파단 점검, 구멍확대 점검

2) 검사방법

① 이음매부를 해체한다(안 풀릴 경우 약간의 윤활유를 묻혀 해체한다).

② 체결구를 해체하여 한곳에 모아둔다. ③ 훼손 여부 확인 후 쇠솔로 닦아낸다.

④ 이음매판을 깨끗이 닦아내고 그리스를 바른다.

⑤ 레일 복부를 깨끗이 닦아내고 그리스를 바른다.

⑥ 이음매판 체결 시 볼트는 안쪽부터 볼트 너트를 궤간 안팎으로 번갈아 체결한다.

⑦ 체결구를 체결한다.

[레일이음매판의 해체, 검사, 체결 방법 및 순서]

① 이음매를 해체 후 이음매부를 깨끗이 세척한다.

② 1번 탐상액을 이음매부에 분사한다.

③ 2번 탐상액을 이음매부에 분사한다.

[레일이음매판 약품검사 방법]

04 레일용접

(1) 개요

온도에 의해 장대레일에 발생하는 큰 인장력이나 열차의 하중 작용 시에도 파괴되지 않는 용접강도가 확보될 수 있었기 때문에 장대레일이 이론적으로 가능하게 한 하나의 근거가 되었다. 장대레일을 만들기 위한 레일의 연결용접은 공장에서는 전기 플래시 버트 용접이 있고, 현장에서는 가스압접 및 테르밋용접, 아크용접이 주로 사용된다.

(2) 용접방법

1) 플래시 버트 용접(Flash Butt Welding)

용접할 레일을 적당한 거리에 놓고 전기를 가하면서 서서히 접근시키면 돌출된 부분부터 접촉하면서 이 부분에 전류가 집중하여 스파크가 발생하고 가열되어 용융상태로 된다. 적당한 고온이 되었을 때 양쪽에서 강한 압력을 가해 접합시킨다. 접합부의 신뢰성이 높고, 용접시간이 짧아서 공장이나 현장에서 널리 이용되고 있으며, 국내 고속철도 장대레일 제작을 위한 공장용접으로 사용되었다. 플래시 버트 용접 시 표준예열 횟수는 50kg 레일의 경우 4회, 60kg 레일의 경우 6회로 한다.

2) 가스압접법(Gas Welding)

용접하려는 재료(레일)를 맞대어 놓고 특수형상의 산소-아세틸렌 토치를 이용 화염을 발생시켜 용접온도까지 가열시키고 적정한 온도에서 레일의 접촉면을 강하게 압축하면 완전한 접합이 된다. 기동성이 뛰어나다.
- 작업순서 : 레일맞춤 → 중심 합치기 → 압접 → 레일교정 → 트리밍 및 검사

3) 테르밋 용접(Thermit Welding)

산화철과 알루미늄 분말 등의 혼합물의 열로서 화학반응으로 개량된 골드 슈미트 용접이 이용된다. 특히 열처리가 불필요하여 장대레일 현장용접으로 이용된다.
- 작업순서 : 레일조정 → 형틀설치 → 예열점화 → 주입몰드 제거 → 후열처리 → 연마 및 검사

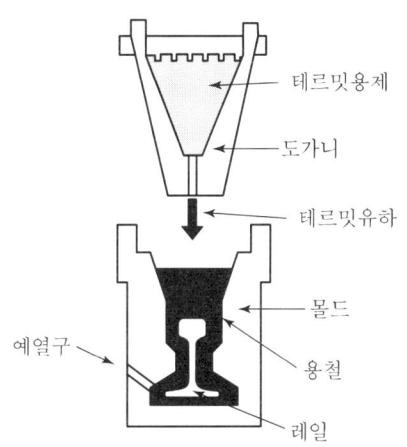 

[테르밋 용접 방법]

4) 엔클로즈드 아크 용접(Enclosed Arc Welding)

용접봉과 레일에 전극을 세트하고 아크를 발생시켜 용접봉에서 용적된 금속을 이용하여 용접하는 방법이며, 엔클로즈드 아크용접방법으로 시행할 수 있는 용접은 이음용접, 레일 끝닳음용접 및 크로싱 살부치기용접, 레일두부표면 살부치기용접 등이다.

(3) 용접부 검사

1) 용접방법별 검사종목은 다음과 같다. 다만, 엔클로즈드 아크 용접 중에서 레일 및 크로싱 살부치기용접은 외관검사와 경도시험만을 시행한다.

용접공법 검사종목	엔클로즈드 아크 용접	가스압접[주]		테르밋 용접	플래시버트 용접
외관검사	전수	전수		전수	전수
침투탐상검사	전수	−	전수	전수	−
자분탐상검사	전수	전수	−	−	전수
초음파탐상검사	전수	−	전수	전수	전수
경도시험	5% 이상 (1개소 5점)	5% 이상 (1개소 5점)		5% 이상 (1개소 5점)	5% 이상 (1개소 5점)

[주] 가스압접용의 검사종목 중 좌측란의 자분탐상검사가 곤란한 경우는 우측란의 침투탐상 및 초음파 탐상검사를 실시한다.

2) 외관검사

① 두부면 요철, 균열, ② 굽힘, 비틀림, ③ 언더컷, 블로우홀

3) 경도시험
   ① HB 240~340(표준구 : 10mm, 하중 : 3,000kg) - 브리넬 경도
   ② HS 36~50 - 쇼어경도

4) 굴곡시험　　　　　　　　　　　　　　　　　　　　　　　　　　　　>> 02. 산업

   용접부를 중심으로 지점간 거리 1.0m로 하여 레일두부와 저부를 상면으로 가압시험을 한다.

5) 낙중시험　　　　　　　　　　　　　　　　　　　　　　　　　　　　>> 13. 기사

   용접부를 중심으로 914mm를 지지하고, 중량 907kg의 추를 0.5m 높이에서 시작하여 0.5m씩 높이면서 반복낙하하였을 때 파단 시의 낙하높이로 용접부를 검사한다.

6) 줄맞춤 및 면맞춤 검사

   용접 후의 줄맞춤 및 면맞춤의 틀림은 용접부를 중심으로 1m 직각자에 대하여 신품레일, 중고레일 구분하여 검사한다.　　　　　　　　　　　　　　　　　>> 11. 기사
   ① 신품레일 줄틀림 : ±0.4mm 이내
   ② 신품레일 면틀림 : ±0.4, -0.1mm 이내
   ③ 중고레일 줄틀림 : ±0.5mm 이내
   ④ 중고레일 면틀림 : ±0.5mm 이내

7) 이음매 효율비교
   ① 모재 100%
   ② 플래시 버트 : 97%, 가스압접 : 94%, 테르밋 : 92%

> **Reference**
>
> **레일용접 관련 용어설명**
>
> 1. 트리밍(Trimming)
>   용접부 외부에 과잉 응고된 용재나 압축용접시 용착부 둘레에 밀려나와 응고된 용융금속을 열기가 남아있는 동안에 제거하는 작업을 말한다.
> 2. 언더컷(Undercut)
>   용접의 질을 결정하는 주요한 요소로서, 용착금속의 연부에 생긴 모재레일의 오목모양(凹狀)을 말한다.
> 3. 블로우 홀(Blow Hole)
>   용접금속이 서로 접합되지 않고 작은 구멍이 형성되는 현상을 말한다.
> 4. 노멀라이징(Normalizing)　　>> 14. 기사
>   재료의 입자가 크게 성장되어 조직이 거칠어지거나 내부응력이 축적되어 기계적 성질이 좋지 못한 것을 변태점 이상 40~60℃로 일정시간 가열하여 미세한 조직으로 만든 후 공기 중에서 서냉하여 적당한 강도와 경도로 만드는 작업으로 아세틸렌을 이용하여 용접할 경우에 시행한다.

05 | 레일체결장치

(1) 역할 및 기능

① 레일을 침목 위 소정 위치에 고정시킨다.
② 각종 하중(열차하중, 온도하중 등)에 대해 충분한 강도를 확보해야 한다.
③ 일정한 궤간을 확보하기 위해 수평 및 레일 경사에 대한 저항력을 가져야 한다.
④ 레일 복진, 신축, 부상 등 궤도 안정성을 확보하기 위한 체결력을 가져야 한다.
⑤ 레일로부터 전달된 하중을 분산시키고 충격을 완화할 수 있어야 한다.
⑥ 열차주행으로 인한 진동을 감쇠 및 차단할 수 있어야 한다.
⑦ 전기적 절연성능을 가져야 한다.
⑧ 슬랙, 레일마모, 궤도틀림에 의한 궤도의 조절성을 가져야 한다.
⑨ 시공 및 교체가 용이하도록 구조가 단순하고 조립이 간단해야 한다.

(2) 종류

1) 일반체결

일반스파이크, 나사스파이크

2) 1단 탄성체결

탄성클립만으로 체결하는 체결장치

3) 2중 탄성체결

탄성클립과 고무재의 패드를 설치하여 상하 탄성을 가지는 체결장치

(예 일반스파이크)
[일반체결]

(예 팬드롤 PR클립)
[1단 탄성체결]

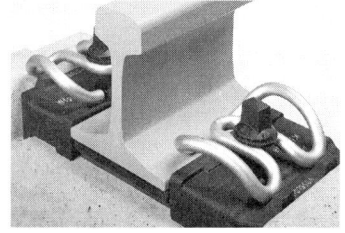
(예 보슬로 System 300)
[2단 탄성체결]

(3) 탄성체결구의 특징
① 레일압력에 따른 레일의 안정성을 얻을 수 있고, 열차로부터의 진동과 충격을 흡수 완화한다.
② 레일과 침목이 항상 압착상태에 있으므로 레일의 복진을 방지하고, 횡압력에도 유효하게 저항한다.
③ 궤간의 틀림, 레일두부 경사, 레일마모 등에 대해 효과적이다.
④ 침목의 동적 부담력을 완화하고, 궤도의 동적틀림을 경감시킨다.
⑤ 콘크리트 침목 및 콘크리트궤도의 탄성부족을 보충할 수 있다.
⑥ 레일과 침목의 전기적 절연을 확보할 수 있다.

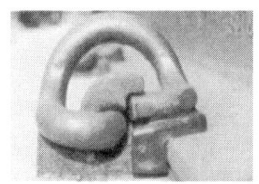
[팬드롤 e클립]

[팬드롤 fastclip]

[보슬로 W형]

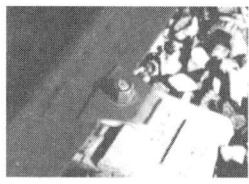
[Nabla]

(4) 궤도패드
타이패드라고도 하며, 레일과 침목 사이, 타이 플레이트와 침목 사이, 레일과 플레이트 사이에 삽입하는 완충판으로 레일로부터의 진동감쇠 및 충격완화, 하중분산, 복진저항 증가, 전기절연 등의 역할을 한다.

(5) 특수체결구(종방향 활동체결구)
① 교량상 장대레일 설치 시 거더의 신축이 레일의 축력에 영향을 미치지 않게 하기 위해 사용한다.
② 종방향으로는 자유신축, 횡방향과 상하에 대해서는 구속한다.
③ 레일절손 시 개구량이 확대되어 사용구간의 길이를 제한해야 한다.

06 침목

(1) 역할
① 레일을 소정위치에 고정 및 지지한다.
② 레일을 통해 전달되는 차량의 하중을 도상에 넓게 분포시킨다.

(2) 구비조건
① 레일을 견고하게 체결하는 데 적당하고 열차하중지지가 되어야 한다.
② 강인하고 내충격성 및 완충성이 있어야 한다.
③ 저부 면적이 넓고 도상다지기 작업이 편리해야 한다.
④ 도상이동(침목의 종·횡이동)에 대한 저항이 커야 한다.
⑤ 취급 간편, 내구성, 전기절연성이 좋아야 한다.
⑥ 경제적이고 구입이 용이해야 한다.

(3) 목침목 방부처리방법
베셀법, 로오리법, 류우핑법, 블톤법

(4) 종류 및 비교표

구분	장점	단점
목침목	• 레일체결이 용이하고 가공이 편리하다. • 탄성이 풍부하다. • 보수와 교환작업 용이하다. • 전기절연도가 높다.	• 내구연한이 짧다. • 하중에 의한 기계적 손상을 받는다. • 충해를 받기 쉬워 주약을 해야 한다.
콘크리트 침목	• 부식우려가 없고, 내구연한이 길다. • 궤도틀림이 적다. • 보수비가 적어 경제적이다.	• 중량물로 취급이 곤란하다. • 탄성이 부족하다. • 전기절연성이 목침목보다 떨어진다.
철침목	• 내구연한이 길다. • 도상저항력이 크다. • 레일체결력이 좋다.	• 구매가가 고가이다. • 습지에서 부식하기 쉽다. • 전기절연을 요하는 개소에 부적합하다.
PC침목	• 콘크리트 침목에 부족한 인장력을 보강한다. • 콘크리트 침목보다 단면이 적어 자중이 적다. • 가격이 저렴하다(수입목침목과 비슷).	• 중량물로 취급이 곤란하다. • 탄성이 부족하다. • 전기절연성이 목침목보다 떨어진다.

[보통침목] [목단침목] [RC침목] [PC침목]

[이음매침목] [교량침목] [분기침목] [PTT침목]

(5) 침목간격

1) 침목간격은 다음 표에 의한다.

침목종별	설계속도(V : km/h)					측선
	고속철도		일반철도			
	200≤V≤350	150<V<200	120<V≤150	70<V≤120	V≤70	
콘크리트침목	60cm	60cm	60cm	62.5cm	62.5cm	65cm
목침목		60cm	60cm	62.5cm	62.5cm	65cm
교량침목		40cm	40cm	40cm	40cm	55cm

2) 침목배치 간격 증가 가능 개소

① 반경 600m 미만 곡선
② 20‰ 이상의 기울기
③ 중요한 측선
④ 기타 노반연약 등 열차의 안전운행에 필요하다고 인정되는 구간

3) 자갈궤도의 장대레일 및 장척레일 구간의 침목배치 간격은 60cm를 원칙으로 한다. 다만, 측선은 65cm로 할 수 있다.

4) 콘크리트궤도의 침목배치 간격은 65cm를 표준으로 한다. 다만, 콘크리트궤도 구조 형식에 따라 침목의 배치 간격을 증감할 수 있다.

(6) 침목 부설 방법

1) 목침목
≫ 14. 기사, 04. 산업

① 침목은 수심 쪽을 밑으로 하고 둥그레한 것은 폭이 넓은 쪽을 밑으로 하여 부설한다.
② 레일 또는 타이플레이트와 접착하는 면은 밀착이 잘 되도록 하고 필요에 따라 접착면을 깎아서 부설한다.
③ 갈라졌거나 갈라질 우려가 있는 침목은 이에 대한 필요 조치를 한다.
④ 특수한 경우를 제외하고는 선로좌측을 기준으로 줄을 맞추고 궤도에 직각이 되도록 부설한다.
⑤ 침목을 배치할 때에는 배치간격을 정확히 하고 보고 또는 감시가 편리하도록 좌측레일의 안쪽 복부에 백색페인트로 소정의 침목 위치표시를 한다.
⑥ 교대 또는 하수, 개거상에 직접 침목을 부설할 때에는 침목 밑이 밀착되게 하고 움직이지 않도록 앞뒤 침목 2개에 걸쳐 연결재를 붙여 이동하지 않도록 한다.
⑦ 연속되는 분기기에서 분기기 전후 침목은 분기침목과 동일재질의 침목으로 부설하여야 한다.

2) PC침목
≫ 05. 기사

① PC침목을 취급할 때에는 콘크리트가 파손되거나 응력이완이 일어나지 않도록 주의하고, 1m 이상의 높은 곳에서 떨어뜨려서는 안 된다.
② 본선에서 PC침목을 부설할 때는 목침목과 섞어서 부설해서는 안 된다.
③ 반경 300m 미만의 급곡선부에는 별도 설계제작된 급곡선용 침목을 사용한다.
④ PC침목을 운송할 때에는 반드시 상당한 크기의 목재 받침목을 사용하여 손상, 편압과 이상응력이 발생되지 않도록 하여야 한다.
⑤ 연속되는 분기기에서 분기기 전후 침목은 분기침목과 동일재질의 침목으로 부설하여야 한다.

3) 침목 쌓기
≫ 05. 산업

① 침목을 쌓아 놓는 곳은 배수와 미관 등을 고려하고, 붕괴, 도난, 화재 등에 대비하고 목침목은 수심을 밑으로 가게 쌓으며, 최상단을 토사 등으로 덮어 방부제의 발산을 방지하여야 한다.

② 목침목의 쌓기는 1무더기당 100개씩 쌓아야 하며, 매무더기 앞에는 침목종별, 수량을 표시한 표찰을 붙여야 한다.
③ PC침목은 지반침하가 없는 장소를 택하여 15단 이상 쌓아서는 안 되며, 단과 단 사이에는 75mm×75mm 각재를 레일이 놓이는 곳에 받쳐야 한다.

07 도상

(1) 자갈도상

노반 위에 깬자갈을 설치하여 열차의 하중을 레일과 침목을 통하여 도상에서 노반에 광범위하게 전달하는 도상구조물로 도상재료로 가장 많이 사용되고 있다. 국내에서는 일반적으로 깬자갈을 사용한다.

1) 역할

① 레일 및 침목으로부터 전달되는 하중을 널리 노반에 전달한다.
② 침목을 탄성적으로 지지하고, 충격력을 완화해서 선로의 파괴를 경감시키며, 승차감을 좋게 한다.
③ 침목을 소정위치에 고정시키고, 수평마찰력(도상저항력)을 크게 한다.
④ 궤도틀림 정정 및 침목교환 작업이 용이하고, 재료공급이 용이하며, 경제적이다.

2) 구비조건

① 경질로서 충격과 마찰에 강할 것
② 단위중량이 크고, 입자 간 마찰력이 클 것
③ 입도가 적정하고, 도상작업이 용이할 것
④ 토사 혼입률이 적고, 배수가 양호할 것
⑤ 동상, 풍화에 강하고, 잡초가 자라지 않을 것
⑥ 양산이 가능하고, 값이 저렴할 것

3) 자갈도상의 표준단면

① 자갈도상의 최소두께

설계속도 V(km/h)	최소 도상두께(mm)
$230 < V \leq 350$	350
$150 \leq V \leq 230$	300
$120 < V < 150$	300
$70 < V \leq 120$	270
$V \leq 70$	250

단, 장대레일인 경우 최소 도상두께는 300mm로 하며, 최소 도상두께는 도상매트를 포함한다.

② 자갈도상의 어깨폭

설계속도 V(km/h)	도상 어깨폭 기울기	최소 도상 어깨폭(mm)		도상어깨 상면 더돋기 (mm)
		장대 및 장척레일	정척레일	
$200 < V \leq 230$	1 : 1.6	500		–[1]
$V \leq 200$	1 : 1.8	450	350	장대 및 장척레일 구간: 100mm 이상

[1] 본선의 일반구간은 더돋기를 하지 않는다. 단, 다음 개소에 대해서는 100mm 이상 더돋기를 한다.
  a. 장대레일 신축이음매 전후 100m 이상의 구간
  b. 교량전후 50m 이상의 구간
  c. 분기기 전후 50m 이상의 구간
  d. 터널입구로부터 바깥쪽으로 50m 이상의 구간
  e. 곡선 및 곡선 전후 50m 이상의 구간
  f. 침목길이 2.4m 이하 본선 일반구간(터널구간 제외)

③ 설계속도 230km/h 이상 본선의 경우, 도상자갈 비산을 방지하기 위해 궤도중심으로부터 침목양단 끝부분까지는 침목상면보다 50mm 낮게 부설한다.

4) 도상의 강도(도상계수)

① 공식 : $K = \dfrac{p}{r}$

  K : 도상계수(kg/cm³)
  p : 도상반력(kg/cm²)
  r : 지점의 탄성침하량(cm)

② 도상계수 K는 도상재료가 양호할수록, 다지기가 충분할수록, 노반이 견고할수록 큰 값을 가진다.
③ 판정기준
   $K=5\text{kg/cm}^3$: 불량노반, $K=9\text{kg/cm}^3$: 양호노반, $K=13\text{kg/cm}^3$: 우량노반

5) 분니현상
   ① 정의
      열차의 반복하중에 의해 세립화된 노반의 흙이 자갈도상 사이로 상승하여 도상을 고결화시키는 현상
   ② 발생원인 및 대책
      ㉠ 노반의 배수불량 → 유공관 및 맹암거 설치, 배수구배 설치
      ㉡ 도상두께 부족 → 보조도상 설치
      ㉢ 도상재료 불량 → 그라우팅 또는 콘크리트도상 개량
      ㉣ 노반토질 불량 → 연약지반 치환

> **Reference**
>
> **보조도상(Sub Ballast)**
>
> 도상의 두께를 더욱 크게 하기 위해 시공기면 위, 보통도상 아래에 20~30cm 정도의 자갈, 석탄재, 호박돌 등을 설치하여 배수효과를 증진시키고, 노반에 전달되는 압력을 균등하게 분포시키기 위해 설치한다.

6) 도상자갈 살포 시 주의사항 　　　　　　　　　　　　　　　　　　　　 ≫ 08. 산업
   ① 궤간 안쪽에 살포할 때 좌우 양쪽문을 동시에 과대하게 열지 않는다.
   ② 같은 차량에서는 궤간 안쪽과 바깥쪽 살포를 동시에 시행하지 않는다.
   ③ 궤간 안쪽 살포 시 화차 2량 이상 동시에 살포하지 않는다.
   ④ 궤간 바깥쪽 살포 시 화차 3량 이상 동시에 살포하지 않는다.
   ⑤ 궤간 안쪽과 바깥쪽 살포 시 화차 3량 이상 동시에 살포하지 않는다.
   ⑥ 한쪽 문만 열지 않는다.
   ⑦ 곡선에서의 살포 시는 차량상태에 주의하여야 한다.
   ⑧ 주행살포중 열차 정지 시에는 즉시 문을 닫아야 한다.
   ⑨ 자갈살포 후 화차 내외의 잔여 자갈상태를 확인 정리하여 주행 시 자갈이 떨어지거나 차량이 전도되지 않도록 하여야 한다.

7) 도상자갈 살포 제한 개소 ≫ 07. 기사, 09, 07. 산업
    ① 분기부
    ② 보안장치 장애 우려 개소
    ③ 건널목
    ④ 궤간 바깥쪽 살포 시 운전지장 또는 자갈유실 우려 개소
    ⑤ 곡선반경 249m 이하 곡선
    ⑥ 기타 열차의 운전에 지장을 줄 우려가 있는 개소

8) 차량을 이용한 도상자갈 살포 시 운전사항
    ① 도상자갈 살포열차는 임시공사열차로 시행한다.
    ② 도상자갈 살포 시 도상자갈 전용화차를 사용함을 원칙으로 하고, 부득이한 경우 전용 화차 이외의 화차를 사용할 수 있다.
    ③ 살포화차를 다른 화차와 같이 연결운행할 때에는 될 수 있으면 열차의 앞쪽에 연결한다.
    ④ 살포 시 운전속도는 10km/h를 초과해서는 안 된다. ≫ 12. 03, 02. 산업

(2) 콘크리트도상

콘크리트 궤도 하부구조의 종류에 따라 분류하면 다음과 같이 구간별로 나눌 수 있다.
① 흙노반 위에 부설되는 콘크리트궤도
② 터널 내에 부설되는 콘크리트궤도
③ 교량 위에 부설되는 콘크리트궤도
이를 지지방식이나 침목의 유무, 층구조 등에 따라 분류하면 다시 다음과 같이 나눌 수 있다.

1) 이산지지
    ① 침목을 사용하는 구조
        ㉠ 현장타설 콘크리트 슬래브에 침목을 매립하는 일체화 구조(침목매립식)
        ㉡ 현장타설 콘크리트 또는 아스팔트 슬래브에 침목을 올려놓는 구조
    ② 침목을 사용하지 않는 구조
        현장타설 또는 프리캐스트 슬래브에 레일을 직접 체결하는 구조

2) 연속지지
    ① 매립 레일 구조
        현장타설 또는 프리캐스트 콘크리트 슬래브에 레일을 매립하는 구조
    ② 클램프 레일 구조
        현장타설 또는 프리캐스트 콘크리트 슬래브 위에서 레일을 연속 지지하는 구조

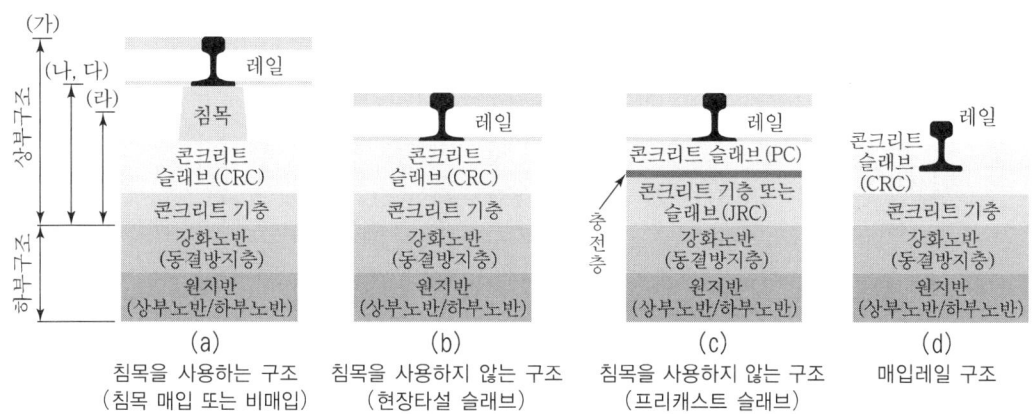

[흙노반 위에 부설되는 콘크리트궤도의 구조]

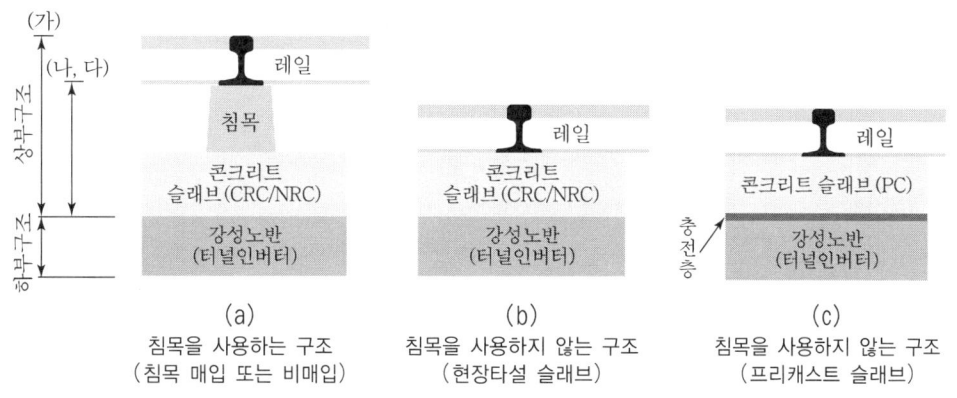

[터널 내에 부설되는 콘크리트궤도의 구조]

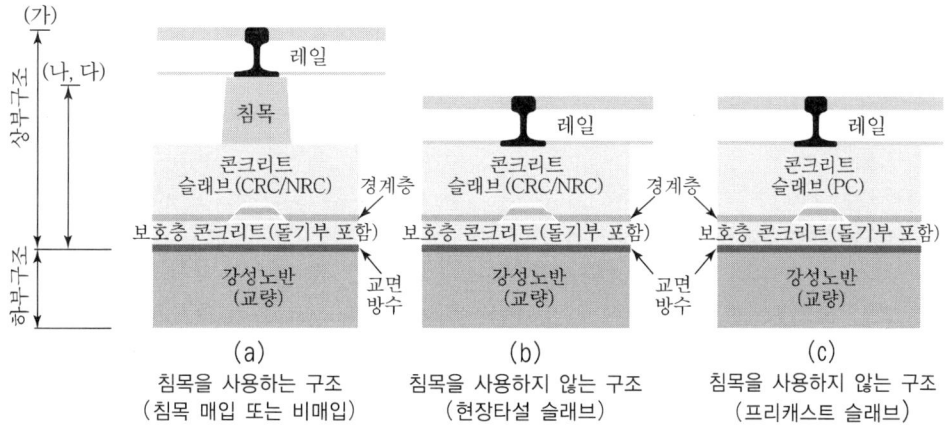

[교량 위에 부설되는 콘크리트궤도의 구조]

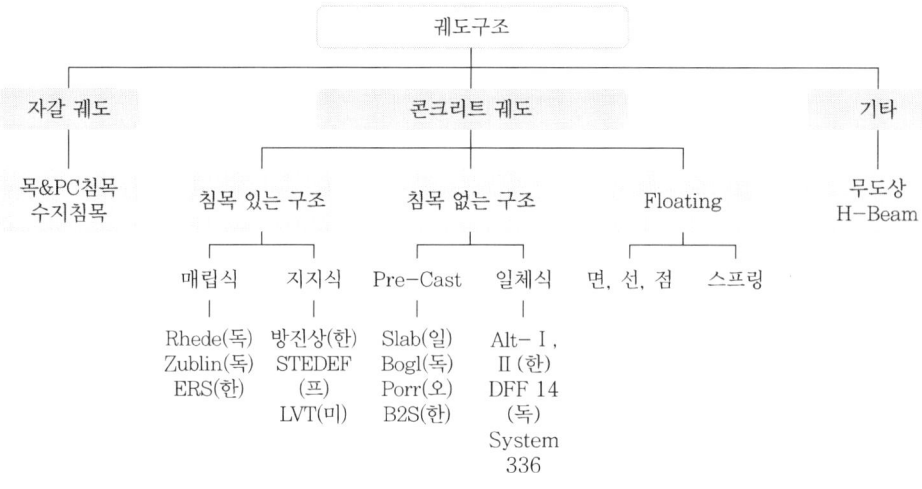

[궤도구조 구분]

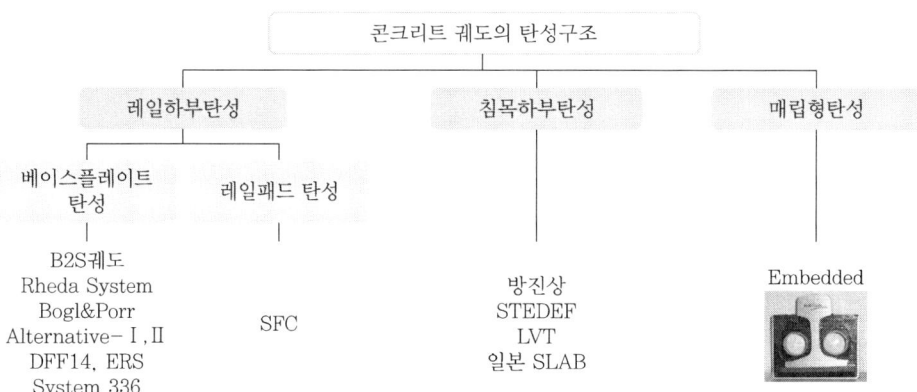

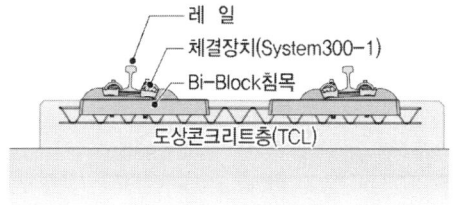
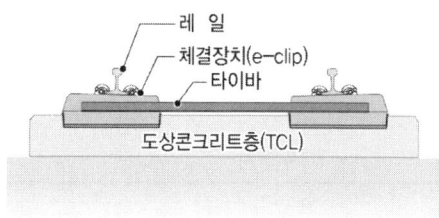

(a) Rheda 2000   (b) STEDEF

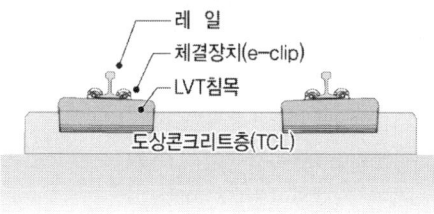
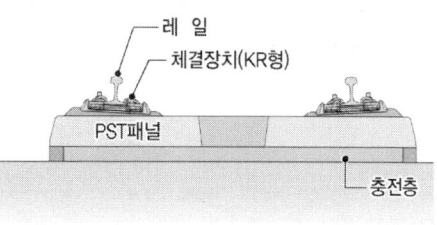

(c) LVT   (d) Precast Slab Track

[콘크리트궤도구조 종류]

(3) 자갈도상과 콘크리트도상의 장단점

≫ 09. 05. 산업

구분	자갈도상	콘크리트도상
탄성	양호	불량
전기절연성	양호	불량
충격 및 소음	적음	큼
도상진동	큼	적음
궤도틀림	큼	적음
유지보수	필요	불필요
사고시 응급처지	용이	곤란
건설비	저렴	고가
세척 및 청소용이성	불량	양호
미세먼지	불량	양호

(4) 플로팅 슬래브궤도(Floating Slab Track)

진동이나 고체음에 민감한 건물이 철도선로 주변에 있을 경우, 궤도의 고유진동수를 7~15Hz 정도로 낮추어 진동 및 고체음 차단을 위한 목적으로 개발된 궤도시스템으로 스프링 삽입방법, 패드 삽입방법이 있다.

(Full Surface Support System)
[전면지지방식]

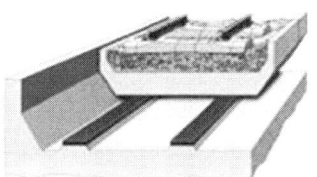
(Linear Support System)
[선지지방식]

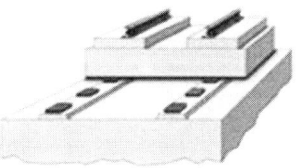
(Discrete Bearing System)
[점지지방식]

08 궤도의 부속설비

(1) 복진(㊟레일 밀림) 방지장치

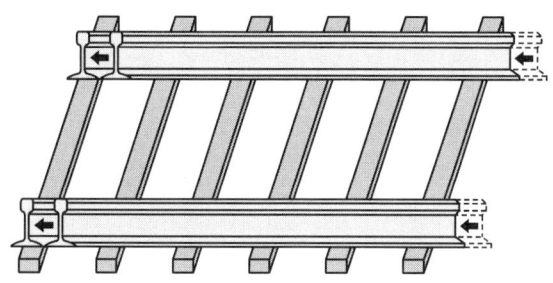

[복진(㊟레일 밀림)]

(출처 : 알기쉬운 철도기술용어 순화해설집(개정판))

열차의 주행과 온도변화의 영향으로 레일이 전후 방향으로 이동하는 현상을 복진이라 하며, 동절기에 주로 발생하고, 체결장치의 체결력이 불충분할 때는 레일만이 밀리고 체결력이 충분하면 침목까지 이동하여 궤도틀림 및 궤도파괴 등이 발생하고, 심할 경우 열차사고의 원인이 된다.

1) 복진의 원인 ≫ 09, 06, 04. 기사, 12. 산업

① 열차의 견인과 진동에 의한 차륜과 레일의 마찰
② 차륜이 레일 단부에 부딪혀 레일을 전방으로 떠밀린다.
③ 열차 주행 시 레일에 파상진동이 생겨 레일이 전방으로 이동되기 쉽다.
④ 동력차의 구동륜이 회전하는 반작용으로 레일이 후방으로 밀리기 쉽다.
⑤ 온도 상승에 따라 레일이 신장되면 양단부가 타 레일에 밀착 후 레일의 중간부분이 약간 치솟아 차륜이 레일을 전방으로 떠민다.

2) 복진이 발생하기 쉬운 개소 ≫ 10. 산업

① 열차 진행방향이 일정한 복선구간
② 운전속도가 큰 선로구간 및 급한 하향 기울기 구간
③ 분기부와 곡선부
④ 도상이 불량한 곳, 체결력이 적은 스파이크 구간
⑤ 교량 전후 궤도탄성 변화가 심한 곳
⑥ 열차 제동횟수가 많은 곳

3) 복진방지대책

레일과 침목 간, 침목과 도상 간의 마찰저항을 증가시켜야 한다.

① 레일과 침목 간의 체결력 강화방법

탄성체결장치를 사용하여 레일과 침목 간의 체결력을 확고히 한다.

② 레일앵커를 부설하는 방법

㉠ PC침목 및 이중탄성체결(종방향저항력이 9kN 이상) 구간에는 설치하지 않음
㉡ 복선구간은 전구간 설치
㉢ 단선구간은 연간 밀림량 25mm 이상 되는 구간에 설치
㉣ 궤도 10m당 8개가 표준
㉤ 밀림량에 따라 수량증가, 최대 16개/10m
㉥ 산설식(분산설치)과 집설식(집중설치)이 있으며 산설식이 바람직
㉦ 레일앵커는 머리부분을 궤간 안쪽으로 향하도록 하고 침목과 밀착되도록 설치

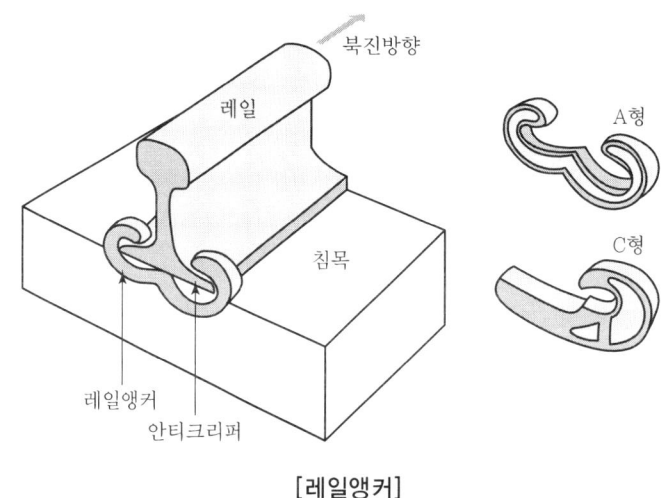

[레일앵커]

③ 침목의 이동방지방법

㉠ 말뚝식

이음매 침목에 인접하여 복진방향과 반대측에 말뚝을 박는 방법

㉡ 개재식

이음매 전후 수개의 침목을 개재로 연결시켜 수개의 침목도상 저항력을 협력시키는 방법

㉢ 버팀식

이음매 침목에서 궤간 외에 팔자형으로 2개의 지개를 설치하는 방법

(2) 가드레일(Guard Rail : 호륜레일)

열차의 이선진입, 탈선 등 위험이 예상되는 개소에 주행레일 안쪽에 일정한 간격을 두고 부설한 레일을 말하며, 차량의 탈선을 방지하고, 차량이 탈선하여도 큰 사고를 미연에 방지하기 위해 설치한다.

1) 탈선방지가드레일
>> 13. 기사, 05. 산업

① 곡선반경 300m 미만 곡선
② 기울기 변화와 곡선이 중복되는 개소
③ 연속 하기울기 개소, 곡선이 중복되는 개소
④ 곡선의 내측레일 안쪽으로 설치(위험이 큰쪽의 반대쪽 레일 궤간 안쪽에 부설)
⑥ 특수한 경우를 제외하고는 본선레일과 동일한 레일 사용
⑦ 플랜지웨이 폭은 80~100mm로 부설하고, 그 양단은 2m 이상의 길이를 깔대기형으로 구부려서 종단은 본선 레일에 대하여 200mm 이상의 간격이 되도록 한다.

2) 교상가드레일
>> 11, 07, 06, 04, 03. 기사

① 교량 위 또는 교량 부근에서 열차탈선 시 중대한 사고를 방지하고, 탈선차량을 본선 쪽으로 유도하기 위해 설치
② 본선레일 내측 또는 외측에 일정한 간격으로 교량전장에 부설하는 레일
③ 급곡선 및 급기울기가 존재하는 구간에서 교량전장, 직선부 교량연장 18m 이상 교량에 부설
④ 10‰ 이상 기울기 중 또는 종곡선중에 있는 교량
⑤ 열차가 진입하는 쪽에 반경 600m 미만의 곡선이 인접되어 있는 교량

3) 안전가드레일

탈선방지가드레일이 필요한 개소로서 이를 설치하기가 곤란하거나 낙석 또는 강설이 많은 개소에 설치. 위험이 큰쪽의 반대측 레일의 궤간 안쪽에 부설하며, 본선 레일과 같은 종류의 헌 레일을 사용하는 것을 원칙으로 한다. 또한, 본선레일에 대하여 200~250mm의 간격으로 부설하고, 그 양단부에서는 본선 레일에 대하여 300mm 이상의 간격으로 하여 2m 이상의 길이에서 깔대기형으로 구부려야 한다.

4) 분기기가드레일

크로싱의 결선부에서 이선진입, 탈선을 방지하기 위하여 반대쪽 주레일에 일정한 간격을 두고 부설

5) 마모방지레일 ≫ 02. 산업

급곡선부 외측레일의 두부 내측은 차륜에 의한 마모가 심하므로 마모방지레일을 곡선 내측의 안쪽에 부설한다. 탈선방지용 레일보다 좁아야 효과가 있다.

(a) 탈선방지가드레일

(b) 교상가드레일

(c) 안전가드레일

(d) 분기기가드레일

(e) 건널목가드레일

[가드레일 종류]

(3) 패킹

레일면에 높고 낮음이 생겼을 때 도상으로 정정할 수 없는 경우에 레일과 침목 사이 또는 구조물과 침목 사이에 패킹을 삽입하여 정정한다.

1) 패킹의 종류   ≫ 05. 산업

가로, 세로, 건너 패킹

2) 패킹의 삽입 개소

① 교량거더상에서의 면맞춤 또는 캔트 설치
② 도상보수
③ 교대의 파라페트 또는 개거의 콘크리트면상에 직접 침목을 부설할 때
④ 기타 필요하다고 인정되는 경우

03 기출 및 적중예상문제

■ 정답 및 해설

01 선로는 노반, 궤도, 선로구조물로 구성되며, 궤도는 레일, 침목, 도상, 기타 부속품으로 구성된다.

01 고속의 열차하중을 직접 지지하는 궤도의 구성요소만으로 바르게 짝지어진 것은? ≫ 09. 산업
① 도상, 침목, 노반
② 도상, 노반, 궤도재료 및 부속품
③ 도상, 침목, 레일 및 기타 부속품
④ 노반, 레일, 궤도재료 및 부속품

02 다음 중 궤도에 속하지 않는 것은? ≫ 03. 산업
① 레일　　　　② 침목
③ 도상　　　　④ 노반

03 궤도강도 증진은 궤도 구성요소 즉 레일, 침목, 도상의 개량을 말한다.

03 궤도강도를 증진시키기 위한 대책으로 거리가 먼 것은? ≫ 06, 04. 기사
① 레일의 중량화　　　② 운행차량의 중량화
③ 침목 간격의 축소　　④ 침목 접지면의 확대

04 강괴의 두부방향, 레일중량, 레일종별, 전로의 기호, 제작회사, 제작연도 및 제조월

04 레일에 표시하는 내용이 아닌 것은? ≫ 08. 산업
① 강괴의 두부방향
② 전로의 기호
③ 제조년
④ 탄산함유량

05 레일의 내구연한은 훼손, 마모, 부식, 전식 등에 의해 결정된다.

05 레일의 내구연한을 결정하는 3요인이 아닌 것은? ≫ 05. 기사
① 훼손　　　　② 마모
③ 부식　　　　④ 축력

정답　01 ③　02 ④　03 ②　04 ④　05 ④

Chapter 03 | 궤도

06 다음 중 레일의 구성 원소로 맞지 않는 것은?   >> 04. 산업
① 탄소   ② 규소
③ 인   ④ 알루미늄

06 레일의 구성 원소로는 탄소, 규소, 망간, 인, 유황이다.

07 레일 제작 시 탈산제로 사용하므로 강재 중에 다소 함유되며, 그 양이 증대함에 따라 경도를 증가시키나 연성이 감소되는 탄소강 원소는?   >> 14, 07. 기사
① 규소   ② 망간
③ 인   ④ 유황

07 탈산제로 사용되는 원소는 망간이며 1% 이상되면 특수강이 된다.

08 보통 레일의 약 3배의 내구력이 있으며 레일의 두부면 약 20mm를 소입시켜 강인하고 내마모성이 큰 레일은?   >> 12, 06. 기사, 03. 산업
① 복합레일   ② 경두레일
③ 망간레일   ④ 고탄소강레일

08 경두레일은 이음매부의 끝닳음과 곡선 외측레일의 편마모 방지를 위해 설치한다.

09 고망간강 크로싱의 화학성분 중 망간의 함유량은?   >> 03, 02. 기사
① 0.5~0.8%   ② 1.1~1.4%
③ 5.0~8.0%   ④ 11~14%

09 망간레일은 망간을 11~14% 함유되어 보통 레일보다 6배의 내구성을 가진다.

10 고탄소강 레일은 탄소함유량을 증가시켜 내마모성을 증가시킨 것으로 탄소함유량이 어느 정도까지 쓰이는가?   >> 05. 기사
① 0.05%   ② 0.85%
③ 3.5%   ④ 12.5%

10 탄소 함유량은 0.85% 정도까지 쓰이고 있다.

정답 06 ④ 07 ② 08 ② 09 ④ 10 ②

▶ Part 02 | 선로

11 파단이며 경우에 따라서는 두부와 복부에서도 발생한다.

11 레일의 훼손 중 이음매 볼트 부근의 응력집중이 원인이 되어 방사선상으로 발생하는 균열이 대부분인 것은?

>> 04. 기사

① 파단
② 파저
③ 유궤
④ 종열

12 침목은 유연함과 연성은 단점이며, 강인하고 내충격성 및 완충성이 있어야 한다.

12 침목구비조건이 아닌 것은? >> 11. 08. 기사
① 재료의 구입이 용이하고 경제적일 것
② 유연하고 연성이 좋으며 화기에 강할 것
③ 저면적이 넓고 동시에 도상다지기 작업에 편리할 것
④ 레일과 견고한 체결에 적당하고 열차하중을 지지할 수 있을 것

13 목침목은 재질이 나무이므로 전기절연성이 우수하다. PC침목은 전기절연성을 높이기 위해 절연블럭으로 레일 및 코일스프링과 침목 사이에 설치한다.

13 다음 중 PC침목의 장점이 아닌 것은? >> 07. 산업
① 부식의 염려가 적고 내구연한이 길다.
② 전기절연성이 목침목보다 유리하다.
③ 기상작용에 대한 저항성이 크다.
④ 보수비가 적게 소요되어 경제적이다.

14 목침목의 장점으로 탄성이 풍부하며 완충성이 크고 전기절연도가 높다.

14 다음 중 콘크리트 침목의 장점에 대한 설명으로 옳지 않은 것은?

>> 08. 04. 산업

① 부식의 염려가 없고 내구연한이 길다.
② 탄성이 풍부하며 완충성이 크다.
③ 보수비가 적게 소요되어 경제적이다.
④ 자중이 커서 안정이 좋기 때문에 궤도 틀림이 적다.

15 도상재료의 구비조건으로 옳지 않은 것은? ≫ 08. 산업, 03. 기사
① 둥글고 입자 간의 마찰력이 적을 것
② 단위중량이 크고 값이 쌀 것
③ 점토 및 불순물의 혼입이 적을 것
④ 입도가 적정하고 도상작업이 용이할 것

15 자갈도상은 입도가 적정하고 입자 간 마찰력이 크며, 토사 혼입률이 적어야 한다.

16 도상재료의 구비조건으로 보기 어려운 것은? ≫ 05. 산업
① 충격에 강할 것
② 능각(稜角)이 풍부할 것
③ 입자 간의 마찰력이 작을 것
④ 입도가 적정할 것

17 목침목의 방부처리 방법이 아닌 것은? ≫ 10, 04. 산업
① 베셀법   ② 로오리법
③ 뉴톤법   ④ 류우핑법

17 방부처리 방법으로는 베셀법, 로오리법, 블톤법, 류우핑법이 있다.

18 콘크리트도상에 관한 설명 중 단점으로 옳은 것은?
≫ 09, 05. 산업
① 배수가 양호하고 동상이 없다.
② 궤도의 탄성이 적으므로 충격과 소음이 크다.
③ 도상의 진동과 차량의 동요가 적다.
④ 궤도의 세척과 청소가 용이하다.

18 콘크리트도상은 탄성이 적고 전기절연성이 부족하며 충격과 소음이 크다. 대신 유지보수가 거의 불필요하고 궤도틀림이 적다.

19 레일 이음매판의 종류 중 레일목에 집중응력이 발생하지 않고 이음매판의 마모와 절손이 적은 것은? ≫ 08, 05. 기사
① 단책형   ② 두부접촉형
③ 두부자유형   ④ 앵글형

19 두부자유형 이음매판을 말한다. 단책형은 50kg 레일용으로 사용한다.

정답 15 ① 16 ③ 17 ③ 18 ② 19 ③

Part 02 | 선로

20 열차의 주행시 레일에는 파상진동이 생겨 레일이 열차진행 방향인 전방으로 이동되기 쉽다. 또한 온도상승에 따라 레일 간 밀림이 발생하여 복진 원인이 된다.

20 레일의 복진을 발생시키는 주된 원인에 대한 설명으로 틀린 것은? ≫ 09, 06, 04. 기사
① 열차의 견인과 진동에 있어서 차륜과 레일 간의 마찰에 의한다.
② 차륜이 레일 단부에 부딪쳐 레일을 전방으로 떠민다.
③ 온도상승에 따라 레일이 신축되면서 복진 원인이 발생된다.
④ 열차의 주행시 레일에는 파상진동이 생겨 레일이 후방으로 이동되기 쉽다.

21 마모방지용 레일의 경우 급곡선부의 외측레일의 두부 내측은 차륜에 의한 마모가 심하므로 곡선 내측의 안쪽에 부설하며, 탈선방지용 레일보다 좁아야 효과가 있다.

21 본선레일과 마모방지용 레일과의 간격에 대한 설명이 맞는 것은? ≫ 02. 산업
① 탈선방지용 레일보다 좁아야 효과가 있다.
② 탈선방지용 레일과 같이 65+Smm이다.
③ 안전레일과 같이 180mm 정도이다.
④ 120mm이다.

22 궤도패드는 레일의 충격완화, 전기절연, 복진으로 인한 레일의 밀림을 방지하는 역할을 한다.

22 궤도패드의 역할이 아닌 것은? ≫ 09, 02. 기사
① 전기절연
② 복진저항의 증가
③ 레일신축의 원활
④ 레일의 충격완화

23 현접법 : 이음매부를 침목 사이의 중앙부에 두는 것
지접법 : 이음매부를 침목 직상부에 두는것을 말한다.

23 레일이음의 침목배치 방법 중 레일단부가 내민보 역할을 하여 이음매 충격을 완화할 수 있는 것은? ≫ 04. 산업
① 지접법
② 현접법
③ 2정이음매법
④ 3정이음매법

24 도상재료의 구비조건 설명 중 잘못된 것은?
≫ 06. 기사
① 입도가 적정하고 도상작업이 용이할 것
② 동상 풍화에 강하고 잡초육성을 방지할 것
③ 불순물의 혼입률이 적고 배수가 양호할 것
④ 단위 중량이 작고 입자 간의 마찰력이 적을 것

24 자갈도상은 입도가 적정하고 입자 간 마찰력이 크며, 토사 혼입률이 적어야 한다.

25 이음매 부속품 중 와셔의 역할로서 옳지 않은 것은?
≫ 05. 산업
① 적정한 볼트의 장력을 준다.
② 이음매 볼트와 이음매 판 사이의 완충역할을 한다.
③ 너트장력의 불균형을 방지한다.
④ 볼트 재료의 화학적 성질을 보완해 준다.

25 와셔는 볼트와 너트 사이에 설치되는 것으로 너트의 장력의 불균형을 방지하고, 적정한 볼트의 장력을 줌으로써 이음매 볼트와 이음매판 사이의 완충역할을 한다.

26 철도소음 발생에 대한 궤도대책으로 가장 거리가 먼 것은?
≫ 09. 기사
① 레일을 장대화한다.
② 슬래브궤도의 하면 또는 도상궤도의 자갈 아래에 매트를 설치한다.
③ 호륜 레일을 설치한다.
④ 레일 연마에 의하여 파상마모를 삭정한다.

26 호륜(가드)레일의 설치 목적은 열차의 이선진입, 탈선 등 위험이 예상되는 개소에 설치하는 것을 말한다.

27 다음 용접방법 중 공장에서 가장 대규모로 작업하기에 적절한 방법은?
≫ 10, 04. 산업
① 엔클로즈드아크용접   ② 가스압접용점
③ 플래시버트용접   ④ 테르밋용접

27 용접방법 중 공장용접은 플래시 버트 용접뿐이다.

정답 24 ④ 25 ④ 26 ③ 27 ③

▶ Part 02 | 선로

28 레일용접에서 용접부 검사 중 외관검사의 종목이 아닌 것은?
≫ 06, 02. 기사
① 요철, 균열검사　② 언더커트검사
③ 굽힘, 비틀림검사　④ 탐상시험

28 외관검사는 요철, 균열검사, 언더커트검사, 굽힘, 비틀림검사이며, 탐상시험은 내관검사이다.

29 레일용접부 검사시 휨(Bending)시험을 위한 지점 간 거리는?
≫ 02. 산업
① 914mm　② 907mm
③ 1,000mm　④ 1,435mm

29 휨(굴곡)시험과 면, 줄맞춤 검사시 용접부 중심으로 지점 간 1m에 대하여 시험·검사한다.

30 레일용접법에서 산화철과 알루미늄 간에 일어나는 화학반응으로 하는 용접은?
≫ 03, 02. 기사
① 플래시벗트　② 가스압접
③ 테르밋　④ 엔클로즈드아크

30 테르밋 용접으로 장대레일의 현장(궤도상) 용접 방법으로 이용된다.

31 전기저항을 이용하여 용접부에 고열을 발생시켜 레일을 압착시키는 용접방법은?
≫ 10. 기사
① 플래시 버트 용접　② 엔클로즈드 아크 용접
③ 가스압접　④ 테르밋 용접

31 전기저항을 이용하여 고열을 발생시킨 후 압착시키는 용접방법은 플래시버트용접이다.

32 도상반력이 30kg/cm², 측정지점의 탄성침하 6cm일 때 도상계수와 이 노반에 대한 판정으로 옳은 것은?
≫ 09. 기사
① 5kg/cm³, 불량노반　② 5kg/cm³, 우량노반
③ 180kg/cm³, 불량노반　④ 180kg/cm³, 우량노반

32 $K = \dfrac{p}{r} = \dfrac{30}{6} = 5$
K = 5kg/cm³ : 불량
K = 9kg/cm³ : 양호
K = 13kg/cm³ : 우량

정답 28 ④　29 ③　30 ③　31 ①　32 ①

33 도상반력이 4.5kg/cm²이고, 그 점의 탄성침하량이 0.5cm일 때 도상의 양부 판정이 옳은 것은? >> 10. 기사
① 불량노반 ② 양호노반
③ 우량노반 ④ 초우량노반

33 $K = \dfrac{p}{r} = \dfrac{4.5}{0.5} = 9$
K = 5kg/cm³ : 불량
K = 9kg/cm³ : 양호
K = 13kg/cm³ : 우량

34 도상반력 P = 22kg/cm², 측정지점의 탄성침하 r = 2cm일 때 도상계수 값 K는 얼마이며, 이 노반에 대한 평가는? >> 09, 06. 기사
① K = 11kg/cm³, 양호노반 ② K = 1.1kg/cm³, 양호노반
③ K = 11kkg/cm³, 불량노반 ④ K = 1.1kg/cm³, 불량노반

34 $K = \dfrac{p}{r} = \dfrac{22}{2} = 11$
K = 5kg/cm³ : 불량
K = 9kg/cm³ : 양호
K = 13kg/cm³ : 우량

35 일반적으로 도상을 불량, 양호, 우량노반으로 구분할 때 양호노반의 기준이 되는 도상계수 값은? >> 05. 산업
① 2kg/cm³ ② 4kg/cm³
③ 9kg/cm³ ④ 15kg/cm³

35 K = 5kg/cm³ : 불량
K = 9kg/cm³ : 양호
K = 13kg/cm³ : 우량

36 레일에 대한 설명으로 옳은 것은? >> 10. 산업
① 1000m 이상의 레일을 장대레일이라 한다.
② 25m보다 길고, 200m 미만 레일을 장척레일이라 한다.
③ 한국은 30m를 정척레일이라 한다.
④ 레일의 무게는 100m 길이의 무게를 말한다.

36 장대레일 : 200m 이상
장척레일 : 25~200m
정척레일 : 25m

37 콘크리트 침목의 특징에 관한 설명으로 옳지 않은 것은? >> 10. 산업
① 레일체결이 복잡하다.
② 균열발생의 염려가 크다.
③ 전기절연성이 목침목보다 좋다.
④ 충격력에 약하고 탄성이 부족하다.

37 콘크리트 침목은 목침목에 비해 전기절연성이 떨어진다.

정답 33 ② 34 ① 35 ③ 36 ② 37 ③

Part 02 | 선로

38 열차 제동횟수가 많은 곳에서 복진은 많이 발생한다.

38 레일의 복진이 비교적 많이 발생하는 장소에 대한 설명으로 옳지 않은 것은? » 10. 산업
① 열차의 제동횟수가 적은 곳
② 열차의 방향이 일정한 복선구간
③ 분기부와 곡선부
④ 급한 하향기울기

39 콘크리트 침목은 목침목에 비해 충격에 약하고 탄성이 부족하다.

39 콘크리트 침목의 단점에 대한 설명으로 옳은 것은? » 11. 산업
① 자연부식으로 내구연한이 짧다.
② 기상작용에 대한 저항력이 작다.
③ 하중에 의한 기계적 손상을 받기 쉽다.
④ 충격에 약하고 탄성이 부족하다.

40 레일을 직접 지지하는 것은 침목 또는 레일체결장치이다.

40 도상의 역할에 대한 설명으로 틀린 것은? » 11. 산업
① 침목으로부터 받는 하중을 분산시켜 노반에 전달한다.
② 침목의 위치를 유지한다.
③ 침목을 탄성적으로 지지하고 충격력을 완화시킨다.
④ 레일을 직접 지지한다.

41 이중탄성체결구는 탄성클립과 탄성패드로 이루어진 구조를 말한다.

41 탄성체결구에 대한 설명으로 틀린 것은? » 11. 기사
① 레일압력에 따른 레일의 안정성과 열차로부터 진동과 충격을 흡수완화한다.
② 이중탄성체결구는 나사못과 탄성클립만으로 체결하는 것으로 레일과 침목의 일체성 향상에 유효하다.
③ 궤간의 틀림, 레일마모 등에 대하여 효과적이며 타이패드를 사용하면 침목수명을 연장시킬 수 있다.
④ 높은 진동수의 진동이 흡수되기 용이하므로 침목 이하의 동적부담력을 완화하고 궤도의 동적 틀림을 경감시킨다.

정답 38 ① 39 ④ 40 ④ 41 ②

42 교량호륜레일(Bridge Guard Rail)에 대한 설명으로 옳지 않은 것은? ≫ .11. 기사

① 교량 위 또는 교량 부근에서 차량이 탈선할 경우 교량 아래로 떨어지는 중대한 사고를 방지하기 위해 설치한다.
② 본선 레일의 내측으로 교량전장에 열차탈선 방지를 목적으로 부설한다.
③ 급곡선과 급기울기선 중에 있는 교량 전부에 설치한다.
④ 직선 중에 있는 교량연장 18m 이상의 교량에 설치한다.

42 교량호륜레일은 레일 외측 또는 내측으로 교량 전장에 부설하며, 열차 탈선 시 중대한 사고를 방지하기 위해 부설한다.

43 레일이음매판에 대한 설명으로 옳지 않은 것은? ≫13, 10. 기사

① 웨버 이음매판(Weber Splice Plate)은 궤간 외측의 레일 측면에 목괴를 삽입하여 진동을 완화시킨다.
② 본자노 이음매판(Bonzano Splice Plate)은 앵글(Angle) 이음매판 중앙에서 앵글 하부 플랜지를 다시 연직방향으로 구부려 보강한 것이다.
③ 연속식 이음매판(Continuous Splice Plate)은 이음매판의 하부를 아래쪽으로 180° 구부려 레일의 저면까지 싸서 강성을 크게 한 것이다.
④ 본자노 이음매판(Bonzano Splice Plate)은 이음매부 도상작업이 편리하고 효과적인 것이나 고가이므로 절연이음매의 일부에 사용된다.

43 본자노 이음매판은 이음매부 도상작업이 불편하며, 연속식 이음매판은 고가이다.

44 정거장 외의 본선에서 레일의 중량 및 도상의 두께는 다음 값 이상이어야 하는데 다음 중 옳지 않은 것은? ≫03, 04. 산업

① $200 < V \leq 350$: 60kg 레일, 도상두께 350mm
② $120 < V \leq 200$: 60kg 레일, 도상두께 300mm
③ $70 < V \leq 120$: 60kg 레일, 도상두께 270mm
④ $V \leq 70$: 50kg 레일, 도상두께 250mm

44 [2009년 철도건설규칙 개정으로 문제 수정]
설계속도 120km/h 이하 본선의 경우 레일은 50kg를 사용한다.

정답 42 ② 43 ④ 44 ③

▶ Part 02 | 선로

45 [2009년 철도건설규칙 개정으로 문제 수정]
장대레일구간의 경우 설계속도 200km/h 이하에서는 도상두께를 300mm 이상으로 한다.

45 철도건설규칙에서 정하는 설계속도 70km/h에서 일반철도 장대레일 부설구간의 자갈도상 두께에 대한 기준은?
>> 07. 기사

① 250mm 이상   ② 270mm 이상
③ 300mm 이상   ④ 350mm 이상

46 [2009년 철도건설규칙 개정으로 문제 수정]

46 장대레일 구간의 도상두께는 침목 하면으로부터 몇 cm 이상 되도록 하여야 하는가?(단, 설계속도는 70 < V ≤ 120임)
>> 06, 03. 기사

① 30cm   ② 27cm
③ 22cm   ④ 17cm

47 60kg 레일의 경우 곡선반경 1200m 미만의 구간에서 최대편마모량은 14mm이다.

47 곡선반경 700m인 구간에서 60kg 레일두부의 편마모 높이가 최대 얼마에 이르기 전에 교환하여야 하는가?
>> 07. 산업

① 12mm   ② 13mm
③ 14mm   ④ 15mm

48 50N 레일의 직마모 한도는 10mm이다.

48 일반철도 50kgN 레일의 경우 레일두부의 마모한도(직마모)는 몇 mm인가?
>> 03. 산업

① 8   ② 10
③ 12   ④ 14

49 온도변화가 적은 터널 내에서는 갱구로부터 각 100m 이상 구간의 경우 2mm의 유간을 둔다.

49 온도변화가 적은 터널 내에서 갱구로부터 각 100m 이상 구간에 정척레일을 부설할 때는 몇 mm의 유간을 두어야 하는가?
>> 12, 04. 기사

① 0mm   ② 2mm
③ 3mm   ④ 5mm

정답 45 ③ 46 ① 47 ③ 48 ② 49 ②

50 레일의 쌓기에서 보통 중고품레일의 단면도색은 무슨 색인가?
① 백색
② 적색
③ 청색
④ 흑색

50 신품보통 : 백색
신품열처리 : 황색
중고보통 : 청색
중고열처리 : 황색, 두부
불용품 : 적색

51 다음 중 곡선반경 600m인 구간에서 레일교환을 하지 않아도 되는 경우는?
① 60kg 레일 - 최대마모높이 10mm일 때
② 50kgN 레일 - 편마모 10mm일 때
③ 60kg 레일 - 편마모 10mm일 때
④ 50kgN 레일 - 최대마모높이 10mm일 때

51 곡선반경 700m 미만 60kg 레일의 편마모 한도는 14mm이다.

52 일반철도에서 교량 길이가 50m일 경우 교량침목의 배치정수는?
① 80정
② 100정
③ 125정
④ 150정

52 본선 교량침목배치 정수는 등급에 상관없이 25정/10m이며, 25×50÷10=125

53 본선에서 설계속도에 따른 침목배치 정수(10미터당)가 잘못 짝지어진 것은?
① V>120km/h - 목침목 - 17
② V>120km/h - 교량침목 - 25
③ V≤120km/h - 교량침목 - 25
④ V≤120km/h - 목침목 - 17

53 V>120km/h일 때 목침목 및 PC침목의 경우 17개, V≤120km/h일 때 목침목 및 PC침목의 경우 16개이다.

정답 50 ③ 51 ② 52 ③ 53 ④

54 목침목은 수심 쪽을 밑으로 하고 둥그레한 것은 폭이 넓은 쪽을 밑으로 하여 부설한다.

54 다음 중 목침목 부설방법으로 옳지 않은 것은? ≫ 04. 산업
① 연호정이 박힌 쪽을 위로 하여 부설한다.
② 수심이 위로 가게 하여 부설한다.
③ 선로 좌측을 기준으로 줄을 맞춘다.
④ 궤도에 직각이 되도록 부설한다.

55 교상가드레일 설치개소는 10‰ 이상 기울기 중 또는 종곡선 중에 있는 교량, 600m 미만의 곡선이 인접되어 있는 교량

55 일반철도의 경우 교량침목을 사용하는 교량으로서 교상가드레일을 부설하여야 하는 경우가 아닌 것은? ≫ 06. 기사
① 반경 800m의 곡선과 인접한 교량
② 곡선 중에 있는 교량
③ 10‰ 이상 기울기 중에 있는 교량
④ 종곡선 중에 있는 교량

56 침목배치정수 증가 가능개소
① 반경 600m 미만 곡선
② 20‰ 이상의 기울기
③ 중요측선
④ 노반연약 등 열차 안전운행에 필요가 인정되는 구간

56 선로의 급곡선, 급구배, 노반연약 등 열차 안전운행이 필요한 구간에는 침목배치정수를 증가할 수 있다. 곡선의 경우 반경 몇 m 미만부터 해당되는가? ≫ 03. 산업
① 600m ② 500m
③ 400m ④ 300m

57 교상가드레일 설치개소는 10‰ 이상 기울기 중 또는 종곡선 중에 있는 교량, 600m 미만의 곡선이 인접되어 있는 교량, 직선부 교량연장 18m 이상

57 교량침목을 사용하는 교량으로서 교상가드레일을 부설하여야 할 내용 중 옳지 않은 것은? ≫ 03. 기사
① 열차가 진입하는 쪽에 반경 800m 미만의 곡선이 인접되어 있는 교량
② 곡선 중에 있는 교량
③ 트러스교, 플레이트거더교와 전장 18m 이상의 교량
④ 10‰ 이상 구배 중인 교량

정답 54 ② 55 ① 56 ① 57 ①

58 선로유지관리지침에서 정하고 있는 교상가드레일 부설장소로 적합하지 않은 곳은?
>> 11. 07. 04. 기사

① 트러스교, 플레이트거더교와 전장 5m 이상의 교량
② 곡선 중에 있는 교량
③ 10‰ 이상 구배 중 또는 종곡선 중에 있는 교량
④ 열차가 진입하는 쪽에 반경 600m 미만의 곡선이 인접되어 있는 교량

58 교상가드레일 설치개소는 10‰ 이상 기울기 중 또는 종곡선 중에 있는 교량, 600m 미만의 곡선이 인접되어 있는 교량, 직선부 교량연장 18m 이상

59 탈선방지 가드레일의 부설에 대한 설명으로 옳지 않은 것은?
>> 05. 산업

① 반경 300m 미만의 곡선에 부설한다.
② 후렌지웨이의 폭은 80~100mm로 부설한다.
③ 위험이 큰 쪽의 레일에 부설한다.
④ 본선 레일과 같은 레일을 사용한다.

59 탈선방지 가드레일은 곡선의 내측레일 안쪽으로 설치하며, 위험이 큰쪽의 반대쪽 레일 궤간 안쪽에 부설한다.

60 선로정비에 쓰이는 패킹(Packing)의 종류가 아닌 것은?
>> 05. 산업

① 세로 패킹　　② 가로 패킹
③ 수직 패킹　　④ 건너 패킹

60 레일 면에 높고 낮음이 생겼을 때 도상으로 정정할 수 없는 경우에 레일과 침목 사이 또는 구조물과 침목 사이에 패킹을 삽입하며, 가로, 세로, 건너 패킹이 있다.

61 다음 중 화차에 의한 도상자갈 주행살포작업을 할 수 없는 개소는?
>> 07. 기사

① 유도상 교량 구간
② 분기기 및 그 부근
③ 터널구간
④ 곡선반경 R=300m 이상 곡선 구간

61 도상자갈 주행살포작업 불가능 개소 : 분기부, 보안장치 우려 개소, 건널목, R 250m 미만 곡선, 운전지장 및 자갈 유실 우려 개소

정답　58 ①　59 ③　60 ③　61 ②

62 일반철도의 도상살포 금지 개소로 옳지 않은 것은?
>> 09. 산업

① 분기부
② 건널목
③ 곡선반경 300m 이하 곡선
④ 보안장치 장애 우려 개소

63 다음 중 화차에 의한 도상자갈의 주행 살포 시 작업제한 개소에 대한 기준으로 틀린 것은?
>> 07. 기사, 산업

① 분기기 및 그 부근
② 건널목
③ 교량(유도상 구간 포함)
④ 곡선반경 250m 미만의 곡선개소

64 도상자갈 살포 시 운전 주행속도는 몇 km/h 이하로 하여야 하는가?
>> 03. 02. 산업

① 25km/h   ② 20km/h
③ 15km/h   ④ 10km/h

64 도상자갈 살포 시 운전속도는 10km/h를 초과해서는 안 된다.

65 도상자갈 살포 시 주의사항으로 옳지 않은 것은? >> 08. 산업

① 같은 차량에서는 궤간 안쪽과 바깥쪽 살포를 동시에 시행하지 않는다.
② 궤간 안쪽 살포 시 화차 2량 이상 동시에 살포하지 않는다.
③ 궤간 바깥쪽 살포 시 화차 3량 이상 동시에 살포하지 않는다.
④ 분기부는 살포 시 차량상태에 주의하여야 한다.

65 분기부는 도상자갈 살포 제한개소이다.

정답 62 ③ 63 ③ 64 ④ 65 ④

66 PC침목에 코일스프링형 레일체결구를 붙일 때는 어떻게 하는가? ≫ 03. 기사
① 레일에 적합한 절연블럭을 사용하고 체결부위에 불순물이 없도록 체결하여야 한다.
② 베이스 플레이트를 사용하여 체결변위가 15mm를 초과하여야 한다.
③ 타이플레이트를 사용하여 3,000kg·cm의 힘으로 꼭 조인다.
④ 가능한 한 힘껏 조여서 튼튼하게 한다.

66 PC침목에 사용되는 코일스프링형 레일체결구에는 베이스플레이트와 타이플레이트를 사용하지 않으며, 적정 체결력을 가지도록 조인다.

67 무도상교량 상에서의 캔트는 대부분 캔트량의 1/2은 거더의 보자리에 나머지 1/2은 패킹을 사용한다. 다음 중 이러한 방법으로 캔트를 붙이지 않는 거더는?(단, 일반철도의 경우임) ≫ 02. 산업
① 트러스 거더
② 드와프 거더
③ 플레이트 거더
④ I형 거더

67 트러스교량 및 교량설계시 특별히 캔트설치 방법을 명시한 경우에는 별도로 정할 수 있다.

68 플레이트 거더의 교량에 60mm의 캔트를 부설할 때 패킹으로 조정되는 캔트량은? ≫ 03. 산업
① 20mm
② 30mm
③ 40mm
④ 60mm

68 플레이트 거더의 경우 캔트는 캔트량의 1/2은 거더의 보자리에서 나머지 1/2은 패킹을 통해 삽입한다.

69 레일앵커 설치에 대하여 맞지 않는 것은? ≫ 05. 기사
① 복선에 있어서는 전 구간에 설치한다.
② PCT 구간에는 궤도 10m당 10개를 표준으로 한다.
③ 단선에 있어서는 연간 밀림량이 25mm 이상 되는 구간에 설치한다.
④ 레일앵커는 산설식을 원칙으로 한다.

69 레일앵커는 최대 16개/10m까지 할 수 있으며, PCT 구간에서는 레일앵커가 필요없다.

정답 66 ① 67 ① 68 ② 69 ②

70 신품보통 : 백색
　　본선 : 10m 이상 레일 사용
　　레일앵커 : 산설식이 원칙

71 본선에서 PC침목을 부설할 때에는 목침목과 섞어 부설해서는 안 된다.

72 소정리 작업시 레일밀림이 있는 구간에서 밀림의 기점 쪽은 적게, 종점 쪽은 크게 한다.

---

70 다음 레일에 관련된 설명 중 옳은 것은?　　≫ 09. 기사
① 본선 직선구간에서 50kg 레일의 경우 누적통과톤수 5억 톤으로 레일수명을 정한다.
② 레일을 쌓을 때 신품레일은 청색으로 단면도색한다.
③ 본선에는 보통 5m 레일을 사용한다.
④ 레일앵커의 설치방법으로는 집설식이 원칙이다.

71 PC침목 부설 시 잘못된 것은?　　≫ 05. 기사
① 목침목과 섞어 부설하는 것이 좋다.
② 1m 이상의 높은 곳에서 떨어뜨려서는 안 된다.
③ 반경 600m 미만의 급곡선에는 급곡선용 침목을 사용하여야 한다.
④ PC침목을 운송할 때에는 목재받침목을 사용한다.

72 유간정리 작업 시행에 대한 설명 중 옳지 않은 것은?　　≫ 09. 기사
① 과대유간 또는 3개소 이상 맹유간이 있을 경우에 서둘러 유간정정을 시행한다.
② 대정리 시 유간정리 시행구간 전반을 표준유간으로 정리하여야 한다.
③ 간이정리는 수시로 시행할 수 있으나 혹서·혹한에는 주의하여 시행하여야 한다.
④ 소정리 작업 시 밀림이 있는 곳은 밀림 기점 쪽은 유간을 크게, 종점쪽은 작게 하여야 한다.

73 레일앵커 작업 설명 중 틀린 것은?(단, 일반철도의 경우임)
>> 03. 산업

① 연간 밀림량이 15mm를 초과하는 개소에 시행
② 설치방법은 산설식을 원칙
③ 부설은 가급적 유간정리 직후 시행
④ 붙이는 작업은 보통 2인 또는 3인 협동으로 시행

73 레일앵커는 단선구간에서 연간 밀림량 25mm 이상 되는 구간에 설치한다.

74 레일용접부에 대한 다음 항목의 검사종목 중 전수검사를 하지 않아도 되는 것은?
>> 13. 09. 07. 04. 산업

① 외관검사   ② 자분탐상검사
③ 초음파탐상검사   ④ 경도시험

74 경도시험의 경우 5% 이상(1개소 5점)만 검사한다.

75 용접부 검사종목과 시편(검사수량)이 잘못 짝지어진 것은?
>> 09. 기사

① 외관검사 : 전수
② 초음파탐상검사 : 전수
③ 자분탐상검사 : 50% 이상
④ 경도시험 : 5% 이상

75 자분탐상검사는 전수검사이다.

76 다음 중 레일용접부에 대한 검사종목이 아닌 것은?
>> 04. 기사

① 재료검사   ② 외관검사
③ 자분탐상검사   ④ 경도시험

76 레일용접부는 외관, 침투탐상, 자분탐상, 초음파탐상, 경도시험을 시행한다.

77 플래시 버트 용접 시공 시 60kg 레일의 표준 예열 횟수는?
>> 07. 산업

① 3회   ② 4회
③ 5회   ④ 6회

77 플래시 버트 용접 시 표준예열 횟수
• 50kg 레일 : 4회
• 60kg 레일 : 6회

정답 73 ① 74 ④ 75 ③ 76 ① 77 ④

Part 02 | 선로

78 이음매부 부식, 후로우 등을 정리한 후 유간은 25mm이며, 25±1mm의 적정유간을 설정한다.

78 테르밋에 의한 장대레일 용접 시 적정 유간은? ≫ 02. 기사
① 15±2mm ② 20±2mm
③ 25±1mm ④ 30±1mm

79 경도 및 강도는 경도시험 및 굴곡시험 등으로 한다.

79 레일용접부에 대한 외관검사사항이 아닌 것은?
≫ 11, 07. 기사, 12, 08. 산업
① 두부면 요철 및 균열 ② 굽힘 및 비틀림
③ 언더컷 및 블로우홀 ④ 경도 및 강도

80 가스압접에서 양단면을 합칠 때의 틀림은 저부 0.2mm 이내, 복부 0.4mm 이내로 한다.

80 레일용접에 대한 설명 중 옳지 않은 것은? ≫ 08. 산업
① 용접 후 용접개소 다듬 정도의 조도는 레일두부의 상면 및 측면이 50S(KSB0161), 저부 및 기타는 100S 이내이어야 한다.
② 가스압접에 있어 단면의 직각은 틀림이 없어야 하며 레일두부면의 차는 0.1mm 이하이어야 한다.
③ 가스압접에서 양단면을 합칠 때의 틀림은 두부 및 저부는 0.4mm 이내, 복부는 0.2mm 이내이어야 한다.
④ 테르밋용접시 이음매부의 부식, 후로우 등을 정리하여야 한다.

81 버너의 움직임 폭은 150mm로 한다.

81 두부열처리레일을 용접할 경우 후열처리 시 용접개소의 열처리를 위한 버너의 움직임 폭은 얼마를 표준으로 하는가?
≫ 07. 기사
① 100mm ② 150mm
③ 250mm ④ 400mm

82 엔클로즈드 아크용접방법에 대한 설명으로 옳지 않은 것은?

>> 09. 기사

① 운봉법은 원형 또는 반원형을 이용할 것
② 용접봉은 포장을 개봉한 후에는 건조로에서 150℃±5℃로 2시간 이상 건조한 것을 사용할 것
③ 용접은 비석법으로 시행할 것
④ 용접진행방향은 후퇴법으로 할 것

82 엔클로즈드 아크용접에서 용접봉은 105℃±5℃로 1시간 이상 건조한 것을 사용하여야 한다.

83 다음 중 철도궤도공사용 재료관리에 관한 설명 중 옳지 않은 것은?

>> 09, 07. 산업

① 모든 재료는 지상에 직접 적치하지 않도록 하여야 한다.
② 레일의 적치 시에는 한쪽 단면을 일직선이 되게 적치하여야 한다.
③ PC침목은 중앙부 처짐이 발생하지 않도록 세워서 적치하여야 한다.
④ 공사용 재료의 보관장소는 감독자의 사전승인을 받아야 한다.

83 PC침목은 침목 중앙부가 처짐이 생기지 않도록 받침대를 설치하고, 레일체결장치가 손상되지 않도록 각단 사이에 각목을 삽입하여야 한다.

84 다음 중 궤도공사 유간정정 작업순서로 올바른 것은?

>> 09, 04. 산업

① 신유간계산 → 유간측정 → 정정작업 → 다짐작업
② 유간측정 → 신유간계산 → 정정작업 → 다짐작업
③ 유간측정 → 신유간계산 → 다짐작업 → 정정작업
④ 신유간계산 → 유간측정 → 다짐작업 → 정정작업

84 유간측정 → 신유간계산 → 이음매절단개소 표시 → 정정작업 시행 → 다지기

85 궤도공사 시 레일의 사용에 대한 설명으로 옳지 않은 것은?

>> 09, 04. 기사, 09. 산업

① 레일취급은 버릇이나 흠집이 생기지 않도록 주의한다.
② 레일의 본선 사용은 분기부 등 특별한 경우를 제외하고는 길이 10m 이상의 레일은 사용하지 못한다.
③ 소정 이외의 구멍이 있는 레일은 본선에 사용하지 않는다.
④ 급곡선부에 사용하는 레일은 미리 휘어둔다.

85 레일의 본선 사용은 분기부 등 특별한 경우를 제외하고는 길이 10m 미만의 레일은 사용하지 못한다.

정답 82 ② 83 ③ 84 ② 85 ②

86 가스압접은 레일맞춤→중심합치기→압접→레일교정→트리밍 및 검사 순으로 작업이 이루어진다.

87 서로 다른 종류의 레일을 접속할 때에는 원칙적으로 중계레일을 사용한다.

88 HH340용 열처리 레일은 반경 501~800m 미만의 외측레일에 사용하며, 분기기용 레일은 보통레일과 보통레일을 절단한 첨단레일을 사용한다.

86 다음 중 레일 가스압접 작업순서로 옳은 것은? ≫ 09. 기사
① 레일맞춤 → 중심합치기 → 압접 → 레일교정 → 트리밍 및 검사
② 중심합치기 → 레일맞춤 → 레일교정 → 압접 → 트리밍 및 검사
③ 중심합치기 → 레일교정 → 레일맞춤 → 트리밍 및 검사 → 압접
④ 레일맞춤 → 레일교정 → 중심합치기 → 트리밍 및 검사 → 압접

87 레일의 사용에 대한 설명으로 옳지 않은 것은?
≫ 09. 기사, 산업
① 구멍에서 절단된 레일은 사용하지 않는다.
② 급곡선부에 사용하는 레일은 미리 휘어둔다.
③ 서로 다른 종류의 레일을 접속할 때에는 원칙적으로 특수용접을 시행한다.
④ 소정 이외의 구멍이 있는 레일은 본선에서 사용하지 않는다.

88 레일에 대한 설명 중 옳지 않은 것은? ≫ 11. 기사
① 분기기용 레일은 HH340용 열처리 레일을 사용한다.
② 본선 직선구간에서의 60kg 레일수명은 누적통과톤수 6억 톤이다.
③ 일반철도에서 사용하는 정척레일의 길이는 25m를 기준으로 한다.
④ 본선에 장기간 사용하는 중계레일은 10m 이상의 것으로 사용하여야 한다.

정답 86 ① 87 ③ 88 ①

89 레일용접 후 레일용접부를 중심으로 1m 직자에 대하여 레일 두부 및 궤간 내측부 방향(줄틀림) 및 고저(면틀림)에 대한 틀림값의 기준으로 틀린 것은? ≫ 11. 기사

① 신품레일 줄틀림 : ±0.4mm 이내
② 헌레일 줄틀림 : ±0.5mm 이내
③ 신품레일 면틀림 : +0.4, -0.1mm 이내
④ 헌레일 면틀림 : ±0.4mm 이내

89 레일용접부 줄맞춤 및 면맞춤은 다음 치수(mm) 이내로 한다.

	신	구
줄	±0.4	±0.5
면	+0.4, -0.1	±0.5

90 유간정리작업 시행에 대한 설명 중 옳지 않은 것은? ≫ 11. 기사

① 과대유간 또는 3개소 이상 맹유간이 있을 경우에는 서둘러 유간정정을 시행한다.
② 소정리는 작업구간을 소구간으로 구분하여 구간 내의 유간의 과부족을 가감한다.
③ 간이정리는 수시로 시행할 수 있으나 혹서·혹한에서는 주의하여 시행하여야 한다.
④ 대정리는 상례보수작업으로 상당한 연장에 걸쳐 레일을 소이동하여 유간을 정리한다.

90 대정리는 상례보수 작업으로 상당한 연장에 걸쳐 레일을 대이동하여 유간을 근본적으로 정리하는 경우로서 유간정리 시행구간 전반을 표준유간으로 정리하되 소정리 시의 작업사항을 고려한다.

91 레일유간 정리작업에 대한 설명으로 틀린 것은? ≫ 11. 산업

① 2개소 이상의 이음매가 연속하여 유간이 없을 때 서둘러서 유간정정을 하여야 한다.
② 간이정리는 상례보수작업으로 맹유간 또는 과대유간을 정리하는 정도의 경우로서 수시로 시행할 수 있다.
③ 소정리는 레일을 크게 이동시키지 않으면서 상당한 연장에 걸쳐 유간을 정리하는 경우이다.
④ 소정리의 경우는 유간을 균등하게 배분함을 원칙으로 하되, 레일의 신축량, 유간의 과부족 등을 감안하여 시행하여야 한다.

91 레일유간 정리작업은 과대유간 또는 3개소 이상 맹유간이 있을 경우에는 서둘러 유간정정을 시행하여야 한다.

정답 89 ④ 90 ④ 91 ①

92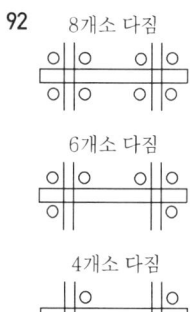

92 도상 인력 다지기 방법 중 6개소 다지기 방법으로 옳은 것은?

① 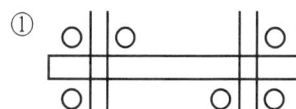 ②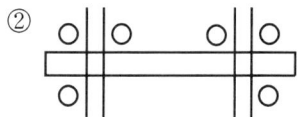

③ 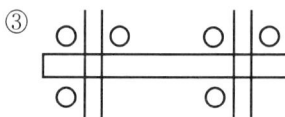 ④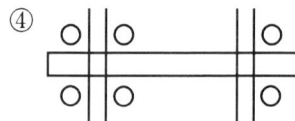

93 레일밀림방지를 위해 가장 보편적으로 사용되는 방법은 레일앵커법이다.

93 레일밀림방지법 중 가장 원칙적이며 보편적으로 사용되는 방법은?(단, 보선작업지침에 따른다.)
① 레일앵커법
② 말뚝박기법
③ 개재법
④ 스파이크 중타법

94 교량침목은 드와프거더 교량을 제외한 무도상교량에 부설한다.

94 교량침목을 부설하여야 하는 개소에 대한 설명으로 옳은 것은?
① 전 교량에는 교량침목을 부설하여야 한다.
② 드와프거더 교량을 제외한 무도상교량에 부설하여야 한다.
③ 드와프거더 교량을 제외한 모든 교량에 부설하여야 한다.
④ 드와프거더 교량에 부설하여야 한다.

95 레일길이를 길게 하는 것이 좋으나 레일길이는 제한된다. 그 이유에 대한 설명 중 틀린 것은?
① 내구연한 연장
② 온도신축에 따른 이음매 유간의 제한
③ 레일 구조상의 제한
④ 운반 및 보수작업상의 제한

95 내구연한의 연장은 망간 레일 또는 솔바이트(경두) 레일을 사용하여 내마모성을 높여 사용하면 된다.

96 복진이 발생하기 쉬운 개소로 옳지 않은 것은?
① 열차 진행방향이 일정한 복선구간
② 급한 하향 기울기 구간
③ 분기부와 곡선부
④ 콘크리트도상의 탄성체결구간

96 복진이 일어나기 쉬운 개소는 자갈도상 구간의 체결력이 약한 (스파이크 체결) 개소에서 여러 가지 요인으로 발생한다.

97 슬랙의 설치개소와 방법으로 옳지 않은 것은?
① 슬랙은 외측레일을 기준으로 내측레일을 확대
② 곡선반경 600m 미만의 곡선에 부설함
③ 슬랙 치수는 30mm를 초과하지 못함(정비기준치 고려 35mm 이내)
④ 분기부를 포함하여 완화곡선 전장에 걸쳐 체감

97 분기부에는 완화곡선의 설치를 하지 않는다.

98 용접하려는 재료(레일)를 맞대어 놓고 특수형상의 산소 - 아세틸렌 토치를 이용 화염을 발생시켜 용접온도까지 가열시키고 적정한 온도에서 레일의 접촉면을 강하게 압축하면 완전한 접합이 되는 용접방법은?
① 플래시 버트용접   ② 가스압접
③ 테르밋용접   ④ 엔클로즈드 아크용접

정답 95 ① 96 ④ 97 ④ 98 ②

▶ Part 02 | 선로

99 모재 100%, 플래시 버트 97%, 가스압접 94%, 테르밋 92% 순이다.

99 이음매에 용접을 하였을 경우 효율이 높은 순서대로 기술된 것은?

> ㉠ 모재   ㉡ 플래쉬 버트
> ㉢ 가스압접   ㉣ 테르밋

① ㉠, ㉡, ㉢, ㉣
② ㉡, ㉣, ㉠, ㉢
③ ㉢, ㉠, ㉡, ㉣
③ ㉣, ㉢, ㉡, ㉠

100 현접법
이음매부를 침목 사이의 중앙부에 두는 것
지접법
이음매부를 침목 직상부에 두는 것을 말한다.

100 레일 이음매의 바로 아래에 침목을 배치하여 이음매부를 지지하는 방식은? ≫ 12. 기사

① 현접법
② 2정이음매법
③ 3정이음매법
④ 지접법

101 최소레일 길이 10m 이상

101 용접시 사용하는 레일의 길이는 몇 m 이상의 것을 원칙으로 하는가? ≫ 12. 기사

① 10m 이상
② 25m 이상
③ 50m 이상
④ 100m 이상

102 다음에서 설명하는 레일용접방법으로 옳은 것은? ≫ 12. 기사

> 살부치기 용접에서 용착금속이 모재에 융착된 형상이 구름 봉우리 형상으로 용착되도록 용접하는 방법을 말한다.

① 전진법
② 후퇴법
③ 비석법
④ 운봉법

103 레일앵커의 설치방법으로 옳은 것은? ≫ 12. 기사

① 머리부분을 궤간 안쪽으로 향하도록하고 침목과 밀착되도록 설치한다.
② 머리부분을 궤간 안쪽으로 향하도록하고 침목과 2~3m 떨어지도록 설치한다.

정답 99 ① 100 ④ 101 ① 102 ④ 103 ①

③ 머리부분을 궤간 바깥쪽으로 향하도록하고 침목과 2~3m 떨어지도록 설치한다.
④ 머리부분을 궤간 바깥쪽으로 향하도록하고 절연블럭을 사용하여 변위가 13mm 되도록 설치한다.

104 일반철도의 침목에 대한 설명으로 옳지 않은 것은? >> 12. 기사
① 교량침목은 본선의 경우 10m당 25점을 부설한다.
② PC침목을 취급할 때에는 1m 이상의 높은 곳에서 떨어뜨려서는 안된다.
③ 이음매침목은 현접법으로 부설함을 원칙으로 한다.
④ 무도상교량에 있어서는 드와프거더교량을 제외하고는 교량침목을 부설하여야 한다.

104 이음매침목 부설은 지접법을 원칙으로 한다.

105 궤도의 구비 조건에 대한 설명으로 옳지 않은 것은?
>> 13. 기사, 12. 산업
① 열차의 충격을 견딜 수 있는 재료로 구성되어야한다.
② 차량의 동요와 진동이 적고 승차기분이 좋게 주행 할 수 있어야 한다.
③ 궤도 틀림이 적고 열화진행이 빨라야한다.
④ 차량의 안전이 확보되고 경제적이어야 한다.

105 궤도틀림이 적고 열화진행이 완만할 것

106 콘크리트 침목에 대한 설명으로 옳지 않은 것은? >> 13. 기사
① 탄성력이 커서 충격에 강하다.
② 부식의 염려가 없고 내구연한이 길다.
③ 중량이 무거워 취급이 곤란한 부분적 파손이 발생하기 쉽다.
④ 레일 체결이 복잡하고 균열 발생의 염려가 크다.

106 탄성이 작아 충격에 약하다.

정답 104 ③ 105 ③ 106 ①

107 V>120km/h : 17개
　　V≤120km/h : 16개

108 레일앵커 부설 시 산설식을 원칙으로 함

107 자갈궤도의 본선에서 10m당 PC침목의 배치정수로 옳은 것은?(단, 설계속도 V>120km/h이다.) ≫ 13. 기사
① 15정　　　　② 16정
③ 17정　　　　④ 18정

108 레일 밀림 방지를 위해 활용되는 레일앵커의 부설에 대한 설명으로 옳은 것은? ≫ 13. 기사
① 레일앵커는 되도록 유간정리 직전에 붙인다.
② 레일 1개에 대한 레일앵커의 붙이는 위치는 산설식(띄엄띄엄 붙이기)을 원칙으로 한다.
③ 레일앵커는 좌·우측 모두 궤간 외측에서 때려 넣어 붙인다.
④ 레일앵커의 붙이기 작업은 보통 1인이 한다.

109 레일용접 관련지침에서 정하고 있는 가스 압접 시 레일맞춤 및 중심을 합칠 때 레일 단면 차이의 틀림 한도는? ≫ 13. 기사
① 단면의 직각차 0mm, 레일 두부면의 차 0.1mm 이하
② 단면의 직각차 0.1mm, 레일 두부면의 차 0.1mm 이하
③ 단면의 직각차 0mm, 레일 두부면의 차 0.2mm 이하
④ 단면의 직각차 0.1mm, 레일 두부면의 차 0.2mm 이하

110 다음은 레일 용접부의 검사방법 중 낙중시험에 대한 설명이다. (　) 안의 내용으로 옳은 것은? ≫ 13. 기사

낙중시험은 용접부를 중심으로 지점간거리를 (㉠)mm로 하여 중량 (㉡)kgf의 추를 0.5m 높이로부터 0.5m씩 낙고를 높이면서 반복 시행하며, 레일 종류와 용접법에 따른 최대 높이에서도 레일 두부 및 레일 저부의 어느 부분에도 파손, 균열, 터짐이 없어야한다.

① ㉠ 906　㉡ 915　　② ㉠ 915　㉡ 906
③ ㉠ 907　㉡ 914　　④ ㉠ 914　㉡ 907

정답　107 ③　108 ②　109 ①　110 ④

Chapter 03 | 궤도

111 레일 부설 시 레일길이가 25m이고 레일 온도가 20℃일 경우 레일 이음매 유간의 표준은? >> 13. 기사
① 4mm
② 5mm
③ 6mm
④ 7mm

112 복진이 일어나는 원인과 가장 거리가 먼 것은? >> 12. 산업
① 차륜의 회전에 대한 반작용
② 레일 신축을 대비하여 설치한 유간의 확대
③ 열차 주행 시 레일에 생기는 파상 진동에 의한 이동
④ 열차의 견인과 진동 시의 차륜과 레일 간의 마찰

113 레일 이음매에 대한 설명으로 옳은 것은? >> 12. 산업
① 레일 이음매 이외의 부분과 강도와 강성에 있어 동일하여야 한다.
② 장대레일에는 절연이음매를 주로 사용한다.
③ 레일 이음매는 대개 현접법을 사용하고 있다.
④ 이음매판은 무게를 줄이기 위해 알루미늄을 사용한다.

114 엔클로즈드 아크용접방법에 대한 설명으로 옳지 않은 것은? >> 12. 산업
① 운봉법은 원형 운봉 또는 반원형 운봉을 이용할 것
② 용접선과 용접봉 간의 각도는 70~80°를 유지할 것
③ 용접부의 초과두께는 4~5mm 정도로 할 것
④ 용접진행방향에 따른 용접방법은 후퇴법으로 할 것

114 용접부의 초과두께는 1~2mm

115 가드레일에 대한 플랜지웨이의 폭으로 옳지 않은 것은?(단, S : 슬랙) >> 12. 산업
① 탈선방지 가드레일 : 60mm+S
② 교상 가드레일 : 200~250mm
③ 건널목 가드레일 : 65mm+S
④ 포인트 가드레일 : 65mm+S

115 탈선방지 가드레일은 플랜지웨이의 폭은 80~100mm

정답 111 ④ 112 ② 113 ③ 114 ② 115 ①

▶ Part 02 | 선로

116 신품 보통레일은 백색, 열처리 레일은 황색

116 신품 열처리레일의 단면 도색은 어느 색으로 하여야 하는가?
>> 12. 산업
① 백색　　　　　　② 적색
③ 청색　　　　　　④ 황색

117 레일의 복진 방지방법으로 가장 거리가 먼 것은? >> 13. 산업
① 레일과 침목 간의 체결력 강화
② 레일 앵커의 부설
③ 침목의 이동 방지
④ 레일 버팀쇠의 설치

118 유황은 강재에 가장 유해한 성분이다.

118 다음 중 레일에 포함되면 가장 해로운 물질은? >> 13. 산업
① 탄소　　　　　　② 규소
③ 유황　　　　　　④ 망간

119 내구성이 짧다.

119 다음 중 목침목의 장점으로 옳지 않은 것은? >> 13. 산업
① 탄성이 풍부하며 완충성이 크다.
② 보수와 교환작업이 용이하다.
③ 전기 절연도가 높다.
④ 내구성이 크다.

120 다음에서 설명하는 레일 용접법은 무엇인가?(단, 레일용접관련지침에 의한다.)
>> 13. 산업

> 용접선을 여러 구간으로 나누어 하나 건너씩 용접한 후 나중에 나머지 구간을 용접하는 방법이다.

① 제발법　　　　　② 운봉법
③ 후퇴법　　　　　④ 비석법

정답 116 ④ 117 ④ 118 ③ 119 ④ 120 ④

121 레일체결장치의 구비조건에 해당되지 않는 것은? » 14. 기사

① 차륜과의 접촉에 따른 마모가 적을 것
② 열차 하중과 진동을 흡수(완충)할 수 있는 탄력성을 가질 것
③ 레일의 이동, 부상, 경사를 억제할 수 있는 강도를 가질 것
④ 곡선부의 원심력 등에 의한 차륜의 횡압력에 저항할 수 있을 것

122 레일 용접 시 사용하는 용어의 정의로 옳지 않은 것은? » 14. 기사

① "언더컷"이라 함은 용착금속의 연부에 생긴 모재 레일의 오목모양으로서 용접의 질을 결정하는 중요한 요소이다.
② "블로우 홀"이라 함은 용접금속이 서로 접합되지 않고 작은 구멍이 형성되는 현상을 말한다.
③ "노말라이징"이라 함은 압축용접 시 용융금속이 밀려나와 용착부 둘레에 응고한 것을 열기가 남아 있는 중에 제거하는 작업이다.
④ "후퇴법"이라 함은 용재를 토치 뒤에 오게 하여 진행시키는 용접방법을 말한다.

> 122 노말라이징
> 재료의 입자가 크게 성장되어 조직이 거칠어지거나 내부응력이 축적되어 기계적 성질이 좋지 못한 것을 변태점 이상 40~60℃로 일정시간 가열하여 미세한 조직으로 만든 후 공기 중에서 서냉하여 적당한 강도와 경도로 만드는 작업을 말한다. 아세틸렌을 이용하여 용접할 경우에 시행한다.

123 두부 열처리레일을 용접할 경우 후열처리 시 용접개소의 열처리를 위한 버너의 움직임 폭은 얼마를 표준으로 하는가? » 14. 기사

① 100mm
② 150mm
③ 250mm
④ 400mm

정답 121 ① 122 ③ 123 ②

▶ Part 02 | 선로

124 레일 밀림량이 25mm 초과하는 개소에는 밀림방지 장치를 한다.

124 다음은 레일밀림에 관한 설명이다 옳지 않은 것은? >> 14. 기사
① 레일밀림은 레일 장출의 원인, 이음매 유간 틀림 유발, 침목 간격 교란과 도상의 안정을 해친다.
② 레일밀림이 일어나기 쉬운 개소는 하구배 구간에서는 하구배 방향, 교량상 및 그 전후, 상습적 열차 제동구간, 기관차의 공전구간 등이다.
③ 연간 레일 밀림량이 20mm를 초과하는 개소에는 밀림방지 장치를 하여야 한다.
④ 레일밀림방지법의 종류에는 레일앵커법, 말뚝박기법, 개재법, 스파이크 증타법 등이 있다.

125 솔바이트 레일에 대한 설명이다.

125 보통레일의 약 3배의 내구력이 있으며 레일의 두부면 약 20mm를 소입시켜 강인하고 내마모성이 큰 레일은? >> 15. 기사
① 솔바이트 레일(Sorbite Rail)
② 열처리 레일
③ 고탄소강 레일
④ 망간 레일(Manganese Rail)

126 테르밋 용접은 산화철과 알루미늄 분말 등의 혼합물의 열로서 화학반응을 이용한 용접이며, 열처리가 불필요하여 장대레일 현장 용접으로 이용된다.

126 산화철과 알루미늄 간에 일어나는 약 2,000℃에서의 화학반응으로 용융철을 얻어 레일과 레일 사이에 간극을 메워 용접하는 방법으로 운행선에서 간단한 설비로 시행할 수 있는 용접방법은? >> 15. 기사
① 플래시버트(Flash butt)용접
② 가스압접(Gas pressure)용접
③ 테르밋(Thermit)용접
④ 엔클로즈드 아크(Enclosed arc)용접

127 운행차량의 중량화는 궤도 부담력을 키우게 되므로 강도 증가 대책으로 볼 수 없다.

127 궤도강도를 증가시키기 위한 대책으로 거리가 먼 것은? >> 15. 기사
① 운행차량의 중량화
② 레일의 중량화
③ 침목 간격의 축소
④ 침목 접지면의 확대

정답 124 ③ 125 ① 126 ③ 127 ①

128 교량침목을 사용하는 교량으로서 교상가드레일을 부설하여야 하는 경우로 옳지 않은 것은? ≫15. 기사
① 곡선 중에 있는 교량
② 트러스교, 프레이트거더교와 전장 18m 미만의 교량
③ 10‰ 이상 기울기 중 또는 종곡선 중에 있는 교량
④ 열차가 진입하는 쪽에 반경 600m 미만의 곡선이 인접되어 있는 교량

128 교상가드레일은 직선부 전장 18m 이상의 교량에 부설한다.

129 콘크리트 침목의 특징에 관한 설명으로 옳지 않은 것은? ≫15. 산업
① 부식 우려가 없고, 내구연한이 길다.
② 중량물로 취급이 곤란하다.
③ 전기절연성이 목침목보다 좋다.
④ 충격력에 약하고 탄성이 부족하다.

129 목침목의 장점 중 하나는 전기절연성의 우수성이다.

130 복진이 일어나는 원인과 가장 거리가 먼 것은? ≫15. 산업
① 차륜의 회전에 대한 반작용
② 레일 신축을 대비하여 설치한 유간의 확대
③ 열차 주행 시 레일에 생기는 파상 진동에 의한 이동
④ 열차의 견인과 진동 시의 차륜과 레일 간의 마찰

130 레일 신축을 대비하여 설치한 유간의 확대는 복진의 원인이라 할 수 없다.

131 도상재료의 구비조건으로 옳지 않은 것은? ≫15. 산업
① 둥글고 입자 간의 마찰력이 적을 것
② 단위중량이 크고 값이 쌀 것
③ 점토 및 불순물의 혼입이 적을 것
④ 입도가 적정하고 도상작업이 용이할 것

131 도상재료는 입도가 적정하고 입자 간 마찰력이 커야 한다.

132 레일에 표시(각인)하는 내용이 아닌 것은? ≫15. 산업
① 강괴의 두부방향 표시
② 전로의 기호
③ 제작연도
④ 탄소함유량

132 레일에 표시되는 내용으로는 강괴의 두부방향 또는 압연방향, 레일중량, 레일종별, 전로의 기호 또는 제작공법, 제작회사, 제작연도, 제작월 등이다.

정답 128 ② 129 ③ 130 ② 131 ① 132 ④

▶ Part 02 | 선로

133 레일길이 25m, 레일온도 30℃일 때, 레일 이음매의 적정 유간은 4mm이다.

133 레일길이 25m, 레일온도 30℃일 때 레일이음매의 적정 유간은 몇 mm인가? ≫15. 산업
① 7mm ② 5mm
③ 4mm ④ 2mm

134 종류가 서로 다른 레일을 접속하여 사용하는 경우에는 중계레일을 사용하여야 한다.

134 종류가 서로 다른 레일을 접속하여 사용하는 경우에 사용하는 레일은? ≫15. 산업
① 중계레일 ② 단부레일
③ 단척레일 ④ 리드레일

135 열차의 하중을 레일과 침목을 통하여 노반에 광범위하게 전달하는 구조물을 도상이라 한다. 따라서, 도상에는 자갈, 콘크리트도상이 있다.

135 레일 및 침목으로부터 전달되는 차량하중을 노반에 넓게 분산시키고 침목을 일정한 위치에 고정시키는 기능을 하는 자갈 또는 콘크리트 등의 재료로 구성된 것은? ≫15. 산업
① 시공기면 ② 선로
③ 궤도 ④ 도상

136 플래시버트용접은 전기저항을 이용한 압접이며, 접합부 신뢰성이 높고 시간이 짧아 공장이나 현장에서 널리 이용되는 용접방법이다.

136 전기저항을 이용하여 용접부에 고열을 발생시켜 고압으로 레일을 압착시키는 용접방법으로 용접부의 휨 및 피로강도가 모재강도와 비슷한 것은? ≫16. 기사
① 그루브 용접 ② 골드사미트 용접
③ 플래시 버트 용접 ④ 엔클로즈드 아크 용접

137 • 도상계수(K)
   = 도상반력/지점의 탄성침하량
   = 30kg/cm²/6cm
   = 5kg/cm³
 • k=5 : 불량노반
   k=9 : 양호노반
   k=13 : 우량노반

137 도상반력이 30kg/cm², 측정지점의 탄성침하가 6cm일 때 도상계수와 이 노반에 대한 판정으로 옳은 것은? ≫16. 기사
① 5kg/cm³, 불량노반 ② 5kg/cm³, 우량노반
③ 180kg/cm³, 불량노반 ④ 180kg/cm³, 우량노반

138 열차의 주행과 기온변화의 영향으로 레일이 전후방향으로 이동하는 현상은?　　　　　　　　　　　>> 16. 기사

① 신축
② 복진
③ 레일경좌
④ 궤도변형

> **138** 열차의 주행과 온도변화의 영향으로 레일이 전·후 방향으로 밀리는 현상을 복진이라 한다.

139 철도소음 발생에 대한 궤도대책으로 가장 거리가 먼 것은?　　　　　　　　　　　　　　>> 16. 기사

① 호륜 레일을 설치한다.
② 레일을 중량화·장대화한다.
③ 레일을 연마하여 파상마모를 산정한다.
④ 슬래브 궤도의 슬래브 하면 또는 도상 궤도의 자갈 아래에 매트를 설치한다.

> **139** 열차의 이선진입, 탈선방지 등의 목적으로 호륜레일(가드레일)을 설치한다.

140 궤도의 구비조건으로 틀린 것은?　　　>> 16. 기사

① 유지·보수가 용이해야 한다.
② 궤도틀림이 적고, 열화진행이 완만해야 한다.
③ 열차의 충격하중을 견딜 수 있는 재료로 구성되어야 한다.
④ 열차하중을 시공기면 이하의 노반의 한 지점에 집중되게 전달해야 한다.

> **140** 궤도는 열차하중을 시공기면 아래 노반에 균등하고 광범위하게 전달하여야 한다.

141 보선작업지침상 유간정리작업에 관한 설명 중 틀린 것은?　　　　　　　　　　　　　　>> 16. 기사

① 과대유간 또는 3개소 이상 맹유간이 있을 경우에는 서둘러 유간 정정을 시행한다.
② 간이정리는 수시로 시행할 수 있으나 혹서·혹한에는 주의하여 시행하여야 한다.
③ 소정리는 레일은 크게 이동시키지 않으면서 상당한 연장에 걸쳐 유간을 정리한다.
④ 대정리는 상례보수작업으로 상당한 연장에 걸쳐 레일을 소이동하여 유간을 정리한다.

> **141** 상례보수작업으로 유간을 정리하는 구분은 간이정리이다.

정답　138 ②　139 ①　140 ④　141 ④

▶ Part 02 | 선로

142 레일앵커 설치 시 궤간 안쪽으로 향하도록 해야 하므로 침목과 밀착시켜야 한다.

142 레일앵커의 설치방법으로 옳은 것은? ≫ 16. 기사
① 머리부분을 궤간 안쪽으로 향하도록 하고 침목과 밀착되도록 설치한다.
② 머리부분을 궤간 안쪽으로 향하도록 하고 침목과 2~3m 떨어지도록 설치한다.
③ 머리부분을 궤간 바깥 쪽으로 향하도록 하고 침목과 2~3m 떨어지도록 설치한다.
④ 머리부분을 궤간 바깥쪽으로 향하도록 하고 절연블럭을 사용하여 변위가 13mm 되도록 설치한다.

143 레일용접방법으로는 플래시버트용접, 가스압접, 테르밋용접, 엔클로즈드 아크용접이 있다.

143 장대레일의 용접법이 아닌 것은? ≫ 16. 산업
① 가스압접용접   ② 피복아크용접
③ 테르밋용접   ④ 플래시버트용접

144 레일검사 항목은 인장시험, 낙중시험, 휨 시험, 경도시험, 파단시험, 피로시험이다.

144 레일의 제조 시 품질확보를 위해 실시하는 시험에 해당하지 않는 것은? ≫ 16. 산업
① 경도시험   ② 용융시험
③ 인장시험   ④ 피로시험

145 콘크리트 침목은 중량물로서 취급이 곤란하고 충격에 의한 파손의 염려가 있다.

145 콘크리트 침목의 특징으로 틀린 것은? ≫ 16. 산업
① 기상작용에 대한 저항력이 크다.
② 부식의 염려가 없고 내구연한이 길다.
③ 자중이 커서 안정이 좋고 궤도틀림이 적다.
④ 충격에 강하고 중량이 커서 파손 발생의 염려가 없다.

146 50kg 레일의 누적통과톤수 5억 톤이 레일교환주기이므로
5억 톤/5천만 톤 = 10
∴ 10년

146 어느 단선구간의 연간 통과 톤수가 5천만 톤이고 50kg 레일을 사용하였다면 본선 직선구간에서의 레일수명은? ≫ 16. 산업
① 5년   ② 10년
③ 15년   ④ 20년

정답 142 ① 143 ② 144 ② 145 ④ 146 ②

147 레일유간 정리작업 시 유간정리 방법으로 틀린 것은?

>> 16. 산업

① 대정리 시에는 표준유간으로 정리하여야 한다.
② 소정리 시에는 레일신축량을 고려하여야 한다.
③ 간이정리 시에는 맹유간 또는 과대유간을 정리하는 정도로 한다.
④ 대정리 시에는 전 구간의 유간을 균등하게 하여야 하고 레일신축량을 고려하지 않는다.

147 대정리 시에는 전구간의 유간을 균등하게 하여야 하므로 레일신축량을 고려해야 한다.

CHAPTER 04 궤도역학

01 개요

(1) 궤도역학의 이해

궤도역학이란 열차의 안전운행에 필요한 궤도와 차량의 관계를 이론적으로 규명하고 궤도 각 부에 발생되는 응력, 변형, 진동 등을 역학적으로 해석하는 학문으로, 궤도열화 및 손상과 열차중량, 속도, 열차종별, 통과톤수 등의 관계를 분석하고 적정한 궤도구조를 결정하여 궤도재료의 파손을 방지하고 궤도열화를 최소화하는 데 그 목적이 있다.

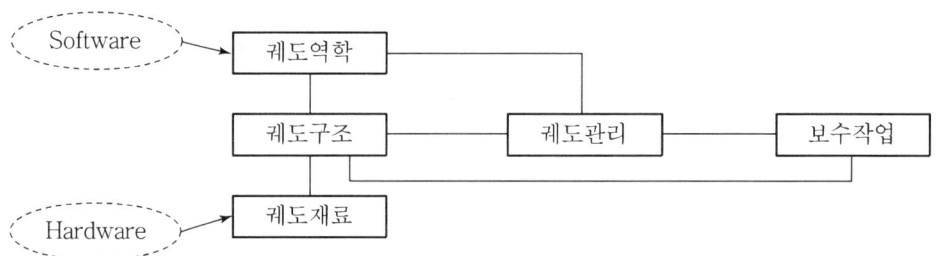

[궤도 관련 기술 체계]

(2) 궤도역학의 주요 기술분야

① 궤도에 작용하는 힘과 변형의 해석
② 차량과 궤도의 상호작용 규명
③ 궤도구조와 구성재료의 설계
④ 궤도검측과 측정방법 개발
⑤ 궤도관리기법의 최적화

02 궤도에 작용하는 힘

궤도를 구성하는 각 재료는 탄성체이며, 레일은 연속된 탄성체상에 설치된 보(Beam)로 가정하고, 궤도에 작용하는 힘은 궤도면에 수직으로 작용하는 수직력(윤중)과 레일두부 측면에서 작용하는 횡압, 레일 길이방향으로 작용하는 축방향력으로 구분된다.

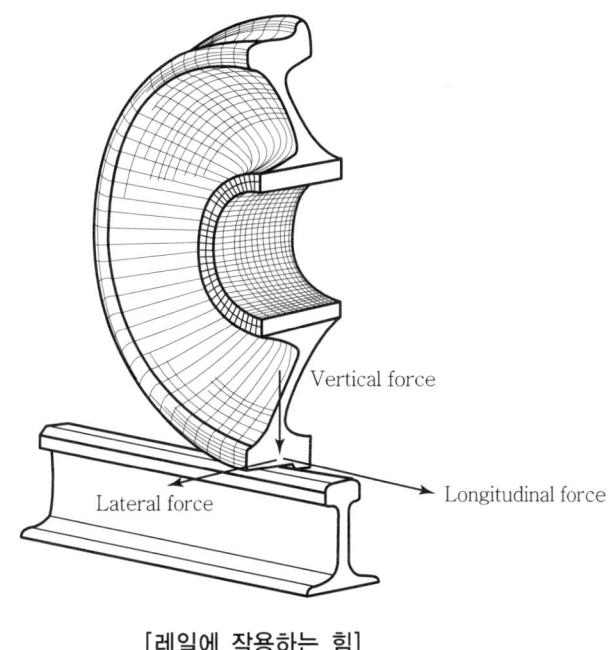

[레일에 작용하는 힘]

(1) 수직력(Vertical Force)

열차주행 시 차륜이 레일 면에 수직으로 작용하는 힘, 윤중(Wheel Load) = 축중의 1/2

1) 곡선부 통과 시 전향횡압에 따른 윤중의 증감

곡선 외측에 작용하는 횡압에 대응하여 내측으로 작용하는 횡압에 의해 차량의 회전모멘트가 발생하여 윤중이 증감된다.

2) 곡선 통과 시 불균형 원심력의 수직성분(정지 시 중량보다 50~60% 증가)

곡선통과속도와 설정캔트 속도가 같지 않아 원심력의 과부족에 의해 차량의 회전모멘트가 발생하여 윤중이 증감된다.

3) 차량동요 관성력의 수직성분(정지 시 중량의 약 20%)

4) 레일면 또는 차륜면의 불규칙에 기인한 충격력

(2) 횡압(Lateral Force)
≫ 13, 11, 07, 03, 02. 기사, 12, 07, 02. 산업

열차주행에 따라 차륜으로부터 레일에 작용하는 횡방향의 힘. 수직력의 70~80%일 경우 차량 탈선의 위험이 있다.

1) 곡선 통과 시 전향횡압

   차량이 곡선을 통과할 때 레일과 차륜 간의 활동으로 진행방향 외측의 차륜플랜지가 레일을 미는 상태가 된다.

2) 궤도틀림에 의한 횡압

3) 차량동요에 의한 횡압

   차체의 동요 및 차량의 사행동과 궤도틀림에 의해 발생한다.

4) 곡선통과 시 불평형 원심력의 수평성분

   차량의 설정캔트 속도 이상으로 주행시는 곡선 외측으로, 그 이하 주행 시에는 곡선 내측으로 횡압이 작용한다.

5) 분기기 및 신축이음매 등 궤도의 특수개소에서의 충격력

   분기기 포인트부, 크로싱부, 신축이음매부에서 차량에 레일을 바꿔타는 부분에서는 차량 스프링 하 질량의 관성력에 의해 발생한다.

(3) 축방향력(Longitudinal Force)
≫ 05, 02. 기사, 08, 04. 산업

차량주행 시 레일의 길이방향으로 작용하는 힘
① 레일온도변화에 의한 축력
② 동력차의 가속, 제동 및 시동하중
③ 기울기 구간에서 차량중량이 점착력에 의한 전후로 작용

03 레일의 휨응력 및 침하량

(1) 레일의 허용응력

1) 신품레일 허용 인장응력

① 50kg, 60kg, 60kgKR레일 : 800N/mm²
② 60kgK, UIC60레일 : 880N/mm²

2) 레일 피로한계

정적하중의 0.4~0.6배

3) 반복하중의 피로에 의한 레일 허용휨응력

① 50kg, 60kg, 60kgKR레일 : 200N/mm²
② 60kgK, UIC60레일 : 220N/mm²

4) 궤도응력 계산

레일저부 인장응력만 검토

(2) 궤도계수(U)

단위길이의 궤도를 단위변위 침하시키는 데 필요한 힘. 즉, 궤도 1mm를 1mm만큼 침하시키는데 필요한 힘을 U(Ng/mm²/mm)로 표시한다.

$$U = \frac{p}{y}$$

여기서, U : 궤도계수(N/mm³)
p : 임의의점 압력(N/mm²)
y : 침하량(mm)

일반적인 궤도계수는 0.089~0.111N/mm³이며, 궤도계수는 평판재하시험을 통해 측정한다. 궤도계수를 증가시키기 위한 방안은 다음과 같다.

① 양호한 도상재료 사용 ② 도상두께 증가
③ 레일 중량화   ④ 강화노반 사용
⑤ 탄성체결장치 사용   ⑥ 침목 중량화(PC침목)

(3) 궤도 합성 스프링정수

① 자갈궤도 구조계산에 사용하는 궤도의 합성 스프링정수는 다음과 같다. 단, 궤도구조의 탄성체 구성요소에 따라 스프링정수를 추가 및 삭제할 수 있다.

$$K_T = \frac{1}{\frac{1}{K_f} + \frac{1}{K_b} + \frac{1}{K_s}}$$

여기서, K_T : 궤도 합성 스프링정수(kN/mm)
K_f : 레일패드 스프링정수(kN/mm)
K_b : 도상자갈 스프링정수(kN/mm)
K_s : 노반 스프링정수(kN/mm)

② 레일패드의 스프링정수는 공칭 정적 스프링정수값을 적용하지만, 궤도구성품에 대한 안정성 검토는 안전측 설계를 위해 구조설계 시 동적 스프링정수를 적용한다(별도의 시험값이 없다면 동적 스프링정수는 설계 정적 스프링정수의 2배 이상으로 가정한다).
③ 도상자갈만의 스프링정수는 200kN/mm를 표준으로 한다. 다만, 도상두께 또는 도상조건에 따른 상세 도상 스프링정수를 계산하여 적용할 수 있다.
④ 노반의 스프링정수는 도상 내 압력 분포를 이용한 노반압력의 분포 면적과 초기 노반 지지력 계수를 구하여 별도 식에 의해 구한다(철도설계지침 KR C 14030 참조할 것).

04 침목응력, 도상 및 노반 반력

(1) 침목의 허용응력

① 목침목 허용휨응력 : 10N/mm², 허용지압력 : 2.4N/mm²
② PC침목 허용압축응력 : $f_{ca} = 0.25 f_{ck}$

여기서, f_{ca} : 허용지압응력
f_{ck} : 재령 28일 콘크리트 압축강도

• PC침목의 압축강도가 50MPa이므로 허용지압응력은 12.5MPa(N/mm²)

(2) 도상압력(Ballast Pressure)

① 침목하면의 도상자갈에 작용하는 허용 접촉압력 　　　　　　　　　　》 12. 기사
　㉠ 여객열차 전용구간 : 0.3MPa
　㉡ 여객/화물 혼용구간 : 0.5MPa
② 도상자갈의 강도는 원석의 강도도 커야 하지만 마찰각(안식각)이 커야 하고, 도상두께도 두꺼워야 한다.

(3) 노반압력(Roadbed Pressure)

노반압력은 침목 위의 하중이 도상을 통하여 노반상에 수직으로 작용하며, 이것은 도상의 질, 상태 및 침목의 형상에 따라 결정된다. 또한 경우에 따라 선로 각부 중 가장 많은 부담을 받게 되고 노반상태에 의하여 궤도의 침하와 진동이 많은 영향을 받으므로 견고한 노반이 유지되어야 한다.

일반적으로 도상자갈 하면의 노반에 작용하는 허용압력은 다음의 식에 의한다.

$$\sigma_z = \frac{0.006 E_{v2}}{1 + 0.7 \log N}$$

여기서, σ_z : 노반의 허용압력(N/mm³)
　　　　E_{v2} : 평판재하시험의 두 번째 하중 단계에서 취한 탄성계수
　　　　N : 하중 사이클의 반복 수(2백만회를 표준)

노반상태	E_{v2}(N/mm²)	σ_z(N/mm²), N=2·10⁶
매우 불량	10	0.011
불량	20	0.022
보통	50	0.055
양호	80	0.089
양호	100	0.111
매우 양호	120	0.133

(4) 도상저항력　　　　　　　　　　》 09, 05. 기사, 09, 08. 산업

1) 개요

도상저항력은 온도하중, 시/제동하중, 열차의 주행하중 등에 의하여 도상 중의 침목이 종·횡방향으로 이동하려고 할 때의 저항력을 말하며, 궤도편측(레일) 1m당 kg으로 표시한다.

2) 횡저항력

도상횡저항력이란, 도상자갈 중의 궤광(레일+레일체결장치+침목)을 궤도와 직각방향으로 수평이동하려 할 때 침목과 도상자갈 사이에 생기는 레일 1개, 궤도연장 1m에 대한 저항력(kgf/m)으로서, 레일체결장치와 해체된 침목이 2mm 이동 시 측정되는 저항력(kgf/m)을 말한다. 도상횡저항력은 횡방향 변위에 대한 궤도의 단위길이당 저항하는 힘으로서 레일의 좌굴안정성에 크게 영향을 준다.

$$g = \frac{P}{2a}$$

여기서, g : 도상횡저항력(kgf/m)
P : 침목 1개가 횡방향으로 2mm 이동될 때의 횡방향 힘(kgf/개)
a : 침목간격(m/개)

장대레일 구간에서는 좌굴을 방지하기 위하여 최소 5kN/m(고속철도 9kN/m) 이상의 횡저항력을 확보하여야 한다.

① 도상횡저항력 계산 예

침목배치정수가 10m당 16개, 침목의 횡방향 저항력이 5kN(500kgf)일 때, 도상횡저항력은?
5/2=2.5kN, 10m/16개=0.625m/개,
2.5/(2×0.25)=5kN/m(500kgf/m)

3) 종저항력

도상종저항력이란, 도상자갈 중의 궤광을 궤도와 평행한 방향으로 수평이동하려 할 때 침목과 도상자갈 사이에 생기는 레일 1개, 궤도연장 1m에 대한 저항력(kgf/m)으로서, 레일체결장치와 해체된 침목이 2mm 이동 시 측정되는 저항력(kgf/m)을 말한다.
종방향 변위에 대한 궤도의 단위길이당 저항하는 힘으로서 장대레일 축력 및 레일 파단 시 개구량, 장대레일 신축량 등에 크게 영향을 주며, 종저항력은 보통 횡저항력의 1.4배(8kN/m) 정도이다.

$$r = \frac{F}{2a}$$

여기서, r : 도상종저항력(kgf/m)
F : 침목 1개가 종방향으로 2mm 이동될 때의 종방향 힘(kgf/개)
a : 침목간격(m/개)

장대레일 구간에서는 좌굴을 방지하기 위하여 최소 5kN/m(고속철도 9kN/m) 이상의 횡 저항력을 확보하여야 한다.

① 도상종저항력 계산 예

침목배치정수가 10m당 16개, 침목의 종방향 저항력이 5kN(500kgf)일 때, 도상종저항력은?

침목의 종방향 저항력 5kN, 10m/16개＝0.625m/개

5/(2×0.25)＝10kN/m(1000kgf/m)

05. 작용하중

(1) 동적(수직)하중

1) 하중의 분류 및 적용

수직하중은 아래 그림과 같이 정적하중, 동적하중, 통과하중으로 구분되며, 동적하중은 다시 유효하중과 충격하중으로 구분할 수 있다. 이렇게 세부적으로 하중을 구분하는 목적은 궤도의 안전성 검토 시 목적에 따라 적합한 하중을 사용해야 하기 때문이다.

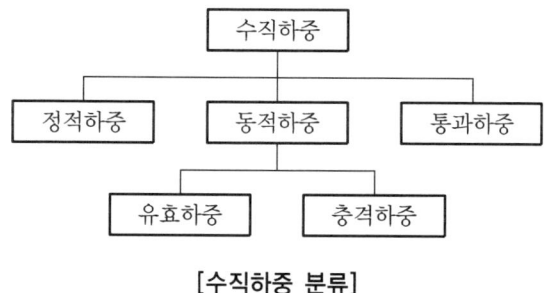

[수직하중 분류]

① 궤도재료의 안전성 검토 시 : 가장 예외적인 하중이 작용할 때를 가정하여 안전측으로 검토
② 레일 처짐량 계산 시: 예외적인 경우 보다는 통상적인 하중 조건에서 검토
③ 궤도의 피로나 궤도틀림 검토 시: 누적된 하중의 크기를 기준으로 검토

2) 표준 동적하중

① 궤도틀림 및 캔트 부족 또는 캔트 초과에 기인하는 윤하중(Q)을 고려한 유효하중(Q_{eff})을 계산한다.

$$Q_{eff} = Q \times 1.2$$

② 차륜/레일 간 요철, 레일절손 등에 기인하는 차량 탄성화 부분의 상하 진동에 따른 예외적인 충격에 의한 동적하중을 계산한다.

$$Q_{dyn} = Q_{eff} \times DAF$$

여기서, $v \leq 60$km/h일 경우, $DAF = 1 + t \cdot \psi$

$60 < V \leq 300$km/h 여객열차일 경우, $DAF = 1 + t \cdot \psi \left(1.0 + 0.5 \dfrac{V-60}{190}\right)$

$60 < V \leq 140$km/h 화물열차일 경우, $DAF = 1 + t \cdot \psi \left(1.0 + 0.5 \dfrac{V-60}{80}\right)$

여기서, Q : 정적윤중(kN)
Q_{eff} : 유효윤중(kN)
Q_{dyn} : 동적윤중(kN)
DAF(Dynamic Amplitude Factor) : 동적할증계수
t : 확률의 신뢰구간에 좌우되는 표준편차의 가중치
ψ : 궤도품질에 좌우되는 계수

㉠ t의 적용 기준
- $t = 1$(확률 68.3%) : 접촉응력, 노반 구조계산 시 적용
- $t = 2$(확률 95.4%) : 횡하중, 도상 구조계산 시 적용
- $t = 3$(확률 99.7%) : 레일응력, 체결장치, 침목 구조계산 시 적용

㉡ ψ의 적용 기준
- 매우 양호한 궤도의 경우 $\psi = 0.1$
- 양호한 궤도의 경우 $\psi = 0.2$ (설계 시 추천 적용값)
- 불량한 궤도의 경우 $\psi = 0.3$

③ 철도차량이 혼용하는 구간의 경우에는 축중별 최고속도에 의한 동적하중을 비교하여 더 큰 동적하중을 적용한다.

(2) 횡하중

1) 횡하중 산정방법(Prud'homme 공식)

① 차륜이 접촉하는 레일에 정적과 동적 횡하중을 고려하여 레일의 측면 1지점에 작용하는 횡하중을 계산한다.

$$F_H = H_s + H_d$$

여기서, F_H : 횡하중(kN)
H_s : 정적 횡하중(kN)
H_d : 동적 횡하중(kN)

② 곡선상에서 불평형 원심력과 구동력에 따른 정적 횡하중을 계산한다.

$$H_s = \frac{P \cdot C_d}{1,500}$$

여기서, P : 축중(kN)
C_d : 최대 캔트부족량(mm) (100mm를 표준)

③ 궤도의 틀림이나 차량의 결함에 의한 추가적인 횡하중으로 동적 횡하중을 계산한다.

$$H_d = \frac{P \cdot V}{1,000}$$

여기서, P : 축중(kN)
V : 설계속도(km/h)

(3) 종방향 하중

1) 종방향 하중 산정방법

① 장대레일의 부동구간에 온도하중으로 인하여 레일에 작용한 종방향 하중을 계산한다.

$$F_L = EA\beta(t - t_0)$$

여기서, F_L : 종방향 하중(kN)
E : 레일강의 탄성계수(kN/mm²) = 210kN/mm² = 210,000MPa
A : 레일의 단면적(mm²)
β : 레일강의 선팽창계수 = 1.14×10^{-5}/℃
t : 장대레일 온도(℃)
t_0 : 장대레일 설정온도(℃)

2) 궤도에 작용하는 시/제동 하중의 적용 및 크기
   ① 제동하중 및 시동하중의 작용 위치는 열차 또는 차량의 중심 위치로 하고 궤도에 대해서 평행하고 수평으로 작용하는 것으로 한다.
   ② 극한한계 상태의 검토에 이용하는 제동하중은 축중의 15%에 의하는 것으로 한다.
   ③ 극한한계 상태의 검토에 이용하는 시동하중은 동륜 축중의 25%에 의하는 것으로 한다.
   ④ 열차하중의 재하 길이는 부재에 최대의 영향을 주는 범위로 한다.

06 궤도변형의 정역학 모델

(1) 연속탄성지지모델(Continuous Support Model)
① 레일이 연속된 탄성기초상에 지지되어 있다고 가정하는 방법이다.
② 이론계산이 비교적 간편하다.

(2) 유한간격(단속탄성)지지모델(Discrete Support Model)
① 레일이 일정간격의 탄성기초상에 지지되어 있다고 가정하는 방법이다.
② 실제구조물에 가까운 가정이다.

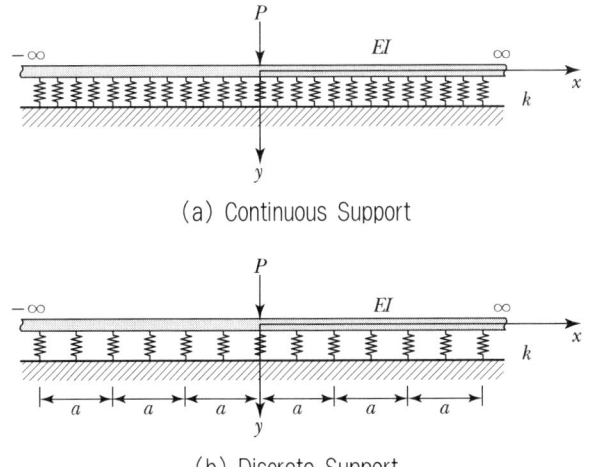

(a) Continuous Support

(b) Discrete Support

[궤도변형의 정역학 모델]

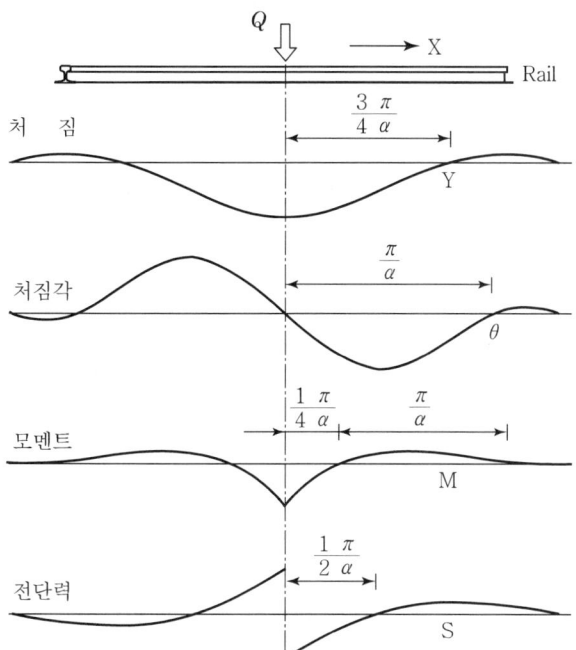

[궤도의 처짐, 처짐각, 모멘트, 전단력 곡선]

 # 기출 및 적중예상문제

■ 정답 및 해설

01 자중, 수직성분, 윤중은 모두 수직력에 대한 항목이다.

02 분기부 기본레일과 텅레일 사이 통과시 충격력에 의한 횡압이 발생한다. 신축이음매도 텅레일을 사용하기 때문에 비슷하다.

01 궤도에 작용하는 외력 중 횡압에 해당하는 것은?
>> 12, 07, 02. 산업

① 자중
② 차량동요 관성력의 수직성분
③ 곡선 통과시 불평형 원심력에 따른 윤중
④ 분기기 및 신축 이음매 등과 같은 궤도의 특수개소에 있어서 충격력

02 차륜으로부터 레일에 작용하는 횡방향의 힘을 횡압이라 한다. 다음 중 횡압의 발생 요인에 해당되는 사항은?
>> 03, 02. 기사

① 레일의 온도변화에 의한 축력
② 제동 및 시동하중
③ 구배구간에서 차량중량의 점착력
④ 분기부 및 신축이음매 등에서의 충격력

03 차륜으로부터 레일에 작용하는 횡방향의 힘을 횡압이라 한다. 다음 중 횡압의 발생 요인에 해당되는 사항은?
>> 13, 07. 기사

① 레일의 온도변화에 의한 축력
② 제동 및 시중하중
③ 기울기 구간에서 차량중량의 점착력
④ 신축이음매 등에서의 충격력

정답 01 ④ 02 ④ 03 ④

04 궤도에 작용하는 축방향력에 미치는 영향으로 볼 수 없는 것은? ≫ 05. 기사
① 레일의 온도변화
② 열차의 제동하중
③ 차량의 사행동(Snake Motion)
④ 열차의 시동하중

04 차량의 사행동은 궤도틀림에 따른 좌우방향으로 흔들리면서 운행하므로 횡압에 크게 작용한다.

05 다음 중 레일의 길이방향으로 작용하는 축방향력에 가장 큰 영향을 주는 축력은? ≫ 08. 산업
① 경사구간에서 차량중량의 점착력에 의해 전후로 작용하는 축력
② 차량제동 시 및 시동 시에 가감속력의 반력이 차륜에 작용하는 축력
③ 레일의 온도변화에 의한 레일신축이 구속되었을 때 발생하는 축력
④ 차량의 불규칙적인 진동 등에 의하여 작용되는 레일의 불규칙한 변동 축력

05 온도변화에 의한 레일신축은 레일의 좌굴에도 영향을 크게 미친다.

06 궤도에 작용하는 각종 힘 중 온도변화와 제동 및 시동 하중 등에 의하여 생기며 특히 구배구간에서 차량 중량의 점착력에 의해 생기는 것은? ≫ 11, 04. 산업
① 횡압
② 축방향력
③ 수직력
④ 불평형 원심력

06 온도에 의한 신축 및 시/제동하중은 레일의 길이방향으로 작용하므로 축방향력이다.

07 상향의 구배 변환점에 반경 3,000m의 종곡선을 삽입하면 도상의 횡방향 저항력은 어떻게 되는가? ≫ 05. 기사
① 변함이 없다.
② 약 3% 정도 감소한다.
③ 약 5% 정도 증가한다.
④ 종곡선 반경에 비례하여 증가한다.

정답 04 ③ 05 ③ 06 ② 07 ①

▶ Part 02 | 선로

08 궤도응력 계산 시 레일 저부의 인장응력만 검토한다.

08 궤도응력 계산 시 레일에 대한 응력 검토는 일반적으로 어느 부분에 대하여 검토하는가? ≫ 03. 산업
① 레일 두부의 압축응력
② 레일 두부의 인장응력
③ 레일 복부의 인장응력
④ 레일 저부의 인장응력

09 $P = \sigma A = 8,000 \times 64$
$= 512,000$ kg
$= 512$ ton

09 단면은 약 64cm², 인장강도 8,000kg/cm²인 50kg/N 레일 1개가 받을 수 있는 인장력은? ≫ 05. 산업
① 80ton
② 60ton
③ 512ton
④ 700ton

10 $\sigma_{(b)} = \dfrac{P_{r0}}{bL} = \dfrac{6,000}{24 \times 12.7}$
$= 19.7$ kg/cm²

10 침목에 작용하는 레일압력(P_R)이 주행 시 6,000kg이고, 침목 폭(b)이 24cm, 레일 저부폭(L)이 12.7cm일 때 침목상면의 지압력(δ_b)은? ≫ 07. 산업
① 19.7kg/cm²
② 197kg/cm²
③ 250kg/cm²
④ 472kg/cm²

11 $P_R = a \cdot P = a \cdot u \cdot y$ (kg)
$= (1,000\text{cm}/16) \times 0.5 \times 180$
$= 5,625$ kg

11 궤도 10m에 침목 16개를 부설하였다면, 침목 1개가 받는 레일 압력은?(단, 궤도계수 : 180kg/cm/cm, 침하량 : 0.50cm(충격포함)) ≫ 02. 산업
① 1,125kg
② 2,880kg
③ 3,600kg
④ 5,625kg

12 침목배치정수가 10m당 이므로 10,000(mm)/588(mm)=17개, 한쪽 침목저항력 620/2=310kg, m당 침목개수 17/10m=1.7개/m 310×1.7=527kg/m

12 도상 횡저항력을 알기 위하여 침목 1개의 저항력을 측정하니 620kg이었다. 침목 배치간격이 588mm라면 도상의 횡저항력은 얼마인가? ≫ 09. 기사, 산업
① 592kg/m
② 568kg/m
③ 543kg/m
④ 527kg/m

정답 08 ④ 09 ③ 10 ① 11 ④ 12 ④

13 레일 10m당 16개의 침목이 부설되었고, 침목 1개의 저항력이 1000kg 일 때 도상종저항력은? >> 08. 산업

① 800kg/m
② 1,000kg/m
③ 1,600kg/m
④ 1,800kg/m

13 침목배치정수가 10m당 16개, 한쪽 침목저항력 1,000/2=500kg, m당 침목개수 16/10m=1.6개/m
500×1.6=800kg/m

14 궤도역학의 이론모델 중 레일이 침목마다 스프링으로 지지되어 있다고 가정하는 모델은? >> 04. 기사

① 단속탄성지지 모델
② 연속탄성지지 모델
③ 다중탄성지지 모델
④ 연속스프링지지 모델

14 연속탄성지지모델
레일이 연속된 탄성기초상에 지지되어 있다고 가정하는 방법
단속탄성지지모델
레일이 일정간격의 탄성기초상에 지지되어 있다고 가정하는 방법

15 침목배치수가 10m당 17개이고 침목 1개의 저항력이 1000kg일 때 도상종저항력은? >> 10. 산업

① 850kg
② 8,500kg
③ 850kg/m
④ 8,500kg/m

15 침목배치정수가 10m당 17개이므로, 한쪽 침목저항력 1000/2=500kg, m당 침목개수 17/10m=1.7개/m
500×1.7=850kg/m

16 단위길이의 궤도를 단위변위 만큼 침하시키는 데 필요한 힘을 말하며, 궤도 1cm를 1cm만큼 침하시키는 데 필요한 힘을 U(kg/cm²/cm)로 표시하는데 이를 무엇이라 하는가?

① 휨응력
② 궤도계수
③ 도상압력
④ 도상강도

16 궤도계수는 일반적으로 0.089~0.111N/mm²/mm이며, 궤도계수는 평판재하시험을 통해 측정한다.

17 도상계수의 특성으로 옳지 않은 것은?

① 도상재료가 양호할수록 크다.
② 깬자갈 입도가 클수록 크다.
③ 다지기가 충분할 경우 크다.
④ 노반이 견고할수록 크다.

17 도상자갈의 입도 분포가 적정한 것일수록 좋다.

정답 13 ① 14 ① 15 ③ 16 ② 17 ②

▶ Part 02 | 선로

18 $P = EA\beta\Delta t$
　$= 2,000,000 \times 60 \times 0.000012 \times (20-(-20))$
　$= 57,600$kg
　$= 57.6$ton

18 장대레일에서 설정온도 20℃인 구간에 레일온도 -20℃일 때 부동구간의 레일축력은?(단, 레일의 단면적 : 60cm², 레일의 선팽창 계수 : 0.000012/℃, 레일의 탄성계수 : 2,000,000kg/cm²)
　》 12. 산업

① 52.4ton　② 57.6ton
③ 62.4ton　④ 67.6ton

19 $P = EA\beta\Delta t$
　$= 2,100,000 \times 64 \times 0.00001 \times 40$
　$= 53,760$kg
　$= 53.8$ton

19 장대레일 궤도에서 설정온도 보다 40℃의 온도상승이 생기면 부동구간에 생기는 축압력은?(단, 레일의 단면적=64cm², 레일의 탄성계수=2.1×10⁶kg/cm², 레일의 선팽창계수=1.0×10⁻⁵/℃)
　》 13. 산업

① 38.3ton　② 53.8ton
③ 61.3ton　④ 95.7ton

20 레일의 허용 휨응력(50kg, 60kg, 60kgKR 레일) : 200N/mm²
　≒2,000kg/cm²

20 일반적으로 사용되는 레일의 허용휨응력은?　》 11. 산업

① 20kg/cm²　② 800kg/cm²
③ 2,000kg/cm²　④ 8,000kg/cm²

21 $P = EA\beta\Delta t$
　$= 2,100,000 \times 77.5 \times 0.0000114 \times 40$
　$= 74,214$kg
　$= 74.2$ton

21 장대레일 1,000m를 부설하였을 때의 온도는 +20℃이고 레일온도의 변화범위가 -20℃에서 +60℃라고 하면 레일이 완전히 구속 되었을 때의 최대 축력은?(단, 레일의 탄성계수 E = 2.1×10⁶kg/cm², 레일의 선팽창계수(β) 1.14×10⁻⁵/℃, 레일단면적(A) = 77.5cm²이다.)
　》 11. 산업

① 37.1ton　② 74.2ton
③ 111.3ton　③ 148.4ton

22 $\sigma = E\beta\Delta t$
　$= 2,000,000 \times 0.000012 \times 35$
　$= 840$kg/cm²

22 장대레일 부동구간에서 설정온도 15℃, 레일온도 -20℃일 때 부동구간의 레일응력은?(단, A = 75cm², β = 0.000012/℃, E = 2,000,000kg/cm²)
　》 11. 기사

① 630kg/cm²　② 720kg/cm²
③ 840kg/cm²　④ 960kg/cm²

정답　18 ②　19 ②　20 ③　21 ②　22 ③

23 일반철도에서 허용도상압력은 얼마로 보는가? ≫ 12. 기사

① 2kg/cm² ② 3kg/cm² ③ 4kg/cm² ④ 5kg/cm²

23 허용도상압력
0.3N/mm² = 3kg/cm²

24 도상반력이 4.5kg/cm²이고 그 지점의 탄성침하량 0.5cm일 때 도상의 양부 판정이 옳은 것은? ≫ 13. 기사

① 불량노반 ② 양호노반
③ 우량노반 ④ 초우량노반

24 $K(도상계수) = \dfrac{p}{r} = \dfrac{4.5}{0.5}$
$= 9kg/cm^3$
$K = 9kg/cm^3$: 양호노반

25 고속철도에서 진동원에 대한 방진대책으로 옳지 않은 것은? ≫ 13. 기사

① 차량 : 운행속도 저감, 탄성차륜 사용
② 터널 : 경량 구조물화, 터널 하부에 방음벽 설치
③ 궤도 : 방진재 삽입, 레일의 장대화
④ 교량 : 구조물 내 진동 차단 또는 완충기구 설치

25 차량소음에 대한 대책
저소음 차량개발, 차음설비 및 진동 완충설비 차량 도입

26 고속철도 선로에서 궤도가 안정된 후에 확보하여야 할 도상 횡 저항력의 기준은? ≫ 15. 산업

① 500kgf/m 이상 ② 700kgf/m 이상
③ 800kgf/m 이상 ④ 900kgf/m 이상

26 고속철도 선로구간에서 좌굴방지를 위해 9kN/m(900kgf/m) 이상의 횡 저항력을 확보해야 한다.
※ 일반철도 5kN/m(500kgf/m)

27 장대레일 구간에서는 장출사고 예방을 위해 충분한 도상 횡 저항력이 확보되어야 한다. 침목배치수가 10m당 15개이고 1개의 침목저항력이 800kg이라면 도상 횡저항력은? ≫ 16. 기사

① 300kg/m ② 400kg/m
③ 500kg/m ④ 600kg/m

27 m당 침목정수 = 15/10m
= 1.5개/m
한쪽 침목저항력 = 800/2
= 400kg
도상횡저항력 = 1.5×400
= 600kg/m

28 레일 10m당 16개의 침목이 부설되었고, 침목 1개의 저항력이 1,000kg일 때 도상종저항력은? ≫ 16. 산업

① 800kg/m ② 1,000kg/m
③ 1,600kg/m ④ 1,800kg/m

28
• m당 침목개수
 16개/10m = 1.6개/m
• 한쪽 침목저항력
 1,000/2 = 500kg
• 종저항력
 1.6×500 = 800kg/m

정답 23 ② 24 ② 25 ② 26 ④ 27 ④ 28 ①

PART 03

분기기 및 장대레일

Chapter 01 　분기기
Chapter 02 　장대레일
Chapter 03 　신축이음매(Expansion Joint)

01 분기기

01 개요

(1) 분기기의 구성요소 및 일반도

1) 정의

열차 또는 차량을 한 궤도에서 다른 궤도로 전환시키기 위하여 궤도상에 설치한 설비로 포인트(Point), 크로싱(Crossing), 리드(Lead)의 3부분으로 구성된다. ≫12, 08, 03. 산업

2) 일반도

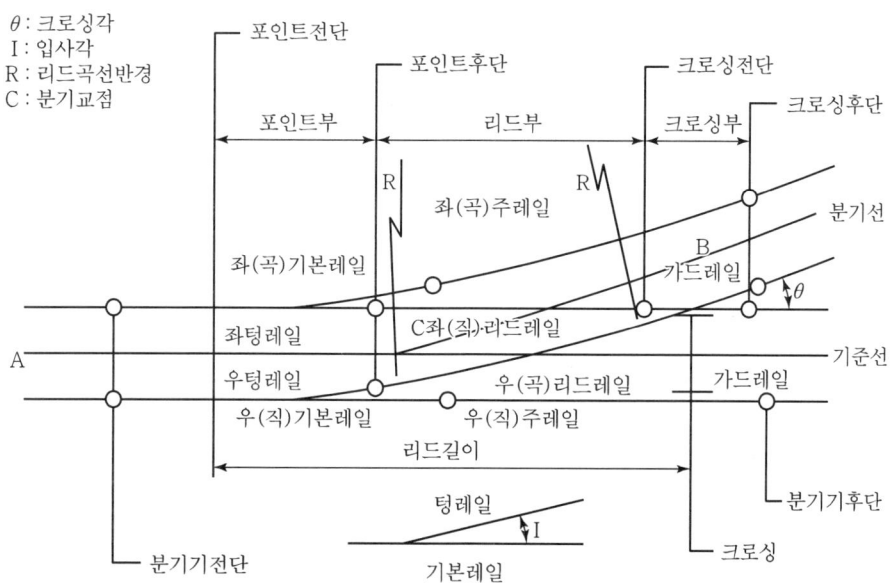

[분기기 구조 및 위치별 명칭]

3) 리드길이 ≫05. 기사

포인트 전단에서 크로싱의 이론교점까지의 길이를 말한다.

(2) 분기기 종류

1) 배선에 의한 종류

① 편개분기기(Simple Turnout)   ≫ 08. 산업
가장 일반적인 기본형으로 직선에서 적당한 각도로 좌우로 분기한 것이다.

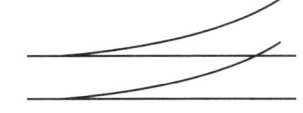

② 진분분기기(Unsymmetrical Double Curve Turnout)
구내배선상 좌우 임의 각도로(예 6 : 4, 7 : 3 등) 분기각을 서로 다르게 한 것이다.

③ 양개분기기(Double Curve Turnout)   ≫ 14, 07. 기사
직선궤도로부터 좌우로 같은 각도로 분기한 것으로서 사용빈도가 기준선 측과 분기 측이 서로 비슷한 단선 구간의 분기에 사용한다.

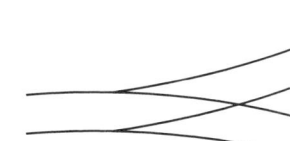

④ 곡선분기기(Curve Turnout) : 기준선이 곡선인 것
  ㉠ 내방분기기(Double Curve Turnout in the Same Direction) : 곡선 궤도에서 분기선을 곡선 내측으로 분기시킨 것
  ㉡ 외방분기기(Double Curve Turnout in the Opposite Direction)

⑤ 복분기기(Double Turnout)
하나의 궤도에서 3 또는 2 이상의 궤도로 분기한 것이다.

⑥ 삼지분기기(Three Throw Switch)   ≫ 04. 기사
직선 기준선을 중심으로 동일 개소에서 좌우대칭 3선으로 분기시킨 것으로 화차조차장에 많이 사용된다.

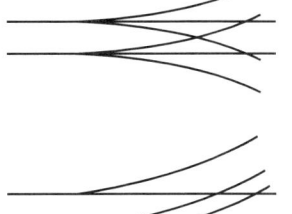

⑦ 삼선식 분기기(Mixed Gauge Turnout)   ≫ 10. 기사
궤간이 다른 두 궤도가 병용되는 궤도에 사용된다.

2) 교차(Cross)에 의한 종류

① 다이아몬드(Diamond) 크로싱
두 선로가 평면교차하는 개소에 사용하며, 직각 또는 사각으로 교차한다.

② 한쪽 건늠 교차(Single Slip Switch)
1개의 사각다이아몬드 크로싱 내에서 좌 또는 우측의 한쪽으로 차량이 임의로 분기하도록 건늠선을 설치한 것이다.

③ 양쪽 건늠 교차(Double Slip Switch)
2개의 사각다이아몬드 크로싱을 사용 양궤도 간에 차량이 임의로 분기하도록 건늠선을 겹쳐서 설치한 것이다.

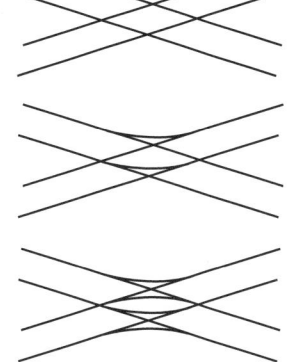

3) 교차와 분기기의 조합에 의한 종류

① 건늠선(Cross Over)
양궤도 간에 건늠선을 1방향으로 부설한 것이다.

② 교차 건늠선(Scissors Cross Over)
복선 및 이와 유사한 양궤도 간에 복선에서 건늠선을 2방향으로 부설한 것이다.

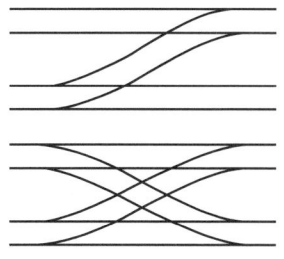

4) 특수용 분기기의 종류

① 승월분기기(Run-Over Type Switch)
분기선이 본선에 비해 중요하지 않거나 사용횟수가 적은 경우에 사용한다. 기준선에는 텅레일, 크로싱이 없고, 보통 주행레일로 구성된 편개분기기를 말한다. 분기선 외궤륜은 결선이 없는 주행레일 위로 넘어가게 된다.

② 천이분기기(Continuous Rail Point)
승월분기기와 비슷하나, 분기선을 배향통과시키지 않는 것이다.

③ 탈선분기기(Derailing Point)
단선구간에서 신호기를 오인하는 경우 운전보안상 중대한 사고가 예측될 때 열차를 고의로 탈선시켜 대향열차 또는 구내 진입 시 유치열차와 충돌을 방지하기 위하여 사용된다. 본선로에 속하는 출발신호기 바깥쪽에 인접 본선로와의 간격이 4.25m 이상 되는 지점에 설치한다.

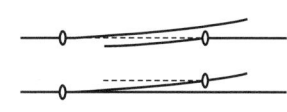

≫ 03. 기사, 04. 산업

④ 곤틀릿 궤도
복선 중의 일부 구간의 한쪽 선로가 공사 등으로 장애가 있을 때 사용되며, 포인트 없이 2선의 크로싱과 연결선으로 되어 있는 특수선을 말한다.

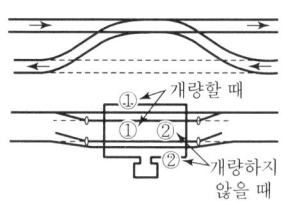

5) 분기기 사용방향에 의한 호칭 　　　　　　　　　　　　　　　>> 07. 기사, 산업

① 대향분기(Facing of Turnout)
열차가 분기를 통과할 때 분기기 전단(포인트)으로부터 후단(크로싱)으로 진입할 경우를 대향(Facing)이라 한다.

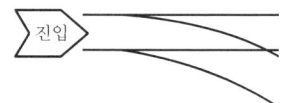

② 배향분기(Trailing of Turnout)
주행하는 열차가 분기기 후단(크로싱)으로부터 전단(포인트)으로 진입할 때는 배향(Trailing)이라 한다. 배향분기가 더 안전하고 위험도가 적다.

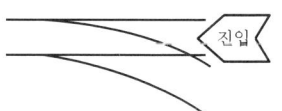

02 포인트

(1) 정의

차량을 2개 또는 3개의 궤도 중에서 어느 궤도로 진입시킬 것인가를 선택하는 부분으로 차량의 방향을 유도하는 역할을 담당하며, 텅레일 후단의 힐(Heel)이 선회한다. 텅레일(㊟방향 전환 레일, Tongue Rail)은 기본레일에 밀착·이격하여 주행을 인도하는 구조이며, 특별히 압연한 비대칭단면레일을 깎아서 사용한다.   >> 06. 기사

[분기기 각부 명칭]

(2) 종류

1) 둔단포인트(Stub Switch)

보통레일 모양의 가동레일을 이용하여 가동레일과 포인트 전후 레일과의 접속부가 보통이음매와 같은 모양의 구조로 되어 있으며, 구조가 단순 견고하나 열차 진입 시 충격이 크고, 잘 사용하지 않는다.

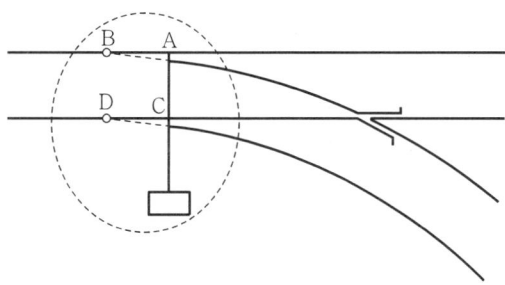

2) 첨단포인트(Split Switch or Point Switch)

가장 많이 사용되며, 2개의 첨단레일(Tongue Rial)을 설치하고, 선단부분에 비대칭단면레일인 텅레일을 이용한다. 열차주행은 원활하나 첨단부의 앞부분의 손상에 대한 보강이 필요하다. 직선포인트와 입사각이 있는 곡선 포인트, 입사각이 없는 곡선 포인트가 있다.

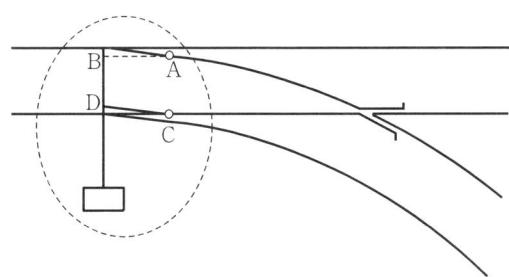

3) 승월포인트(Run-over Type Switch)

분기선이 본선에 비하여 중요치 않은 경우에 사용하며, 본선에는 2개의 기본레일을 사용한다. 분기선 한쪽은 보통 첨단레일을 사용하고 한쪽은 특수형상의 레일을 사용하여 궤간 외측에 설치한다.

4) 스프링포인트(Spring Point)

강력한 스프링의 작용으로 평상시에는 통과량이 빈번한 방향으로 개통되어 있는 포인트이며, 종단·중간역 등에서 진행방향이 일정한 분기기에서 일부 사용한다.

(3) 분기기 입사각

① 기본레일 궤간선과 리드레일 궤간선의 교각을 입사각이라 한다.
② 분기 시 차륜이 텅레일에 닿는 부분을 적게 하기 위해서는 입사각을 가능한 작게 하는 것이 좋으나 입사각이 작으면 텅레일은 길어지고 곡선반경이 커진다.
③ 곡선형 텅레일은 입사각을 0으로 할 수 있으나, 곡선반경이 커지므로 원활한 주행에 불리하다.
④ 50kg 레일 8번 입사각 : 2° 00′ 21″, 10번 입사각 : 1° 36′ 16″, 12번 입사각 : 1° 20′ 13″

(4) 분기기 스켈톤(Skeleton)

분기기 배선계획 시 분기부를 수치로 기재한 그림을 말하고, 분기기 전장과 분기교점에서 분기 전후 끝까지의 거리를 나타낸다.

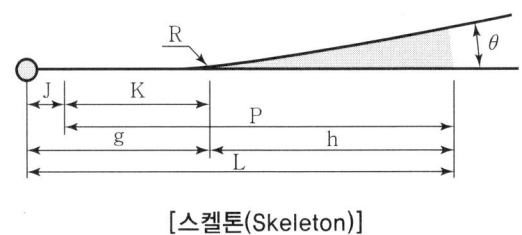

[스켈톤(Skeleton)]

(5) 분기기 보조재료   >> 07. 기사, 03. 산업

1) 게이지 타이로드

　본선의 주요 대향분기기와 궤간 유지가 곤란한 분기기에 텅레일 전방 소정 위치에 설치

2) 게이지 스트러트

　필요에 따라 크로싱에 설치

3) 분기베이스플레이트

　본선과 주요한 측선 분기기에 설치

4) 포인트 가드레일 또는 포인트 프로텍터

　텅레일 끝이 심하게 마모되거나 곡선으로부터 분기하는 곡선의 분기기에 설치

03 크로싱

(1) 크로싱부

분기기 내 직선레일과 곡선레일이 교차하는 부분을 말하며, V자형 노스레일(Nose Rail)과 X자형 윙레일(Wing Rail)로 구성되고, 크로싱의 양쪽에 가드레일이 있다.

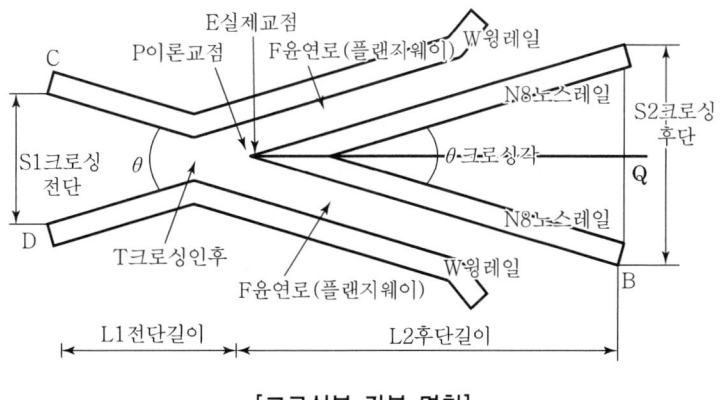

[크로싱부 각부 명칭]

(2) 종류

1) 고정크로싱

크로싱의 각부가 고정되어 윤연로(Flange Way)가 고정되어 있는 것으로, 차량이 어느 방향으로 진행하든지 결선부를 통과해야 하므로 차량의 진동과 소음이 크고 승차감이 좋지 않다.

2) 가동크로싱

크로싱의 최대 약점인 결선부를 제거하여 레일을 연속시킨 형태로 차량의 충격, 진동, 소음, 동요를 해소하여 승차감이 개선되고, 고속열차 운행의 안전도가 향상된다.

① 가동노스크로싱

크로싱의 노스 일부가 좌우로 이동할 수 있는 구조로서 고속열차 운행에 유리하다.

② 가동둔단크로싱

가공하지 않은 전단면 단척레일을 사용한다. 결선부분이 발생하고, 유지보수가 곤란하며, 최근에는 사용하지 않는다.

③ 가동 K 크로싱

분기번호 8번 이상인 분기기에서 결선 길이가 길어져 차륜이 다른 선으로 진입할 우려가 있을 경우 사용하며, 다이아몬드 크로싱에서 가동부분 레일을 K자 형태로 첨단레일 2조와 크로싱 2조로 구성한 크로싱이다.

3) 고망간크로싱

보통레일로 된 크로싱은 구조상 노스레일 선단부에 차륜의 충돌이 심하여 마모로 인한 수명이 단축되기 때문에 내마모성이 강한 망간강을 사용하여 내구연한을 늘린 크로싱이다. 사용 초기에는 2~3mm가 마모하나 그 이후엔 내마모성이 강하여 보통레일 사용에 비해 마모수명은 약 5배 정도 증가한다.

[고정크로싱]

[가동크로싱]

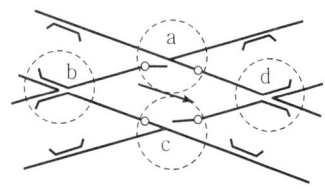
[가동 K 크로싱]

(3) 크로싱각 θ와 크로싱번수 N과의 관계

① 분기기는 보통 크로싱각의 대소에 따라 다르며, 크로싱번호는 N으로 표기한다. 즉, 분기번호를 정하는 방법은 크로싱의 노스레일 각도를 크로싱각의 크기로 정한다.

② 관계식 ≫ 07. 기사, 04. 02. 산업

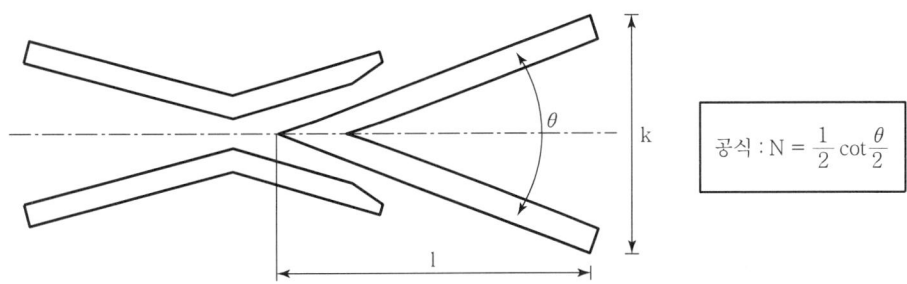

공식 : $N = \dfrac{1}{2} \cot \dfrac{\theta}{2}$

크로싱번호 N=8이란 위 그림에서 l : k = 8 : 1이 되는 것을 말한다. 종래 사용한 것은 대부분 8~10번이었으나 분기고번화로 12~16번 등으로 대체하여 고속화가 가능해지고 있다.

> **Reference**
>
> **크로싱각**
>
> 크로싱 부분에 있어서 기준선과 분기선의 각도를 말하며, 만나는 점을 크로싱 교점이라 한다. 크로싱각은 분기의 성질을 결정하는 요소로서 그것을 정각으로 하는 이등변삼각형의 높이와 저변과의 비를 크로싱번수라 하고, 분기기를 구별하는 데 사용된다.

04 가드(호륜)레일(Guard Rail)

(1) 정의

차량이 대향분기를 통과할 때 크로싱의 결선부에서 차륜의 플랜지가 다른 방향으로 진입하거나 노스의 단부를 훼손시키는 것을 방지하며, 차륜을 안전하게 유도하기 위하여 반대 측 주레일에 부설하는 레일을 말한다.

(2) 목적

① 대향으로 차량통과 시 차량의 이선진입 방지
② 크로싱 노스부 손상 방지
③ 분기부 결선부 차량통과 시 탈선 방지

(3) 백게이지(Back Gage)

분기부에서 크로싱부 노스레일과 주레일 내측에 부설한 가드레일 외측 간의 최단거리를 말한다.

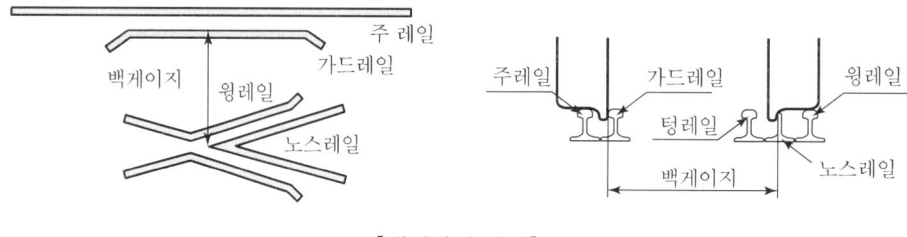

[백게이지 위치]

1) 백게이지의 필요성

   크로싱 노스레일 단부손상 방지, 차량의 이선진입 방지, 차량의 안전주행 유도

2) 백게이지 치수

   ① 국내 일반철도
      1,390~1,396mm
   ② 국내 고속철도
      1,392~1,397mm

3) 문제점

① 백게이지가 작을 경우

이선진입 위험이 있다.

② 백게이지가 클 경우

차륜과 노스레일의 접촉면적이 커져 노스레일 손상이 증가하고, 올라탐 탈선의 위험이 있다.

05 분기기의 정비

분기기는 항상 양호한 상태로 정비하여야 하며, 허용한도는 다음과 같다.

(1) 일반구간

>> 14. 기사

종별	정비한도	비고
크로싱부 궤간	+3~-2mm	
백게이지	1,390~1,396mm	측정 시 노스레일의 플로(Flow)는 제외
CTC 구간의 텅레일부분의 궤간	+3~-2mm	
분기 가드레일 플랜지웨이 폭	42±3mm	백게이지 1,390mm일 때 45mm, 1,396mm일 때 39mm

(2) 노스가동크로싱(8~15번)

종별	정비한도	비고
백게이지	직 1,368~1,372mm 곡 1,391~1,395mm	노스레일과 주레일 내측에 부설한 가드레일 외측 간 최단거리 >> 09. 기사
분기가드레일	직 65±2mm	백게이지 1,358mm일 때 67mm, 1,372mm일 때 63mm
플랜지웨이 폭	곡 42±2mm	백게이지 1,391mm일 때 44mm, 1,395mm일 때 40mm

06 분기기의 열차통과속도

분기기는 일반궤도에 비해 구조상으로나 선형상으로 취약하여 열차속도를 제한할 필요가 있다.

(1) 분기기가 일반궤도와 다른 점
① 텅레일 앞, 끝부분의 단면적이 작다.
② 텅레일은 침목에 체결되어 있지 않다.
③ 텅레일 뒷부분 끝 이음매는 느슨한 구조로 되어 있다.
④ 기본레일과 텅레일 사이에는 열차통과 시 충격이 발생한다.
⑤ 분기기 내에는 이음부가 많다.
⑥ 슬랙에 의한 줄틀림과 궤간 틀림이 발생한다.
⑦ 차륜이 윙레일 및 가드레일을 통과할 때 충격으로 배면횡압이 작용한다.

(2) 분기선 측 열차속도 제한
① 리드곡선부에 캔트 및 완화곡선이 없다.
② 슬랙체감이 급하고, 좋지 않은 선형이다.
③ 일반철도 분기기 통과속도 : $V = 1.5 \sim 2.0\sqrt{R}$ (일본 $2.75\sqrt{R}$)
④ 고속철도 분기기 통과속도 : $V = 2.6 \sim 2.9\sqrt{R}$

구간별	분기기별	번호	8#	10#	12#	15#
		곡선반경(m)	145	245	350	565
지상구간	편개분기기	속도(km/h)	25	35	45	55
지하구간	편개분기기	속도(km/h)	25	30	40	–
지상구간	양개분기기 ≫02, 03. 기사	속도(km/h)	35	45	55	65

(3) 분기선의 열차속도 향상 방안
① 윤축과 궤간 등에 의한 보수기준치를 엄격하게 한다.
② 윙레일 및 가드레일의 배면횡압을 줄이기 위해 분기기용 침목을 강화한다.
③ 힐볼트 및 상판의 강화로 차륜 및 레일의 보수한도를 좋게 한다.
④ 리드곡선을 연장하고 리드곡선 반경을 크게 한다.

> **Reference**
> ○ 고속분기기
>
> UIC 규격에 따라 제작된 분기기로서 노스가동크로싱을 사용한 철차번호 F18.5번 이상의 분기기를 말한다.　　　　　　　　　　　　　　　　　　　　　　　　　　》 11, 09. 산업

07　전환기 및 정위, 반위

(1) 전환장치(전철기) 정의

포인트의 첨단레일을 기본레일에 밀착 또는 분리시켜 포인트를 목적하는 방향으로 개폐하는 장치를 말한다. 수동식과 동력식이 있다.

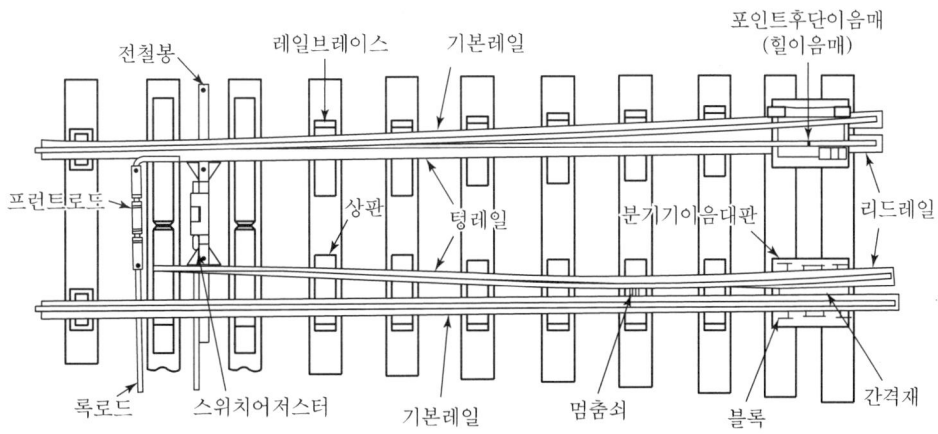

(2) 정위와 반위　　　　　　　　　　　　　　　　　》 14, 08. 기사, 산업, 07. 산업

1) 상시 개통되어 있는 방향을 정위(Normal Position), 반대로 개통되어 있는 방향을 반위(Reverse Position)라 한다.

2) 정위설정표준

① 본선 상호 간에는 중요한 방향, 단선의 상하본선에서는 열차의 진입방향
② 본선과 측선에서는 본선의 방향
③ 본선, 측선, 안전측선 상호 간에서는 안전측선의 방향
④ 측선 상호 간에서는 중요한 방향
⑤ 탈선 포인트가 있는 선은 차량을 탈선시키는 방향

(3) 정거장 내 분기기 배치   >> 12. 08. 산업

① 분기기는 가능한 집중 배치한다.
② 총유효장을 극대화한다.
③ 본선에 사용하는 분기기는 위치를 충분히 검토한다.
④ 특별분기기는 보수를 위해 가능한 피하고, 배선상 큰 장점이 있을 시 부설한다.

> **Reference**
>
> **용어설명**
>
> 1. **프론트 로드(전철 간, Front Rod)**
>   전철기의 선단레일을 쇄정시켜 밀착을 확보하는 쇄정 로드를 동작시키는 데 사용되는 로드
>
> 2. **유효장(Effective Train Length Indicator)**
>   열차를 정차시키는 선로 또는 차량을 유치하는 선로의 양 끝에 있는 차량접촉한계표지 상호 간의 길이를 말하고, 출발신호기가 설치되어 있는 선로에 대해서는 출발신호기까지의 길이를 말한다. 이 경우 궤도회로의 절연장치가 차량접촉한계표지 내방 또는 출발신호기의 외방에 설치되었을 때는 절연장치까지의 길이로 한다.

01 기출 및 적중예상문제

■ 정답 및 해설

01 분기기를 구성하는 3부분이 아닌 것은? ≫ 13, 08, 03. 산업
① 포인트부 ② 크로싱부
③ 리드부 ④ 후로우부

01 분기기는 포인트부, 리드부, 크로싱부로 구성된다.

02 분기기의 종류 중 일반적으로 가장 많이 사용되는 기본형 분기기는? ≫ 08. 산업
① 편개분기기 ② 양개분기기
③ 진분분기기 ④ S.C.O

02 편개분기기는 일반적인 기본형이며, 직선에서 적당한 각도의 좌우로 분기한 것이다.

03 다음 분기기 중 직선 기준선을 중심으로 동일 개소에서 좌우 대칭 3선으로 분기시킨 것으로 화차 조차장에서 많이 사용되는 분기기는? ≫ 04. 기사
① 복분기기 ② 삼지분기기
③ 진분기기 ④ 삼선식분기기

03 삼지분기기에 대한 설명이다.

04 분기기의 배선에 의한 종류 중 직선궤도로부터 좌우 등각으로 분기한 것으로 사용빈도가 기준선 측과 분기 측이 서로 비슷한 단선구간에 사용하는 분기기는? ≫ 14, 07. 기사
① 분개분기기 ② 양개분기기
③ 복분기기 ④ 3자분기기

04 양개분기기는 좌우 등각이며 분개분기기는 좌우 임의 각도로 분기각을 서로 다르게 한 것을 말한다.

정답 01 ④ 02 ① 03 ② 04 ②

▶ Part 03 | 분기기 및 장대레일

05 텅레일은 기본레일에 밀착, 이격하여 주행을 인도하는 구조로 압연하여 비대칭단면레일을 사용한다.

5 일반적으로 분기기 구조에서 특별히 압연한 비대칭 단면의 레일을 삭정하여 사용하는 레일은? » 06. 기사
① 가드레일　　　② 텅레일
③ 노스레일　　　④ 윙레일

06 50kg 8# 분기기 입사각 : 2°00'21", 10# : 1°36'16", 12# : 1°20'13"

6 50kg 8# 분기기의 보통 포인트 입사각은? » 09, 02. 산업
① 2° 00'21"　　　② 7° 09'10"
③ 9° 09'23"　　　④ 5° 43'29"

07 분기 시 차륜이 텅레일에 닿은 부분을 작게 하기 위해 입사각을 작게 하는 것이 좋으며, 입사각이 작을수록 텅레일은 길어지고 곡선반경은 커진다. 곡선형 텅레일은 입사각을 작게 할 수 있으나 곡선반경이 커져 원활한 주행에 불리하다.

7 분기기 입사각의 바른 설명은? » 08. 기사
① 기본레일과 리드레일의 편각을 입사각이라 한다.
② 분기 시 차륜이 텅레일에 닿은 부분을 적게 하기 위해 입사각을 작게 하는 게 좋다.
③ 입사각이 작을수록 텅레일이 짧아지고 곡선반경은 작아진다.
④ 곡선형 텅레일은 입사각이 커서 원활한 주행에 불리하다.

08 분기기는 대향, 즉 텅레일 부분 진입 시 탈선에 많은 영향을 미치므로 배향분기가 안전하고 위험도가 적다.

8 다음 ( )에 알맞은 용어로 짝지어진 것은? » 07. 산업

주행하는 열차가 분기기 후단으로부터 전단으로 진입할 때를 (㉠)이라 하며, 운전상 (㉡)는 (㉢)보다 안전하고 위험도가 적다.

① ㉠ 배향 ㉡ 배향분기 ㉢ 대향분기
② ㉠ 배향 ㉡ 대향분기 ㉢ 배향분기
③ ㉠ 대향 ㉡ 배향분기 ㉢ 대향분기
④ ㉠ 대향 ㉡ 대향분기 ㉢ 배향분기

정답 05 ② 06 ① 07 ② 08 ①

Chapter 01 | 분기기

09 다음 중 전환기의 정위에 대한 표준으로 틀린 것은?
≫ 10. 07. 08. 산업
① 본선 상호 간에서는 중요한 본선방향
② 본선, 측선, 안전측선 상호 간에서는 본선의 방향
③ 본선, 측선에서는 본선방향
④ 탈선포인트가 있는 선은 차량을 탈선시키는 방향

09 본선, 측선, 안전측선 상호 간에는 안전측선의 방향을 전환기 정위 표준으로 한다.

10 포인트 전환기의 정위를 결정하는 표준으로 보기 어려운 것은?
≫ 14. 08. 기사, 12. 산업
① 본선 상호 간에는 중요한 방향
② 본선과 측선에서는 측선의 방향
③ 본선, 측선, 안전측선 상호 간에는 안전측선의 방향
④ 측선 상호 간에는 중요한 방향

10 본선과 측선에서는 본선 방향을 전환기 정위 표준으로 한다.

11 포인트 부품 중 열차가 통과하기까지 진로의 전환을 할 수 없도록 텅레일과 기본레일과의 밀착이 유지되도록 하기 위해 쇄정을 하도록 텅레일의 최선단에 설치하는 것은? ≫ 08. 기사
① 프런트 로드　　② 스위치 어져스터
③ 레일 브레이스　　④ 분기기 이음매판

11 텅레일 최선단에서 텅레일과 기본레일과의 밀착을 유지시키는 것은 프런트 로드(전철간)이다.

12 분기기에서 리드길이는 어느 지점간의 거리를 의미하는가?
≫ 05. 기사
① 포인트 전단에서 크로싱의 전단까지의 길이
② 포인트 전단에서 크로싱의 이론교점까지의 길이
③ 포인트 후단에서 크로싱의 전단까지의 길이
④ 포인트 후단에서 크로싱의 이론교점까지의 길이

12 리드길이는 포인트 전단에서 크로싱의 이론교점까지의 길이를 말한다.

정답　09 ②　10 ②　11 ①　12 ②

▶ Part 03 | 분기기 및 장대레일

13 크로싱도(θ)와 비례하여 크로싱 번호(N)도 비례해서 증가하며, 관계식: $N=\frac{1}{2}\cot\frac{\theta}{2}$

13 크로싱 번호를 구하는 식은?(단, θ는 크로싱각이다.)
≫ 04. 산업

① $\frac{1}{2}\cot\frac{\theta}{2}$
② $\frac{\pi}{4}\sin\theta$
③ $2\times 10^6 \tan\theta$
④ $15.24\operatorname{cosec}\frac{\theta}{2}$

14 분기기 번호가 클수록 입사각이 적고 리드 곡선반경이 커서 열차통과속도를 높일 수 있고, 가동크로싱은 결선부를 없애 소음과 충격을 줄일 수 있다.

14 다음 분기기에 대한 설명으로 옳은 것은? ≫ 12, 06. 기사
① 곡선분기기는 리드 곡선 반경이 작은 분기기를 말한다.
② 분기번호가 클수록 열차통과속도를 높일 수 있다.
③ 가드레일은 배향 운전 시 차량의 이선 진입을 방지한다.
④ 가동크로싱은 차량통과 시 충격과 소음이 크고 결선부가 길다.

15 분기기는 가능한 집중배치하고, 총유효장을 극대화한다. 본선에 사용하는 분기기는 위치를 충분히 검토하고, 특별분기기는 보수를 위해 가능한 한 피한다.

15 정거장 내 분기기 배치에 대한 설명으로 틀린 것은?
≫ 12, 08. 산업
① 특별분기기 설치를 많이 한다.
② 분기기는 가능한 한 집중배치한다.
③ 총유효장을 극대화한다.
④ 본선에 사용하는 분기기는 위치를 충분히 검토한다.

16 분기기 번호는 크로싱도(θ)와 비례하며 관계식은 $N=\frac{1}{2}\cot\frac{\theta}{2}$ 이다.

16 분기기에 대한 설명 중 틀린 것은? ≫ 13, 07. 기사
① 탈선분기기는 단선구간에서 신호기를 오인하는 경우 운전 보안상 중대한 사고가 예측될 때 열차를 고의로 탈선시켜 대항열차와 충돌을 방지하는 목적으로 설치한다.
② 배향이란 주행하는 열차가 분기기 후단으로부터 전단으로 진입할 때를 말하며 배향분기는 대향분기보다 안전하다.
③ 분기기는 보통 크로싱각의 대소에 따라 다르며 분기기 번호는 크로싱각의 sin 값으로 정한다.
④ 백 게이지란 크로싱 노스레일과 가드레일 간의 간격을 말한다.

17 궤간 결선이 없게 된 노수부가 이동하는 구조로 고속열차 운행의 안전도 향상을 도모한 크로싱은? ≫ 11. 09. 산업
① 고정 크로싱　　② 다이아몬드 크로싱
③ 노스 가동크로싱　　④ 망간 크로싱

17 노스 가동크로싱은 노스부가 운행선 방향으로 이동하여 결선부가 없으며, 진동과 충격이 적어 고속분기기에 적합하다.

18 크로싱의 노스레일과 가드레일의 플렌지웨이 내측 간의 간격을 의미하는 것은? ≫ 09. 산업
① 궤간　　② 스트로크
③ 윤연로　　④ 백게이지

18 백게이지는 크로싱 노스레일 단부손상 및 차량 이선진입을 방지하고, 차량의 크로싱부 안전 주행을 유도한다.

19 다음 중 분기기 가드레일의 역할은? ≫ 09. 산업
① 차량 탈선 시 대형사고 방지를 위한 차량 유도
② 크로싱의 마모 방지 및 슬랙량의 조정
③ 크로싱의 백게이지 확보 및 궤간 축소 방지
④ 차량이 대향운전 시 이선 진입 방지

19 가드레일은 차량이 대향운전 시 이선진입 및 노스 단부손상 방지를 위해 주레일 반대 측에 부설하는 것을 말한다.

20 서울역 구내에 15번 양개분기기를 부설하였다. 부산행 새마을호 열차의 이 분기기 통과 제한 속도는 얼마인가?
≫ 03. 02. 기사
① 50km/h　　② 60km/h
③ 65km/h　　④ 70km/h

20 15번 양개분기기 통과 제한속도는 65km/h이며, 편개분기기 통과 제한속도는 55km/h이다.

21 일반궤도와 비교하여 50kgNS 레일용 분기기의 구조적 특징에 해당되지 않는 것은? ≫ 13. 10. 기사
① 텅레일 전체를 견고하게 체결하기 어렵다.
② 분기기의 슬랙이 적다.
③ 포인트부와 리드곡선에 완화곡선이 없다.
④ 텅레일의 단면적이 크다.

정답　17 ③　18 ④　19 ④　20 ③　21 ④

▶ Part 03 | 분기기 및 장대레일

22 삼선식분기기는 궤간이 다른 두 궤도가 병용되는 궤도에 사용된다.

22 삼선식 분기기에 대한 설명으로 옳은 것은? ≫ 10. 기사
① 직선기준선을 중심으로 동일개소에서 좌우 대칭 3선으로 분기시키기 위하여 2틀의 분기기를 종합시킨 구조의 특수분기기이다.
② 궤간이 다른 두 궤도가 병용되는 궤도에 사용된다.
③ 하나의 궤도에서 3 또는 2 이상의 궤도로 분기한 것이다.
④ 직선궤도로부터 좌우 등각으로 분기한 것으로서 사용빈도가 기준선 측과 분기 측이 서로 비슷한 단선구간에 사용한다.

23 분기기에서는 슬랙체감이 급하고, 리드 곡선반경이 작아 열차속도를 제한한다.

23 분기기의 통과속도를 일반궤도보다 낮게 제한하는 이유는 일반궤도에 비해 구조적인 약점이 있기 때문이다. 이러한 약점에 해당되지 않는 것은? ≫ 10. 산업
① 분기기의 슬랙과 리드 곡선반경이 크다.
② 텅레일의 단면적이 작고 견고하게 체결될 수 없다.
③ 캔트가 부족하다.
④ 크로싱에 결선부가 있다.

24 분기기 크로싱부에는 결선부가 존재하여 차량의 충격, 동요, 소음 등이 발생하고, 승차감을 저해한다. 이를 개선하기 위해 가동 크로싱을 사용하여 고속화를 추진하고 있다.

24 궤간 결선부를 없게 하여 레일을 연속시켜 격심한 차량의 충격, 동요, 소음 등을 해소하고 승차감을 개선하여 고속열차 운행의 안전도 향상을 도모한 크로싱은? ≫ 11. 산업
① 고정 크로싱   ② 다이아몬드 크로싱
③ 가동 크로싱   ④ 망간 크로싱

25 일반철도의 분기기에서 곡선형 텅레일을 사용하고자 할 때, 18# 분기기($\theta = 3° 10'56''$)에서 리드곡선을 크로싱 이론교점까지 택한다면 이때 외측 리드레일의 반경은? ≫ 11. 기사
① 1,250m   ② 1,020m
③ 930m   ④ 825m

정답 22 ② 23 ① 24 ③ 25 ③

26 50kgNS 분기의 크로싱각이 $\theta = 3°10'56''$일 때, 분기기 번호는? ≫ 11. 산업

① 8
② 10
③ 15
④ 18

26 $\theta = 3°\ 10'56''$
$= 3° + (10/60)°$
$+ (56/3,600)°$
$= 3.182°$

$N = \dfrac{1}{2} cot\left(\dfrac{\theta}{2}\right)$
$= \dfrac{1}{2} \times \dfrac{1}{\tan\left(\dfrac{3.182}{2}\right)}$
$= 18.00$

27 탈선포인트는 인접 본선로와의 간격이 최소 몇 m 이상이 되는 지점에 설치하여야 하는가? ≫ 03. 기사, 04. 산업

① 4.0m
② 4.25m
③ 4.30m
④ 4.50m

27 탈선분기기는 본선로에 속하는 출발신호기 바깥쪽에 인접 본선로와의 간격이 4.25m 이상 되는 지점에 설치한다.

28 분기기에서 포인트 가드레일 또는 포인트 프로텍터를 붙여야 하는 것은? ≫ 07. 기사

① 궤간이 넓어질 우려가 있는 분기기
② 궤간이 좁아질 우려가 있는 분기기
③ 크로싱 전후
④ 곡선으로부터 분기하는 곡선의 분기기

28 포인트 가드레일 및 포인트 프로텍터는 레일마모가 심한 곡선 분기기에 설치한다.

29 분기기의 보조재료로서 시설하는 것이 아닌 것은? ≫ 03. 산업

① 게이지 타이로드(Gauge Tierod)
② 게이지 스트럿(Gauge Strut)
③ 포인트 가드레일 또는 포인트 프로텍터
④ 자동연결기 넉클

29 자동연결기 넉클은 차량분야에서 사용하는 차량 간 연결기와 관련된 부속품이다.

30 고속열차가 운전하는 본선에서 분기기를 상대하여 부설할 경우 양 분기기의 포인트 전단 사이 간격의 기준은? ≫ 05. 기사

① 25m 이상
② 20m 이상
③ 10m 이상
④ 5m 이상

30 고속철도 양 분기기 포인트 전단사이간격 기준
본선 : 10m 이상
기타본선 및 측선 : 5m 이상

정답 26 ④ 27 ② 28 ④ 29 ④ 30 ③

31 크로싱의 노스레일과 가드레일 간의 간격을 말하며, 노스레일 선단의 원호부와 탑면의 접점에서 가드레일의 후렌지웨이 내측 간의 가장 짧은 거리를 측정하여 정하는 것은?
>> 09. 기사

① 윙 레일
② 분기기 탐상
③ 크로싱 간격
④ 백게이지

32 고속분기기는 UIC 규격에 의하여 제작된 노스가동크로싱을 사용한 철차번호 몇 번 이상의 분기기로 정의되는가?
>> 11, 09. 산업

① 철차번호 F15.5번
② 철차번호 F18.5번
③ 철차번호 F26번
④ 철차번호 F46번

33 내방분기기의 경우에는 분기기 전체가 곡선을 이루기 때문에 본선 곡선과 같은 방법으로 캔트를 삽입한다.

33 고속열차를 운전하는 분기부대 곡선에 캔트를 붙일 때, 내방분기기에 있어서의 분기곡선에 캔트를 붙이는 방법으로 옳은 것은?
>> 11. 기사

① 본선 곡선과 같은 캔트를 붙인다.
② 30mm의 캔트를 붙인다.
③ 45mm의 캔트를 붙인다.
④ 캔트를 붙이지 않는다.

34 웨이티드 포인트(Weighted Points)는 전철기 중 가장 간단한 것으로서 추동작에 의하여 텅레일을 기본 레일에 밀착시키는 전철기이다.

34 분기기에서 웨이티드 포인트의 사용에 대한 설명으로 옳은 것은?
>> 11. 산업

① 모든 본선부대분기에 주로 사용된다.
② CTC 구간의 본선 분기에 사용한다.
③ 자동전철기 설치구간의 본선 분기에 사용한다.
④ 측선 분기에서의 사용을 최대한 억제한다.

정답 31 ④ 32 ② 33 ① 34 ④

35 분기기 대향으로 분기선으로 열차가 진입할 시 통과 순서로 맞는 것은?
① 포인트부 → 리드부 → 크로싱부
② 포인트부 → 크로싱부 → 리드부
③ 리드부 → 크로싱부 → 포인트부
④ 리드부 → 포인트부 → 크로싱부

36 분기기의 배선에 의한 종류로 옳지 않은 것은?
① 편개분기기 ② 탈선분기기
③ 양개분기기 ④ 곡선분기기

36 배선에 의한 종류에는 편개, 진분, 양개, 곡선, 복, 3선, 3지 분기기가 있다.

37 분기기 중 특수용 분기기의 종류에 포함되지 않는 것은?
① 승월분기기 ② 탈선분기기
③ 삼지분기기 ④ 콘트릿 궤도

37 특수분기기 : 탈선분기기, 천이분기기, 승월분기기, 간트렛트궤도

38 백게이지(Back Gage)의 설명 중 옳지 않은 것은?
① 크로싱부 노스레일과 주레일 내측에 부설한 가드레일 외측 간의 최단거리이다.
② 크로싱 노스레일 단부손상 방지, 차량의 이선진입방지의 역할을 한다.
③ 국내 일반철도의 백게이지 치수는 1,390~1,396mm이다.
④ 백게이지가 클 경우 노스레일 손상 및 마모, 이선진입 위험이 있다.

38 백게이지가 작을 경우 노스레일 손상 및 마모, 이선진입 위험이 있고, 클 경우에는 탈선의 위험이 있다.

39 분기기는 일반 궤도에 비해 구조상으로나 선형상으로도 취약하여 열차속도를 제한할 필요가 있다. 일반궤도와 다른점을 설명한 것 중 틀린 것은?
① 텅레일 앞·끝부분의 단면적이 적다.
② 텅레일 뒷부분 끝 이음매는 느슨한 구조로 되어 있다.
③ 차륜이 윙 레일 및 가드레일을 통과할 때 충격으로 배면 횡압이 작용한다.
④ 슬랙에 의한 줄틀림과 궤간 틀림이 발생하지 아니한다.

39 슬랙에 의한 줄틀림과 궤간틀림이 발생하며, 텅레일은 침목에 체결되어 있지 않고, 분기기 내에 이음매부가 많다.

정답 35 ① 36 ② 37 ③ 38 ④ 39 ④

40 분기기 설치가 가능한 기울기는 15/1,000 미만

40 고속철도의 분기기 설치기준으로 옳지 않은 것은? ≫13. 기사
① 기울기 구간은 20/1,000 미만 개소에 부설하여야 한다.
② 분기기는 기울기 변환개소에는 설치할 수 없다.
③ 고속분기기는 종곡선, 완화곡선 및 장대레일의 신축이음의 시·종점으로부터 100m 이상 이격하여야 한다.
④ 분기기 설치구간 내에는 구조물의 신축이음이 없어야 한다. (라멘구조형식은 제외)

41 양개분기기
직선궤도로부터 좌우로 같은 각도로 분기한 것으로써 사용빈도가 기준선 측과 분기 측이 서로 비슷한 단선구간의 분기에 사용한다.

41 분기기에 대한 설명 중 옳지 않은 것은? ≫13. 산업
① 편개분기기 : 가장 일반적인 기본형으로 직선에서 적당한 각도로 좌 또는 우로 분기한 것
② 양개분기기 : 구내 배선상 좌우 임의의 각도로 분기각을 서로 다르게 한 것
③ 내방분기기 : 곡선궤도에서 분기선을 곡선 내측으로 분기시킨 것
④ 삼지분기기 : 직선기준선을 중심으로 동일 개소에서 좌우 대칭 3선으로 분기시킨 것

42 국내 일반철도 : 1,390~1,396mm
국내 고속철도 : 1,392~1,397mm

42 일반구간에서 분기기의 백게이지를 측정한 결과 값이 보기와 같을 때 정비하지 않아도 되는 것은? ≫13. 산업
① 1,380mm   ② 1,393mm
③ 1,441mm   ④ 1,435mm

43 도시철도에서 크로싱(Crossing) 구간 궤간의 허용공차로 옳은 것은? ≫14. 기사
① 증 3mm, 감 2mm   ② 증 3mm, 감 4mm
③ 증 10mm, 감 2mm   ④ 증 10mm, 감 4mm

정답 40 ① 41 ② 42 ② 43 ①

44 특수용 분기기의 일종인 승월 분기기에 대한 설명으로 옳지 않은 것은? ≫ 15. 기사

① 분기선이 본선에 비해 중요하지 않거나 사용횟수가 적은 경우에 사용한다.
② 두 선로가 평면교차하는 개소에 사용하며, 직각 또는 사각으로 교차한다.
③ 기준선에는 텅레일과 크로싱이 없고, 보통 주행 레일로 구성된 분기기이다.
④ 분기선 외궤륜은 결선이 없는 주행레일 위로 넘어가게 된다.

44 두 선로가 평면교차하는 개소에 사용하며, 직각 또는 사각으로 교차하는 분기기는 다이아몬드 크로싱에 대한 설명이다.

45 고속철도의 분기기 설치기준으로 옳지 않은 것은? ≫ 15. 기사

① 기울기 구간은 30/1,000 미만 개소에 부설하여야 한다.
② 분기기는 기울기 변환개소에는 설치할 수 없다.
③ 교량상판길이가 30m 미만일 경우는 20m 이상 이격되어야 한다.
④ 고속분기기는 종곡선, 완화곡선 및 장대레일의 신축이음의 시/종점으로부터 100m 이상 이격하여야 한다.

45 기울기 구간은 15/1,000 미만 개소에 부설하여야 한다.

46 분기기가 일반 궤도와 다른 점으로 옳지 않은 것은? ≫ 15. 산업

① 분기기 내에는 이음부가 없다.
② 기본레일과 텅레일 사이에는 열차 통과 시 충격이 발생한다.
③ 슬랙에 의한 줄틀림과 궤간 틀림이 발생한다.
④ 텅레일 앞·끝부분의 단면적이 작다.

46 분기기의 구조상 분기기 내부에는 이음매가 있다.(예 : 힐 이음매)

47 궤간의 결선부를 없게 하여 레일을 연속시켜 격심한 차량의 충격, 동요, 소음 등을 해소하고 승차감을 개선하여 고속열차 운행의 안전도 향상을 도모한 크로싱은? ≫ 15. 산업

① 고정 크로싱
② 다이아몬드 크로싱
③ 가동 크로싱
④ 망간 크로싱

47 가동 크로싱은 크로싱의 최대 약점인 결선부를 제거하여 안전도를 향상시킨 크로싱이다.

정답 44 ② 45 ① 46 ① 47 ③

48 단선의 상하본선에서의 정위는 열차의 진입방향이다.

48 포인트의 정위에 대한 설명으로 옳지 않은 것은? ≫15. 산업
① 본선 상호 간에는 중요한 방향
② 단선의 상하본선에서는 열차의 진출방향
③ 본선, 측선, 안전측선 상호 간에는 안전측선의 방향
④ 탈선 포인트가 있는 선은 차량을 탈선시키는 방향

49 안전가드레일은 본선레일과 같은 종류의 헌 레일을 사용하는 것을 원칙으로 한다.

49 안전가드레일의 부설방법으로 옳지 않은 것은?(단, PC침목 부설구간 등 특별한 경우 제외) ≫15. 산업
① 낙석, 강설이 많은 개소를 제외하고는 위험이 큰 쪽의 반대측 레일의 궤간 안쪽에 부설하여야 한다.
② 안전가드레일은 본선레일보다 치수가 작은 신품레일을 사용하여야 한다.
③ 안전가드레일의 부설간격은 본선레일에 대하여 200~250mm 간격으로 부설하여야 한다.
④ 안전가드레일의 이음매는 이음매판을 사용한다.

50 8번 편개분기기의 분기 측 열차 통과속도는 25km/h이다.

50 일반철도에서 8번 편개분기기의 분기방향 열차통과속도는? ≫16. 기사
① 15km/h ② 25km/h
③ 30km/h ④ 35km/h

51 기본레일 궤간선과 리드레일 궤간선의 교각을 입사각이라 하며, 분기 시 차륜이 텅레일에 닿는 부분을 적게 하기 위해서는 입사각을 가능한 작게 하는 것이 좋으며 입사각이 작으면 텅레일이 길어지고 곡선반경은 커진다.

51 분기기의 입사각에 대한 설명으로 옳은 것은? ≫16. 기사
① 곡선형 텅레일은 입사각이 커서 원활한 주행에 불리하다.
② 입사각이 작을수록 텅레일이 짧아지고 곡선반경은 작아진다.
③ 텅레일의 궤간선과 리드레일 궤간선의 교각을 포인트의 입사각이라 한다.
④ 분기 시 차륜이 텅레일에 닿는 부분을 적게 하기 위하여 입사각을 작게 하는 것이 좋다.

52 선로유지관리지침에서 정하는 분기기에 관한 설명으로 틀린 것은? ≫16. 기사
① 본선에 있어서 분기기를 상대하여 부설하는 경우, 양 분기기의 포인트 전단 사이는 10m 이상 간격을 두어야 한다.
② 분기기의 각 부와 분기기 앞뒤에는 동일한 종류의 레일을 사용하여야 하며, 크로싱부 궤간의 정비한도는 +3, -3mm이다.
③ 본선의 주요 대향 분기기와 궤간 유지가 곤란한 분기기에는 텅레일 전방소정위치에 게이지타이롯드를 붙일 수 있다.
④ 텅레일 끝이 심하게 마모되거나 곡선으로부터 분기하는 곡선의 분기기에는 포인트 가드레일 또는 포인트 프로텍터를 붙여야 한다.

52 분기기의 각부와 분기기 앞뒤에는 동일한 종류의 레일을 사용해야 하며, 크로싱부 궤간의 정비한도는 +3mm, -2mm

53 게이지 스트럿(Gauge Strut)은 열차주행 시 무엇을 방지하기 위하여 사용되는가? ≫16. 산업
① 급곡선부 탈선방지
② 분기기 크로싱부 궤간축소방지
③ 분기기 입구에서 궤간확대방지
④ 타이플레이트를 사용하지 않은 곡선부 레일의 경좌현상 방지

53 게이지 스트럿은 궤간축소방지를 위해 필요에 따라 크로싱에 설치한다.

54 분기기의 통과속도를 일반 궤도보다 낮게 제한하는 이유는 일반 궤도에 비해 구조적인 약점이 있기 때문이다. 이러한 약점에 해당되지 않는 것은? ≫16. 산업
① 크로싱에 결선부가 있다.
② 분기기의 슬랙과 리드 곡선반경이 크다.
③ 리드 곡선 통과에 대하여 캔트 부족이 크다.
④ 텅레일의 단면적이 작고 견고하게 체결할 수 없다.

54 차량의 원활통과를 위해 슬랙이 필요하며, 곡선반경이 클수록 궤도에 작용하는 횡압이 작아지므로 약점이라 할 수 없다.

정답 52 ② 53 ② 54 ②

Part 03 | 분기기 및 장대레일

55 편개 분기기는 가장 일반적인 기본형 분기기로서, 직선에서 적당한 각도로 좌우로 분기한 것이다.

55 분기기의 종류 중 일반적으로 가장 많이 사용되는 기본형 분기기는? ≫16. 산업
① 내방 분기기   ② 양개 분기기
③ 진분 분기기   ④ 편개 분기기

56 분기기 전후에 사용할 레일은 동일 종류의 레일을 사용해야 한다.

56 분기기 전후에 사용할 레일에 관한 설명으로 옳은 것은? ≫16. 산업
① 분기기보다 경량 레일을 사용해야 한다.
② 분기기보다 중량 레일을 사용해야 한다.
③ 분기기와 동일 종류의 레일을 사용해야 한다.
④ 분기기와 동등 또는 그 이상의 레일을 사용해야 한다.

02 장대레일

01 개요

궤도의 최대 취약부인 레일이음매를 없애기 위하여 레일이음부를 연속적으로 용접하여 1개의 레일 길이가 200m 이상인 레일을 장대레일이라 한다. 고속선에서는 일반적으로 1개의 레일길이가 300m 이상인 장대레일을 사용하고 있다.

>> 05. 산업

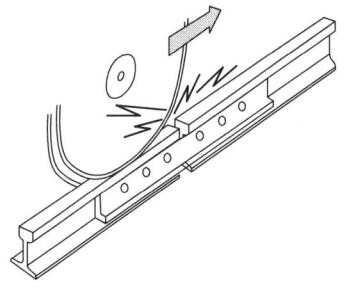
[레일이음매 구간]

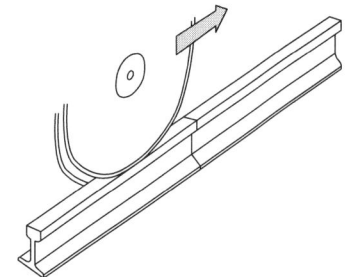
[장대레일 구간]

(1) 장대레일의 장점

>> 04. 기사

① 궤도보수 주기가 길다.
② 소음·진동 발생이 적다.
③ 궤도재료의 손상이 적다.
④ 차량동요가 적고 승차감이 좋다.
⑤ 멀티플타이탬퍼(MTT) 등 중기류의 작업성이 좋다.

(2) 장대레일의 가능조건

① 장대레일 양끝단에서 레일의 신축 처리가 가능할 것
② 레일이 파단되지 않을 것, 파단된 경우 개구량이 운전보안상의 한도 내에 있을 것
③ 궤도좌굴이 발생하지 않을 것
④ 충분한 체결력과 도상저항력을 확보할 것

02 | 장대레일 이론

(1) 개요

레일은 계절별로 온도가 높고 낮음의 변화에 따라 신축을 하게 되어 있어 선팽창 계수에 비례하여 신축하나, 장대레일에서는 레일의 중앙부에서 신축하려는 힘들이 서로 균형을 이루어 이동을 상쇄시키므로 부동구간이 형성된다. 레일의 양끝 80~100m 정도(일반철도), 150m(고속철도)만 신축이 일어나고 중간부분은 신축하지 않는다.

1) 부동구간

도상저항력과 레일의 유동 방지에 의하여 레일의 신축을 제한하는 경우, 레일이 일정 길이 이상이 되면 중앙부에 신축이 생기지 않는 구간을 말한다.(일반철도 양단부 각 80~100m, 고속선의 경우 150m 정도 제외 구간) ≫12. 기사

2) 설정온도 ≫11. 산업

장대레일을 부설할 때의 레일 온도로, 장대레일 전 길이에 대한 평균온도로 표시한다. 레일 저부 상면에 대해 전 구간에서 여러 곳을 측정하여 산술평균한다.

3) 중위온도

장대 레일을 부설한 후 일어날 수 있는 최저, 최고온도의 중간온도로 연간 평균온도와는 다르다.

4) 재설정

한번 설정한 장대레일 체결장치를 모두 풀어서 레일의 신축을 자유롭게 한 다음 다시 체결하는 것을 말한다.

5) 최저좌굴축압 ≫08, 04, 03, 02. 기사

국부틀림이 좌굴을 일으킬 수 있는 충분한 조건이 되었을 때 이론상 좌굴을 일으킬 수 있다고 생각되는 최저의 축압력을 말한다.

(2) 레일의 신축과 축력

≫ 09, 07, 06. 기사, 13, 12, 07, 03. 산업

1) 레일의 자유신축량

$$e = L\beta \Delta T = L\beta(t - t_0)$$

여기서, e : 자유신축량(m)
β : 레일의 선팽창 계수(1.14×10^{-5}℃)
t : 현재 온도(℃)
t_0 : 부설 또는 재설정 시의 레일온도(℃)
L : 레일길이(m)

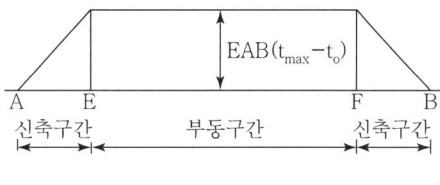

[장대레일 축력도]

2) 레일의 축력

$$P = EA\beta \Delta T = EA\beta(t - t_0)$$

여기서, P : 축력(N)
E : 레일강의 탄성계수(2.1×10^5N/mm²)
A : 레일단면적(mm²)

3) 신축구간의 길이

$$L = \frac{P}{r_0} = \frac{EA\beta \Delta t}{r_0}$$

여기서, r_0 : 종방향 저항력(N/m)

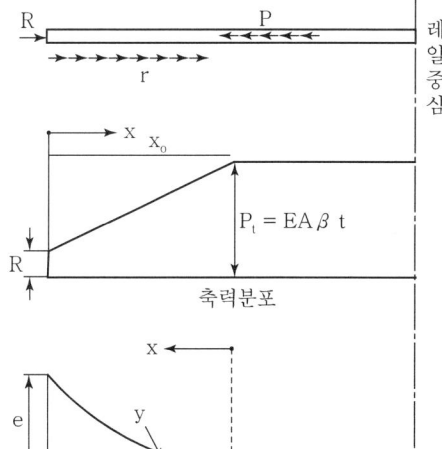

[장대레일 신축구간 축력 및 신축량]

(3) 개구량 허용한도

≫ 02. 산업

장대레일 온도가 낮아져서 축인장력이 작용하고 있을 때 레일이 파단되면 레일 단부는 급격하게 수축하는 현상이 발생하며, 장대레일의 개구량은 단부 신축량의 2배가 된다.

$$\Delta l = \frac{EA\beta^2 \Delta t^2}{2r_0} = \frac{X\beta \Delta t}{2} = \frac{rX^2}{2EA} \quad (\text{개구량} : \frac{EA\beta^2 \Delta t^2}{2r_0} \times 2)$$

여기서, X : 축응력과 침목저항이 동등하게 되는 점까지의 거리

03 장대레일 부설조건

(1) 선로조건
① 곡선반경 : 300m 이상
② 종곡선반경 : 3,000m 이상
③ 곡선반경 1,500m 미만의 반향곡선은 연속해서 1개의 장대레일로 하지 않는다.
③ 복진이 심하지 않은 구간
④ 노반상태가 양호한 구간

(2) 궤도조건
① 레일 : 50~60kg 신품으로 초음파 검사를 완료한 양질의 레일
② 침목 : PC침목을 원칙
③ 도상자갈 : 쇄석을 원칙
④ 도상저항력 : 일반철도의 경우 종·횡방향 500kg/m(5kN/m) 이상
　　　　　　 고속철도의 경우 횡방향 900kg/m(9N/m) 이상

(3) 온도조건
① 레일의 최고온도 및 최저온도는 -20~60℃, 중위온도는 20℃를 기준
② 설정온도는 레일의 좌굴 및 파단이 생기지 않는 범위

(4) 터널조건
① 터널 내의 온도변화가 설정온도기준 ±20℃ 이상 높거나 낮지 않을 것
② 터널의 갱문 부근에서 외부온도와의 영향이 큰 곳은 피할 것
③ 연약노반을 피할 것
④ 누수 등으로 국부적 레일부식 개소는 피할 것

(5) 교량조건
① 거더의 온도와 비슷한 온도에서 부설할 것
② 연속보의 상간에 교량용 신축이음매를 사용할 것
③ 교대 및 교각은 장대레일로 인하여 발생되는 힘에 견딜 수 있는 구조일 것
④ 부상(浮上) 방지 구조일 것

⑤ 거더의 가동단에서 신축량이 장대레일에 이상응력을 일으키지 않을 것
⑥ 무도상 교량 25m 이상은 부설금지

(6) 설정온도

① 일반(노천) 구간의 장대레일의 설정온도는 25±3℃를 표준으로 한다. 》 07. 산업
② 터널의 경우 터널 시종점으로부터 100m까지는 일반구간과 같이 하고 그 내방에서는 15±5℃를 기준으로 한다. 》 07. 기사
③ 레일긴장기를 사용하는 경우에는 0~22℃의 범위 내에서 설정할 수 있다. 다만, 터널 내부의 경우 0~10℃로 한다.

(7) 신축이음매장치의 부설

1) 신축이음매장치의 부설제한 》 07. 기사

① 종곡선, 완화곡선 구간
② 반경 1,000m 미만의 곡선구간
③ 구조물 신축이음으로부터 5m 이내
④ 기타 노반강성 변이구간

2) 신축이음매장치의 설치기준

① 신축이음매장치 상호간의 최소거리는 300m 이상으로 한다.
② 분기기로부터 100m 이상 이격되어 설치하여야 한다.
③ 완화곡선 시·종점으로부터 100m 이상 이격되어 설치하여야 한다.
④ 종곡선 시·종점으로부터 100m 이상 이격되어 설치하여야 한다.
⑤ 부득이 교량상에 설치하는 경우 1개 상판 위에 설치하여야 한다.

(8) 도상 더돋기

본선의 다음 개소에서는 도상어깨 상면에서 10cm 이상 더돋기를 시행한다.
① 장대레일 신축이음매 전·후 100m 이상의 구간
② 교량 전·후 50m 이상의 구간
③ 분기기 전·후 50m 이상의 구간
④ 터널입구로부터 바깥 쪽으로 50m 이상의 구간
⑤ 곡선 및 곡선 전·후 50m 이상의 구간

(9) 레일절단 총길이(레일긴장기 사용)

레일 자유신축 길이와 용접소요길이(간격), 고정부의 미끄러짐 길이를 합한 값을 말한다.(단, 현재의 유간이 있을 시 고려)

≫ 02. 기사

04 장대레일 좌굴

(1) 장대레일 좌굴

≫ 03. 기사

양단부의 100m 정도를 제외한 중앙부 부동구간에서는 설정온도에 대한 온도차에 비례한 레일축압력이 발생한다. 특히, 여름철 온도 상승에 의한 온도축압력이 과대해지면 레일 내부에 저장된 저항응력에 불균형이 발생하여 궤도는 좌우 어느 쪽이든 좌굴하게 된다.

[장대레일 좌굴]

(2) 장대레일 좌굴 시의 응급복구조치

≫ 14, 05. 기사, 산업

1) 그대로 밀어 넣어 원상으로 하거나 적당한 곡선을 삽입하여 응급조치
   ① 좌굴된 부분이 많아서 구부러지지 않았을 때
   ② 레일의 손상이 없을 때

(레일표면 물 뿌리기)

[복구조 현장 도착]

(궤도정정)

[레일 밀어넣기 시행]

2) 레일을 절단하여 응급조치 >> 09. 기사, 07. 산업
   ① 응급복구 후 신속히 본 복구 시행
   ② 절단 제거하는 범위
      레일이 현저히 휜 부분 및 손상이 있는 부분
   ③ 절단방법
      레일 절단기 또는 가스로 절단
   ④ 바꾸어 넣는 레일
      본래 같은 정도의 단면
   ⑤ 이음매
      바꾸어 넣은 레일의 양단에 유간을 두어 응급조치할 때 이음매볼트는 기름칠을 하여 조이고 이때 유간을 복구하기까지 예상되는 온도상승 또는 강하는 다음 표에 의한 크기 이상 또는 이하로 하여야 한다.

온도상승			온도강하		
30℃	20℃	10℃	30℃	20℃	10℃
10mm	5mm	0mm	0mm	5mm	10mm

3) 용접에 의한 복구
   ① 용접 전에 초음파탐상기 등으로 검사한 후 사용한다.
   ② 용접방법 : 테르밋 또는 엔클로즈드 아크용접을 사용한다.

4) 복구완료한 장대레일
   조속한 시일 내에 재설정을 시행한다.

05 장대레일 부설

(1) 장대레일 부설 시 주의사항
① 상차, 운반, 하화 등의 취급 시는 레일의 휨 또는 손상이 되지 않도록 유의한다.
② 축압의 증가 방지 및 레일 버릇이 생기지 않도록 철저히 보관한다.
③ 부설 시 계획 설정온도에 가깝고 온도변화가 적은 시간을 택해야 한다.
④ 설정에 있어서 레일전장에 이르는 설정은 레일에 축압이 남지 않도록 한다.
⑤ 설정온도는 설정시간 등을 통하여 가능한 정확하게 측정하여 평균 설정온도를 기록함과 동시에 재설정의 필요 유무를 기록하여야 한다.

06 장대레일 보수

장대레일은 부설 초기에 정확하고 양호한 상태로 보수하여 안정될 수 있도록 하고, 다음 사항에 유의하여야 한다.

(1) 유의사항

1) 좌굴방지

2) 과다신축 및 복진 방지

3) 레일의 부분적 손상 방지(흑열흠, 공전흠 등)

4) 도상자갈의 정비

① 침목 측면을 노출시키지 않을 것
② 도상어깨폭은 450mm(고속철도 500mm) 이상 확보할 것
③ 표면 자갈은 충분하게 다짐할 것
④ 도상저항력이 부족한 경우에는 도상어깨폭에 자갈을 보충할 것

(2) 장대레일 재설정   >> 09. 04. 02. 기사, 12. 03. 02. 산업

부설된 장대레일의 체결장치를 풀어서 응력을 제거한 후 다시 체결함을 말한다. 장대레일을 재설정할 때의 설정온도는 중위온도에서 +5℃를 기본으로 하고, 중위온도 이하이거나 30℃ 이상에서 재설정하는 것은 피한다. 장대레일은 다음과 같은 경우에 되도록 조기에 재설정하여야 한다.

1) 장대레일 재설정 조건

① 장대레일의 설정을 소정의 범위(중위온도) 밖에서 시행한 경우
② 장대레일 복진 또는 과대신축하여 신축이음매장치로 처리할 수 없는 경우
③ 자갈치기 등으로 장대레일 축력의 변화가 있는 경우
④ 장대레일에 불규칙한 축압이 발생한 경우

2) 장대레일 재설정 공통사항

① 재설정 온도는 일반구간에서 25±3℃, 즉 22℃ 내지 28℃(이상적 온도는 25℃)이다. 다만 터널에 있어서의 재설정 온도는 터널 시종점으로부터 100m 구간은 일반구간과 같이하고 그 내방에서는 15℃±5를 적용한다.   >> 08. 산업

② 어떠한 방법을 택하든 또는 장대레일의 길이가 얼마이든 간에 한번에 재설정하는 길이는 1,200m 내외를 원칙으로 한다.
③ 장대레일이 일반(토공)구간과 터널구간에 걸쳐 있는 경우의 재설정은 일반구간을 먼저 시행한 후에 터널구간을 시행한다.
④ 재설정 계획구간에 대하여는 궤도강도 강화와 균질화를 위하여 되도록 사전에 1종 기계작업을 시행토록 한다.
⑤ 재설정 계획구간은 불량침목이나 불량체결장치를 교환 정비한다.
⑥ 분니개소, 뜬침목, 직각틀림이 있는 침목은 사전에 조치한다.
⑦ 재설정 계획구간 내의 건널목, 구교 등은 미리 보수 정비한다.
⑧ 재설정구간의 전후에 정척레일이 인접하고 있는 경우에는 그 유간 상태를 조사하여 필요할 경우 유간정리를 한다.
⑨ 재설정 작업 시 레일이 늘어남을 돕기 위하여 레일과 침목 사이에 삽입하는 롤러(Roller)는 직경 15mm 이상 20mm 이내의 강관을 길이 120mm로 절단하여 다듬은 것으로 한다.
⑩ 롤러의 삽입 간격은 침목 6개 내지 10개마다로 하고, 삽입할 침목에는 미리 백색 페인트로 표시를 해 둔다.

3) 장대레일 재설정 방법

① 대기온도법

기온이 장대레일의 재설정온도(25℃ 내지 28℃)에 이르렀을 때를 택하여 재설정을 계획한 구간의 레일 체결장치를 해체하고 떡메 등으로 레일에 타격·충격을 주므로 자유신축으로 내부 축응력을 해소하는 방법이다.

② 레일가열법

재설정용으로 특수 제작된 프로판가스 또는 아세틸렌가스를 사용하는 레일가열기를 모터카로 서행 견인하면서 레일을 재설정 온도로 가열하면서 자유 신축시켜 레일의 내부 축응력을 해소하는 방법이다. 이 방법은 레일을 인위적으로 가열하는 것만 다를 뿐 나머지 그 전후 순서와 방법은 위의 대기온도법과 동일하게 진행된다. 그러나 이 방법은 장대레일의 길이가 길 경우 이미 가열하고 지나온 부분의 냉각으로 축응력 분포가 불균등하게 되며 또한 많은 작업원이 소요되는 등의 단점 및 레일인장법의 등장으로 근래에는 사용빈도가 줄어들고 있다.

③ 레일인장법

재설정할 레일을 중간부에서 절단하고(장대레일의 길이가 대략 1,500m 이내로서 양단에 신축이음매(EJ)가 설치되어 있는 경우에는 중간절단 없이 한 번의 재설정으로 한다.) 레일 인장기(Rail Tensor)로 재설정 시의 레일온도와 설정(부설) 시의 온도와의 차만큼의 힘으로 레일을 강제 인장하여 축응력을 재설정 온도 범위로 해소시키는 방법이다. 가열법에서와 같은 축응력의 불균형이나 작업원의 과다소요 등의 단점을 해소하고, 특히 근대 철도에서의 무한장 장대레일의 재설정에 적합한 방법으로 알려져 있다.

4) 유의사항

≫ 06. 기사

① 재설정 작업 시 레일을 절단하게 되는 경우에는 되도록 용접개소를 절단하도록 한다.
② 접착식 절연레일을 설치할 필요가 있는 경우에는 재설정 작업 후에 설치한다.
③ 절연레일 설치 시 절연이음매는 궤도 중심에서 직각이 되게 설치한다.
④ 장대레일이 길어서 1,000m 내외로 구분하여 재설정하는 경우에 레일인장기를 사용할 때 고정위치(체결장치를 풀지 않고 오히려 단단히 체결하는 지점부)의 체결장치 체결상태와 측점 O와 O'의 움직임을 확인해야 한다.

02 기출 및 적중예상문제

■ 정답 및 해설

01 장대레일이라 함은 레일 1개의 길이가 몇 m 이상을 의미하는가? ≫ 05. 산업
① 50m
② 150m
③ 200m
④ 250m

01 장대레일은 200m 이상(고속철도 300m 이상) 1개 레일로 제작한 것을 말한다.

02 궤도틀림이 좌굴을 일으킬 수 있는 충분한 조건이 되었을 때 이론상 좌굴을 일으킬 수 있다고 생각되는 최저의 축압력은? ≫ 03. 기사
① 최저 좌굴축압
② 도상종저항력
③ 도상횡저항력
④ 좌굴저항

03 장대레일의 장점이 아닌 것은? ≫ 04. 기사
① 소음진동이 적다.
② 궤도의 보수 주기가 길어진다.
③ 궤도재료의 손상이 적어진다.
④ 배수가 양호하여 동상이 없다.

03 장대레일은 궤도의 취약부인 이음매를 없애 소·진동이 적고, 충격 감소로 궤도손상 및 궤도틀림을 감소시켜 보수 주기를 증가시킨다.

04 장대레일에 좌굴이 발생하였을 때 시행하는 응급조치 사항으로 옳지 않은 것은? ≫ 11, 05. 기사
① 신축이음매를 설치한다.
② 적당한 곡선을 삽입한다.
③ 레일을 절단한다.
④ 그대로 밀어 넣어 원상으로 한다.

04 신축이음매는 장대레일의 신축량을 흡수하기 위해 부설하는 것을 말한다.

정답 01 ③ 02 ① 03 ④ 04 ①

05 좌굴은 온도상승에 따른 온도축압력이 과대해져 궤도가 좌우 어느 쪽이든 튀어나가는 현상이며, 응급조치 후 재설정을 시행하고, 다지기 작업은 하지 않는다.

06 장대레일 부설 가능 개소는 복진이 심하지 않은 구간, 반경 300m 이상 곡선구간, 25m 미만 무도상 교량, 반향곡선 1,500m 이상 개소이다.

07 반향곡선은 반경 1,500m 이상에 설치할 수 있다.

08 온도변화의 범위가 설정온도의 ±20℃ 이내인 터널을 선택한다. ④의 조건은 일반구간의 온도조건이다.

---

05 장대레일에 좌굴이 발생하였을 경우의 응급조치 방법으로 적당하지 않은 것은? ≫ 05. 산업

① 그대로 밀어 원상으로 한다.
② 적당한 곡선을 삽입한다.
③ 레일을 절단하여 응급조치한다.
④ 물을 뿌려주고 다지기 작업을 한다.

06 장대레일을 부설하려면 궤도는 큰 축압력에 견딜 수 있고 충분한 용접강도가 확보될 수 있는 선로조건이어야 한다. 다음 중 장대레일의 부설이 가능한 선로조건은? ≫ 04. 기사

① 종곡선 반경이 3,000m인 구배변환점
② 복진현상이 심한 구간
③ 반경 300m 미만인 곡선구간
④ 교량전장이 50m인 무도상 교량

07 장대레일의 부설조건이 아닌 것은? ≫ 09, 06. 기사, 05. 산업

① 일반적으로 반경 300m 미만의 곡선에는 부설치 않는다.
② 반경 1,500m 미만의 반향곡선에는 1개의 장대레일로 연속해서 설치하여야 한다.
③ 구배변환점에는 반경 3,000m 이상의 종곡선을 삽입하여야 한다.
④ 일반적으로 전장 25m 이상의 교량은 피하여야 한다.

08 터널 내 장대레일을 부설할 때 고려할 사항 중 옳지 않은 것은? ≫ 04. 산업

① 연약노반을 피할 것
② 누수 등으로 국부적인 레일부식이 심한 개소는 피할 것
③ 터널의 입구에서 외부온도와의 영향이 큰 곳은 피할 것
④ 온도변화의 범위가 설정온도의 ±40℃ 이내인 터널을 선택할 것

정답 05 ④ 06 ① 07 ② 08 ④

09 한 번 설정한 장대레일 체결장치를 모두 풀어서 레일의 신축을 자유롭게 한 다음 다시 체결하는 것은? ≫ 02, 03. 산업
① 재설정
② 신축체결
③ 부동체결
④ 이중탄성체결

10 장대레일의 재설정을 시행하여야 하는 경우가 아닌 것은? ≫ 09. 기사
① 장대레일의 당초 부설(설정)온도가 중위온도(20도)에서 심하게 차이가 날 때
② 장대레일의 중간에 손상레일이 있어 이를 절단 교환한 후
③ 장대레일 구간에 레일밀림이 심할 때
④ 장대레일 구간에 1종 장비작업을 시행한 후

10 1종 장비작업은 궤도의 궤간정정, 면·줄맞춤, 다지기, 자갈정리작업이다.

11 선로 관리에 대한 용어 설명으로 옳지 않은 것은? ≫ 10, 08, 04. 기사
① 장대레일의 체결장치의 체결을 풀어서 재구속하는 것을 재설정이라 한다.
② 도상자갈 중 궤광을 궤도와 직각방향으로 수평 이동하려 할 때 침목과 자갈 사이에 생기는 최대 저항력을 도상종저항력이라 한다.
③ 장대레일의 재설정 시 체결구를 체결하기 시작할 때부터 완료할 때까지의 장대레일 전체에 대한 평균온도를 설정온도라 한다.
④ 궤도의 국부틀림이 좌굴을 일으킬 수 있는 충분한 조건이 되었을 때 이론상 좌굴을 일으킬 수 있다고 생각되는 최저의 축압력을 최저 좌굴 축압이라 한다.

11 궤도와 직각방향의 최대 저항력을 도상횡저항력이라 하고, 도상종저항력은 궤도방향의 최대 저항력을 말한다.

정답 09 ① 10 ④ 11 ②

12 레일 자유신축 길이
= 선팽창계수×재설정길이×온도차
= (0.000012×1,200×(25 − 10))
= 216mm

레일 절단길이
= 레일신장량 − 현재유간
= (216 + 24) − 10
= 230mm

13 $\Delta l = \dfrac{EA\beta^2 \Delta t^2}{2r_0} = \dfrac{X\beta \Delta t}{2}$
$= \dfrac{rX^2}{2EA}$

14 축력 $P = EA\beta(t-t_o)$
= 2,000,000×100×0.000012×(35 − 25)
= 24,000kg,
설정온도보다 높아 레일은 늘어나려 하지만 도상저항력으로 인해 레일 내부에는 압축력이 작용한다.

15 축력 $P = EA\beta(t-t_o)$
= 2,000,000×65×0.000012×(20 − (−20))
= 62,400kg
= 62.4ton

---

12 전체 1,200m 구간을 설정온도 25℃로 설정하고자 한다. 현재 레일온도 10℃, 선팽창계수 0.000012/℃, 현재 유간 10mm, 테르미트용접을 위한 유간 24mm이다. 긴장기를 사용하기 전 절단해야 하는 레일의 길이는? ≫ 02. 기사

① 200mm   ② 210mm
③ 220mm   ④ 230mm

13 장대레일 단부(端部) 신축량의 합계 Y를 산출하는 공식이 아닌 것은?(단, X는 축응력과 침목저항이 동등하게 되는 점까지의 거리, β는 레일의 선팽창계수, t는 온도변화, r은 저항, E는 레일의 탄성계수, A는 레일의 단면적이다.) ≫ 02. 산업

① $\dfrac{X\beta \Delta t}{2}$ ② $\dfrac{\beta X}{2EA}$

③ $\dfrac{rX^2}{2EA}$ ④ $\dfrac{EA\beta^2 \Delta t^2}{2r_0}$

14 고속철도 궤도를 장대화하여 부설하였다. 설정온도를 25℃로 하였는데 현재 기온이 35℃라면 이때 작용하는 축력은? ≫ 07. 산업

- 레일의 단면적 : 100cm²
- 레일의 탄성계수 : 2,000,000kg/cm²
- 레일의 선팽창계수 : 0.000012/℃

① 24,000kg 인장   ② 24,000kg 압축
③ 30,000kg 인장   ④ 30,000kg 압축

15 장대레일에서 설정온도 20℃인 구간의 레일온도가 −20℃일 때 부동구간의 레일축력은?(단, A = 65cm², β = 0.000012/℃, E = 2,000,000kg/cm²) ≫ 03. 산업, 06, 07. 기사

① 62.4ton   ② 52.4ton
③ 64.4ton   ④ 54.4ton

정답 12 ④   13 ②   14 ②   15 ①

16 장대레일 설정온도로부터 상승 또는 하강하는 온도 변화량을 40℃, 침목의 도상저항력 600kg/m, 50kg 레일이라 하면 신축이 일어나는 단부의 길이는 약 얼마인가?(단, 레일의 단면적 =64.2cm², 레일의 탄성계수 =2.1×10⁶kg/cm², 레일의 선팽창 계수 =1.14×10⁻⁵/℃)   ≫ 09. 기사, 산업

① 75m   ② 100m
③ 125m ④ 150m

16 신축구간의 길이
$$L = \frac{EA\beta \Delta t}{r_0} = 102\text{m} \fallingdotseq 100\text{m}$$

17 장대레일의 레일절단에 의한 응급조치 방법에 대한 설명 중 옳지 않은 것은?   ≫ 07, 09. 산업

① 레일이 현저하게 굽은 것은 절단 제거해야 한다.
② 레일 절단은 절단기 또는 가스로 한다.
③ 바꾸어 넣는 레일은 절단레일과 같은 단면이어야 한다.
④ 응급조치 시 10℃ 정도의 온도상승이 예상될 때는 최소 20mm 이상의 간격을 유지해야 한다.

17 장대레일 절단에 의한 응급조치 방법은 온도상승 10℃일 경우 0mm, 20℃일 경우 5mm, 30℃일 경우 10mm 이상의 간격을 유지해야 한다.

18 장대레일에서 아래와 같은 조건에 대한 가동구간(l)은?   ≫ 10. 기사

[조건]
종방향저항력 γ=500kg/m/레일, 레일단면적 A=75cm²
선팽창계수 β=0.000012/℃, E=2000000kg/cm²
설정온도 20℃, 최저레일온도 −10℃

① 89m   ② 92m
③ 100m ④ 108m

18 $L = \dfrac{EA\beta \Delta t}{r_0} = 108\text{m}$

19 장대레일 구간에서 레일과 침목을 탄성체결하면 도상저항과 마찰저항으로 레일의 자유신축을 구속하여 중앙부는 신축하지 않는 구간이 형성되는데 이를 무엇이라 하는가?   ≫ 11. 기사

① 제한구간   ② 탄성구간
③ 부동구간   ④ 탄성체결 구속구간

19 장대레일은 중앙부에 신축하지 않는 부동구간과 양단부 신축구간으로 구분된다.

정답 16 ② 17 ④ 18 ④ 19 ③

▶ Part 03 | 분기기 및 장대레일

20 축력 $P = EA\beta(t-t_o)$
= 2,000,000×75×0.000012×(15-(-20)) = 63,000kg
응력
$\sigma = \dfrac{P}{A} = \dfrac{63,000}{75}$
= 840kg/cm²

21 축력 $P = EA\beta(t-t_o)$
= 2,100,000×64×0.0000114×(40)
= 61,286kg
= 61.3ton

22 축력 $P = EA\beta(t-t_o)$
= 2,100,000×77.5×0.0000114×(60-20)
= 74,214kg
= 74.2ton

23 설정온도 : 장대레일을 부설할 때의 레일 온도로, 장대레일 전 길이에 대한 평균온도로 표시한다.

24 장대레일 재설정 시 설정온도는 중위온도에서 +5℃를 기본으로 하고, 중위온도 이하이거나 30℃ 이상에서 재설정하는 것은 피한다.

---

20 장대레일 부동구간에서 설정온도 15℃인 구간에 레일온도 -20℃일 때 부동구간의 레일응력은?(단, A=75cm², β=0.000012/℃, E=2,000,000kg/cm²) 》 11. 기사

① 630kg/cm² ② 720kg/cm²
③ 840kg/cm² ④ 960kg/cm²

21 장대레일 궤도에서 설정온도보다 40℃의 온도상승이 생기면 부동구간에 생기는 축압력은?(단, 레일의 단면적=64cm², 레일의 탄성계수=2.1×10⁶kg/cm², 레일의 선팽창계수=1.14×10⁻⁵/℃) 》 10. 산업

① 38.3ton ② 53.8ton
③ 61.3ton ④ 95.7ton

22 장대레일 1,000m를 부설하였을 때의 온도는 +20℃이고, 레일온도의 변화범위가 -20℃에서 +60℃라고 하면 레일이 완전히 구속되었을 때의 최대 축력은?(단, 레일의 탄성계수=2.1×10⁶kg/cm², 레일의 선팽창계수=1.14×10⁻⁵/℃, 레일의 단면적=77.5cm²) 》 11. 산업

① 37.1ton ② 74.2ton
③ 111.3ton ④ 148.4ton

23 장대레일에서 레일의 체결장치를 체결할 때의 온도를 무엇이라 하는가? 》 11. 산업

① 신축온도 ② 체결온도
③ 설정온도 ④ 이론온도

24 일반철도의 경우 장대레일 재설정 시 중위온도를 23℃라 할 때 재설정 온도로 가장 좋은 온도는? 》 04, 02. 기사

① 23℃ ② 28℃
③ 30℃ ④ 23±5℃

정답 20 ③ 21 ③ 22 ② 23 ③ 24 ②

Chapter 02 | 장대레일

25 장대레일 부설구간의 도상저항력은? ≫ 08. 02. 산업
① 500kgf/m 이상
② 600kgf/m 이상
③ 700kgf/m 이상
④ 1,000kgf/m 이상

25 도상저항력
일반철도 : 500kgf/m 이상
고속철도 : 900kgf/m 이상

26 고속철도 선로에서 노천구간의 장대레일 설정온도는 얼마를 표준으로 하는가? ≫ 07. 산업
① 20~26℃
② 22~28℃
③ 25~31℃
④ 28~34℃

26 고속철도 일반구간의 장대레일 설정온도는 25±3℃를 표준으로 한다.

27 선로유지관리지침에서 정한 터널시점에서 150m 지점의 터널 내 장대레일 설정온도로 옳은 것은? ≫ 09. 07. 기사
① 15±3℃
② 15±5℃
③ 25±3℃
④ 25±5℃

27 터널의 경우 터널 시종점으로부터 100m까지는 일반구간과 같게 하고, 그 내방에서는 15±5℃를 기준으로 한다.

28 장대레일 재설정 시의 유의사항에 해당되지 않는 것은? ≫ 06. 기사

① 재설정 작업 시 레일을 절단하게 되는 경우 되도록 용접개소를 절단한다.
② 접착식 절연레일을 설치할 필요가 있는 경우에는 재설정 작업 전에 설치한다.
③ 절연레일 설치시 절연이음매는 궤도 중심에서 직각이 되게 설치한다.
④ 장대레일이 길어서 1,000m 내외로 구분하여 재설정하는 경우에 레일인장기를 사용할 때 고정위치의 체결구 상태 및 측점 0과 0'의 움직임을 확인해야 한다.

28 접착식 절연레일을 설치할 필요가 있는 경우에는 재설정 작업 후에 설치한다.

정답 25 ① 26 ② 27 ② 28 ②

▶ Part 03 | 분기기 및 장대레일

29 레일마모가 기준치 이상이 되는 경우 레일교환작업을 한다.

29 장대레일 재설정 작업의 시행조건에 해당되지 않는 것은?
>> 07. 기사

① 설정온도가 중위온도(20℃)에서 심하게 차이가 날 때
② 중간에 손상레일이 있어 이를 절단 교환한 뒤
③ 레일의 장기 사용으로 마모가 심할 때
④ 장대레일 구간에 레일 밀림이 심할 때

30 터널에 있어서 재설정 온도는 터널 시종점으로부터 100m 구간은 일반구간과 같이하고 그 내방에서는 15±5℃이다.

30 장대터널 중 터널 시종점으로부터 100m 이상 떨어진 내방에서의 장대레일 재설정 온도는?
>> 08. 산업

① 22~28℃ ② 18~22℃
③ 15~25℃ ④ 10~20℃

31 무도상 교량 25m 이상은 부설 금지이다.

31 장대레일 부설조건 중 교량조건에 대한 설명 중 옳지 않은 것은?

① 거더의 온도와 비슷한 온도에서 부설할 것
② 연속보의 상간에 교량용 신축이음매를 사용할 것
③ 무도상 교량 35m 이상은 부설 금지
④ 교대 및 교각은 장대레일로 인하여 발생되는 힘에 견딜 수 있는 구조일 것

32 온도상승 10℃일 경우 0mm, 20℃일 경우 5mm, 30℃일 경우 10mm이다.

32 레일을 절단하여 응급조치 시 이음매 유간을 복구하기까지 예상되는 온도상승 또는 강하는 다음 표에 의한 크기 이상 또는 이하로 하여야 한다. 빈 칸에 들어갈 내용으로 옳은 것은?

온도상승(℃)		
30	20	10
10mm	(㉠)mm	(㉡)mm

① ㉠ 8, ㉡ 3
② ㉠ 7, ㉡ 2
③ ㉠ 6, ㉡ 1
④ ㉠ 5, ㉡ 0

정답 29 ③ 30 ④ 31 ③ 32 ④

Chapter 02 | 장대레일

33 궤도의 최대 취약부인 레일이음매를 없애기 위하여 레일이음부를 연속적으로 용접하여 1개의 레일(200m 이상)로 설치한 것을 장대레일이라고 한다. 고속선에서 일반적으로 적용하는 장대레일의 길이는 얼마인가?

① 200m
② 250m
③ 300m
④ 350m

33 고속선의 장대레일의 길이는 300m 이상, 부동구간의 길이도 양단부 각 150m 정도

34 장대레일 1,000m를 부설하였을 때의 온도는 +20℃이고, 레일온도의 변화 범위를 -20℃에서 +60℃로 볼 때, 이 장대레일의 자유신축량을 구하시오.(단, 레일의 선팽창계수 β = 1.14×10^{-5}/℃, 레일의 단면적 A = 77.5cm²이다.)

① 356mm
② 376mm
③ 456mm
④ 476mm

34 자유신축량$(e) = L\beta(t-t_o)$
= 1,000m × 1.14 × 10^{-5} × (60 - 20)
= 0.456m
= 456mm

35 장대레일은 부설 초기에 정확하고 양호한 상태로 보수하여 안정될 수 있도록 하여야 한다. 다음 중 유의사항으로 옳지 않은 것은?

① 좌굴 방지
② 복진 방지
③ 흑열흠, 공전흠 방지
④ 도상어깨폭 300mm 이상 확보

35 도상어깨폭은 450mm 이상 확보 하여야 한다.

36 장대레일의 재설정 시행방법으로 옳지 않은 것은?

① 대기온도법
② 레일가열법
③ 레일신축법
④ 레일인장법

36 장대레일 재설정방법은 대기온도법, 레일가열법, 레일인장법이 있다.

37 장대레일 재설정 작업에 있어 한번에 시행하는 재설정 길이는 얼마까지를 원칙으로 하는가?

① 1,000m 내외
② 1,200m 내외
③ 1,400 내외
④ 1,600 내외

37 장대레일의 재설정 길이는 1,200m 내외를 원칙으로 한다.

정답 33 ③ 34 ③ 35 ④ 36 ③ 37 ②

▶ Part 03 | 분기기 및 장대레일

38 P_max = 단면적×인장강도
= 64×8000
= 512,000kg
= 512ton

38 단면적 64cm², 인장강도 8,000kg/cm²인 50kg/N레일 1개가 받을 수 있는 인장력은? ≫ 12. 산업

① 80ton   ② 60ton
③ 512ton ④ 700ton

39 한번에 재설정하는 길이는 1,200m 내외를 원칙으로 한다.

39 보선작업 지침상 장대레일 재설정작업에 대한 설명으로 옳지 않은 것은? ≫ 12. 산업

① 재설정 온도는 일반구간에서 25±3℃, 즉 22℃ 내지 28℃로 이상적 온도는 25℃이다.
② 장대레일의 길이가 얼마이든 간에 한 번에 재설정하는 길이는 600m 내외를 원칙으로 한다.
③ 재설정 작업시 레일이 늘어남을 돕기 위하여 레일과 침목 사이에 삽입하는 로라(roller)는 직경 15mm 이상 20mm 이내의 강관으로 한다.
④ 재설정 계획구간에 대하여는 궤도강도의 강화와 균질화를 위하여 되도록 사전에 1종 기계작업을 시행하도록 한다.

40 무도상 교량 25m 이상은 부설금지

40 고속철도 외 장대레일을 부설하는 장소의 선로조건으로 옳지 않은 것은? ≫ 13. 산업

① 반경 300m 미만의 곡선에는 부설치 않는다.
② 반경 1500m 미만의 반향곡선은 연속해서 1개의 장대레일로 하지 않아야 한다.
③ 전장 20m 이상의 무도상 교량은 피하여야 한다.
④ 흑열흠, 공전흠 등 레일이 부분적으로 손상되는 구간은 피하여야 한다.

41 중위 온도에서 5℃이상의 온도차이로 설정할 때에는 1℃에 대하여 1.5mm씩 증가하는 것으로 정한다.

41 장대레일의 설정온도에 대한 설명으로 옳지 않은 것은? ≫ 14. 기사

① 장대레일을 처음 설정할 때에는 대기온도와 레일온도를 측정하고 기록 유지하여야 한다.
② 장대레일을 중위온도에서 설정하지 않을 경우에는 신축이음매의 스트로크 조정을 하여서는 안 된다.

③ 장대레일을 중위온도에서 설정한 후에 축력의 분포가 고르지 못하다고 판단되면 적절한 시기에 재설정을 하여야 한다.
④ 장대레일을 재설정할 때의 설정온도는 중위온도에서 +5℃를 기본으로 한다.

42 장대레일구간에서 신축작용을 하지 않고 축력만이 변화하는 구간을 무엇이라 하는가? >> 12. 기사
① 축력구간
② 저항구간
③ 설정구간
④ 부동구간

42 부동구간
레일이 일정 길이 이상이 되면 중앙부에 신축이 생기지 않는 구간

43 50kg/N 레일을 부설한 장대레일 구간에서 부설 시 온도와의 차이 1℃에 대한 레일의 축력은?(단, 탄성계수 $2.1 \times 10^6 \text{kg/cm}^2$, 레일의 단면적 64.2cm^2, 선팽창계수 $1.14 \times 10^{-5}/℃$) >> 15. 기사
① 18.4ton
② 15.4ton
③ 1.84ton
④ 1.54ton

43 $P = EA\beta\Delta t$
$= 2.1 \times 10^6 \text{kg/cm}^2 \times 64.2 \times 1.14 \times 10^{-5}/℃$
$= 1.54\text{ton}$

44 선로관리에 대한 용어의 설명으로 옳지 않은 것은? >> 15. 기사
① 도상자갈 중 궤광을 궤도와 직각방향으로 수평 이동하려 할 때 침목과 자갈 사이에 생기는 최대 저항력을 도상횡저항력이라 한다.
② 부설된 장대레일의 체결장치를 풀어서 응력을 제거한 후 다시 체결한 것을 장대레일의 설정이라 한다.
③ 장대레일 재설정 시 체결구를 체결하기 시작할 때부터 완료할 때까지의 장대레일 전체에 대한 평균온도를 설정온도라 한다.
④ 궤도의 국부틀림이 좌굴을 일으킬 수 있는 충분한 조건이 되었을 때 이론상 좌굴을 일으킬 수 있다고 생각되는 최저의 축압력을 최저 좌굴축압이라 한다.

44 한 번 설정한 장대레일 체결장치를 모두 풀어서 레일의 신축을 자유롭게 한 다음, 다시 체결하는 것을 재설정이라 한다.

정답 42 ④ 43 ④ 44 ②

45 장대레일 재설정방법에 레일타격법은 없다.

45 장대레일의 재설정 방법이 아닌 것은? ≫15. 산업
① 대기 온도법   ② 레일 가열법
③ 레일 타격법   ④ 레일 인장법

46 선로유지관리지침에 의거하여 고속철도 장대레일궤도의 경우 도상횡저항력은 900kgf/m 이상이어야 한다.

46 고속철도 장대레일에서 궤도안정 후 도상횡저항력은 최소 얼마 이상인가? ≫16. 기사
① 500kgf/m   ② 600kgf/m
③ 700kgf/m   ④ 900kgf/m

47 좌굴 시 응급복구조치는 "그대로 밀어 넣어 원상으로 하거나 적당한 곡선을 삽입하여 응급조치", "레일을 절단하여 응급조치", "용접에 의한 복구"가 있다.

47 장대레일에 좌굴이 발생하였을 경우의 응급조치방법으로 적당하지 않은 것은? ≫16. 산업
① 레일을 절단하여 응급조치한다.
② 그대로 밀어 넣어 원상으로 한다.
③ 물을 뿌려주고 다지기 작업을 한다.
④ 적당한 곡선을 삽입하여 응급조치한다.

48 밀림이 심한 구간은 장대레일 부설을 위한 선로조건이 아니다.

48 장대레일 부설을 위한 선로조건으로 틀린 것은? ≫16. 산업
① 불량 노반개소는 피하여야 한다.
② 밀림이 심한 구간은 부설한 후에 충분한 앵커를 설치하여야 한다.
③ 기울기 변환점에는 반경 3,000m 이상의 종곡선을 삽입하여야 한다.
④ 반경 1,500m 미만의 반향곡선은 연속해서 1개의 장대레일로 하지 않아야 한다.

정답 45 ③ 46 ④ 47 ③ 48 ②

49 고속철도의 장대레일에서 신축이음매장치의 설치기준으로 틀린 것은? ≫ 16. 산업

① 신축이음매장치 신호 간 최소거리는 300m 이상으로 한다.
② 분기기로부터 100m 이상 이격되어 설치하여야 한다.
③ 부득이 교량상에 설치하는 경우 1개 상판 위에 설치하여야 한다.
④ 완화곡선 시·종점으로부터 200m 이상 이격되어 설치하여야 한다.

49 고속철도 장대레일에서 신축이음매장치 설치기준 중 완화곡선 시·종점으로부터 100m 이상 이격되어 설치하여야 한다.

정답 49 ④

03 신축이음매(Expansion Joint)

01 개요

신축이음매는 장대레일 끝에 설치하여 신축량을 흡수하는 것을 말한다. 프랑스 국철에서 처음 사용하기 시작하였으며, 현재 국내 철도의 신축이음매 장치는 입사각이 없는 텅레일과 비슷하다. 이것을 장대레일 끝에 설치하여 가능한 궤간의 변화와 충격을 주지 않으면서 신축량을 흡수하게 하고 있다.

(1) 신축이음매의 동정(Stroke) : 250mm

레일의 신축은 온도에 의한 신축과 레일의 복진, 그리고 다음 장대레일을 연속 부설할 경우를 감안하여 250mm로 정한다.

(2) 스트로크 설정

≫ 05, 04, 03. 기사, 08. 산업

최고온도와 중위온도로 설정할 때에는 스트로크의 중위에 맞추는 것으로 하고, 중위온도에서 5℃ 이상의 온도차이로 설정할 때에는 1℃에 대하여 1.5mm씩 증가하는 것으로 정한다.

(3) 신축이음매 부설

침목은 일정한 간격으로 레일과 직각으로 부설하고, 특히 텅레일과 받침레일의 중복부분의 특수상판 간격과 방향이 소정의 보수가 되도록 이 부분의 침목에 대하여는 주의를 요하며, 구조상 궤간 및 줄맞춤의 치수가 일반선로와 다르므로 도면에 의거 정밀하게 부설하여야 한다.

02 설치방법 및 기준

(1) 신축이음매 설치방법
① 침목배열
② 상판설치
③ 이동레일
④ 텅레일 설치
⑤ 침목개재 설치
⑥ 도상자갈 보충
⑦ 용접 및 정리작업

(2) 신축이음매 부설제한
① 종곡선 구간
② 반경 1,000m 미만의 곡선 구간
③ 완화곡선 구간
④ 구조물의 신축이음으로부터 5m 이내
⑤ 기타 노반강성 변이 구간

(3) 신축이음매 설치기준
① 신축이음장치 상호 간의 최소거리는 300m 이상으로 한다.
② 분기기로부터 100m 이상 이격되어 설치하여야 한다.
③ 완화곡선 시종점으로부터 100m 이상 이격되어 설치하여야 한다.
④ 종곡선 시종점으로부터 100m 이상 이격되어 설치하여야 한다.
⑤ 부득이 교량상에 설치하는 경우 단순 경간상에 설치하여야 한다.

03 종류

① 양측 둔단중복형
② 결선사이드 레일(Side Rail)형
③ 편측 첨단형
④ 양측 첨단형
⑤ 양측 둔단 맞붙이기형

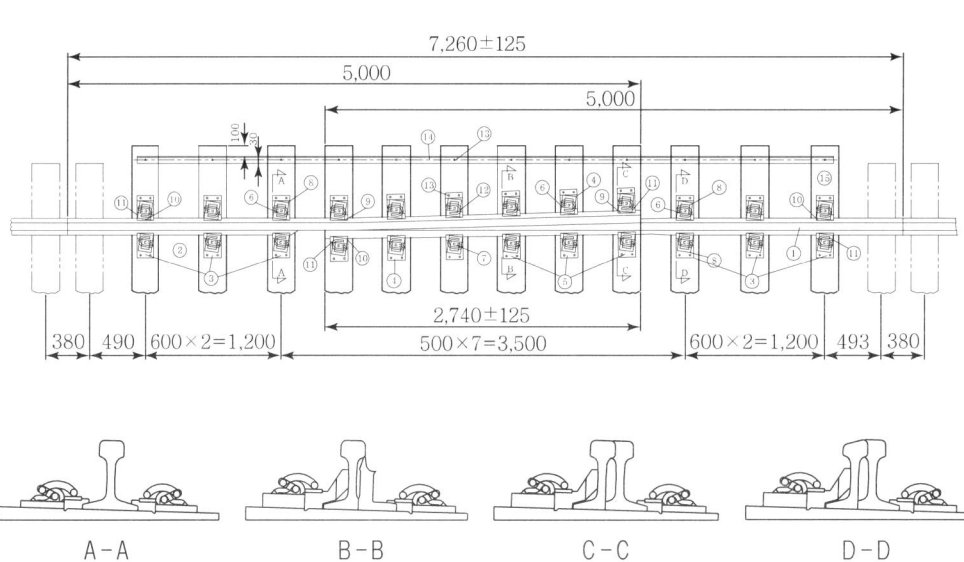

[편측 첨단형]

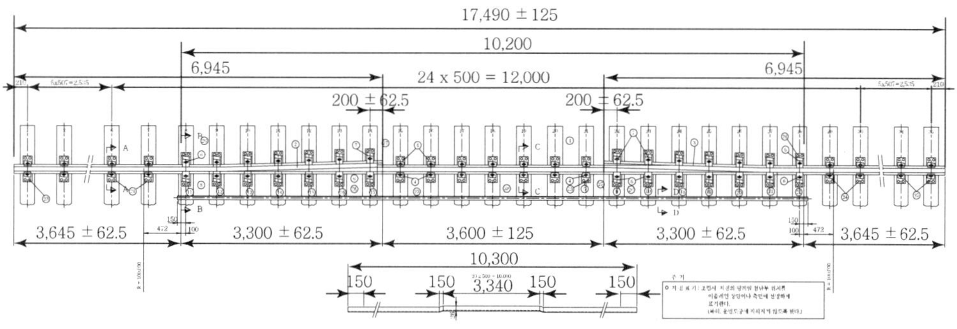

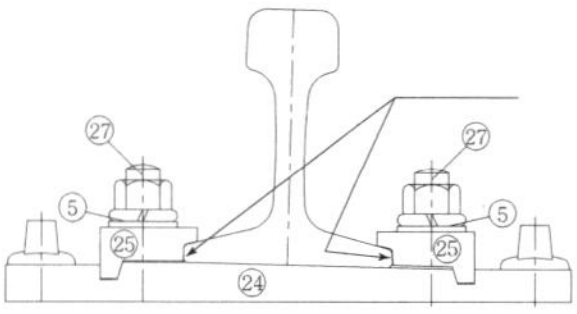

Chapter 03 | 신축이음매(Expansion Joint)

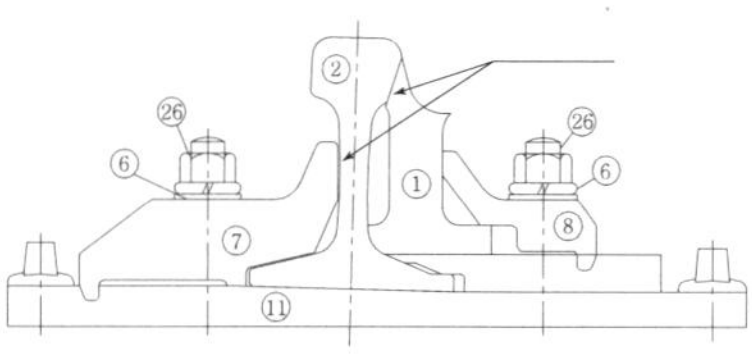

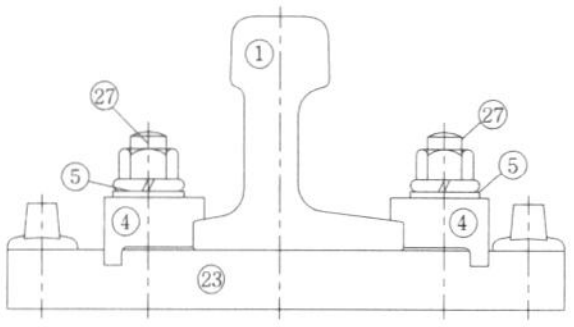

[도면: 신축이음매 평면도 및 단면도 A-A, B-B, C-C]

[양측 둔단형]    [양측 첨단형]

04 | 신축이음매 관리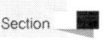

① 선로순회 시 정밀검사를 하여 이상을 발견하였을 때는 즉시 보수하여야 한다.
② 궤도보수는 신중히 하고, 침목은 견고히 다져야 한다.
③ 궤간 및 줄맞춤의 치수가 일반선로와 다르기 때문에 보수 시의 검측은 표준도면과 대조하여 정확히 하여야 한다.

④ 곡선 중의 신축이음매는 신축이동에 의하여 곡률이 나빠지지 않도록 정정작업을 철저히 하여야 한다.
⑤ 신축이음매와 장대레일 간의 이음매 보수에 대하여도 이음매 처짐이 생기지 않도록 보수하여야 한다.

05 완충레일

(1) 정의

장대레일의 신축을 흡수하는 방법으로 신축이음매를 설치하지 않고, 3~5개 정도의 정척레일과 고탄소강의 이음매판 및 볼트를 사용한다. >> 02. 산업

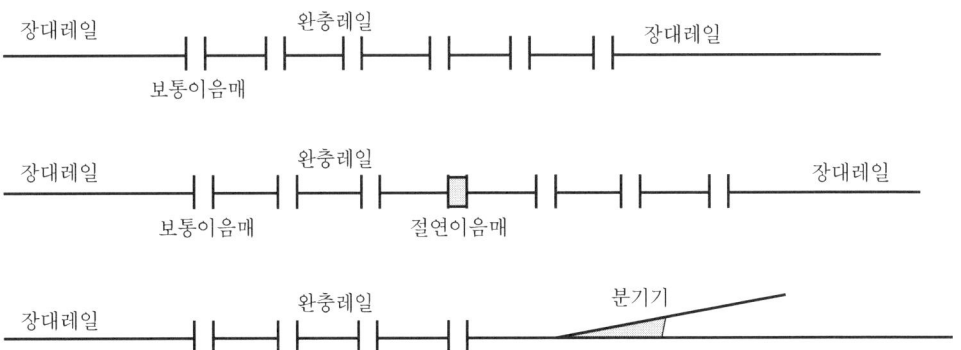

(2) 설치방법

① 레일의 연결은 보통이음매 구조로서 유간변화를 이용하여 장대레일 단부의 신축량을 배분하기 위하여 장대레일 상간에 정척레일을 부설한다.
② 완충레일 자체의 유간 변화량만을 가지고는 온도변화에 따른 장대레일의 신축량을 처리하지 못하므로 이음매판의 특수신축에서 얻어지는 마찰저항력, 이음매판 볼트의 휨에 대한 맹유간(Blind Joint)으로 다시 계속하여 이음매부에 걸리는 압력 등에 의하여 온도변화의 일부를 압축력으로 부담하고, 잔여 신축량만 완충레일이 처리토록 한다.

03 기출 및 적중예상문제

■ 정답 및 해설

01 신축이음매의 조절량은 궤도상태에 따라 다르나 일반적으로 차이온도 1℃에 대하여 얼마를 표준으로 하는가? >> 05. 기사
① 0.1mm ② 1.5mm
③ 5.0mm ④ 15.5mm

01 중위온도에서 5℃ 이상의 온도 차이로 설정할 때 1℃에 대하여 1.5mm 비례로 정한다.

02 장대레일 이음매 방법 중 신축이음매의 종류가 아닌 것은? >> 07. 03. 산업
① 양측 둔단중복형 ② 편측 첨단형
③ 이형레일형 ④ 양측 첨단형

02 신축이음매는 결선사이드 레일형과 양측 둔단 맞붙이기형도 있으며, 이형레일형에는 다른 레일을 연결할 때 사용하는 이음매판의 종류가 있다.

03 장대레일의 신축대비로서 유간변화를 이용하여 장대레일단부의 신축량을 배분하는 방법으로 장대레일 상간에 부설하는 정척레일은? >> 02. 산업
① 신축이음매 ② 완충레일
③ 장척레일 ④ 접착절연레일

03 완충레일이 정척레일(3~5개)과 고탄소강 이음매판, 볼트를 사용하여 신축량을 배분한다.

04 열차의 주행과 기온변화의 영향으로 레일이 전후 방향으로 이동하는 현상은? >> 07. 기사
① 신축 ② 복진
③ 레일경좌 ④ 궤도변형

04 온도에 의한 레일의 전후 방향 이동현상은 신축이다.

05 장대레일을 중위온도보다 10℃ 높은 온도에서 설정하였을때 신축이음매의 동정(Stroke)은 중위에서 얼마나 조정하여 설치하여야 하는가? >> 04. 기사
① 10mm ② 15mm
③ 20mm ④ 25mm

05 중위온도에서 5℃ 이상의 온도 차이로 설정할 때 1℃에 대하여 1.5mm 비례로 정하므로 10×1.5 = 15mm이다.

정답 01 ② 02 ③ 03 ② 04 ① 05 ②

06 중위온도에서 5℃ 이상의 온도 차이로 설정할 때 1℃에 대하여 1.5mm 비례로 정하므로 10×1.5 =15mm이다.

06 신축이음매의 스트로크는 최고온도와 최저온도와의 중위온도로 설정할 때는 스트로크의 중위에 맞추는 것으로 하는데 중위온도에서 10℃의 차이가 나면 몇 mm를 조정하여야 하는가?
>> 03. 기사, 08. 산업

① 조정하지 않는다. ② 7.5mm
③ 15mm ④ 30mm

07 고속철도에서 신축이음매를 설치할 수 없는 개소는 반경 1000m 미만의 곡선구간, 구조물 신축이음매로부터 5m 이내이다.

07 고속철도선로에서 다음 중 신축이음매 장치를 부설할 수 있는 구간은?
>> 07. 기사

① 종곡선 구간
② 완화곡선 구간
③ 반경 800m의 곡선 구간
④ 구조물 신축이음으로부터 10m 지점

08 고속철도 장대레일 신축이음매 장치는 부득이 교량상에 설치할 경우 단순 경간상에 설치하여야 한다.

08 고속철도의 장대레일에서 신축이음매장치에 대한 설치기준으로 틀린 것은?
>> 13, 08. 산업

① 신축이음장치 상호 간의 최소거리는 300m 이상으로 한다.
② 분기기로부터 100m 이상 이격되어 설치하여야 한다.
③ 종곡선 시종점으로부터 100m 이상 이격되어 설치하여야 한다.
④ 부득이 교량상에 설치하는 경우 2경간 이상의 연속보에 설치하여야 한다.

09 편측 텅레일 신축이음매는 열차의 진행방향에 대하여 배향으로 부설한다.

09 다음 중 철도궤도공사 시 신축이음매 설치에 대한 설명으로 틀린 것은?
>> 08, 02. 기사

① 침목배열, 상판설치, 이동레일·텅레일 설치, 침목개재 설치, 도상자갈 보충, 용접 및 정리작업의 순으로 실행한다.
② 스트로크 설정에 시에는 당시 레일온도를 측정하여 중위온도(25~30℃)로 한다.
③ 편측 텅레일 신축이음매는 열차의 진행방향에 대하여 대향으로 부설하여야 한다.
④ 침목개재는 천공작업을 한 다음 나사스파이크를 체결하여야 한다.

10 신축이음매 설치 순서로 올바르게 나열된 것은? >> 07. 기사

> a : 침목배열 b : 상판 설치
> c : 이동레일 설치 d : 텅레일 설치
> e : 침목개재 설치 f : 도상자갈 보충
> g : 용접 및 정리작업

① a-b-c-d-e-f-g
② a-b-d-c-f-e-g
③ a-f-b-c-d-e-g
④ a-f-b-d-e-c-g

11 레일의 신축은 온도에 의한 신축과 레일의 복진, 그리고 장대레일을 연속 부설할 경우를 감안하여야 한다. 국내 철도에서는 신축이음매의 동정(Stroke)을 얼마로 정하고 있는가?

① 200mm ② 250mm
③ 300mm ④ 350mm

12 고속철도선로정비지침에서 신축이음매장치의 설치기준에 대한 설명으로 옳지 않은 것은?

① 신축이음장치 상호 간의 최소거리는 200m 이상으로 한다.
② 분기기로부터 100m 이상 이격되어 설치하여야 한다.
③ 완화곡선 시종점으로부터 100m 이상 이격되어 설치하여야 한다.
④ 종곡선 시종점으로부터 100m 이상 이격되어 설치하여야 한다.

---

11 신축이음매의 동정(Stroke)은 250mm로 정하고 있다.

12 고속철도 장대레일 신축이음매 장치의 상호 간 최소거리는 300m 이상으로 한다.

▶ Part 03 | 분기기 및 장대레일

13 궤도의 레일은 가능한 장대화를 수행하여 승차감 향상 및 유지보수를 줄일 수 있도록 하여야 한다.

13 장대레일 신축이음매의 요구조건 중 틀린 것은? ≫ 15. 기사
① 장대레일의 온도상승 또는 하강에 따른 레일의 신축량을 충분히 수용할 수 있어야 한다.
② 탄성, 내충격성, 완충성, 내구성 등이 풍부하여 레일로부터 전달되는 열차의 충격, 진동을 완충할 수 있어야 한다.
③ 레일 파단 시 개구량이 허용량을 초과하는 개소에 설치하는 장치로서 레일은 가능한 그 길이를 짧게 하는 것이 이상적이다.
④ 열차가 신축이음매를 통과 시 구조적 안전을 보장하고, 통과충격이 적어 신축이음매의 손상을 최소화하고 승차감을 향상시킬 수 있어야 한다.

14 신축이음매의 종류로는 양측 둔단 중복형, 결선사이드 레일형, 편측 첨단형, 양측 첨단형, 양측 둔단 맞붙이기형이 있다.

14 장대레일 끝에 설치하여 신축량을 흡수하는 신축이음매의 종류가 아닌 것은? ≫ 15. 산업
① 양측 둔단 중복형   ② 편측 첨단형
③ 이형 레일형   ④ 양측 첨단형

PART 04

선로 및 정거장 설비

Chapter 01 선로설비 및 제표
Chapter 02 건널목설비
Chapter 03 정거장설비
Chapter 04 운전설비

01 선로설비 및 제표

01 선로방비

(1) 경계설비
담장(울타리)을 설치하는 것. 목조, 철제, 철근콘크리트, 생태울타리 등이 있다.

(2) 비탈면보호
깎기와 돋기의 비탈면은 우수(雨水)와 유수로 토사가 붕괴되는 것을 보호·방지하기 위하여 비탈에 줄떼, 평떼 등을 심거나 몰탈보호공, 비탈하수 등을 설치한다.

(3) 낙석 방지
낙석이란 산 위 또는 깎기 비탈면의 암석이 선로에 굴러 떨어져 열차운전에 위험을 주는 것으로 그에 대한 대책은 다음과 같다.
① 시멘트 모르타르에 의한 암석의 고정
② 낙석 방지 옹벽과 철책
③ 낙석덮개
④ 고강도 텐션 테코네트
⑤ 링네트(Ring Net)

(4) 신호안전설비
열차의 안전운행과 유지보수요원의 안전을 위하여 고속철도전용선 구간에는 위치 및 여건을 고려하여 안전설비를 설치하여야 하며, 180km/h 이상으로 운행하는 일반철도 구간에서도 필요한 경우 안전설비를 설치할 수 있다.

1) 차축온도검지장치(HBD ; Hot Box Detector)
고속으로 주행하는 열차의 차축온도를 일정거리마다 측정하여 차축의 과열로 인한 탈선을 사전에 예방하기 위한 장치를 말하며, 차축온도 측정용 센서, 외부온도 측정용 센서, 차축검지기, 현장 전자랙, 관제실 표시 및 경보설비, 유지보수 컴퓨터, 프린터 등으로 구성한다.

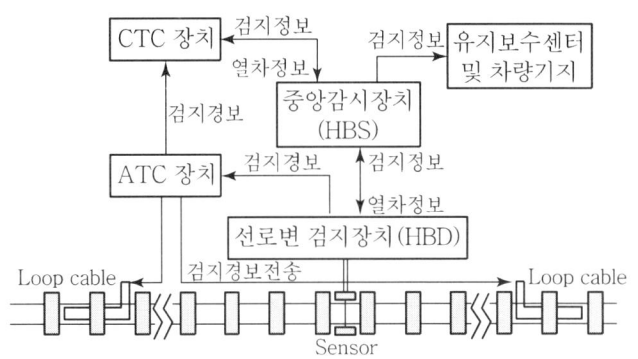 

2) 터널경보장치(TACB ; Tunnel Alarm Control Box)

터널 내의 보수자 및 순회자의 안전을 위하여 열차가 일정구역에 진입 시 열차의 접근을 알려주는 경보장치를 말하며, 계전시설 마스터 장비, 현장 슬레이브 제어함, 스위치 함, 터널 내 경보기 등으로 구성한다.

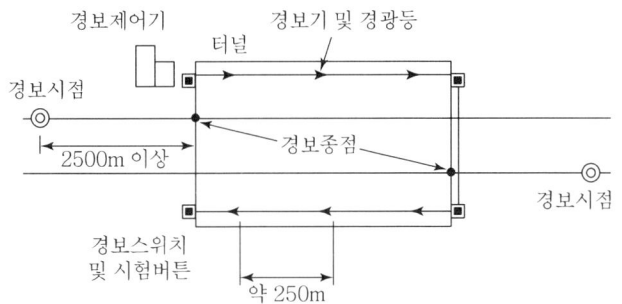 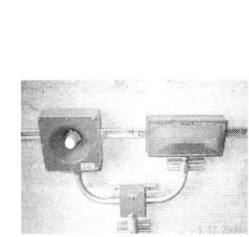 

3) 보수자 선로횡단장치(PSC ; Pedestrian Staff Crossing)

특정 지점을 보수자의 선로횡단 가능 개소(분기기 설치지역, 장대교량구간, 터널 입출구, 중간기계실 인접지역 등)로 지정하여 선로 횡단 시 열차의 접근 유무를 확인하게 하는 장치를 말하며, 계전기실 마스터 장치(단, 터널경보장치의 계전기실 마스터 장치를 공용할 수 있다.), 현장 제어기, 신호등 등으로 구성한다.

4) 분기기 히팅장치

동절기에 적설이나 결빙으로 인한 선로전환기의 전환불능을 방지하기 위하여 분기부를 예열하는 장치를 말하며, 분기기 히터 전원 분배함, 분기기 히터 그룹 제어함, 히팅코일 등으로 구성한다.

5) 레일온도검지장치(RTCP ; Rail Temperature Control Panel)

혹서기에 레일온도의 상승으로 인한 레일 장출에 의한 사고를 예방할 목적으로 설치하여 레일의 온도를 검지하는 장치로 관제실 마스터 장치, 계전기실 마스터 장치(단, 터널경보장치의 계전기실 마스터 장치를 공용할 수 있다.), 레일 온도검지 제어함, 레일 온도 검지기, 대기 온도 검지기 등으로 구성되며, 양지이고 곡선부이며 통풍이 안 되어 장출 위험이 있는 개소에 설치해야 한다.

6) 지장물 검지장치(Instruction Detector)

철도를 횡단하는 고가차도나 낙석 또는 토사붕괴가 예상되는 지역에 자동차나 낙석 등이 선로에 침입하는 것을 검지하는 장치로 지장물 검지장치의 종류는 검지선, 검지망, 낙석검지용 보조 접속함, 송신기 등이다. 고속철도를 횡단하는 과선교, 낙석이나 토사 붕괴가 우려되는 개소, 고속철도와 도로가 인접하여 자동차의 침입이 우려되는 개소에는 지장물 검지장치를 설치해야 한다.

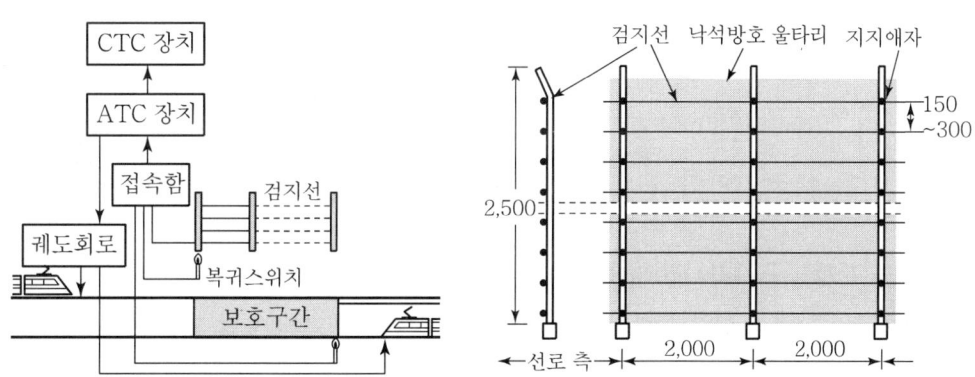

7) 기상검지장치(MD ; Meteorological Detector)

열차의 안전운행을 위하여 지반침하 및 침수, 태풍 및 폭설 등 선로의 급격한 기상조건 및 기상상태를 사전에 검지하여 기상악화 시 열차를 감속운행하거나 심각한 경우에는 열차의 운행을 중지시켜 안전사고를 미연에 예방하기 위한 장치이다. 기상검지장치의 종류 중 강우량검지장치, 풍향·풍속검지장치는 약 20km 간격으로 건축한계를 감안하여 선로

변 적정 장소에 설치해야 하며, 적설량검지장치는 선로에서 10m 이상 이격하여 설치해야 한다.

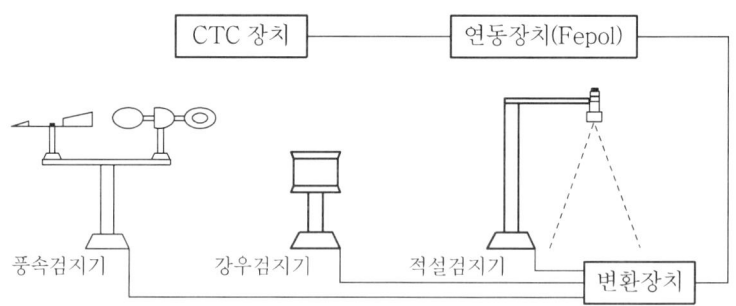

8) 끌림 검지장치(DD ; Dragging equipment Detector)

고속철도의 선로상 설비를 보호하기 위해 기지나 기존 선에서 진입하는 개소에 설치하며 열차 또는 차량 하부의 부속품이 이탈되어 매달린 상태로 주행하는 경우 끌림물체를 검지하는 장치를 말한다.

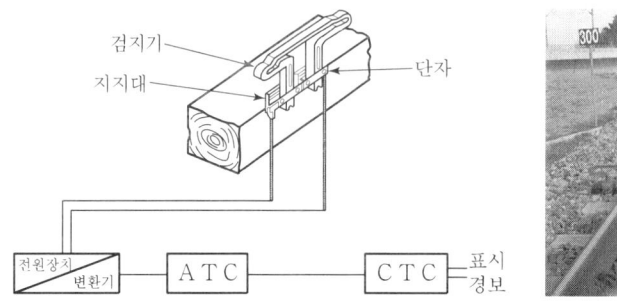 

9) 무인 기계실 원격감시장치(CCTV)

무인 기계실의 출입자를 감시하고 허가된 자만 출입할 수 있도록 하는 장치로 카메라, 카드리더, 경보기함으로 구성된다. 또한 실시간 감시 및 녹화 기능과 항온항습기 상태 감시 및 경보, 화재경보감시기능이 있어야 하며, 기계실 출입자를 정면으로 선명하게 감시할 수 있도록 설치한다.

10) 지진계측설비

고속철도 선로에서 지진으로 인하여 열차 운행에 지장을 줄 위험개소 중 경계가 필요한 장소(교량 및 터널 등 취약시설)의 변형 등을 감지할 수 있는 계측설비를 말하며, 진도

4 이상의 진동이 발견되면 관제실에 황색경보가 울리고 관제사가 운행 중인 열차를 시속 170km로 서행운전하도록 지시하며, 진도 5 이상일 때는 관제실에 적색경보가 울리고 관제사는 운행 중인 열차를 즉시 정지시켜 사고를 예방할 수 있도록 한다.

11) 승강장 비상정지버튼

역구내에 이례적인 사태 발생 시 특정인이 아닌 누구나 취급할 수 있도록 한 조기경보체제 시스템으로 버튼 취급 시 신호연동장치와 관련되어 신호기는 정지신호를 현시하고 동시에 승강장 진입부분에 설치되어 기관사에게 비상사태를 인지할 수 있도록 하는 경광등을 섬광하며, ATS 지상자에 의하여 전동차가 비상제동 체결되도록 하는 설비를 말한다.

12) 플랫폼 스크린도어(PSD ; Platform Screen Door)

전동차가 승강장 홈에 완전히 멈추어 서면 전동차 문과 함께 열려 승객의 안전 확보와 함께 전동차로 인한 소음, 먼지, 강풍 등을 줄이고 승객이 고의나 실수로 선로에 빠지는 것을 막아주는 역할을 하는 설비를 말한다. PSD를 설치할 경우 승강장 비상정지버튼 설치의 주 목적인 승객의 실족 위험을 원천적으로 차단할 수 있기 때문에 비상정지버튼은 설치하지 않아도 된다.

02 방설설비

선로는 적설, 눈사태, 눈날림에 의해 피해를 입기 때문에 이와 같은 설해를 방지하기 위하여 설비를 하는데 이를 방설설비라 한다.

(1) 제설방법

1) 인력제설

주로 분기기, 역구내 등 기계 능력을 충분히 발휘할 수 없는 곳에 사용한다.

2) 기계제설

러셀식 제설차, 로터리식 제설차, 광폭식 제설차, 긁어 모으기식 제설차 등이 있다.

(2) 눈 날림 방지설비

눈지붕, 방설책, 방설제, 방설림

(3) 눈사태 방호설비

1) 예방설비

   눈사태 방지 말뚝, 눈사태 방지책, 계단공, 눈사태 방지림

2) 방호설비

   눈사태 지붕, 눈사태 방지 옹벽, 눈사태 파괴, 눈사태 넘기기

(4) 분기기 동결방지장치

전기온풍식 방지장치, 온수분사식 방지장치, 레일가열식 방지장치

03 선로제표

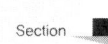

(1) 정의

열차운전 및 선로보수상의 편의 제공 또는 일반 공중에게 주의를 환기시키기 위하여 선로상 또는 선로연변에 세우는 표지를 말한다.

(2) 종류

1) 거리표(Distance Post)

   ① km표 : 1km마다 특별한 경우를 제외하고는 선로 좌측에 설치한다.
   ② m표 : 200m(다만, 지하구간은 100m)마다 특별한 경우를 제외하고는 선로 좌측에 설치한다.

2) 기울기표(Grade Post)

   특별한 경우를 제외하고는 선로 좌측 기울기 변경점에 설치하며, 복선구간은 양방향에 설치한다.

3) 곡선표(Curve Post)
원곡선의 시, 종점에 건식, 곡선반경, 캔트, 슬랙 등을 기입

4) 수준표
선로의 표고를 측정하는 기준(1km마다 건식), 선로 우측에 설치

5) 용지경계표
철도용지의 경계 표시(경계선이 직선일 때는 40m마다 건식)

6) 하수표, 구교표, 교량표, 터널표

7) 기적표
건널목, 교량, 급곡선에 열차의 접근을 알려 통행인의 주의를 환기시키고자 열차진행방향 400m 이상 전방 좌측에 건식

8) 선로작업표
선로보수 작업원의 작업위치를 기관사에게 알리기 위한 표지. 열차에 대향하여 약 200m 전방에 세워야 하며, 400m 전방에서 기관사가 알아볼 수 있는 곳에 건식

9) 속도제한표
서행표라고도 하며, 선로상태가 비정상적일 경우 열차속도를 제한하는 표시

10) 낙석주의표
깎기구간의 낙석은 위험하므로 기관사 및 선로순회자의 주의 환기를 위해 설치

11) 정거장중심표, 정거장구역표
정차장의 중심과 정차장 구내외의 경계 표시

12) 건축한계축소표
소정의 건축한계보다 축소되어 있어 무개차와 무측차의 큰 물건 적화와 운전을 주의시키기 위해 설치

13) 담당구역표, 관할경계표(시설관리사무소경계표, 시설관리반경계표)

14) 차량접촉한계표(Car Limit Post)
서로 인접한 궤도에서 차량의 접촉을 피하기 위하여 세우는 표지로서 분기부 뒤쪽의 위치에 설치

15) 기타

건널목경계표, 양수표, 양설표, 영림표 등

04 차막이 및 차륜막이

(1) 차막이(Buffer Stop, Car Stopper)

선로의 종점에 있어 차량의 일주(逸走)를 방지하기 위해서 설치하는 설비. 차막이 설치형태는 다음과 같다.

① 충격완화를 위한 완충기능과 차량을 강제로 정지시킬 수 있는 강도를 가진 구조여야 한다.
② 일반적으로는 레일을 만곡하여 설치하거나, 흙으로 둑 모양을 만드는 방식으로 사용한다.
③ 안전측선, 피난측선에서 사용하는 경우에는 자갈을 덮은 형태 사용한다.

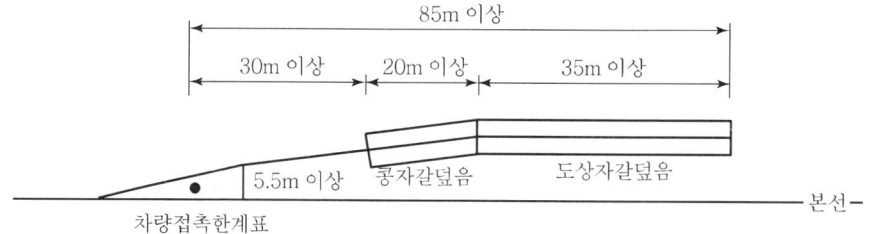

[차막이 설치형태]

(2) 차륜막이(Scotch Block)

측선에서 유치 중인 차량이 스스로 굴러 타 선로의 차량에 지장을 줄 우려가 있을 때 레일 위에 설치하여 차량의 움직임을 방지하기 위해 사용하는 막이를 말한다. 레일상에 설치하는 방식(반전식)과 차륜 밑에 고이는 방식(쐐기식)이 있다.

01 기출 및 적중예상문제

■정답 및 해설

01 진동원에 대한 방책으로 잘못된 것은?   ≫ 07. 기사
① 차량 : 운행속도 저감, 탄성차륜 사용
② 궤도 : 방진재 삽입, 레일 장대화
③ 터널 : 경량 구조물, RC화
④ 교량 : 구조물 내 진동차단 또는 완충기구 설치

01 차량소음에 대한 대책 : 저소음 차량개발, 차음설비 및 진동 완충설비 차량 도입

02 다음 중 설해에 대한 대책이 아닌 것은?   ≫ 08. 기사
① 제설차
② 분기기상판 전열장치(융설장치)
③ 방설림
④ 지진계 설치

02 지진계 설치는 지진에 대비하여 운행선에 지진계측기를 설치한 것을 말한다.

03 지하역의 방재상 특징에 해당되지 않는 것은?   ≫ 08. 산업
① 외부로의 피난이 계단으로 한정되며, 지상과 같이 창으로 탈출할 수 없다.
② 구조대 등의 외부에서 접근 및 진입이 극히 곤란하다.
③ 정전 시 외부의 빛을 얻을 수 없으므로 완전히 암흑이 된다.
④ 간단한 설비를 갖추면 자연 배연이 가능하다.

03 지하역의 특성상 자연배연은 매우 힘들다.

04 서로 인접한 궤도에서 차량의 접촉을 피하기 위하여 세우는 표지로서 분기부의 뒤쪽 위치에 설치하는 것은?   ≫ 11. 산업
① 건축한계표   ② 차량한계표
③ 차량접촉한계표   ④ 선로경계표

04 서로 인접한 궤도에서 차량의 접촉을 피하기 위해 세우는 표지는 차량접촉한계표이다.

정답 01 ③ 02 ④ 03 ④ 04 ③

05 관할경계표와 수준표는 선로 우측에 설치한다.

05 일반철도에서 선로 우측에 설치하여야 하는 것은?
≫ 05. 10. 산업
① km표 ② 구배표
③ 관할경계표 ④ 곡선표

06 반전식과 쐐기식은 차륜막이 방식이다.

06 선로의 종점에 있어 차량의 일주(逸走)를 방지하기 위해서 설치하는 설비를 차막이(Buffer Stop, Car Stopper)라 한다. 차막이의 설치형태로 옳지 않은 것은?
① 충격완화를 위한 완충기능과 차량을 강제로 정지시킬 수 있는 강도를 가진 구조여야 한다.
② 일반적으로는 레일을 만곡(灣曲)하여 설치하거나, 흙으로 둑 모양을 만드는 방식으로 사용한다.
③ 안전측선, 피난측선에서 사용하는 경우에는 자갈을 덮은 형태를 사용한다.
④ 레일상에 설치하는 방식(반전식)과 차륜 밑에 고이는 방식(쐐기식)이 있다.

07 차축온도 검지장치는 차량이 고속운전 시 차축에 온도를 일정 거리마다 측정하여 차축의 과열로 인한 탈선을 사전에 예방하기 위한 장치이다.

07 분기기 동결 방지장치 종류로 옳지 않은 것은?
① 전기온풍식 방지장치 ② 온수분사식 방지장치
③ 차축온도 검지장치 ④ 레일가열식 방지장치

08 수준표는 선로우측에 1km간격으로 건식한다.

08 선로제표 중 수준표는 선로외방(우측)에 얼마의 거리마다 설치하는가?
≫ 13. 산업
① 약 4km ② 약 3km
③ 약 2km ④ 약 1km

09 차막이는 궤도안전설비로 선로방비설비에 해당되지 않는다.

09 다음 중 선로방비 설비에 해당하지 않는 것은?
≫ 13. 산업
① 담장(울타리) ② 차막이
③ 토사방지림 ④ 낙석방지책

10 다음 중 선로제표에 대한 설명으로 옳지 않은 것은? ≫13. 산업
① 거리표는 km표와 m표로 하고, 특별한 경우를 제외하고는 선로좌측에 설치하여야 한다.
② 기울기표는 특별한 경우를 제외하고는 선로외방(좌측) 기울기변경점에 설치하여야 한다.
③ 곡선표는 선로내방(우측)에 설치하여야 한다.
④ 차량접촉한계표는 분기부 뒤쪽의 궤도중심간격 중앙에 설치하여야 한다.

10 곡선표는 선로외방(좌측)에 설치한다.

11 어느 산악철도에 낙석이 심하여 항구적인 대책을 수립하고자 할 때, 가장 확실한 방안은? ≫11. 산업
① 낙석방지철책
② 낙석방지옹벽
③ 피암터널
④ 숏크리트에 의한 암석고정

11 선로 상부에 구조물을 설치하여 낙석을 방호하는 가장 확실한 방안은 피암터널이다.

12 선로제표 중 곡선표에 기입되는 내용이 아닌 것은? ≫13. 기사
① 곡선반경   ② 곡선연장
③ 캔트량   ④ 슬랙량

12 곡선표에는 곡선반경, 캔트, 슬랙량 등을 기입한다.

13 도시철도에서 설치하여야 하는 선로의 표지에 해당되지 않는 것은? ≫15. 기사
① 기울기가 변경되는 장소에는 그 기울기를 표시하는 표지
② 분기부에는 차량의 접속한계를 표시하는 표지
③ 정거장의 면적을 표시하는 표지
④ 100m 구간마다 그 거리를 표시하는 표지

13 정거장의 면적이 아니라 정거장의 중심을 표시하는 표지를 설치해야 한다.

정답 10 ③ 11 ③ 12 ② 13 ③

14 비탈면은 우수와 유수로 토사가 붕괴되는 것을 보호·방지하기 위하여 비탈에 줄떼, 평떼 등을 심거나 몰탈보호공, 비탈하수, 돌깔기 등을 설치한다.

15 기울기표는 특별한 경우를 제외하고는 선로외방좌측 기울기 변경점에 설치하여야 한다.

16 눈날림 방지설비로는 눈지붕, 방설책, 방설제, 방설림이 있다.

17 줄맞춤부호는 궤간의 바깥쪽 틀림이 있을 경우 (＋), 안쪽 틀림이 있을 경우 (－)로 한다.

14 선로방비 설비 중 비탈면 보호방법에 해당되지 않는 것은?
≫15. 산업
① 몰탈보호공 ② 돌깔기
③ 철제울타리 ④ 비탈하수

15 선로제표의 설치방법으로 옳지 않은 것은? ≫15. 산업
① 거리표는 km표와 m표로 하고, km표는 1km마다, m표는 200m(다만, 지하구간은 100m)마다, 특별한 경우를 제외하고는 선로 좌측에 설치한다.
② 기울기표는 특별한 경우를 제외하고는 선로 외방(우측) 기울기 변경점에 설치하여야 한다.
③ 곡선표는 선로 외방(좌측)에 설치하여야 한다.
④ 담당 구역표는 관할 경계점의 선로 우측에 설치하여야 한다.

16 눈날림(비설) 방지설비에 해당하지 않는 것은? ≫16. 기사
① 방진구 ② 방설책
③ 방설제 ④ 눈지붕

17 궤도보수점검 중 인력점검에 대한 설명으로 틀린 것은?
≫16. 산업
① 궤간은 확대틀림량을 (＋), 축소틀림량을 (－)로 한다.
② 수평은 직선부는 좌측 레일, 곡선부는 내측 레일을 기준으로 하여 상대편 레일이 높은 것은 (＋), 낮은 것은 (－)로 한다.
③ 면맞춤은 직선부는 좌측 레일, 곡선부는 내측 레일을 측정하며, 높이 솟은 틀림량 (＋), 낮게 처진 틀림량을 (－)로 한다.
④ 줄맞춤은 직선부는 좌측 레일, 곡선부는 내측 레일을 기준으로 측정하며, 궤간내방으로 틀림량을 (＋), 궤간외방으로 틀림량을 (－)로 한다.

정답 14 ③ 15 ② 16 ① 17 ④

18 선로유지관리지침에서 선로제표에 관한 설명으로 틀린 것은?
>> 16. 산업

① 곡선표는 선로 내방(우측)에 설치하여야 한다.
② 거리표는 km표와 m표로 하고, 특별한 경우를 제외하고는 선로 좌측에 설치한다.
③ 차량접촉한계표는 분기부 뒤쪽의 궤도중심간격 중앙에 설치하여야 한다.
④ 기울기표는 특별한 경우를 제외하고는 선로 외방(좌측) 기울기 변경점에 설치하여야 한다.

18 기울기표는 특별한 경우를 제외하고는 선로외방(좌측)에 설치해야 한다.

19 도시철도의 정거장 및 터널 안에 설치하는 제연설비 중 전동기·배풍기·배출풍도 및 배풍막이 정상적으로 기능을 발하여야 하는 기준은?
>> 15. 산업

① 섭씨 250도에서 30분 이상 기능 유지
② 섭씨 250도에서 1시간 이상 기능 유지
③ 섭씨 500도에서 30분 이상 기능 유지
④ 섭씨 500도에서 1시간 이상 기능 유지

19 도시철도의 제연설비 중 전동기·배풍기·배출풍도 및 배풍각은 250℃에서 1시간 이상 정상적으로 기능을 유지할 수 있어야 한다.

정답 18 ① 19 ②

02 건널목설비

01 개요

철도와 도로법에서 정한 도로가 평면교차하는 곳으로, 정거장 구내에서 직원 또는 여객의 통행과 화물의 운반만을 목적으로 사용되는 구내통로는 제외한다.

(1) 종류
>> 11, 10, 08, 05, 04, 03, 02, 기사, 09, 05, 04, 산업

1) 1종 건널목
차단기, 경보기 및 건널목 교통안전 표지를 설치하고 그 차단기를 주·야간 계속 작동하거나 또는 지정된 시간 동안 건널목 관리원이 근무하는 건널목

2) 2종 건널목
경보기와 건널목교통안전표지만 설치하는 건널목으로 필요시에 건널목안내원이 근무하는 건널목

3) 3종 건널목
건널목교통안전표지만 설치하는 건널목

02 건널목 보안설비

(1) 건널목 보안설비

1) 건널목경보기

열차가 건널목 부근 800~1,200m 내에 진입하면 건널목의 경보가 자동으로 작동하여 2개의 적색등을 교대로 점멸하여 열차의 접근을 통행자에게 알려주는 설비. 음향식과 섬광식 또는 양자를 병용하는 것이 있다.

2) 건널목차단기(전동차단기) ≫ 08. 06. 02. 기사

자동경보장치가 동작한 다음 약 3초 후 건널목의 통행 쪽 도로에 차단기 암이 내려져 차량의 통행을 제지하는 설비. 차단기는 건축한계 외방, 도로 우측에 설치한다. 다만, 지형상 부득이한 경우에는 그러하지 아니한다.

3) 고장감시 및 원격감시장치

건널목경보장치의 동작상태를 감시하는 장치로 고장 발생 시 고장상태를 보수자에게 자동으로 즉시 통보하여 신속히 고장을 복구하도록 하는 설비이다.

4) 출구 측 차단간검지기

열차가 건널목의 일정구간에 접근하여 경보장치가 동작하였는데도 자동차가 일단정지를 무시하고 차단기 하강 직전에 건널목에 진입하여 출구 측 차단기 하강으로 빠져나가지 못하고 정차하였을 때, 마이크로프로세서로 자동차 운전방향을 검지하여 출구 측 차단기를 상승시킴으로써 자동차가 건널목을 무사히 통과하여 사고를 예방하도록 하는 첨단설비이다.

5) 지장물검지기

건널목을 통과 중인 차량이 차량고장, 엔진고장, 도로정체로 인한 정차, 보판이탈 등 운전자 부주의로 건널목을 지장하고 있을 때, Laser 광선에 의해서 자동으로 지장물을 인식하여 지장경고등을 적색등으로 회전하도록 동작시킴으로써 운행 중인 열차의 기관사에게 건널목에 장애물이 있음을 알려주고, 사고예방 조치를 하도록 예고하는 설비이다.

6) 정시간제어기

열차의 속도에 따라 경보시분이 불규칙한 개소에 자기근접 센서 등의 설비를 설치하여 열차의 접근검지와 통과속도에 따른 경보개시 시간을 조정하여 건널목 경보 시간을 항상 일정하게 하는 안전설비이다.

7) 신호정보분석기

건널목보안장치의 동작정보를 실시간으로 검지하여 기록, 저장하고 데이터를 출력하여 과학적으로 고장원인을 분석할 수 있으며, 특히 사고로 인한 법정 분쟁 시 증거자료로 활용할 수 있는 중요한 설비이다.

(2) 건널목 위험도 조사와 판단 시 검토사항

① 열차횟수
② 도로교통량
③ 건널목 투시거리
④ 건널목 길이
⑤ 건널목 폭
⑥ 건널목의 선로 수
⑦ 건널목 전·후 지형

(3) 건널목 설치기준

① 인접 건널목과의 거리는 1,000m 이상으로 한다.
② 열차투시거리는 당해 선로의 최고 열차속도로 운행할 때 제동거리 이상 되는 경우로서, 100km/h 이상은 700m 이상, 90km/h 이상은 500m 이상, 기타는 400m 이상을 확보하여야 한다.
③ 건널목의 최소폭은 3m 이상으로 한다.
④ 철도선로와 접속도로와의 교차각은 45도 이상으로 한다.
⑤ 양쪽 접속도로는 포장되어야 하며, 도로와 교차 시 철도의 선로 중심으로부터 30m까지의 구간을 직선으로 하여 굴곡이 없어야 하고, 그 구간의 경사도는 3% 이하로 하며, 농어촌도로와 교차 시에는 구간의 경사도를 2.5% 이하로 한다. 자전거 도로와 철도가 평면교차할 경우에는 철도경계선으로부터 10m까지의 구간을 직선으로 하며, 그 구간 내의 경사도는 3% 이하로 한다.

(4) 건널목 교통량 조사

① 철도시설관리자는 2년마다 관내 건널목에 대한 교통량을 조사하여야 한다. 다만, 그동안의 교통량 증감상황이 그 건널목의 종별을 변경시킬 정도가 안 되는 경우에는 이를 생략할 수 있으며, 건널목 주변여건이 변동되어 교통량이 급격변동 되었을 때에는 조사기간에 관계없이 추가로 시행할 수 있다.

② 교통량 조사는 매일 06시부터 19시까지, 19시부터 다음날 06시까지의 것으로 구분하여 계속 3일간 조사한 것을 평균한다. 다만, 조사 시에 교통량이 평상보다 매우 큰 차가 있다고 인정되는 날은 3일간 평균에 포함하지 아니한다.

〈철도교통량 환산율표〉 ≫ 07, 05. 기사

종별	환산율
입환차량	0.5
일반열차	1.0

〈교통량 환산율표〉 ≫ 09. 기사

종별		환산율	기사
보행자		1	일반보행자 및 아동(단, 운전자, 차량탑승자, 업힌 유아 등은 여기에 포함시키지 않음)
자전거		2	자전거(단, 자전거를 타고 가는 사람은 무시함)
손수레		3	손수레, 리어카(단, 수레 끄는 사람 등은 여기에 포함시키지 않고 무시함)
이륜자동차		4	원동기 달린 자전거, 오토바이, 경운기 등
자동차	소형	8	승용차, 1톤 이하 트럭, 소형승합차(17인승 이하)
	중형	10	중형승합차, 10톤 미만 트럭, 렉카
	대형	12	대형버스, 10톤 이상 트럭, 트레일러, 탱크로리, 콘테이너, 기중기, 레미콘차, 펌프카, 기타 중장비

03 건널목 포장 및 발전방향

(1) 건널목포장
① 자동차 통행 편리도모
② 가드레일 부설(윤연로 확보)
③ 도로면과 레일면을 같게 포장(포장의 철거와 복구의 용이성)

(2) 건널목 보안설비의 발전방향
① 열차운행 관리센터에서 집중 감시하는 종합시스템으로 구축 필요
② 철도와 도로의 평면교차를 입체교차로 대체

02 기출 및 적중예상문제

■ 정답 및 해설

01 건널목설치 및 설비기준지침에서 정한 건널목의 종류 중 경보기와 건널목 교통안전표지만 설치하는 건널목은?
≫ 10, 05, 04, 03. 기사
① 1종 건널목　② 2종 건널목
③ 3종 건널목　④ 4종 건널목

01 1종 : 차단기, 경보기, 표지, 안내원
2종 : 경보기, 표지
3종 : 표지

02 차단기, 경보기, 표지를 설치하고 주야간 계속 작동하거나 또는 지정된 시간 동안 안내원이 근무하는 건널목?
≫ 08, 02. 산업
① 1종　② 2종
③ 3종　④ 4종

03 건널목은 안전설비 및 관리원 근무에 따라 종별을 구분하고 있다. 다음 중 건널목의 종별로 틀린 것은? ≫ 13, 05. 산업
① 1종 건널목　② 2종 건널목
③ 3종 건널목　④ 4종 건널목

03 건널목 종류는 1, 2, 3종으로 4종 건널목은 현재 없다.

04 건널목의 위험도에 따라 설치되는 건널목 보안설비를 위한 건널목 위험도의 조사판단 기준이 아닌 것은? ≫ 05. 기사
① 열차횟수
② 도로교통량
③ 건널목 보판종류
④ 건널목의 길이

04 위험도 조사 판단 기준 : 열차횟수, 도로교통량, 건널목투시거리, 건널목 길이, 건널목 폭, 건널목의 선로 수, 건널목 전·후 지형

정답 01 ② 02 ① 03 ④ 04 ③

Part 04 | 선로 및 정거장 설비

05 건널목 차단기는 건축한계 외방, 자동차의 진행을 막기 위한 차단기이므로 도로 우측에 설치한다.

05 건널목 차단기 설치위치? >> 08, 06, 02. 기사
① 건축한계 내방, 도로 우측
② 건축한계 외방, 도로 우측
③ 건축한계 내방, 도로 좌측
④ 건축한계 외방, 도로 좌측

06 150km/60분＝2.5km/분이므로 30초에 대한 제어길이는 1,250m 이다.

06 철길에 설치된 건널목은 고속으로 주행하는 열차에 대한 안전확보를 위해 일정시간 동안 경보가 울려야 된다. 건널목 경보시간 30초, 열차최고속도 150km/h일 때 경보 작동을 위한 경보제어 구간의 길이는? >> 14, 08. 기사, 09. 산업
① 1,250m ② 1,300m
③ 1,350m ④ 1,400m

07 1, 2, 3종 건널목에 모두 포함되는 것은 건널목 교통안전 표지이다.

07 건널목의 종류(1종, 2종, 3종)에 관계없이 설치하여야 하는 건널목 설비는? >> 11, 09. 산업
① 건널목 안전원 초소
② 건널목 경보기
③ 건널목 차단기
④ 건널목 교통안전 표지

08 건널목은 진입 측을 먼저 차단하고 진출 측을 다음에 차단한다.

08 건널목 보안설비의 개량 시 고려할 사항으로 옳지 않은 것은? >> 11. 기사
① 시각 인식, 전망이 좋지 않은 건널목에 대하여는 오버행형의 경보기를 설치한다.
② 도로폭이 넓은 곳은 2단 차단으로 하여 진출 측을 먼저 차단한 후 진입 측을 차단한다.
③ 건널목을 멀리에서 시각인식 하기 쉽도록 차단간에 늘어뜨린 막, 늘어뜨린 벨트를 설치한다.
④ 한쪽만 설치되어 있는 건널목 지장통지장치(비상버튼)는 양측에 설치한다.

Chapter 02 | 건널목설비

09 건널목을 신설할 경우 인접 건널목과의 거리는 몇 m 이상으로 하는 것을 기준으로 하는가? 》 09, 07. 산업
① 500m 이상
② 1,000m 이상
③ 1,500m 이상
④ 2,000m 이상

09 인접 건널목과의 거리는 1,000m 이상으로 한다.

10 다음 중 철도건널목의 신설 시 충족조건에 관한 설명으로 틀린 것은? 》 11. 기사, 08, 05. 산업
① 인접 건널목과의 거리는 1,000m 이상으로 한다.
② 건널목 최소폭은 3m 이상으로 한다.
③ 철도선로와 접속도로의 교차각은 45도 이상으로 한다.
④ 열차투시거리는 열차속도 100km/h 이상일 때 500m 이상 확보하여야 한다.

10 열차투시거리는 당해 선로의 최고 열차속도로 운행할 때 제동거리 이상되는 경우로서, 100km/h 이상은 700m 이상, 90km/h 이상은 500m 이상, 기타는 400m 이상을 확보하여야 한다.

11 철도선로와 접속도로와의 교차각은 몇 도 이상으로 하여야 하는가? 》 04. 기사
① 15도 이상
② 30도 이상
③ 45도 이상
④ 60도 이상

11 철도선로와 접속도로와의 교차각은 45도 이상으로 한다.

12 다음 철도건널목 중 교통안전표지만 설치하는 건널목은? 》 04. 산업
① 1종 건널목
② 2종 건널목
③ 3종 건널목
④ 4종 건널목

12 1종 : 차단기, 경보기, 표지, 안내원
2종 : 경보기, 표지
3종 : 표지

13 건널목을 통과하는 일평균 열차의 수가 입환차량 10회, 일반열차 100회일 경우 철도교통환산율에 의한 교통량은 얼마인가? 》 07, 05. 기사
① 110
② 105
③ 60
④ 55

13 철도교통량 환산율, 일반열차 : 1.0
입환차량 : 0.5,
(100×1) + (10×0.5) = 105

정답 09 ② 10 ④ 11 ③ 12 ③ 13 ②

14 교통량 환산율
- 보행자 : 1
- 자전거 : 2
- 손수레 : 3
- 이륜자동차(원동기 달린 자전거, 오토바이, 경운기 등) : 4

15 차단기는 1종 건널목에 설치한다.

16 철도시설관리자는 2년마다 관내 건널목에 대한 교통량을 조사하여야 한다.

17 건널목 보안장치는 경보기, 차단기, 고장 및 원격감시장치, 검지기, 제어기, 분석기 등이다.

18 위험도 조사의 판단기준은 열차횟수, 도로교통량, 건널목 투시거리, 건널목길이, 건널목 폭, 건널목의 선로 수, 건널목 전후지형 등이다.

---

14 철도 건널목 교통량 조사시 교통량 환산율표에 의해 경운기는 무엇으로 적용하여 조사하여야 하는가?　　》 09. 기사
① 손수레　　　② 이륜자동차
③ 자전거　　　④ 소형자동차

15 단선구간으로 2종 건널목에 설치하여야 하는 설비가 아닌 것은?　　》 11. 기사
① 차단기　　　② 건널목경보기
③ 전철 또는 구간빔스펜션　　④ 교통안전표지

16 철도시설관리자는 일반적인 경우 관내 건널목에 대한 교통량을 몇 년마다 조사하여야 하는가?　　》 11. 산업
① 1년　　　② 2년
③ 3년　　　④ 4년

17 다음 중 철도건널목에 일반적으로 설치하는 보안장치로 가장 관계가 없는 것은?　　》 14. 기사
① 교통안전표지　　② 차단기
③ 경보기　　　　　④ 반사경

18 건널목 보안설비 설치를 위한 건널목 위험도의 조사 판단 기준이 아닌 것은?　　》 15. 기사
① 열차횟수　　　② 도로교통량
③ 횡단보도의 길이　　④ 건널목의 선로 수

정답　14 ②　15 ①　16 ②　17 ④　18 ③

03 정거장설비

01 개요

철도정거장은 철도 영업의 거점으로 여객·화물을 취급, 열차조성, 입환, 유치, 교행 및 대피가 이루어지는 운전·운수상의 업무를 수행하는 장소를 말한다. 정거장은 지형조건, 교통수요, 경제성 및 인근 정거장과의 거리 등을 고려하여 적정 위치에 설치하여야 한다.

(1) 정거장의 종류

1) 정거장(Station)

열차를 정차하고 여객 또는 화물을 취급하기 위하여 설치한 장소로서 여객 또는 화물 취급량이 특히 많을 때는 여객정거장과 화물정거장을 별도 설치한다. 여객정거장, 화물정거장, 일반정거장으로 구분된다.

2) 조차장(Shunting Yard)

열차의 조성, 유치, 입환을 위하여 설치한 장소
① 객차조차장
② 화차조차장 : 평면조차장, Hump조차장, 중력조차장
③ 차량기지 : 여객차량기지/기관차기지(전기, 디젤)/화차기지/통합차량기지

3) 신호장(㉱열차대피소, Signal Station)

여객취급을 하지 않고 열차의 교차 운행이나 대피를 위한 승강장이 없는 정차장

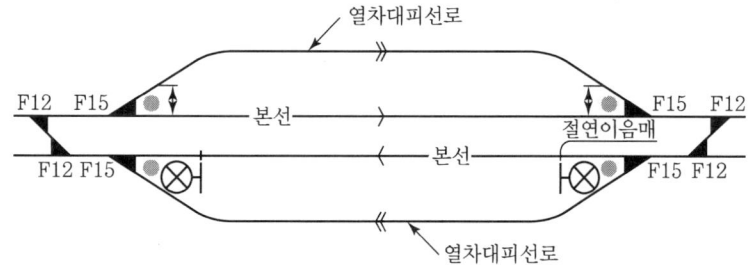

[신호장(㉱열차대피소)]

(출처 : 알기쉬운 철도기술용어 순화해설집(개정판))

4) 신호소(㉾신호 취급소, Signal Station)

열차의 교행 및 대피 없이 운행에만 필요한 상치신호기를 취급하기 위해 시설한 장소로서 정거장은 아님

(2) 사용목적에 의한 정거장 분류

1) 여객정거장(Passenger Station)

여객 또는 도착된 수화물만을 취급하는 역으로 도시에서 여객과 화물의 취급량이 특히 많을 경우에는 여객역과 화물역을 분리하여 설치한다.

2) 화물정거장(Freight Station)

화물만을 취급하는 역

3) 일반정거장(Ordinary Station)

여객과 화물을 동시에 취급하는 역

4) 객차조차장(Coach Yard)

여객열차의 유치, 재편성, 세차, 점검 및 수리를 하는 정거장으로 대도시의 역 또는 종단역 부근에 설치하는 것이 보통이다.

5) 화차조차장(Shunting Yard)

화물열차의 조성, 화차의 해방, 입환 및 수리를 하는 정거장

6) 임항(수육연락) 정차장(Marine Terminal)

열차와 배 사이의 여객 및 화물의 직접 연결 및 화물의 연락수송을 하는 정거장

7) 차량기지

각종 차량의 청소, 검사, 수선, 정비, 유치 등을 하는 시설의 종합기능을 하는 장소로서 기관차, 전동차, 여객차, 화차기지로 구분하며 열차를 운전하는 승무원의 거점이다.

02 정거장 설비 및 배선

(1) 구성설비
① 여객 및 화물 취급설비
② 운전 및 선로(궤도)설비
③ 전기, 신호, 통신설비
④ 영업, 운전, 보수 등의 종사원을 위한 설비

(2) 선로설비
열차 착발, 통과에 필요한 설비

1) 본선
주본선(상하), 부본선(출발선, 도착선, 통과선, 대피선, 교행선)

2) 측선
열차의 운전에 사용하는 선로 이외의 선로로서 본선 이외의 선로는 모두 측선이라 하며, 그 사용목적에 따라 세분화된다. 유치선, 입환선, 인상선, 화물적하선, 세차선, 검사선, 수선선, 기회선, 기대선, 안전측선, 피난측선 등

> **Reference**
>
> 1. 유치선(Storage Track)
>   차량을 일시 유치하는 선로로 객차유치선, 화차유치선, 기관차유치선, 전동차유치선 등이 있다.
> 2. 입환선(㊜차량 정리선, Shunting Track)
>   열차를 조성하거나 해방하기 위하여 작업을 하는 측선으로 여러 개의 선로가 병행하여 부설된다.
> 3. 인상선(㊜정리선, Drawn out Track)
>   열차운행에 지장을 주지 않고 화물취급선 또는 유치선에서 열차 재배열이 가능하도록 따로 부설해 놓은 선
>
>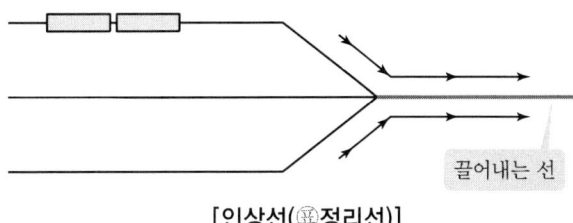
>
> 끌어내는 선
>
> [인상선(㊜정리선)]
> (출처 : 알기쉬운 철도기술용어 순화해설집(개정판))

4. 기회선(Engine Running Track)
   기관차를 바꾸어 달거나 기관차를 회송할 때 정거장 구내에서 기관차 전용의 통로로 사용하는 측선이다.
5. 기대선(대기선, Engine Waiting Track)
   기관차를 바꾸어 달 때 열차가 착발하는 본선 근처에서 기관차가 일시 대기하는 측선이다.

(3) 정거장 배선에 의한 분류

1) 두단식 정거장(종단형 정거장)   ≫ 09. 04. 기사

착발 본선이 막힌 종단형으로 된 정거장

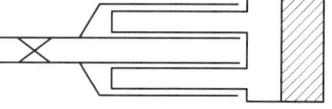

2) 섬식 정거장

승강장을 가운데 두고 양측으로 배선한 정거장
① 용지비가 적게 들고 공사비가 저렴하다.
② 여객이 이용하기에 불편하고 확장 개량이 곤란하며, 상·하선 열차가 동시에 진입하였을 때는 혼잡하다.

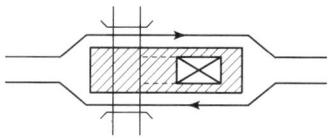

3) 상대식(관통식·대향식) 정거장

착발본선이 정거장을 관통하도록 배선한 정거장으로 장단점은 섬식과 반대이다.

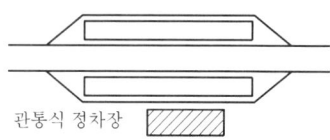

관통식 정차장

4) 쐐기식 정거장   ≫ 14. 07. 기사

쐐기형으로 된 정거장

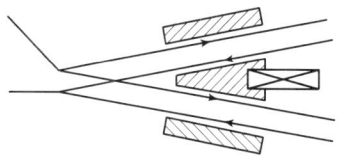

(4) 정거장의 선로상 위치에 따른 분류

1) 중간정거장

양 종단정거장의 중간에 위치하는 정거장으로, 차량의 선로 변경 없이 차량진입이 이루어지는 역(대부분의 정거장이 해당)

① 여객승강장
   섬식과 상대식

② 화물적하장

취급화물을 적하하기 위해 승강장과 별도로 설치(역본체 좌측)

③ 대피선 설치

㉠ 후속열차가 선행열차를 추월할 필요가 있을 때 설치

㉡ 열차밀도가 높아서 선행열차가 출발하기 전에 후속열차 진입 필요시 설치

㉢ 화물열차의 조성과 정리로 장시간 역에 정차시킬 필요가 있을 때 설치

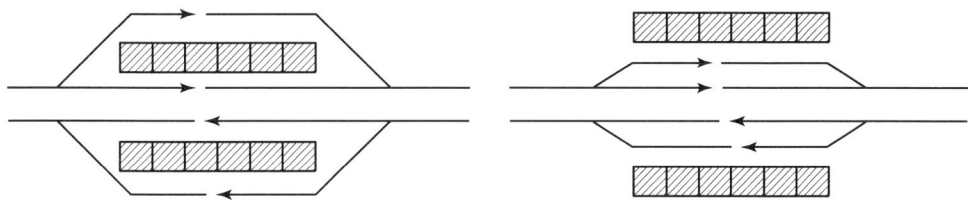

2) 종단정거장

시종점역으로 선로의 종단에 위치하는 정거장

① 관통식 종단역 　　　　　　　　　　　　　　　　　　　　》 12. 03. 산업

㉠ 기대선을 설치하여 직통하는 열차에 대하여 기관차를 바꿀 수 있어야 한다.

㉡ 기회선과 기관차가 왕래할 수 있는 배선이어야 한다.

② 두단식 종단역

㉠ 열차를 비교적 장시간 유치할 필요가 있을 때 설치한다.

㉡ 관통식 정차장에 비해 과선교, 지하도가 불필요하고 여객의 흐름이 원활함

3) 연락정거장 　　　　　　　　　　　　　　　　　　　　　　》 03. 산업

2개 이상의 선로가 집합하여 연락운송을 하는 정거장

① 일반연락정거장

본선과 지선 간에 열차의 통과운전을 하지 않는 정거장

② 분기정거장

본선과 지선 간에 열차의 통과운전을 하는 정거장

③ 접촉정거장

2개 이상의 선로가 접촉한 지점에 공통하게 설치된 정거장

④ 교차정거장

2개 이상의 선로가 교차하는 지점에 설치된 정거장

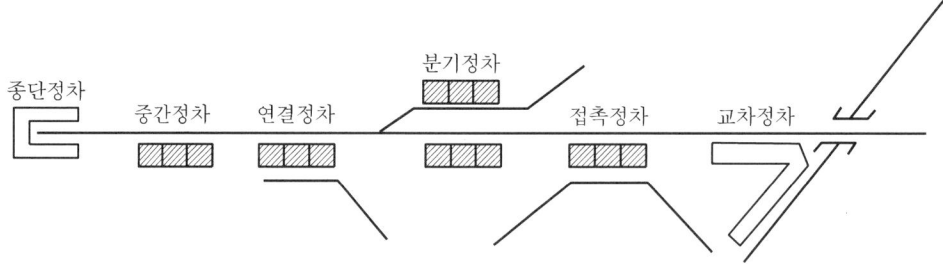

(5) 정거장 배선 시 고려사항   >> 13, 12, 08, 06, 04. 기사

속도 및 수송효율 향상, 안전 및 구내작업 용이, 장래 확장 대비를 고려하여 배선을 하여야 하며 세부적인 내용은 다음과 같다.
① 본선과 본선의 평면교차는 피할 것
② 본선은 직선 또는 반경이 큰 곡선일 것
③ 기관차의 주행, 차량의 입환 시 본선을 횡단치 않도록 계획
④ 측선은 본선 한쪽에 배치하여 본선을 횡단치 않도록 계획
⑤ 본선상 분기기 수를 최소화 하고, 배향(背向)분기로 계획
⑥ 정거장 구내 투시가 양호할 것
⑦ 열차 상호 간 안전하게 착발토록 충분한 선로간격 확보
⑧ 두 종류 이상의 작업이 동시 시행 가능하도록 배선
⑨ 장래 역세권 확장에 대비할 것
⑩ 분기기는 구내에 산재시키지 말고, 가능하면 집중 배치할 것

(6) 정거장 위치 선정   >> 09, 03, 02. 산업, 06, 03. 기사

① 여객, 화물의 집산 중심에 가깝고, 도로 등 교통기관과의 연락이 편리한 위치
② 장래 확장의 여지가 있는 지점
③ 건설 시에 큰 토공의 필요가 적은 지점
④ 구내가 되도록 수평이고 직선으로 되는 지점
⑤ 정차장 사이거리는 보통 4~8km, 대도시 전철역은 1km 전후에 설치
⑥ 정거장 전후의 본선로에 급구배, 급곡선이 삽입되지 않는 장소, 정거장 전후의 구배는 도착열차에 대하여 상구배, 출발열차에 대해서는 하구배로 되는 지형이 좋으며, 배수가 양호한 지점
⑦ 차량기지는 종단역 또는 분기역에 가깝고, 열차의 출입고 시에 본선 지장이 되도록 적은 곳에 설치

03 | 여객설비

여객수송에 따른 여객의 승강에 필요한 여객에 부대한 수화물, 우편물의 취급 등에 관한 일체의 설비를 말한다.

(1) 여객취급설비

1) 역사(Main Building)

   직접 여객의 이용에 제공되는 건물 및 여객관계의 사무실을 설치한 건물

2) 역전광장

3) 승강장, 여객통로(지하도, 과선교)

4) 여객에 대한 설비

   맞이방, 개집표소, 자동차의 편의, 화장실

5) 종사원에 대한 설비

   역무실, 전신실, 휴게실, 방송실

(2) 승강장 설치규정(철도의 건설기준에 관한 규정) » 12. 기사, 13, 07. 산업

① 승강장은 직선구간에 설치하여야 한다. 다만, 지형여건 등으로 인하여 부득이 한 경우에는 반경 600m 이상의 곡선구간에 설치할 수 있다.

② 승강장 높이 » 12. 기사

   ㉠ 일반여객 열차로 객차에 승강계단이 있는 열차가 정차하는 구간의 승강장 높이는 레일면에서 500mm로 한다.

   ㉡ 화물 적하장의 높이는 레일면에서 1,100mm로 한다.

   ㉢ 전동차전용선 등 객차에 승강계단이 없는 열차가 정차하는 구간의 승강장(고상 승강장)의 높이는 레일면에서 1,135mm로 하며, 자갈도상인 경우 1,150mm로 한다.

   ㉣ 곡선구간에 설치하는 전동차 전용 및 고상승강장의 높이는 캔트에 의한 차량 경사량을 고려해야 한다.

③ 승강장에 세우는 조명전주·전차선전주 등 각종 기둥은 선로 쪽 승강장 끝으로부터 1.5m 이상, 승강장에 있는 역사·지하도·출입구·통신기기실 등 벽으로 된 구조물은 선로 쪽 승강장 끝으로부터 2.0m 이상의 통로 유효폭을 확보하여 설치하여야 한다. 다만, 여객이

이용하지 않는 개소 내 구조물은 1.0m 이상의 유효폭을 확보하여 설치할 수 있다.
④ 직선구간에서 선로 중심으로부터 승강장 또는 적하장 끝까지의 거리는 콘크리트 도상인 경우 1,675mm, 자갈도상인 경우 1,700mm로 하여야 하며, 곡선구간에서는 곡선에 따른 확대량과 캔트에 따른 차량 경사량 및 슬랙량을 더한 만큼 확대하여야 한다. ≫ 12. 산업
⑤ 전기동차전용선의 선로 중심으로부터 승강장까지의 거리는 다음 각 호와 같이 하여야 한다.
　㉠ 콘크리트도상 궤도의 경우에는 선로 중심으로부터 승강장 또는 적하장 끝까지의 거리는 1,610mm로 하되, 차량 끝단으로부터 승강장연단까지의 거리는 50mm를 초과할 수 없다.
　㉡ 자갈도상인 경우에는 1,700mm로 한다. ≫ 11. 산업

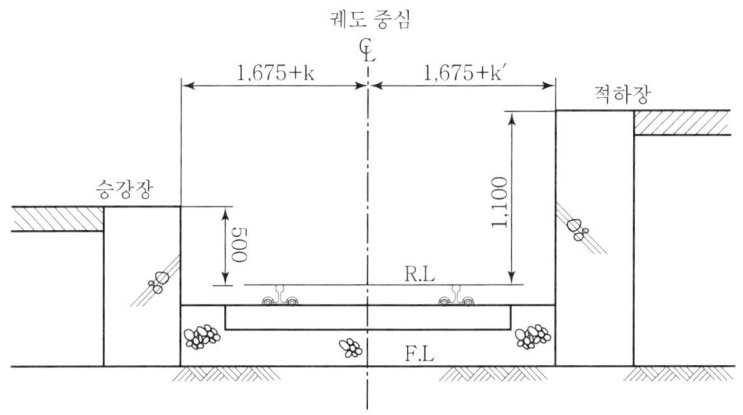

[승강장 적하장의 높이 및 승강장과 선로 중심과의 이격거리]

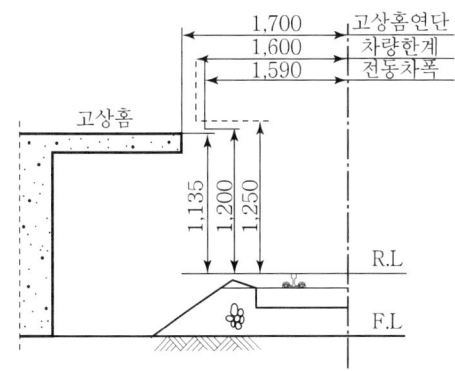

[고상승강장의 높이]

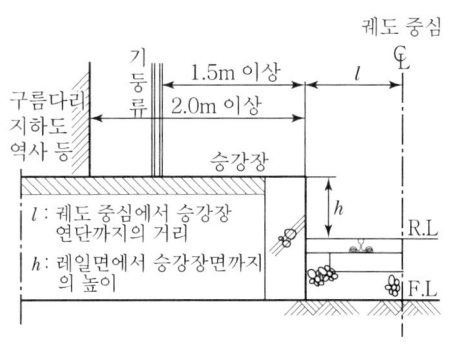

[주류 및 벽류의 선로 중심으로부터의 이격거리]

(3) 승강장 설치규정(도시철도건설규칙)

1) 승강장 안전시설

   안전펜스 또는 스크린도어(PSD) 중 하나 설치

2) 스크린도어 설치규정

   ① 승강장의 연단으로부터 스크린도어의 출입문까지의 거리 : 10cm 이내
   ② 예외 규정(10cm 이상인 경우)
   　　㉠ 승강장의 구조가 곡선인 경우
   　　㉡ 스크린도어를 제어하기 위한 설비와 감시용 모니터가 설치되는 승강장의 양끝 지역인 경우
   　　㉢ 도시철도의 여객운송차량과 화물운송차량을 함께 운용하는 선로구간의 승강장인 경우
   ③ 경보장치 설치
   ④ 불연재료 사용
   ⑤ 승강장의 구조와 승강장 바닥구조물의 강도를 고려하여 설치
   ⑥ 차량과 승강장 연단의 거리가 10cm를 넘는 경우에는 안전발판 등을 설치

3) 승강장 너비

   ① 본선과 본선 사이에 설치된 승강장의 경우 : 8m 이상
   ② 본선의 양옆에 설치된 승강장의 경우 : 4m 이상
   ③ 승강장의 연단으로부터 너비 1.5m, 높이 2m 이내의 공간에는 승객의 실족추락 방지시설, 대피시설 등 안전시설 외에는 기둥, 계단 등 어떠한 시설도 설치해서는 안 된다.

4) 승강장연단의 높이

   레일 윗면으로부터 1,135mm

5) 노면출입구 및 지상보행로

   노면출입구를 지상보도에 설치하는 경우 지상보행로의 폭은 2m 이상으로 한다.

04 화물설비

각 역에 집결되는 다양한 종류의 화물을 화차로 집결 수송할 수 있도록 한 설비를 말하며, 중장거리 대량수송을 감당할 수 있도록 적하설비를 개량하고 화물역을 거점화할 필요가 있다.

(1) 화물취급설비

1) 화물취급소
수송화물의 수수와 운임계산 등을 하는 장소

2) 화물적하장
철도화차의 중간에서 화물의 적하와 일시 유치하는 장소

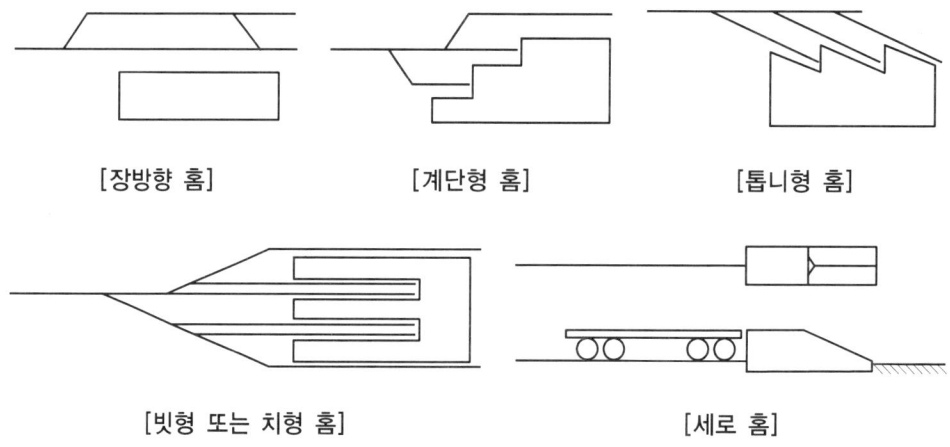

[장방향 홈]   [계단형 홈]   [톱니형 홈]

[빗형 또는 치형 홈]   [세로 홈]

3) 화물창고

4) 통운업자설비

(2) 하역기계

1) 크레인
지브(Jib) 크레인, 천정주행 크레인, 문형 크레인, 부두 크레인 등

2) 컨베이어
벨트 컨베이어, 에이프런(Apron) 컨베이어, 훅(Hook) 컨베이어 등

3) 포크리프트(지게차)

4) 투오베이어(Twoveyor)

포장된 노면에 홈을 파서 체인 컨베이어를 로프 모양으로 설치하고 체인 컨베이어에 의해 손수레을 이동시키는 설비로 소화물에 사용된다.

5) 피기백(Piggy Back)

화물을 적재한 트레일러를 그대로 화차에 적재시켜 수송하는 방법

05 객차조차장

여객열차가 운행을 종료하고 종착역에 도착하면 그 열차는 타선으로 입환시켜 착발선의 능력을 향상시키고 검사, 세척, 청소, 편성차량의 증감 등을 작업을 하는 장소를 말한다.

(1) 객차조차장의 위치

① 객차조차장, 여객역, 기관차승무사업소 등 상호 간의 편의가 좋을 것
② 공장 또는 기타 시설과의 출입이 편리할 것
③ 객차조차장에 적당한 지형이어야 하고, 건설비가 소액일 것
④ 객차조차장과 여객역 간의 거리는 공차회송의 경우 원거리열차에 대하여서는 10km, 근거리열차에 대하여는 5km 이내일 것
⑤ 구내가 평탄하여 투시가 양호할 것

(2) 객차조차장의 선군

》02. 산업

1) 도착선 및 출발선

2) 조차선

객차의 연결순서를 변경하거나, 고장차를 빼내거나, 객차의 증결과 해방을 위해 사용되는 선로

3) 유치선

도착선과 출발선의 인접개소에 설치하여 도착선의 작업을 완료하고, 다음 작업에 넘어가는 동안 또는 모든 작업이 완료되어 출발선에 차입될 열차가 일시 대기하는 데 사용하는 선로

4) 세차선
보통 약 600km 주행 후 세차를 한다.

5) 소독선
객차와 침대차 내부만 소독하기 위한 선로

6) 검사선
차량을 정기적으로 검사하기 위하여 사용되는 측선을 말하며, 유효장은 최장열차장으로 하고 전장에 검사피트를 설치하여 차량 하부검사를 하기 위한 선로. 출발검사, 도착검사, 부분검사 등

7) 출발선
조차장에서 제반작업을 완료하여 출발준비가 완료된 열차를 출발 시까지 수송하여 대기하는 선로

8) 수선선

> **Reference**
>
> **검사피트(Inspection Pit)**
>
> 차량 하부 주행장치를 검사하기 위해 사람이 차량하부를 볼 수 있도록 선로 가운데를 파서 만든 검수시설이다.
>
>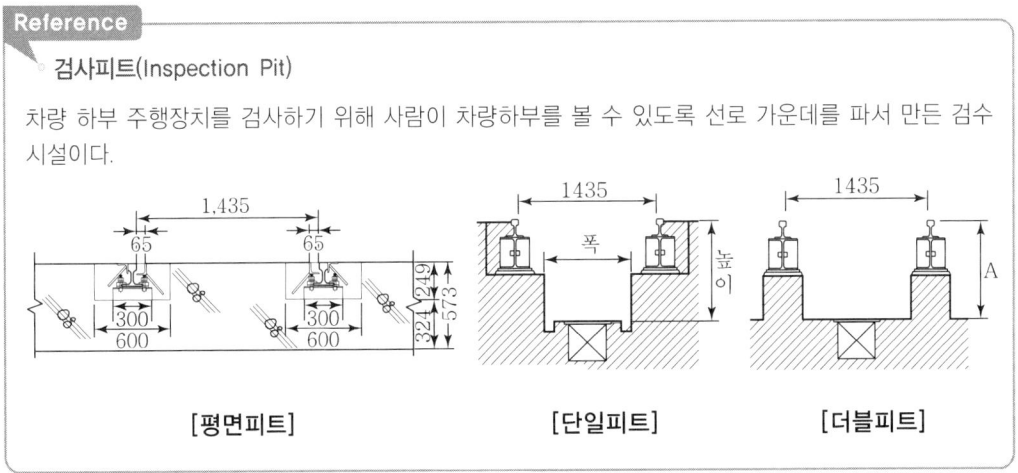
>
> [평면피트]   [단일피트]   [더블피트]

06 화차조차장

전국의 각 역에서 각 방면으로 유통되는 화물을 가장 신속하고 능률적으로 수송하기 위해 행선지가 다른 다수의 화차로 편성되어 있는 화물열차를 재편성 작업하는 장소를 말하며, 각 역에서 발생하는 화차는 일단 가까운 조차장에서 방향별·역별로 재편성하여 운송함으로써 수송효율을 증대시킨다.

(1) 화차조차장의 위치 선정
① 화물이 대량 집산되는 대도시 주변 또는 공업단지 주변
② 주요 선로의 시종점 또는 분기점 및 중간점
③ 항만지구, 석탄생산 등의 중심지
④ 장거리 간선의 중간지점

(2) 화차조차법

1) 화차 분별 분류

① **방향별 분류**
화차의 행선지가 여러 방향으로 나누어져 있을 때 각 방향별 그룹(Group)으로 정리하는 작업(대분별)

② **역별 분류**
다음 조차장까지의 중간 각 역의 순위로 화차를 정리(소분별)

2) 화차 분해 작업방법

① **돌방(突放)입환(Push and Pull Shunting)**
입환기관차에 화차를 연결하여 인상선에 인출한 후 추진력에 의하여 차량을 돌방시켜 소정의 위치까지 주행시킴. 이와 같은 방법으로 화차를 분해, 조성하는 조차장을 평면조차장이라 하며, 중력을 이용하지 않고 기관차에 의해 입환하는 것을 평면입환이라 한다.

② **폴링입환(Poling Method)**
화차의 연결을 사전에 풀어 놓고 화차의 인상선에 병행하여 조차 전용의 폴링선을 부설하는 방법으로 구식입환법으로 미국에서 사용된다.

③ **중력입환(Gravity Shunting)**
화차를 높은 곳에서 낮은 곳으로 중력을 이용 분해작업을 하는 입환방식으로 많은 토공작업으로 인해 공사비가 과다하게 소요된다. 자연지형 이외 8~10‰ 경사선택의 곤란으로 토공량을 확대해야 한다.

④ 험프입환(Hump Shunting)

취급화차 수가 많을 경우 입환작업 능률을 향상시키기 위하여 구내의 적당한 위치에 험프라고 하는 소기울기면을 구축(2~4m)하고 입환기관차로 압상하여 화차 연결기를 풀어 화차 자체의 중량으로 하방에 부설되어 있는 분별선에 입환시키는 조차법을 험프 조차방식이라 한다. 단시간에 다수의 화차를 분해할 수 있으므로 대규모 조차장에 채택된다.

㉠ 압상기울기 : 상기울기 5~25‰
㉡ 전주기울기
- 제1기울기(화차의 가속을 주기 위한 기울기) 40~50‰
- 제2기울기(분별선의 분기기가 배치되어 있는 구간) 10~12.5‰
- 방향별 기울기(입환기울기) 3.0‰ 이하

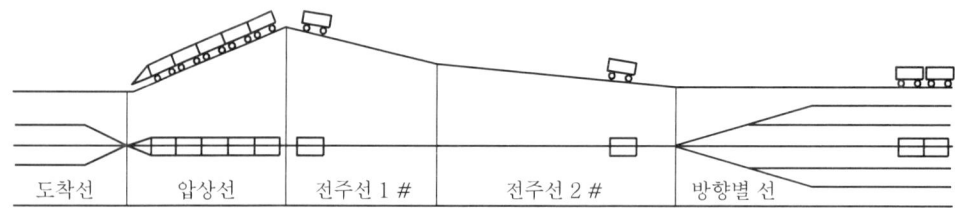

[험프입환]

(3) 선군

도착선, 출발선, 압상선, 분리선, 인상선, 접수선, 완급차선 등이 있다.

1) 압상선

험프조차장에서 분해작업을 할 경우에는 인상선에 상당하는 것이 험프에 향하여 오르막으로 된 화차조차장의 선군 중 하나이다.

2) 압상기울기

입환기관차의 능력에 의하여 최장편성의 1개 압상할 수 있는 정도의 기울기라야 하며, 보통 5/1,000~25/1,000 정도로 한다.

07 기타 및 측선

(1) 유효장

>> 12. 기사, 08. 산업

인접 선로의 열차 및 차량 출입에 지장을 주지 아니하고, 열차를 수용할 수 있는 당해 선로의 최대길이를 말하며, 일반적으로 선로의 유효장은 차량접촉한계표 간의 거리를 말한다. 본선의 최소유효장은 선로구간을 운행하는 최대 열차길이에 따라 정해지며, 최대 열차길이는 선로의 조건, 기관차의 견인정수 등을 고려하여 결정한다. 일반적으로 화물열차는 여객열차보다 열차의 길이가 길어서 화물열차의 길이를 기준으로 그 선로구간의 유효장을 결정한다.

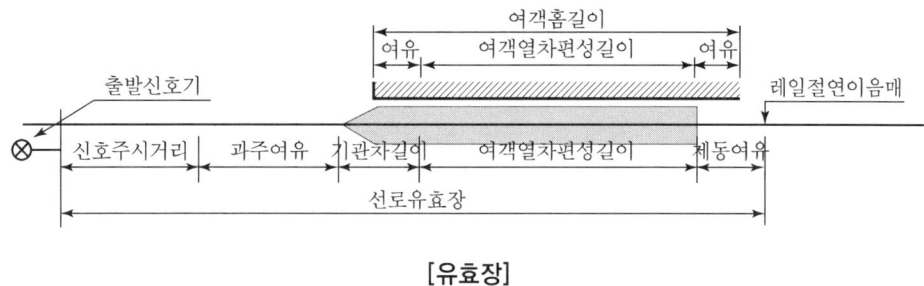

[유효장]

(2) 피난측선(Catch Siding)

정거장에 근접하여 급 기울기가 있을 경우 차량고장, 운전부주의 등으로 일주하거나 연결기 절단 등으로 역행하여 정거장의 다른 열차나 차량과 충돌하는 사고를 방지하기 위하여 설치하는 측선이다.

(3) 안전측선(Safety Siding)

>> 06. 기사

정거장 구내에서 2 이상의 열차 혹은 차량이 동시에 진입하거나 진출할 때에 과주하여 충돌 등의 사고 발생을 방지하기 위하여 설치하는 측선이다.

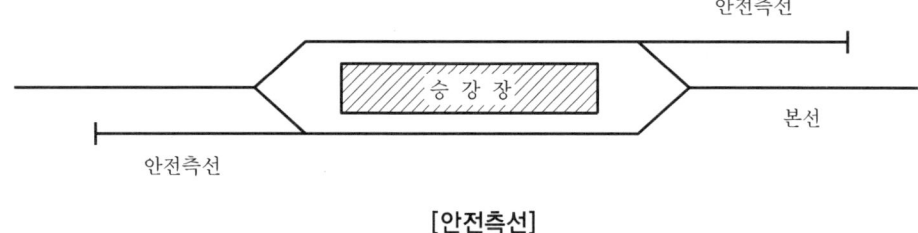

[안전측선]

(4) 유치선(Storage Track)

차량을 일시 유치하는 선로로서 객차, 화차, 기관차, 전차 유치선 등이 있다.

(5) 입환선(차량 정리선, Shunting Track)

여러대의 차량을 서로 연결하여 열차를 조성하거나, 조성된 열차를 분리하기 위한 입환작업을 하는 측선으로 여러 개의 선로가 나란히 부설된다.

(6) 인상선(정리선, Drawn out Track)

입환선을 사용하여 차량입환을 할 경우 이들 차량을 인상하기 위한 측선으로 인출선이라고도 함. 입환선의 일단을 분기기에 결속시켜 차량군을 임시로 이 선로에 수용한다.

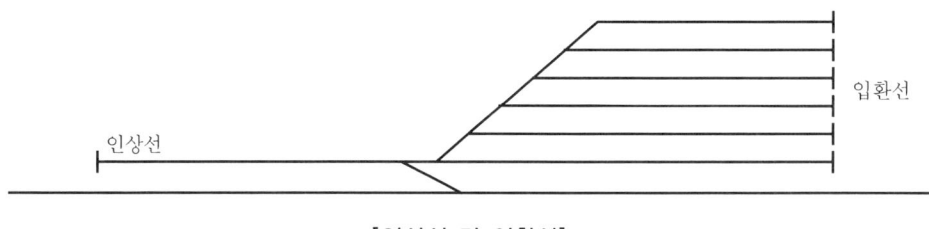

[인상선 및 입환선]

03 기출 및 적중예상문제

01 정거장 구내 선로 중 본선에 해당하는 것은? ≫ 11, 07, 04. 기사
① 유치선 ② 대피선
③ 수선선 ④ 입환선

02 다음의 정거장 구내 선로 중에서 측선으로 보기가 어려운 것은? ≫ 04. 산업
① 대피선 ② 유치선
③ 입환선 ④ 인상선

03 승강장 홈이 선로를 사이에 두고 상대로 설치된 홈으로 홈의 한쪽에 열차를 발착시킬 수 있는 본선로를 설치한 승강장 방식은? ≫ 11, 07. 산업
① 대향식 홈 ② 섬식 홈
③ 빗형 홈 ④ 쐐기형 홈

04 착발본선이 막힌 종단형으로 된 정거장으로 주요 구조물이 선로의 종단 쪽에 설치되는 정거장은? ≫ 09, 04. 기사
① 두단식 정거장 ② 관통식 정거장
③ 절선식 정거장 ④ 반환식 정거장

■정답 및 해설

01 본선은 주본선(상하), 부본선(출발, 도착, 착발, 통과, 대피, 교행선)이다.

03 대향식(상대식)은 착발본선이 정거장을 관통함으로 승강장 한쪽에 열차를 발착시킬 수 있다.

04 종단정거장은 관통식과 두단식 종단역이 있으나 두단식이 착발선이 막힌 정거장이며 과선교, 지하도가 불필요하고 여객의 흐름이 원활하다.

정답 01 ② 02 ① 03 ① 04 ①

05 정거장 배선에 의한 분류
두단식, 섬식, 상대식, 쐐기식 정거장이 있다

05 정거장을 본선로의 구내배선에 의해 분류할 때 다음 그림과 같은 정거장은?   ≫ 14, 07. 기사

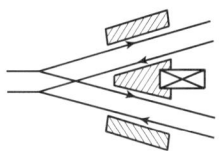

① 섬식 정거장　　② 쐐기식 정거장
③ 관통식 정거장　④ 반환식 정거장

06 정차장 설비에 있어서 두단식 외에 종단역의 배선으로 볼 수 있는 것은?   ≫ 12, 03. 산업
① 단식　　② 섬식
③ 상대식　④ 관통식

07 정거장 배선 계획 시 분기기는 가능한 분산시키지 말고 집중 배치한다.

07 정거장의 배선 계획 시 고려해야 될 사항 중 옳지 않는 것은?   ≫ 12, 08, 06. 기사
① 정거장 구내의 투시가 양호하도록 할 것
② 분기기는 가능한 분산배치되도록 할 것
③ 본선상에 설치하는 분기기는 가능한 배향분기기로 할 것
④ 본선과 본선의 평면교차는 피하도록 할 것

08 열차 상호간 안전하게 착발토록 충분한 선로간격 확보가 필요하며, 장래 역세권 확장에 대비하여야 한다.

08 정거장 구내의 배선을 결정할 때 고려해야 할 일반 원칙 중 가장 거리가 먼 것은?   ≫ 04. 기사
① 정거장 구내는 사용 효율이 같을 때에는 가능하면 길이가 짧고 넓이가 좁도록 할 것
② 정거장 구내의 투시가 양호하도록 할 것
③ 정거장 구내의 용지는 넓고 평탄할 것
④ 통과열차가 통과하는 본선은 직선 또는 반경이 큰 곡선일 것

정답 05 ②　06 ④　07 ②　08 ①

09 정차장 위치 선정 시 옳지 않은 것은?   ≫ 03. 산업
① 여객과 화물이 집산되는 곳
② 장래확장 및 개량이 용이한 곳
③ 정차장에 인접해서 급구배, 급곡선이 없을 것
④ 정차장간 거리는 일반철도에서 10~20km 정도에 설치

09 정차장 간 거리는 일반철도에서 4~8km 정도, 도시철도는 1km 전후로 한다.

10 지상 정차장 위치선정과 가장 거리가 먼 것은?   ≫ 06, 03, 02. 기사
① 구내는 가능한 수평이고 직선이어야 한다.
② 해당 도시의 발전을 위하여 도시 중앙에 위치하도록 해야한다.
③ 열차운전 효율 향상을 위하여 출발 시에는 하향 기울기, 도착 시에는 상향 기울기가 되는 것이 좋다.
④ 구내는 가능한 구조물이 없는 위치로 해야 한다.

10 정거장이 도시 중앙에 위치하면 도시 양쪽의 교통이 불편함으로 그 도시의 도시계획과 잘 맞도록 정거장의 위치를 정해야 한다.

11 정거장 위치 선정을 할 때 고려할 조건에 대한 설명으로 옳지 않은 것은?   ≫ 09. 산업
① 정거장 간 거리는 일반적으로 4~8km, 대도시 전철역은 1km 전후에 설치하는 것이 좋다.
② 장래 철도 발전에 확장 및 개량이 용이한 지역으로 하는 것이 좋다.
③ 용지 매수가 용이하고 토공량과 구조물이 적은 지역으로 하는 것이 좋다.
④ 정거장 전후 기울기는 도착 시 하향 기울기, 출발 시 상향 기울기가 되는 지형이 좋다.

11 정거장 전후 기울기에서 출발 시에는 출발저항을 줄이기 위해 하향 기울기 지형, 도착 시에는 상향 기울기 지형이 적당하다.

12 화차조차장의 위치로서 가장 적합하지 않은 곳은?   ≫ 14, 09. 기사, 08, 05. 산업
① 화차가 대량 집산되는 대도시 주변
② 공업단지 부근
③ 철도선로의 분기점
④ 장거리 간선의 시종점 부근

12 화차조차장의 원래의 목적은 화물의 유통, 재편성을 하는 것으로 장거리 간선의 시종점보다는 중간지점이 좋다.

정답 09 ④ 10 ② 11 ④ 12 ④

13 화차의 분해작업 방법 중 입환작업 능률을 향상시키기 위하여 구내의 적당한 위치에 소구배면을 구축하고 입환기관차로 압상하여 화차 자체의 중력으로 자주시켜 분별선 중에 전주(轉走)시키는 조차법은?　》 05. 기사
① 돌방입환　② 폴링입환
③ 중력입환　④ 험프입환

14 압상선은 화차조차장의 선군의 하나이며 압상기울기는 5/1,000~25/1,000 정도로 하여야 한다.

14 험프조차장에서 분해작업을 할 경우에는 인상선에 상당하는 것이 험프에 향하여 오르막으로 된 화차조차장의 선군(Track Group)은?　》 10, 02. 산업
① 도착선　② 분별선
③ 압상선　④ 수수선

15 계중대선은 화물 열차의 무게를 재는 설비를 갖춘 선로를 말한다.

15 객차조차장에 존재하는 선들이다. 해당 없는 선은?　》 02. 산업
① 계중대선　② 도착선
③ 유치선　④ 검사선

16 안전측선은 정거장 구내에서 2 이상의 열차 혹은 차량이 동시에 진입하거나 진출할 때에 과주하여 충돌 등의 사고 발생을 방지하기 위해 설치하는 측선이다.

16 정차장 구내에서 2개 이상의 열차를 동시에 진입시킬 때 만일 열차가 정지위치에서 과주하더라도 열차가 접촉 또는 충돌하는 사고의 발생을 방지하기 위하여 설치하는 설비는 다음 중 어느 것인가?　》 06. 기사
① 피난측선　② 인상선(인출선)
③ 대피선　④ 안전측선

17 일반적으로 양단에 분기기가 있는 경우는 전후의 차량접속한계표의 사이를 말하며, 차량접속한계표 내에 신호기와 절연이음매가 있을 경우에는 적용이 달라진다.

17 정거장 선로의 수량과 길이는 취급하는 열차와 정차하는 열차의 길이에 의하여 결정한다. 정거장 배선 시 열차의 유치용량을 나타내는 선로의 일반적인 유효장이란?　》 08. 산업
① 정거장의 승강장 연장
② 정거장 구역표 간의 거리
③ 인접선로 사이에 있는 분기기 사이의 거리
④ 인접선로 사이에 있는 차량접촉 한계 간의 거리

정답　13 ④　14 ③　15 ①　16 ④　17 ④

18 정거장을 본선로의 구내배선에 의해 분류할 때 착발본선이 막힌 종단형으로 된 정거장으로 주요 구조물이 선로의 종단 쪽에 설치되는 정거장은? ≫ 09. 기사

① 두단식 정거장
② 관통식 정거장
③ 절선식 정거장
④ 반환식 정거장

18 착발본선이 막힌 종단형 정거장은 두단식 정거장이다.

19 정거장 배선(궤도부설)의 기본사항에 대한 설명으로 옳지 않은 것은? ≫ 10. 기사

① 본선상에 부설하는 분기기는 가능한 한 그 수를 늘리고 대향 분기기로 할 것
② 측선은 될 수 있는 한 본선의 한쪽에 배선하여 본선횡단을 적게 할 것
③ 반대방향의 열차가 서로 안전하게 발착하도록 할 것
④ 분기기를 구내에 산재시키지 말고 가능한 집중하여 배치할 것

19 정거장 배선 시 분기기는 배향 분기기로 하는 것이 좋다.

20 정거장 설비를 대별하여 4가지로 분류할 때 이에 속하지 않는 것은? ≫ 10. 기사

① 여객설비
② 궤도설비
③ 운전설비
④ 검수설비

20 정거장 설비는 여객 및 화물설비, 운전설비, 선로(궤도)설비, 종사원을 위한 설비로 구분된다.

21 다음 용어의 설명 중 옳지 않은 것은? ≫ 05. 기사

① 신호소 : 정차장으로서 수동 또는 반자동의 상치신호기를 취급하기 위해 시설한 장소
② 역 : 열차를 정지하고 여객 또는 화물을 취급하기 위하여 시설한 장소
③ 조차장 : 열차의 조성 또는 차량의 입환을 위하여 시설한 장소
④ 신호장 : 열차의 교행 또는 대피를 위하여 시설한 장소

21 신호소는 열차의 교행 및 대피 없이 운행에만 필요한 상치신호기를 취급하기 위하여 시설한 장소를 말한다.

정답 18 ① 19 ① 20 ④ 21 ①

Part 04 | 선로 및 정거장 설비

22 [철도건설규칙 개정으로 문제 수정]
승강장은 부득이한 경우 반경 600m 이내의 곡선구간에 설치할 수 있으며, 높이는 레일 윗면으로부터 500mm, 전동차전용선 승강장 높이는 레일 윗면으로부터 1,135mm로 한다.

22 승강장에 대한 설치 기준으로 옳은 것은?
≫ 12. 기사, 13, 07. 산업

① 승강장은 직선구간에 설치하여야 한다. 다만, 지형여건 등으로 인하여 부득이한 경우에는 반경 500m 이내의 곡선구간에 설치할 수 있다.
② 승강장의 높이는 레일 윗면으로부터 1,000mm로 하여야 한다.
③ 승강장에 세우는 조명전주, 전차선전주 등 각종 기둥은 선로 쪽 승강장 끝으로부터 1.5m 이상의 거리를 두어야 한다.
④ 전동차전용선 구간의 승강장의 높이는 레일 윗면으로부터 1,500mm로 한다.

23 [철도건설규칙 개정으로 문제 수정]

23 일반철도에서 승강장에 세우는 조명전주, 전차선전주 등 각종 기둥은 선로 쪽 승강장 끝으로부터 몇 m 이상의 거리를 두어야 하는가?
≫ 04. 기사

① 1.0m
② 1.5m
③ 2.0m
④ 5.0m

24 직선구간에서는 1,675mm로 하고, 곡선구간에서는 곡선에 따른 확대량과 캔트에 따른 차량 경사량 및 슬랙량을 더한 만큼 확대한다.

24 일반철도에서 직선구간의 선로 중심으로부터 승강장 또는 적하장 끝까지의 거리는 얼마로 하여야 하는가? ≫ 12, 08. 산업

① 1,650mm
② 1,675mm
③ 1,700mm
④ 1,725mm

25 일반여객 : 500mm
화물적하장 : 1,100mm
전기동차전용선 : 1,135mm

25 다음 ( )에 알맞은 수치가 순서대로 짝지어진 것은?
≫ 09. 기사

> 승강장의 높이는 레일 윗면으로부터 ( )mm로 한다.
> 다만, 전동차전용선 구간의 경우에는 ( )mm로 한다.

① 400, 1,610
② 400, 1,200
③ 500, 1,700
④ 500, 1,135

26 도시철도에서 승강장에 설치하는 스크린도어와 승강장 연단까지의 거리 기준으로 옳은 것은? ≫ 09. 기사
① 5cm 이내   ② 7.5cm 이내
③ 10cm 이내 ④ 15cm 이내

26 승강장 연단으로부터 스크린도어까지의 거리는 10cm 이내로 한다.

27 도시철도에서 노면출입구를 지상보도에 설치하는 경우에는 노면출입구를 제외한 지상보행로의 폭이 얼마 이상 되도록 하여야 하는가? ≫ 11. 기사, 08. 산업
① 2m 이상   ② 3m 이상
③ 5m 이상   ④ 7m 이상

28 일반철도의 전기동차 운행구간(직선부)에서 직결도상이 아닌 경우에 선로 중심과 승강장과의 거리는? ≫ 11. 산업
① 1,115mm   ② 1,435mm
③ 1,675mm   ④ 1,700mm

28 전동차 운행구간, 직결도상이 아닌 경우 1,700mm로 한다.

29 화차조차장의 사용 목적이 아닌 것은?
① 화물열차의 조성   ② 화물열차의 해방
③ 화물열차의 소독   ④ 화물열차의 입환

29 소독선은 객차조장에 필요한 선군이며, 기능이다.

30 다음 중 연락정거장의 종류가 아닌 것은?
① 분기정거장   ② 접촉정거장
③ 교차정거장   ④ 중간정거장

30 연락정거장은 2개 이상의 선로가 집합하여 연락운송을 하는 정거장으로 일반연락, 분기, 접촉, 교차정거장이 있다.

31 정거장에 근접하여 급 기울기가 있을 경우 차량고장, 운전부주의 등으로 일주하거나 연결기 절단 등으로 역행하여 정거장의 다른 열차나 차량과 충돌하는 사고를 방지하기 위하여 설치하는 측선을 무엇이라 하는가?
① 유효장   ② 안전측선
③ 피난측선 ④ 대피선

31 대피선은 부본선이고 피난측선은 사고 방지를 위해 설치한 측선이다.

정답 26 ③ 27 ① 28 ④ 29 ③ 30 ④ 31 ③

Part 04 | 선로 및 정거장 설비

32 입환선에 대한 설명이며, 입환선을 사용하여 차량입환을 할 경우 이들 차량을 인상하기 위한 측선을 인상선(인출선)이라 한다.

32 여러 대의 차량을 서로 연결하여 열차를 조성하거나, 조성된 열차를 분리하기 위한 작업을 하는 측선으로 여러 개의 선로가 나란히 부설되는 선은?
① 입환선
② 안전측선
③ 인상선
④ 대피선

33 피기백은 화물을 적재한 트레일러를 그대로 화차에 적재 수송함으로써 하역·적재하는 시간과 비용을 줄일 수 있는 수송 방법이다.

33 화물을 적재한 트레일러를 그대로 화차에 적재시켜 수송하는 방법을 무엇이라 하는가?
① 크레인
② 콘베이어
③ 피기백
④ 후렉시 반

34 화차조차장의 분해작업을 위해 압상선을 설치하는데 그에 따른 압상기울기는 5/1,000~25/1,000이다.

34 압상기울기는 입환기관차의 능력에 의하여 최장편성의 1개 압상할 수 있는 정도의 기울기를 말하는데 기울기는 얼마를 말하는가?
① 1/1,000~15/1,000
② 3/1,000~20/1,000
③ 5/1,000~25/1,000
④ 7/1,000~30/1,000

35 객차조차장의 위치는 원거리열차의 경우 10km, 근거리열차의 경우 5km 이내로 한다.

35 객차조차장의 위치로 옳지 않은 것은?
① 객차조차장, 여객역, 기관차승무사업소 등 상호 간의 편의가 좋을 것
② 공장 또는 기타 시설과의 출입이 편리할 것
③ 객차조차장과 여객역 간의 거리는 공차회송의 경우 원거리열차에 대하여는 20km, 근거리열차에 대하여는 10km 이내일 것
④ 구내가 평탄하여 투시가 양호할 것

36 본선 중 하나이며 후속열차가 선행열차를 추월할 필요가 있을 때 설치하고 열차밀도가 높아서 선행열차가 출발하기 전에 후속열차 진입 필요시 설치하는 선을 무엇이라 하는가?
① 출발선
② 착발선
③ 교행선
④ 대피선

36 대피선은 중간정거장에 설치하여 차량의 선로변경 없이 차량 진입이 용이하도록 한다.

37 정거장의 선로 유효장에 대한 설명으로 옳지 않은 것은?
≫ 12. 기사
① 선로 유효장은 인접한 타 선로의 열차 취급에 지장을 주지 않는 길이를 말한다.
② 일반적으로 인접선로 사이에 있는 신호주간 거리로 표시한다.
③ 본선의 유효장은 착발하는 열차의 최대 연결량 수에 의하여 결정된다.
④ 여객화물 공용의 본선 유효장은 일반적으로 화물열차장을 기준으로 산출한다.

37 유효장이란 인접 선로의 열차에 지장이 되지 않고 열차를 수용할 수 있는 당해 선로의 최대 길이를 말한다.

38 철도의 사명인 안전, 정확, 신속한 수송을 위하여 열차안전운행에 필요한 보안설비로 거리가 먼 것은? ≫ 12. 기사
① 건축한계 및 차량한계
② 건널목 보안장치
③ 열차 자동운행장치(A.T.O)
④ 궤도회로와 폐색장치

38 운전보안설비는 폐색장치, 신호장치, 전철장치, 연동장치, 쇄정, 열차자동정지장치 등의 설비를 말한다.

정답 36 ④ 37 ② 38 ①

Part 04 | 선로 및 정거장 설비

39 고승강장의 연단과 차량한계와의 최단거리에 대한 설명으로 옳은 것은?　　　　　　　　　　　　　　　　》 12. 기사

① 고승강장의 연단과 차량한계와의 최단거리는 자갈도상일 경우에는 75mm 이상(선로 중심에서 연단까지의 거리 1,675mm 기준), 직결도상일 경우에는 50mm 이상 유지하여 선로를 보수할 수 있다.
② 고승강장의 연단과 차량한계와의 최단거리는 자갈도상일 경우에는 100mm 이상, 직결도상일 경우에는 50mm 이상 유지하여 선로를 보수할 수 있다.
③ 고승강장의 연단과 차량한계와의 최단거리는 자갈도상일 경우에는 100mm 이상, 직결도상일 경우에는 75mm 이상 유지하여 선로를 보수할 수 있다.
④ 고승강장의 연단과 차량한계와의 최단거리는 75mm 이상 유지하여 선로를 보수할 수 있다.

39 고승강장의 연단과 차량한계와의 최단거리는 자갈도상의 경우 100mm, 콘크리트 도상의 경우 75mm 이상 유지하여 선로를 보수 가능하다.

40 8량 편성 전동열차에 대한 지상 승강장의 최소 길이는 얼마인가?(단, 전동차 1량의 길이는 20m, 여유길이는 20m이다.)
　　　　　　　　　　　　　　》 13. 기사

① 160m　　　② 170m
③ 180m　　　③ 190m

40 1량 길이 20m×8량
= 160m + 여유거리 20m = 180m

41 정거장 구내의 배선을 계획할 때 고려해야 할 사항으로 옳지 않은 것은?　　　　　　　　　　　　　　》 13. 기사

① 본선상에 설치하는 분기기는 가능한 그 수를 늘리고 대향 분기기로 할 것
② 정거장 구내의 투시가 양호토록 할 것
③ 측선은 될 수 있는 한 본선의 한쪽에 배선하여 본선횡단을 적게 할 것
④ 통과 열차가 통과하는 본선은 직선 또는 반경이 큰 곡선일 것

41 정거장 배선 시 분기기는 배향 분기기로 하는 것이 좋다.

정답 39 ③　40 ③　41 ①

42 도시철도건설규칙에 의하여 승강장을 설치할 때 승강장의 연단은 레일의 밑면으로부터 얼마 높이에 설치하는 것을 표준으로 하는가?(단, 레일높이 153mm) ≫ 14. 기사
① 1.000m ② 1.135m
③ 1.288m ④ 2.000m

42 승강장 연단의 높이 1,135mm
+ 레일높이 153mm
= 1,288mm

43 화차조차장의 적합한 위치로서 가장 거리가 먼 것은? ≫ 15. 기사
① 장거리 간선의 시·종점 부근
② 공업단지 주변
③ 철도선로의 분기점
④ 화물이 대량 집산되는 대도시 주변

43 화차조차장은 장거리 간선의 중간 지점에 설치하는 것이 타당하다.

44 승강장 설치에 관한 설명 중 틀린 것은? ≫ 15. 기사
① 승강장은 부득이한 경우 곡선반경 600m 이상의 곡선구간에 설치할 수 있다.
② 길이가 200m인 일반여객열차의 지상구간 승강장의 길이는 210m로 한다.
③ 화물적하장의 높이는 레일면에서 1,100mm이다.
④ 직선구간에서 선로 중심으로부터 승강장 끝까지의 거리는 자갈도상인 경우 1,675mm이다.

44 직선구간에서 선로 중심으로부터 승강장 또는 적하장 끝까지의 거리는 콘크리트 도상인 경우 1,675mm, 자갈도상인 경우 1,700mm로 해야 한다.

45 긴 하향 기울기의 종단에 정거장이 있는 경우 정거장 전체를 방호하기 위하여 본선으로부터 분기시키는 경우에 설치하는 선로는? ≫ 15. 기사
① 안전측선 ② 피난선
③ 시운전선 ④ 발착선

45 정거장의 다른 열차나 차량과 충돌하는 사고를 방지하기 위하여 설치하는 측선

정답 42 ③ 43 ① 44 ④ 45 ②

Part 04 | 선로 및 정거장 설비

46 도시철도의 정거장은 대부분 지하이므로 출입구를 보도에 설치함에 있어서 지상의 보행편리를 위하여 최소한 지상보행로의 폭이 2m 이상 되도록 확보해야 함

46 도시철도의 정거장에서 노면 출입구를 지상보도에 설치하는 경우 해당 출입구를 제외한 지상보행로의 폭은 몇 m 이상으로 하여야 하는가? ≫15. 기사
① 2m 이상
② 3m 이상
③ 5m 이상
④ 8m 이상

47 험프입환은 구내의 적당한 위치에 험프라고 하는 소기울기면을 구축하고 입환기관차로 압상하여 화차연결기를 풀어 화차 자체의 중량으로 분별선에 입환시키는 조차방법으로 압상선과 전주선, 방향별 선이 필요하다.

47 화차의 분해작업 방법 중 압상기울기, 전주기울기, 방향별 기울기 등이 필요한 입환 방법은? ≫15. 산업
① 돌방입환
② 폴링입환
③ 중력입환
④ 험프입환

48 유효장은 최대 열차길이를 고려해야 하므로, 열차길이는 10량×20m =200m이며 최소유효장은 전방여유 10m+열차장 200m+후방여유 10m+신호주시거리 10m이므로 230m이다.

48 전동차전용선로에서 유효장을 산정하려고 한다. 최소유효장은 얼마인가?(단, 1량의 길이 : 20m, 열차정지위치 전후 여유 : 각 10m, 출발신호기의 주시거리 : 10m, 선로이용연결편성종류 : 6량편성, 8량편성. 10량편성 공동 사용함) ≫15. 산업
① 150m
② 190m
③ 210m
④ 230m

49 승강장에 세우는 조명전주, 전차선 전주 등 각종 기둥은 선로쪽 승강장으로부터 2m가 아닌 1.5m 이상의 통로 유효폭을 확보하여 설치하여야 한다.

49 승강장에 대한 설명으로 옳지 않은 것은? ≫15. 산업
① 승강장은 직선구간에 설치하되, 지형 여건 등으로 부득이한 경우 반경 600m 이상의 곡선구간에 설치할 수 있다.
② 일반여객 열차로 객차에 승강계단이 있는 열차가 정차하는 구간의 승강장의 높이는 레일 면에서 500mm로 하여야 한다.
③ 승강장에 세우는 조명전주·전차선전주 등 각종 기둥은 선로쪽 승강장 끝으로부터 2m 이상의 통로 유효폭을 확보하여 설치하여야 한다.
④ 승강장의 수는 수송수요, 열차운행 횟수 및 열차의 종류 등을 고려하여 산출한 규모로 설치하여야 한다.

정답 46 ① 47 ④ 48 ④ 49 ③

50 도시철도에서 정거장의 승강장·대합실·통로·계단 등에 설치하는 유도등은 정전 시 몇 분 이상 계속 켜질 수 있어야 하는가? ≫ 15. 산업
① 100분 이상
② 60분 이상
③ 30분 이상
④ 20분 이상

> **50** 정거장 및 터널 관련 주요 시설물에는 평상시에는 항상 켜져 있고, 정전 시 60분 이상 계측하여 켤 수 있는 유도등을 설치하여야 한다.

51 화차의 분해작업 방법 중 입환작업 능률을 향상시키기 위하여 구내의 적당한 위치에 소기울기면을 구축하고 입환기관차로 압상하여 화차 자체의 중량으로 자주시켜 분별선중에 입환시키는 조차법은? ≫ 16. 기사
① 돌방입환
② 중력입환
③ 폴링입환
④ 험프입환

> **51** 험프입환에 대한 설명에 해당한다.

52 정거장 배선계획 시 고려하여야 할 사항 중 틀린 것은? ≫ 16. 기사
① 정거장 구내의 투시가 양호토록 할 것
② 반대방향의 열차가 서로 안전하게 착발토록 할 것
③ 분기기를 구내에 집중시키지 말고 가능하면 산재시켜 배치할 것
④ 본선상에 설치하는 분기기는 가능한 한 그 수를 줄이고 배향분기기로 할 것

> **52** 정거장 배선계획 시 분기기는 구내에 산재시키지 말고, 가능하면 집중배치하여야 한다.

53 도시철도 승강장에 관한 설명으로 틀린 것은? ≫ 16. 기사
① 섬식 승강장의 너비 : 8m 이상
② 상대식 승강장의 너비 : 4m 이상
③ 레일의 윗면으로부터 승강장 연단의 높이 : 1.135m
④ 곡선 승강장 연단과 차량한계 사이의 거리 : 50mm

> **53** 선로가 곡선으로 되어있는 승강장은 50mm 간격에 곡선반경을 고려하여 각 측의 일정한 치수 이상을 확대한 것의 합을 의미한다.

정답 50 ② 51 ④ 52 ③ 53 ④

▶ Part 04 | 선로 및 정거장 설비

54 본선은 주본선(상하), 부본선(출발선, 도착선, 통과선, 대피선, 교행선)으로 정의된다.

54 다음의 정거장 구내 선로 중에서 본선에 해당하는 것은?
≫ 16. 산업
① 대피선　　　　　② 유치선
③ 인상선　　　　　④ 입환선

55 입환기관차에 화차를 연결해서 인상선에 인출한 후 추진력에 의하여 차량을 돌방시켜 소정의 위치까지 주행시키는 화차분해 작업을 돌방입환이라 한다.

55 입환기관차에 화차를 연결하고 후진으로 인상선에 인출한 후 가속과 제동을 하여 연결기를 끊어 그 관성력으로 화차를 목적하는 분별선으로 입환시키는 방법은?
≫ 16. 산업
① 돌방입환　　　　② 중력입환
③ 폴링입환　　　　④ 험프입환

56 압상선은 험프조차장에서 분해 작업을 할 경우에, 인상선에 상당하는 것이 험프를 향하여 오르막으로 된 화차조차장의 선군 중 하나이다.

56 험프조차장에서 분해작업을 할 경우에 인상선에 상당하는 것으로 험프를 향하여 오르막으로 된 화차조차장의 선로는?
≫ 16. 산업
① 도착선　　　　　② 분류선
③ 압상선　　　　　④ 전주선

04 운전설비

01 개요

열차운전에 있어 선로의 구배나 신호기의 위치, 기타 운전에 있어 열차를 안전하고 경제적으로 운전할 수 있도록 운전설비들을 합리적으로 조정하고 배치하는 것이 필요하다.

1) **선로설비**

   ① **궤도구조** : 레일, 침목, 도상, 분기기 등 구조
   ② **차량과 궤도** : 차륜이 궤도에 미치는 힘 등
   ③ **궤도보수** : 궤도의 유지보수작업 등

2) **정거장설비**

   정거장 구내배선은 그 유효장을 포함하여 열차운전, 구내작업, 안전확보에 적합하여야 한다. 여객역, 화물역, 조차장, 신호장, 평면교차 등의 설비를 말한다.

3) **운전보안설비**

   폐색장치, 신호장치, 전철장치, 연동장치, 쇄정, 열차자동정지장치(ATS) 등에 대한 설비를 말한다.

4) **기관차 승무사업소**

   기관차의 청소, 점검, 수선, 급유, 급수 등의 제정비작업을 하는 제작업과 기관차의 운행을 담당한다.

5) **동력차고**

   ① 기관차 차고
   ② 전차고와 동차고

02 전향설비

기관차와 기타 차량의 방향을 전환하거나 한 선로에서 다른 선로로 전환시키는 설비

(1) 종류

1) 전차대(방향 전환대, Turn Table)

원형 피트 내에 강판형을 설치하고, 그 중심에 회전축을 설치하여 강판형상에 적재된 차량이 180° 회전하여 전향할 수 있는 설비로서, 근래에는 증기기관차가 사용되지 않아 전차대의 필요성이 없어졌으나, 모터카 등 소형장비의 전향설비로 사용되고 있다. 동력차용 전차대의 길이는 27m 이상으로 한다.

2) 천차대(Transfer Table, Traverser)

병행부설되어 있는 선군의 중간에 대차를 설치하여 차량을 적재하고, 한 선로에서 타 선로로 평행방향 선로전환이 가능한 전향설비로서 협소한 구내 또는 공장 내에 주로 사용된다.

3) 델타선과 루프선(Delta Track, Loop Track)

전차대는 차량을 1량씩 전향시키지만 델타선과 루프선은 1개 열차의 편성을 그대로 전향시킴으로써 차량의 순번이 바뀌지 않는다. 열차의 고정편성에는 없어서는 안 되는 시설이나 시설장소가 제한적이므로 분기역 부근에 분기선으로 사용하는 예가 많다. 루프선에 비해 델타선의 공사비가 저렴하다.

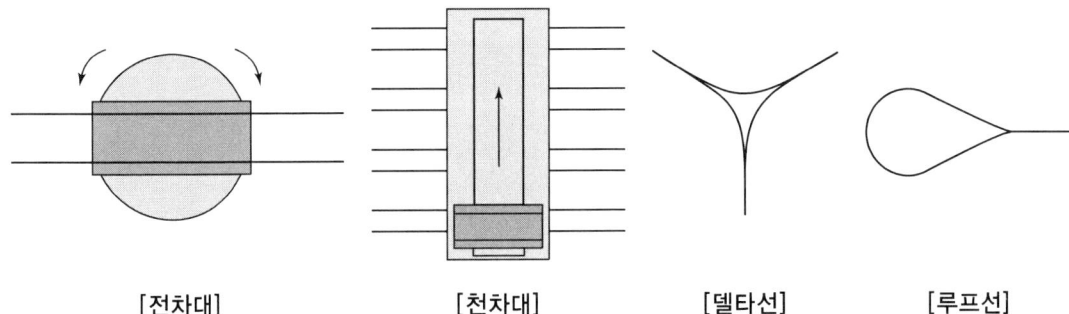

[전차대]   [천차대]   [델타선]   [루프선]

04 기출 및 적중예상문제

■ 정답 및 해설

01 열차 1개의 편성을 그대로 방향전환하기에 가장 효율적인 설비는?　　　》09, 08. 기사
① 전차대
② 천차대
③ 루프선
④ 조차선

01 열차 1개의 편성을 그대로 방향 전환하는 설비는 루프선과 델타선이 있으며, 분기역 부근의 분기선을 이용하는 예가 있으나 시설장소가 제한된다.

02 일반철도에서 기관차용 전차대 길이의 기준으로 옳은 것은?　　　》13, 12, 05, 03. 산업
① 17m 이상
② 23m 이상
③ 27m 이상
④ 32m 이상

03 병행부설되어 있는 선군의 중간에 대차를 설치하여 차량을 적재하고, 한 선로에서 타 선로로 평행방향 선로전환이 가능한 전향설비로서 협소한 구내 또는 공장 내에 주로 사용되는 설비는?
① 전차대
② 천차대
③ 루프선
④ 조차선

04 기관차와 기타 차량의 방향을 전환하거나 한 선로에서 다른 선로로 전환시키는 설비를 무엇이라 하는가?
① 전향설비
② 운전설비
③ 차량설비
④ 동력설비

04 전향설비의 종류로는 전차대, 천차대, 루프선, 델타선이 있다.

05 열차 1개의 편성을 그대로 방향전환하기에 가장 효율적인 설비로만 짝지어진 것은?
① 전차대, 천차대
② 전차대, 루프선
③ 델타선, 루프선
④ 델타선, 천차대

05 열차 1개의 편성을 그대로 방향 전환하는 설비는 루프선과 델타선이다.

정답　01 ③　02 ③　03 ②　04 ①　05 ③

PART 05

선로보수 및 점검

Chapter 01 선로관리
Chapter 02 선로점검
Chapter 03 보선작업
Chapter 04 기계보선

01 선로관리

01 선로보수계획

철도선로는 도로와 달리 mm 단위까지 정교하게 설치되어 차량주행 및 기상작용 등에 의한 변형 및 파손의 위험이 있다. 따라서 열차의 안전한 운행과 승차감 향상을 위해 선로순회 및 유지보수를 시행하여 항상 정비기준 이내로 유지 관리되어야 한다.

02 보수방법

열차하중 및 회수의 대소 노동력의 유급상황 등에 따라 다르나 정기수선방식과 수시수선방식으로 대별되며, 현재 수시와 정기수선방식을 혼용하고 있다.

(1) 선로보수방식

1) 수시수선방식

궤도의 불량개소 발생 시마다 그때그때 수선하는 방식으로 소규모 보수에 적합하며, 재래선에서 보수방법으로 사용되고 장점으로는 수시로 불량개소를 적기에 보수하여 균등한 선로상태를 유지할 수 있으며, 단점으로는 보수주기가 짧아진다.

2) 정기수선방식 ≫14, 12, 08. 기사, 07. 산업

대단위작업반을 편성하고 대형 장비를 사용하며, 사전에 계획된 스케줄에 의하여 전 구간에 걸쳐 정기적으로 집중 수선하는 방식으로, 장점으로는 작업이 확실하고 보수주기가 길며 경제적이나 선로조건에 따라 선로상태가 균등하게 유지되지 않는 단점도 있다.

3) 심야보수방법

열차 회수가 많아지고 지하철과 같이 열차시격이 짧은 경우에는 열차상간의 작업시간도 짧아지므로 보수작업이 곤란해진다. 그러므로 주간보수작업이 가능한 한계는 단선구간에서는 65~80회, 복선구간에서는 80~95회로 하며, 이 이상에서는 주간작업이 불가하므로 열차운행이 적은 시간을 선택하여 심야작업을 하게 된다.

03 궤도틀림

≫ 09, 05, 산업, 05, 02, 기사

궤도 각부의 재료가 차량운행 및 기상작용에 의하여 마모, 훼손, 부식 등을 일으킴과 동시에 도상침하, 레일변형 등 소성변형을 일으키는 현상으로 탈선현상에 가장 큰 원인이 되며, 열차주행안전성, 승차감에 커다란 영향을 미친다. 궤도를 유지보수하기 위해서는 궤도의 변형상태를 정확하게 파악하여야 한다.

(1) 종류

1) 궤간틀림(Gauge Irregularity)

궤간틀림이란 좌우레일 간격의 틀림을 말한다. 궤간은 레일두부면에서 하방 14mm 점의 레일 내측면 간의 거리(표준궤간 1,435mm)에 대한 틀림량을 말한다. 궤간틀림은 일반적으로 레일마모, 레일체결장치의 밀어냄 등으로 인해 확대된다. 그러나 간혹 레일플레이트, 침목의 직각틀림 등으로 인해 축소되는 경우도 있다. 궤간틀림이 큰 경우에는 주행차량이 사행동을 일으키며, 궤간이 크게 확대되었을 때는 차륜이 궤간 내로 탈락하게 된다. 확대 틀림량은 (+)로 표기하고, 축소 틀림량은 (-)로 표기한다.

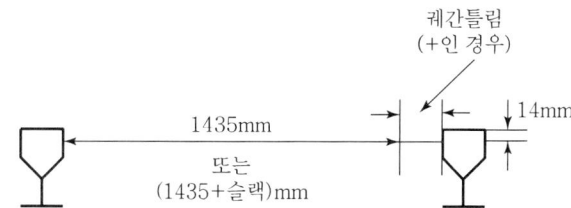

2) 수평틀림(Cross Level Irregularity)

수평틀림이란 궤간의 기본치수에서의 좌우레일의 높이차를 말한다. 표준궤간에서는 궤간의 기본 치수인 1,435mm 대신 좌우 레일의 중심간격인 1,500mm 사이의 높이를 수평으로 하고 있다. 고저차로 표시하고, 곡선부에 캔트가 있을 경우 설정된 캔트량을 더한 것을 기준으로 하여 그 증감량으로 나타낸다. 수평틀림 부호는 직선부에서는 선로의 기점에서 종점을 향해 좌측 레일을 기준으로 하며, 우측 레일이 높은 경우 (+), 낮을 경우 (-)로 표기하고, 곡선구간에서는 내측 레일을 기준으로 하여 설정 캔트보다 클 경우 (+), 작을 경우 (-)로 나타낸다. 수평틀림은 차량에 좌우동을 일으키며, 좌우 레일의 불균등 침하로 인해 발생한다.

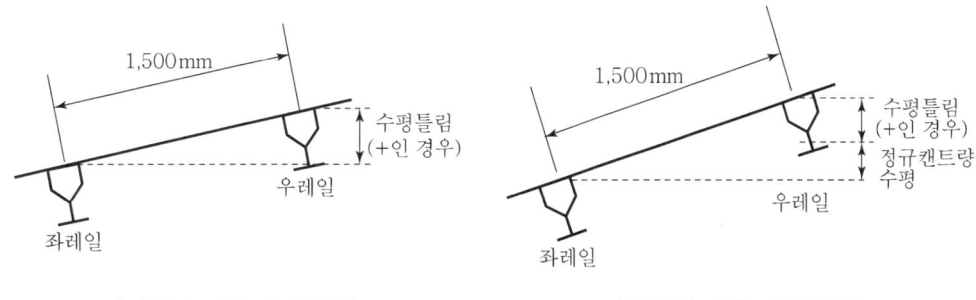

[직선의 경우 수평틀림]   [곡선의 경우 수평틀림]

3) 면틀림(Longitudinal Irregularity) ≫ 09. 산업

면(고저)틀림이란 레일 상면의 길이방향 요철면을 말하며, 일반적으로는 길이 10m의 실을 레일 두부 상면에 잡아당겨, 그 중앙부에서의 실과 레일의 수직거리로 나타낸다. 면틀림의 부호는 높은 틀림을 (+), 낮은 틀림을 (-)로 하며, 수검측일 경우 직선부에서는 기점에서 종점을 향하여 좌측 레일을 측정하고, 곡선부에서는 캔트가 있는 외측 레일을 피하고 내측 레일을 측정한다. 면틀림은 궤도의 길이방향의 불균등 침하 특히 레일이음부의 침하로 인해 발생하기 쉽고, 주행차륜의 플랜지가 레일을 올라타서 탈선의 원인이 된다.

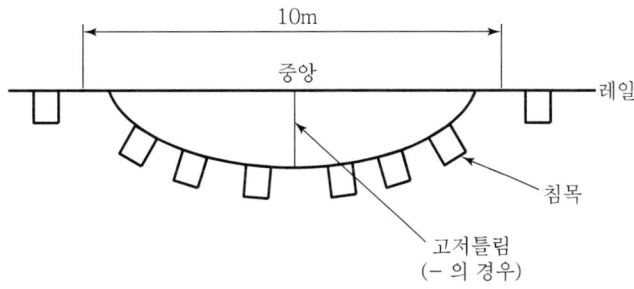

[면(고저)틀림]

4) 줄틀림(Alignment Irregularity)

줄틀림(방향틀림)이란 레일 측면의 길이방향의 요철면을 말하며, 면틀림과 같이 일반적으로는 10m의 실을 레일 측면에서 잡아당겨 그 중앙부의 실과 레일과의 수평거리를 말한다. 곡선부의 경우, 곡선반경에 의한 중앙종거량을 뺀 값을 의미한다. 줄틀림 부호는 궤간의 바깥쪽에 틀림이 있을 경우 (+), 안쪽에 틀림이 있을 경우 (-)로 하며, 직선부의 경우 기점에서 종점을 향하여 좌측 레일, 곡선부의 경우에는 번잡하게 슬랙을 체감하지 않아도 되는 외측 레일을 각각 측정한다. 줄틀림은 횡압에 의한 궤간의 횡이동, 레일의 편마모 등에 의해 발생하며, 주행차량의 사행동을 일으키는 원인이 된다.

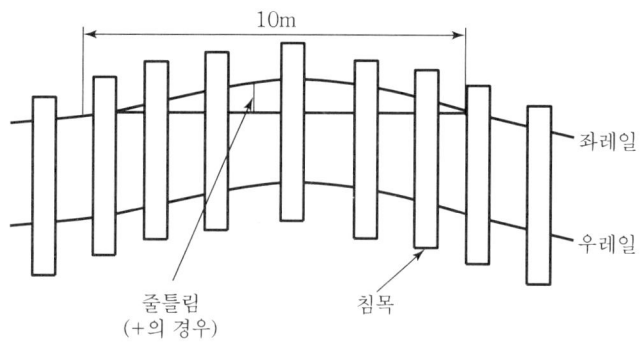

[줄(방향)틀림]

5) 평면성 틀림(Twist Irregularity)

평면성 틀림이란 "평면에 대한 궤도의 비틀림 상태"를 나타낸다. 궤도상의 일정거리에 있는 2점 간의 수평틀림의 대수차이로 나타낸다. 평면성 틀림은 궤도면의 비틀림에 의하여 차량의 3점지지 상태로 되어 주행 안전성이 손상되는 것을 피하기 위하여 관리하고 있다. 평면성 틀림은 궤도 5m(고속선 3m) 간격에 있어서 수평틀림의 변화량을 말하며, 이는 차량의 최대 고정축거를 고려한 것이다. 주행차륜의 플랜지가 레일을 올라타서 탈선의 원인이 된다.

㉠ 캔트체감 비율이 400배라고 가정하면 5m 사이에 대하여 5,000/400=12.5mm의 구조적인 평면성 틀림이 존재한다.

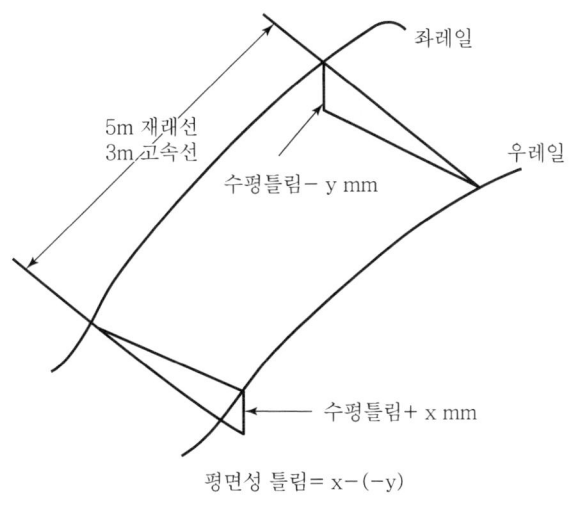

[평면성 틀림]

(2) 궤도틀림의 측정

1) 동적틀림

실제 열차 주행 시의 틀림상태를 말하며, 안전 및 여건상 측정에 어려움이 있다.

2) 정적틀림

주행열차가 없을 때 측정하는 것으로 열차운행에 따른 동적거동에 대한 측정과 체결장치 이완 및 도상과 침목의 변화 등은 측정이 불가능하다.

3) 검측차에 의한 동적틀림 측정

01 기출 및 적중예상문제

■ 정답 및 해설

01 정기수선방식은 작업이 확실하고 보수주기가 길어 경제적이나 선로조건에 따라 선로상태가 균등하게 유지되지 않는 단점이 있다.

02 수평이란 레일의 직각방향에 있어서의 좌우레일면의 높이차를 말한다.

03 수시수선방식은 보수주기는 짧으나 전 구간이 균등한 선로 상태를 유지할 수 있다.

01 선로보수방식 중 정기수선방식에 대한 설명으로 옳지 않은 것은? 》 15. 산업

① 대단위 작업반을 편성하고 대형 장비를 사용하여 일정한 주기로 보수하는 방식이다.
② 매주기 상간에는 거의 보수작업을 시행하지 않고 소수의 작업요원만 상주시켜 순회점검과 응급조치 등의 소보수작업만 시행하는 방법이다.
③ 수시수선방식보다 작업이 확실하고 보수주기가 길며 경제적으로 유리하다.
④ 정기적인 보수로 선로조건에 따라 선로상태가 균등하게 유지되는 장점을 가지고 있다.

02 선로유지관리 지침상 용어의 정의로 틀린 것은? 》 16. 기사

① 궤간 : 레일의 윗면으로부터 14mm 아래 지점에서 양쪽 레일 안쪽 간의 가장 짧은 거리
② 수평 : 한쪽 레일의 레일 길이 방향에 대한 레일 면의 고저차
③ 줄맞춤 : 궤간 측정선에 있어서의 레일 길이 방향의 좌우 굴곡차
④ 부본선 : 정거장 내에 있어 주본선 이외의 본선로

03 선로의 보수방법 중 보수주기는 짧으나 전 구간이 균등한 선로 상태를 유지할 수 있는 선로보수 방법은? 》 16. 산업

① 정기수선방식   ② 수시수선방식
③ 심야보수방식   ④ 합동도급보수방식

정답 01 ④ 02 ② 03 ②

02 선로점검

01 개요 및 종류

(1) 개요

궤도의 열화 및 궤도틀림을 정확하게 발견, 정량화하는 작업을 검사업무라 말하고, 보선작업은 이것을 기준자료로 해서 재료 및 보수노력을 투입하여 열차주행시 안전하고 열차동요를 적게 하여 승차감을 좋게 선로를 가장 경제적으로 유지할 수 있는 보수를 해야 한다.

(2) 선로점검의 종류

1) 궤도보수점검   ≫ 07. 산업

궤도 전반에 대한 보수상태를 점검
① 궤도틀림점검 : 궤도검측차 점검, 인력점검
② 선로점검차 점검
③ 차상진동가속도 측정 점검(일반철도의 경우 생략 가능)
④ 하절기 점검(일반철도의 경우 생략 가능)
　㉠ 운행 적합성 점검
　㉡ 특정지점 및 취약개소 점검
　㉢ 궤도전장에 대한 열차순회점검

2) 궤도재료점검   ≫ 09, 03. 산업

궤도구성재료의 노후, 마모, 손상 및 보수상태를 점검
① 레일점검　　　　　　　　② 분기기점검
③ 신축이음매 점검　　　　　④ 레일체결장치 점검
⑤ 레일이음매 점검　　　　　⑥ 침목점검(목침목, 콘크리트침목)
⑦ 도상점검(자갈도상, 콘크리트도상)　⑧ 기타 궤도재료 점검

3) 선로구조물점검

선로구조물[교량, 구교, 터널, 토공, 방토설비, 하수, 정차장설비(기기는 제외)의 변상 및 안전성을 점검한다. 여기서 구조물 변상이라 함은 구조물의 파손, 부식, 풍화, 마모, 누수,

침하, 경사, 이동 및 기초지반의 세굴 등으로 열차운전에 지장을 주거나 여객 및 공중의 안전에 지장할 우려가 있는 상태를 말한다.

4) 선로순회점검

　일상 선로순회를 통하여 전반에 대한 안전성을 확인 감시하는 점검

5) 신설 또는 개량선로의 점검

　신설 또는 개량선로에 대한 열차운행의 안전성을 점검

02 궤도보수검사

(1) 궤도검측차 점검

1) 점검대상 　　　　　　　　　　　　　　　　　　　　　　　　　≫ 05. 03. 산업

　본선 및 착발선(다만, 검측차 점검이 어려운 구간은 인력점검 시행)

2) 점검시기

　① 고속철도 : 월 1회
　② 일반철도 : 분기 1회
　③ 보통여객열차 또는 화물열차만 운행하는 선로에 대하여 ②번을 생략할 수 있다.

3) 점검항목

　궤도의 선형상태(궤간, 수평, 줄맞춤, 면맞춤, 뒤틀림 등)

4) 점검결과관리

　① 소관부서의 장은 점검 기록지를 검토하여 불량개소를 도출하고 원인분석 및 대책을 수립하여 필요한 조치를 하여야 하며, 결과를 주관부서의 장에게 보고하여야 한다. 보고는 시설관리시스템 입력으로 대신할 수 있다.
　② 불량개소 중 동일한 위치에서 반복하여 발생(연 3회 이상)하는 개소에 대하여는 원인분석 및 근본적 대책을 수립하여 해소될 수 있도록 한다.
　③ 본 점검 기록지는 선로관리도로 활용할 수 있다.

(2) 인력 점검

1) 점검시기 및 대상

① 궤도검측차 점검을 시행하지 않은 본선, 측선 : 반기 1회 이상
② 분기기(본선, 측선, 건넘선) : 반기 1회 이상(단, 궤도선형검측기를 이용한 검측은 연 1회 이상 시행)
③ 궤도검측차 점검결과 불량개소 : 보수 전, 후
④ 특별히 궤도보수 상태 파악이 필요한 경우

2) 시행방법

각 종목의 틀림량 표시는 mm 단위로 측정하며, 곡선부에 있어서는 슬랙, 캔트 및 종거량(종곡선포함)을 뺀 것으로 한다.

① 궤간 : 확대 틀림량을 (+), 축소틀림량을 (-)로 한다. ≫ 11. 산업
② 수평 : 직선부는 좌측 레일, 곡선부는 내측 레일을 기준으로 하며, 상대편 레일이 높은 것은 (+), 낮은 것은 (-)로 한다.
③ 면맞춤
  ㉠ 직선부는 좌측 레일, 곡선부는 내측 레일을 측정하며, 높이 솟은 틀림량을 (+), 낮게 처진 틀림량을 (-)로 한다.
  ㉡ 실길이는 직선부 10m, 곡선부 2m를 인장력 2kg 정도로 당겨 실처짐 1mm를 보정한 틀림량으로 한다.
④ 줄맞춤
  ㉠ 직선부는 좌측 레일, 곡선부는 외측 레일을 측정하며, 궤간 외방으로 틀림량을 (+), 궤간 내방으로 틀림량을 (-)로 한다. ≫ 04. 기사, 09, 04, 02. 산업
  ㉡ 실길이는 10m로 한다.
⑤ 유간점검
  ㉠ 과대유간의 유무
  ㉡ 맹유간 연속 3개소 이상인 것
  ㉢ 신축이음매의 적정 스트로크 유지 여부
⑥ 분기기틀림점검
  본 점검은 다음에 의하여 시행하며, 측정치의 틀림량이 보수한도를 초과하였는가를 점검하여야 한다.

㉠ 측정위치

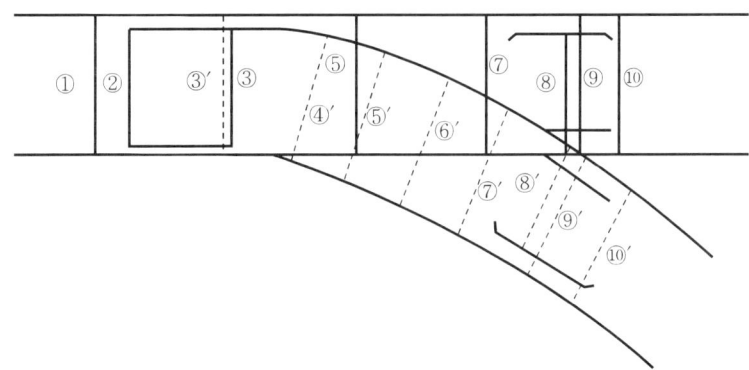

㉡ 측정종별

위치		기호	궤간	수평	면맞춤	줄맞춤	백게이지
포인트부	이음매	①	○	○	−	−	−
	첨단	②	○	○	○	○	−
	힐이음매	③③′	○	○	−	−	−
리드부	곡선 1/4	④′	○	−	−	○	−
	직, 곡선 1/2	⑤⑤′	○	○	○	○	−
	곡선 3/4	⑥′	○	−	−	○	−
크로싱부	전단	⑦⑦′	○	○	−	−	−
	노스 및 가드레일	⑧⑧′	−	−	−	−	○
	노스부	⑨⑨′	−	○	○	○	−
	후단	⑩⑩′	○	○	−	−	−

3) 고속철도의 인력점검

① 점검시기

궤도검측차점검, 차량가속도점검 운행결과 불량개소에 대한 보수 확인 필요한 경우, 특별히 궤도보수 상태 파악이 필요한 경우

② 점검대상별 점검항목

일반궤도 : 궤간, 수평, 고저, 줄맞춤

분기기 신축장치 : 고속철도 궤도재료 점검의 일반점검 항목에 따른다.

(3) 선로점검차 점검

1) 점검대상 및 시기
   ① 고속철도 본선 및 일반철도 주요선구 본선 : 월 1회 이상
   ② 일반철도 기타선구(본선) : 반기별 1회
   ③ 건설선(공사개소) 및 전용선 등 필요 시 시행

2) 점검 항목
   ① 레일표면상태
   ② 침목
   ③ 레일체결장치
   ④ 선로순회 동영상촬영
   ⑤ 자갈도상 점검 : 분기 1회 시행[단, 일반철도 기타선구(본선)의 경우 반기별 1회 시행]

(4) 차상진동가속도 측정 점검

1) 점검대상 및 시기
   ① 고속철도 본선 : 주 1회 이상
   ② 일반철도 주요 선구(본선) : 필요시

2) 점검항목 : 차량운행에 대한 궤도상태 평가
   ① 객차 대차의 횡방향 가속도
   ② 객차 차체의 횡방향 가속도

(5) 하절기 점검

1) 점검종류
   ① 운행 적합성 점검 : 하절기 점검의 첫 단계로 차량운행에 대한 기술적 안전성을 조사하여 특정지점 및 취약개소를 지정하기 위한 점검
   ② 특정지점 및 취약개소 점검 : 온도가 상승할 때 위험이 발생한 특정개소 및 취약개소를 대상으로 점검
   ③ 궤도전장에 대한 열차순회점검 : 계측 차량의 기록에 의해 지적된 장대레일 선형 결함이나 기타 결함을 확인하기 위한 점검

2) 운행 적합성 점검
   ① 점검시기 : 매년 5월 10일 이전

② **점검방법** : 도보 순회
③ **점검대상** : 장대레일 궤도전장
④ **점검 항목**
　㉠ 도상 단면형상
　㉡ 궤도 조건이 급속하게 변하는 지역의 면맞춤과 줄맞춤 상태
　㉢ 교량 주변 지역의 면맞춤 상태
　㉣ 분기기의 레이아웃, 분기기 후단 침목의 상태(비틀림 상태)
　㉤ 레일 신축 이음매의 개구 상태
　㉥ 경사가 심한 지역에서 궤도 지지물의 이동 상태

3) **특정지점 및 취약개소 점검**
① **점검시기** : 레일온도가 45℃까지 오를 것으로 예상되는 날
② **점검 시간대** : 기온이 가장 높은 시간대
③ **점검방법** : 도보점검
④ 특정지점은 주변여건상 장대레일 관리가 곤란한 다음 각 개소를 말한다.
　㉠ 장대레일을 변경한 후 10개월이 되지 않은 지역
　㉡ 레일신축 이음매 없이 장대레일이 부설된 터널 인접 지역
　㉢ 레일신축 이음매 없고 신축길이가 60m 이상의 장대레일과 유도상 궤도로 부설된 교량의 인접 지점
　㉣ 장대레일 유지보수가 곤란한 지점
　　• 빈번한 궤도틀림 보수작업이 필요한 지점
　　• 체결장치에 대해 특별한 주의가 필요한 지점
　㉤ 성토 및 절토 구간의 연결부와 같이 일조량에 차이가 있는 장대레일 지점
　㉥ 궤도틀림 결함이 있는 장대레일 지점
⑤ 취약개소는 좌굴이 발생하기 쉬운 다음 각 개소를 말한다.
　㉠ 궤도의 안정화에 영향을 미치는 유지보수 작업(도상굴착, 분기기 양로 및 선형조정, 레일절단 등) 작업금지기간이 시작되기 전에 궤도 안정화가 이루어지지 않은 지역
　㉡ 도상 프로파일이 기준에 부합되지 않는 지역
　㉢ 장대레일을 완전하게 재설정 하지 않은 구역
　㉣ 1개 이상의 용접부에서 기준을 초과하는 결함이 발견된 후 보수가 실시되지 않은 지역
　㉤ 레일과 침목의 이동 흔적이 있는 지역
　㉥ 침목과 레일이 직각을 이루지 않는 지역
　㉦ 고속철도와 일반철도의 연결선과 접속부(중계레일, 분기기 등)

4) 궤도전장에 대한 열차순회점검
  ① 점검시기 : 레일온도가 45℃에 도달되거나 이보다 높아질 것이라고 예측되는 경우(주말 및 휴일 포함). 다만, 비가 오거나 구름이 낀 경우에는 이를 시행하지 않는다.
  ② 점검 시간대 : 하루 중 기온이 가장 높은 시간대
  ③ 점검방법 : 앞쪽 운전실이나 뒤쪽 운전실에서 시행
  ④ 점검대상 : 장대레일 궤도전장
  ⑤ 점검자는 열차 운행에 지장을 초래하는 사항을 발견하였을 경우 다음과 같은 조치를 취하여야 한다.
    ㉠ 인접선로에 대한 열차운행을 중지시킨다.
    ㉡ 기관사에게 열차를 정지하도록 한다.
    ㉢ 장애물에 대한 방호 조치를 취한다.
    ㉣ 보수하도록 통보한다.

03 궤도재료점검

(1) 레일점검

1) 점검종류 및 시기

  ① 외관점검 : 일반철도 부설레일은 연 1회 이상 손상, 마모 및 부식 등의 상태와 제작년도별로 점검하여야 한다. 다만, 궤도검측차 및 선로점검차 불량개소는 추가로 점검하여 확인하여야 한다.
  ② 탐상 점검
    ㉠ 레일탐상차 점검 : 주본선에 대하여 고속철도는 분기별 1회, 일반철도는 연 1회 시행(다만, 고속열차 운행비율이 50% 이상인 일반철도는 반기별 1회 실시)하되, 중요한 본선은 필요에 따라 추가 시행할 수 있다.
    ㉡ 레일탐상기 점검 : 주본선 중 레일탐상차로 점검하지 않은 개소(부대하는 분기기 포함)의 경우, 고속철도는 분기별 1회, 일반철도는 연 1회 이상 시행(다만, 고속열차 운행비율이 50% 이상인 일반철도는 반기별 1회 실시한다)하고, 레일탐상차 지적개소 및 기타 필요개소(역구내 부본선, 분기기 부근, 장대레일의 신축이음매, 접착식 절연레일, 용접지역 등)는 연 1회 이상 시행한다.

ⓒ 직선상의 레일관리를 위해 레일의 누적통과톤수 지침의 90% 도달시점에 탐상점검 (레일탐상차, 레일탐상기)주기를 단축하여 시행할 수 있다.

2) 점검사항   >> 14. 07. 기사, 03. 산업

① 레일의 마모 측정
② 레일표면상태(흑점, 파상마모, 표면박리 여부, 부식의 정도 등)
③ 레일의 연마상태
④ 선형상태(고속철도에 한함)
⑤ 돌려놓기 또는 바꿔놓기 필요의 유무
⑥ 불량레일에 대한 점검표시 유무
⑦ 가공레일의 가공상태 적부

(2) 분기기점검

1) 일반점검

① 분기기 손상, 마모, 부식상태와 정비기준, 교환기준에 따라 점검한다.
② 본선 및 이에 부대하는 분기기(건넘선 분기기 포함) : 고속철도 월 1회 이상, 일반철도 연 1회 이상 시행
③ 측선 분기기(건넘선 분기기 포함) : 고속철도 및 일반철도 연 1회 이상 시행

2) 정밀점검

① 일반철도는 일반점검을 포함하여 연결간과 접속간의 접속부 텅레일, 이음매부(힐)를 해체하여 훼손유무 및 그 상태 등을 점검하고 고속철도는 안전치수 및 부품 점검, 궤간 특별 확인을 실시한다.
② 고속철도의 본선 및 이에 부대하는 분기기는 연 1회 이상, 일반철도의 본선 및 중요측선의 부대분기기는 연 1회 이상 시행

3) 기능점검

부설 분기기는 수시로 텅레일의 밀착, 접착(웨이뎃트 포인트 및 표지핸들 부착 등) "백게이지" 및 기타 부속품의 기능상태를 점검하여야 한다.

① 포인트부
ⓐ 텅레일의 마모, 훼손 상태
ⓑ 텅레일의 밀착 상태
ⓒ 힐 이음매 볼트, 너트 이완, 굴곡 훼손상태

ⓔ 힐 이음매 볼트 조임 정도가 텅레일 이동 지장 여부
ⓜ 힐 이음매 상판 훼손 상태
ⓗ 텅레일 후단의 레일과 수직 및 수평 편차 여부
ⓢ 간격재 훼손 상태
ⓞ 상판과 침목의 밀착 체결 상태
ⓩ 볼트 및 체결구의 이완 훼손 상태
ⓒ 연결 간의 굴곡 및 부속품 체결상태

② 크로싱부(조립크로싱)
ⓐ 윙레일 및 노스레일 마모 부식 균열 상태
ⓑ 간격재 절손, 부식, 균열 상태
ⓒ 볼트의 이완 훼손 상태
ⓓ 쌍둥이 훅 타이플레이트 절손 및 스파이크 체결상태
ⓔ 침목 다짐상태
ⓕ 각종 체결구의 이완 탈락 여부

③ 크로싱부(망간 크로싱)
ⓐ 망간 크로싱의 노스부 마모 높이가 11mm에 도달하면 교환 기준으로 하고, 또한 탈선하기 쉬운 형상에 마모되면 교체 대상으로 한다.
ⓑ 망간 크로싱은 손상이 비교적 늦게 진행되어 손상 발견시 백색 페인트 등으로 표시하여 주의 관찰한다.

(3) 침목 점검

	PC침목 점검	목침목 점검 ≫12. 산업
검사 항목	- 침목 구체의 손상 여부 - 체결구의 손상, 마모 정도 - 기능 상태	- 침목 부패, 절손 여부 - 레일박힘, 할열 등의 상태와 정도 - 교량침목고정장치(훅볼트) 이완상태
불량 판정	- 몸체가 균열되어 기능유지가 곤란한 것 - PC강선 등의 강재가 절손된 것 - 레일 좌면 부근이 파손 또는 균열된 것	- 나사스파이크 인발 저항력이 현저히 약화된 것(보통 600kg 미만) - 부식된 단면이 1/3 이상인 것 - 할열 폭이 5mm 이상 되어 할열방지 작업을 시행하였으나 할열이 진행되어 보완작업이 곤란한 것 - 갈라져서 스파이크 지지력이 상실된 것 - 절손된 것

	PC침목 점검	목침목 점검 〉〉12. 산업
검사 요령	- 본선 : 연 1회 이상 - 기타 측선 : 2년에 1회 이상 - 부설된 PC침목 중앙부에 도상 자갈이 꽉 차있을 때 중앙부위에서 모멘트 현상으로 균열이 발생되는 경우가 있음 - PC침목 숄더의 이완 및 훼손을 점검	- 목침목의 균열 및 부패는 온도변화가 심한 곳을 주의 관찰한다. - 목침목의 부패는 지상부 등에서 많이 발생하므로 환기구 주변, 지상부를 주로 점검한다. - 목침목은 재질에 따라 겉이 좋으면서 속이 비어 있는 상태가 있으므로 해머로 두드려 확인한다. - 레일면 또는 타이플레이트 접촉면이나 스파이크 구멍 부근을 살펴야 한다.

[PC침목 균열]   [RC침목 파손]

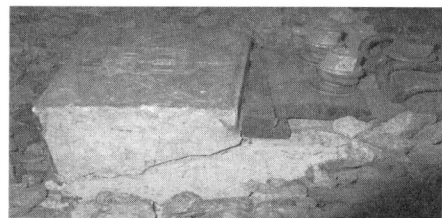

[PC침목 균열 및 파손]   [목침목 균열 및 부패]

(4) 도상점검

〉〉14, 13, 11, 09, 07, 05, 02. 기사

도상은 침목이 받는 차량하중을 노반에 전달함과 동시에 침목을 소정 위치에 견고히 고정시킬 수 있는 구조여야 하며, 또한 도상은 레일을 탄성적으로 지지하고 충격력을 완화하며 선로 파괴를 경감시키고 승차감이 좋으며, 궤도틀림정정 및 침목교환 작업이 용이하고 재료공급이 원활하며 경제적이어야 한다. 검사항목은 다음과 같고, 연 1회 이상 점검한다.

① 단면 부족의 유무
② 토사의 혼입 정도
③ 자갈보충 또는 정리의 양부
④ 도상 횡저항력 유지상태의 양부

⑤ 도상 콘크리트 균열 및 파손상태

[침목밀림]

[침목직각틀림]

[자갈 부족]

[단면 부족(도상어깨)]

(5) 기타 궤도재료의 점검

점검 항목		점검 방법	
레일신축이음매	일반점검	선형, 텅레일 상태, 체결상태 및 각종 안전수치 등 점검	월 1회 이상(전수조사)
	정밀점검	안전치수 및 부품 점검, 궤간 특별 확인	연 1회 이상(전수조사)
레일체결장치		연 1회 이상(전수조사)	
레일이음매		본선 : 연 1회 이상, 측선 : 2년에 1회 이상 해체점검 : 레일탐상차 및 탐상기 점검 시 결함이 발견된 경우, 선로순회점검 시 결함이 발견된 경우 시행	

1) 이음매부 검사

이음매판의 절손 여부, 이음매 볼트의 이완 및 절손 여부, 이음매 체결장치의 훼손 및 패드 탈락 여부

2) 레일체결구 검사

레일체결장치, 또는 체결구란 좌우 2개의 레일을 침목이나 기타 지지체에 고정시켜 궤간

을 유지함과 동시에 차량 주행 시 차량이 궤도에 미치는 여러 방향의 하중이나 진동, 주로 상하방향의 힘, 횡방향의 힘 및 레일 길이 방향의 힘 등에 저항하여 이를 하부구조인 침목, 도상, 노반으로 분산 혹은 완충하여 전달하는 기능을 가지고 있으므로 항시 순회점검을 실시하여야 한다. 레일클립의 탈락 및 절손 여부, 스파이크 및 나사스파이크 절손 여부, 타이플레이트 및 베이스 플레이트 절손 여부, PC침목 절연재 절손 및 탈락 여부를 검사한다.

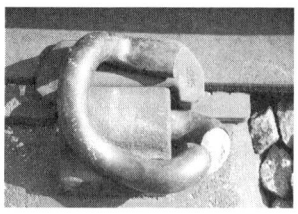
[클립 절손(e형)]

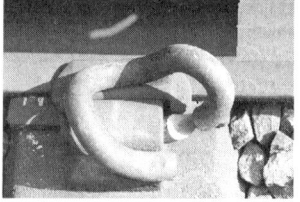
[클립 절손(PR형)]

[고무클립 훼손]

[클램프 절손(w형)]

[나사스파이크 절손]

3) 신축이음매 검사

신축이음매 이동거리 확인, 신축이음매 각종 볼트류 훼손 및 탈락 여부

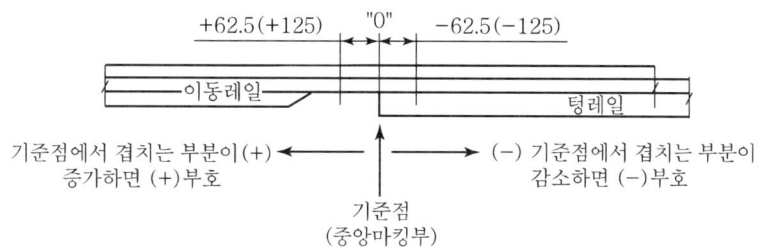

(신축량 측정은 기준점("0"점)에서 텅레일 끝단까지의 거리)

04 선로구조물 점검

(1) 선로구조물의 구분

>> 13. 산업

1) 1종 시설물

① 고속철도교량, 도시철도의 교량 및 고가교, 상부구조형식이 트러스교 및 아치교인 교량 등 연장 500m 이상 교량과 고속철도터널, 도시철도터널 등 연장 1,000m 이상 터널
② 정기안전점검, 정밀안전점검, 정밀안전진단, 성능평가 실시

2) 2종 시설물

① 1종시설물에 해당하지 않는 연장 100m 이상의 교량, 1종시설물에 해당하지 않는 터널로서 특별시 또는 광역시에 있는 터널, 지면으로부터 노출된 높이가 5m 이상인 부분의 합이 100m 이상인 옹벽, 지면으로부터 연직높이(옹벽이 있는 경우 옹벽 상단으로부터의 높이) 30m 이상을 포함한 절토부로서 단일 수평연장 100m 이상인 절토사면
② 정기안전점검, 정밀안전점검, 성능평가 실시

3) 3종 시설물

① 제1종시설물 및 제2종시설물 외에 안전관리가 필요한 소규모 시설물로서 「시설물의 안전 및 유지관리에 관한 특별법」(이하 시설물안전법)에 따라 지정·고시된 시설물
② 정기안전점검 실시

4) 기타시설물

제1, 2, 3종시설물을 제외한 선로구조물

(2) 선로구조물 안전점검 등의 실시 시기   >> 03. 기사, 13. 산업

안전등급	정기안전점검	정밀안전점검	정밀안전진단	성능평가
A등급	반기에 1회 이상	3년에 1회 이상	6년에 1회 이상	5년에 1회 이상
B, C등급	반기에 1회 이상	2년에 1회 이상	5년에 1회 이상	5년에 1회 이상
D, E등급	1년에 3회 이상	1년에 1회 이상	4년에 1회 이상	

(3) 선로구조물의 점검대상

1) 정기점검
전 선로구조물

2) 정밀점검
전 선로구조물

3) 특별점검
현업시설관리자가 특별점검이 필요하다고 판단한 선로구조물

(4) 선로구조물의 상태평가   >> 12. 08. 04. 산업

1) A급
문제점이 없는 최상의 상태

2) B급
보조부재에 경미한 결함이 발생하였으나 기능발휘에는 지장이 없으며 내구성 증진을 위하여 일부의 보수가 필요한 상태

3) C급
주요부재에 경미한 결함 또는 보조부재에 광범위한 결함이 발생하였으나 전체적인 시설물의 안전에는 지장이 없으며, 주요부재에 내구성, 기능성 저하방지를 위한 보수가 필요하거나 보조부재에 간단한 보강이 필요한 상태

4) D급
주요부재에 결함이 발생하여 긴급한 보수·보강이 필요하며 사용제한 여부를 결정하여야 하는 상태

5) E급

주요부재에 심각한 결함으로 인하여 시설물의 안전에 위험이 있어 즉각 사용을 금지하고 보강 또는 개축이 필요한 상태

05 순회점검

일상 선로순회를 통하여 전반에 대한 안전성을 확인 감시하는 점검

(1) 순회점검 종류

일상순회점검, 악천후 시 점검, 열차기관사나 승무원에 의한 점검

(2) 일상순회점검

① 도보순회
② **열차순회** : 선로의 동적 상태를 확인

(3) 악천우 시 점검

폭우, 폭풍, 홍수, 폭설, 결빙, 심한 서리 등의 악천후의 발생으로 열차가 서행 운행될 경우 고속철도상태를 확인하기 위해 도보 점검을 시행하도록 하여야 한다.
① 사면활동으로 배수에 방해가 될 수 있는 구간
② 다량의 빗물로 인해 궤도재료가 분리될 수 있는 급경사 배수로
③ 폭우나 홍수로 지반이 약해질 수 있는 토공시설
④ 입구가 막히거나 침수가 될 수 있는 터널
⑤ 폭설시 적설이 발생할 수 있는 지역

(4) 열차기관사나 승무원의 요구시 점검

열차기관사나 승무원으로부터 궤도나 주변지역에 위험사항이 있다고 보고가 된 경우 해당지역과 주변지역에 대한 도보점검을 시행하도록 하여야 한다. 위험지역 밖에서 고속차량이 운행 중에 점검하며 통보 받은 구간 안에서만 시행하여야 한다.

(5) 순회점검자가 열차안전운행에 지장이 되는 사항을 발견하였을 경우 응급조치 및 방호조치를 취하고 사령에 통보하여 열차중지 또는 서행조치(170km/h 이하)를 취하도록 한다.

02 기출 및 적중예상문제

■ 정답 및 해설

1 교측보도가 설치되지 않은 무도상 교량대피소 설치는 30m 전후 교각상에 설치하는 것을 원칙으로 한다.

01 교측보도가 설치되지 않은 무도상 교량대피소의 설치기준으로 옳은 것은? >> 15. 기사
① 10m 전후 교각상에 설치
② 30m 전후 교각상에 설치
③ 50m 전후 교각상에 설치
④ 100m 전후 교각상에 설치

2 하천통과 교량구간은 악천후 시 선로순회점검 대상이 아니다.

02 선로순회점검 중 악천후 시 점검을 필요로 하는 특별히 위험한 개소에 해당하지 않는 것은? >> 15. 기사
① 사면활동으로 배수에 방해가 될 수 있는 구간
② 폭설 시 적설이 발생할 수 있는 지역
③ 하천통과 교량구간
④ 입구가 막히거나 침수가 될 수 있는 터널

3 시설물 안전관리에 관한 특별법에 의한 선로구조물의 안전등급 A=3년 1회, B, C=2년 1회 이상, D, E=1년 1회 이상으로 시행한다.

03 안전등급 A등급인 고속철도교량의 경우 정밀점검의 시행 주기는? >> 15. 기사
① 6개월에 1회 이상 ② 1년에 1회 이상
③ 2년에 1회 이상   ④ 3년에 1회 이상

4 레일 점검사항에 선형 상태(일반철도에 한함)는 없다.

04 궤도재료 점검 중 레일 점검의 점검사항으로 옳지 않은 것은? >> 15. 기사
① 선형 상태(일반철도에 한함)
② 가공레일의 가공상태 적부
③ 돌려놓기 또는 바꿔놓기 필요의 유무
④ 불량레일에 대한 점검표시 유무

정답 01 ② 02 ③ 03 ④ 04 ①

Chapter 02 | 선로점검

05 고속철도에서 선로의 보수가 필요하지 않으나 관찰이 필요하고 보수작업의 계획에 따라 예방보수를 시행할 수 있는 선형관리단계는? ≫15. 산업
① 목표기준 ② 주의기준
③ 보수기준 ④ 속도제한기준

05 보수작업계획에 따라 예방보수를 시행할 수 있는 선형관리단계는 주의기준에 해당한다.

06 궤도재료 점검에서 레일점검의 종류에 해당되지 않는 것은? ≫15. 산업
① 외관 점검 ② 해체 점검
③ 초음파 탐상 점검 ④ 궤도검측차 점검

06 궤도재료 점검 중 레일 점검사항에 궤도검측차 점검은 없다.

07 고속철도의 특정지점 및 취약개소 점검에 대한 설명으로 옳지 않은 것은? ≫15. 산업
① 레일온도가 45℃까지 오를 것으로 예상되는 날 점검한다.
② 기온이 가장 높은 시간대에 도보점검을 시행한다.
③ 장대레일을 변경한 후 10개월이 되지 않은 지역을 점검한다.
④ 취약개소는 주변 여건상 장대레일 관리가 곤란한 개소를 말한다.

07 취약개소는 궤도의 안정화에 영향을 미치는 유지보수작업 금지기간이 시작되기 전에 궤도 안정화가 이루어지지 않은 지역을 말한다.

08 선로유지관리지침상 고속철도에서 궤도보수점검의 종류에 해당하지 않는 것은? ≫16. 기사
① 인력점검 ② 동절기 점검
③ 궤도검측차 점검 ④ 차량진동가속도 측정 점검

08 동절기 점검이 아닌 하절기 점검이다.

09 선로유지관리지침에서 궤도의 좌굴저항이 아닌 것은? ≫16. 기사
① 궤광강성 ② 도상압축력
③ 도상횡저항력 ④ 도상종저항력

09 도상압축력은 궤도의 좌굴에 저항하는 힘이 아니다.

정답 05 ② 06 ④ 07 ④ 08 ② 09 ②

10 도상압축력은 궤도의 좌굴에 저항하는 힘이 아니다.

10 레일의 부설 시 레일길이가 25m이고 레일온도가 20℃일 경우 레일 이음매 유간의 표준은? ≫ 16. 기사
① 4mm   ② 5mm
③ 6mm   ④ 7mm

11 일반철도의 궤도검측차 점검은 분기별 1회이므로 1년에 4회 시행한다.

11 선로유지관리지침상 일반철도의 궤도검측차 점검은 1년에 몇 회 시행하는가? ≫ 16. 기사
① 2회   ② 4회
③ 6회   ④ 12회

12 전철화 구간의 직선구간에서 시공기면의 폭은 설계속도에 따라 4.0m, 4.25m로 나뉜다.

12 다음 설명 중 틀린 것은?(단, 철도의 건설기준에 관한 규정에 따른다.) ≫ 16. 기사
① 장대레일구간의 자갈도상 두께는 300mm로 한다.
② 설계속도 150km/h인 본선의 경우 전차선의 기울기는 3/1,000 이내로 하여야 한다.
③ 선로구조물 설계 시 여객/화물 혼용선은 KRL2012 표준 활하중을 적용하여야 한다.
④ 전철화 구간의 직선구간에서 시공기면의 폭은 설계속도에 관계없이 4.0m 이상으로 하여야 한다.

13 선로유지관리지침에 의거하여 순회점검자가 열차안전운행에 지장이 되는 사항을 발견하였을 경우 기관사에 통보하여 열차중지 또는 서행조치하도록 한다.

13 순회원이 순회 중 열차안전운행이 우려되는 사항을 발견하여 적정한 열차 방호조치를 하여야 할 경우 긴급통보 대상은 누구인가? ≫ 16. 산업
① 기관사   ② 순회명령자
③ 지역본부장   ④ 인접역 운전취급자

14 노반점검은 궤도재료점검의 종류가 아니다.

14 다음 중 궤도재료 점검의 종류에 해당하지 않는 것은? ≫ 16. 산업
① 노반 점검   ② 도상 점검
③ 레일 점검   ④ 분기기 점검

15 고속철도 본선에 대한 궤도보수점검 및 궤도재료점검의 주기로 틀린 것은?
① 궤도검측차 점검 : 월 1회
② 분기기 일반점검 : 월 1회 이상
③ 차량진동가속도측정점검 : 월 1회 이상
④ 레일탐상차에 의한 초음파 탐상점검 : 분기별 1회

15 고속철도 본선에 대한 차량진동가속도 측정점검은 2주에 1회 이상 시행한다.

16 콘크리트 도상의 점검항목에 해당하지 않는 것은?
① 도상저항력 유지 상태   ② 도상 분리 상태
③ 구체의 손상 여부   ④ 균열

16 도상저항력 유지상태 점검은 자갈궤도 도상의 점검항목이다.

정답 15 ③ 16 ①

CHAPTER 03 보선작업

01 보선작업계획 및 안전대책

(1) 보선(선로 유지 보수) 작업계획

보선작업계획은 선로의 안전도를 향상하는 데 절대적인 영향을 미치는 것으로 현실적 계획으로 실제작업이 가능한 범위 내의 계획이 되어야 한다. 연간을 통하여 작업의 시행시기 순서, 작업인원 재료입수, 선로상태 계절별 기후상태 등을 고려하여 기간별로 다음과 같이 구분한다.

1) 연간계획

연간 작업계획은 연간 총작업량과 이를 작업할 수 있는 보유인력, 재료, 장비예산 등의 보수 능력과 균형이 유지되도록 계획하여야 한다.

2) 월간계획

연간작업을 기준으로 하여 월간작업계획을 수립하고 도보순회검사 등에 따라 궤도 틀림상태, 궤도재료 투입사항 등을 검토, 월간계획을 수립한다.

3) 주간계획

실행계획으로서 작업구간, 작업방법, 작업인원 등을 명확하게 수립한다.

4) 일일계획

선별, 역간위치, 작업종류, 작업연장, 작업방법, 지시사항 등을 기입하여 작업계획을 수립한다.

(2) 보선작업 중 안전대책

① 선로작업을 할 때에는 반드시 선로차단 승인을 받은 후 작업을 착수하여야 하며, 작업을 완료할 때에는 완료통보를 하여야 한다.
② 반대 측 선로의 열차를 운행하면서 시행하는 모든 작업 시 반드시 선로 열차진행방향에 열차감시원을 배치하여야 하며, 안전펜스를 설치하고 인접선로의 열차속도를 170km/h 이하로 감속시킨 후 시행하여야 한다. 단, 열차 또는 작업차량의 운행이 없는 경우에는 감시원을 배치하지 않아도 된다.

≫ 09. 기사

③ 열차감시원은 작업원에게 열차접근을 알릴 수 있는 열차접근벨 설치 또는 적절한 경보기를 휴대하여야 한다.

02 보선작업 종류

(1) 작업성질에 따른 분류

1) 선로유지 작업

궤도의 틀림, 도상다지기, 체결장치 보수, 이음매 볼트 작업을 하여 선로 상태를 양호한 상태로 유지하는 작업을 말한다.

2) 재료교환 작업

레일, 침목, 도상 및 부속품을 교환하는 작업을 말한다.

3) 선로보강 작업

레일 중량화, 구조물 보강, 도상의 생력화 등 개량하는 작업 등으로 궤도강도를 높이기 위한 작업을 말한다.

(2) 보수대상이 되는 선로재료에 의한 분류

1) 궤도보수작업 ≫ 09, 05, 04. 기사, 07, 03. 산업

궤간정정, 수평, 면맞춤, 줄맞춤, 유간정정, 침목위치정정, 총다지기 작업

2) 궤도재료보수작업

① 레일보수작업 ≫ 04. 기사

곡선부에 레일 도유로 마모방지 및 레일 플로(Flow)를 삭정하는 작업 또는 가드레일 보수작업 등

② 레일체결장치 보수작업

③ 침목보수작업

④ 교량침목부속품 보수작업

⑤ 도상자갈치기

3) 재료교환작업

　　레일, 침목, 도상 교환작업

4) 분기기작업

5) 노반작업, 동상작업, 제설작업

03 궤도재료 유지보수 작업

(1) 레일교환 작업(정척/인력)

1) 준비작업　　　　　　　　　　　　　　　　　　　　　　　≫ 12, 06, 03. 기사

　① 신 레일의 흠검사　　　　　　　　　　　　　　　　　　　≫ 06. 기사
　　신 레일과 이에 따르는 부속품은 사전에 충분한 검사를 하며, 굽었거나 흠이 있는 것은 필요한 조치를 한다.

　② 도상면 고르기　　　　　　　　　　　　　　　　　　　　　≫ 06. 기사
　　궤도상에서 신·구 레일의 이동을 원활히 하기 위하여 궤간 외측 도상면의 자갈을 침목면 이하로 골라 놓는다.

　③ 레일밀림방지장치 철거
　　레일밀림방지장치(레일앵커 등)은 사전에 철거하여 부근 적당한 장소에 정돈해 둔다.

　④ 침목면 삭정　　　　　　　　　　　　　　　　　　　　　　≫ 06. 기사
　　부설되어 있는 침목이 목침목 구간일 때에는 레일의 배열 및 교환에 지장이 없도록 하기 위하여 궤간 외측 침목면이 고르지 못한 것은 삭정하고 주약제를 칠해둔다.

　⑤ 체결장치 풀어놓기
　　스파이크는 일단 뽑아 올렸다가 다시 박아둔다. 이때, 불량 스파이크는 교환한다.

　⑥ 이음매볼트 풀었다 다시 채우기
　　구 레일의 해체 및 철거를 신속하게 하기 위하여 이음매 볼트를 일단 풀었다 주유를 한 후 다시 채워둔다.

　⑦ 이음매부 침목위치 바로잡기
　　이음매부가 이동하게 되는 개소의 침목위치를 이음매 구조에 맞춰 미리 바로 잡아둔다.

⑧ 신레일의 배열 ≫ 03. 기사

교환하는 전 구간에 걸쳐 미리 신 레일에 소정의 유간을 두어 단선구간을 제외하고는 레일의 압연방향이 열차진행방향과 일치하도록 접속배열하고 임시 이음매볼트를 채워 이것을 구 레일의 양 외측 적당한 간격(보통 450mm 정도로 하되, 건축한계를 지장하는 경우에는 750mm 정도로 띄운다)을 유지하여 헌침목대 상에 놓고 스파이크를 몇 군데 박아둔다. 이때의 헌침목대의 간격은 5~7m 정도로 하고 헌침목은 재래침목 사이에 삽입시키되 그 상면은 재래침목 상면보다 10mm, 타이플레이트가 있는 경우에는 약 30mm 높게 한다.

⑨ 레일 구부리기

곡선부에서는 필요에 따라 레일을 구부린다. 그 기준은 50kg 레일 이상의 경우에는 반경 400m 이하, 소정 종거의 2/3 정도로 구부리고 너무 과도하게 되지 않도록 유의한다.

⑩ 패킹준비

신·구 레일 단면이 상이할 경우에는 교환 시종점 접속부의 구배완화용 패킹을 준비한다.

2) 본작업 ≫ 13. 기사, 02. 산업

① 이음매판의 해체
② 레일 체결장치의 해체
③ 구 레일 밀어내기
④ 침목면 삭정 및 매목 박기
⑤ 신 레일 밀어넣기
⑥ 양단 레일이음매의 접속
⑦ 신 레일 이동방지용 체결
⑧ 신 레일의 완전체결
⑨ 점검

3) 뒷작업 ≫ 09, 07, 03. 기사, 02. 산업

① 침목위치정정
② 궤간정정
③ 줄맞춤정정
④ 레일밀림방지장치 등의 복구
⑤ 검측

(2) 목침목 교환작업(인력)

1) 준비작업

① 교환할 침목상면에 백묵으로 표시한다.
② 신침목의 운반 및 배열

2) 본작업

① 도상 긁어내기 >> 02. 기사

침목 사이의 도상자갈 긁어내기는 침목을 끌어내기에 적당할 정도로 하며 좌우로 한 사람씩 나누어 침목 단부로부터 중앙으로 전진하면서 긁어낸다. 도상자갈 긁어내기는 레일밀림이 있는 개소에서는 밀림이 오는 쪽 즉, 열차가 들어오는 방향을 긁어내고 도상의 상태에 따라 전부를 궤간 밖으로 긁어내거나 또는 일부는 궤간 내에 둔다. 이때 긁어낸 자갈더미가 차량한계에 저촉되지 않도록 주의하여야 한다.

② 스파이크 뽑기, 체결구 해체 >> 03. 기사, 13, 02. 산업

스파이크 등 체결장치 해체는 한 사람이 맡되, 그 뽑는(해체하는) 순서는 외측→상대편레일 내측→상대편 레일 외측→최초 시작쪽 레일의 내측 순으로 한다.

③ 헌침목 끌어내기

교환할 침목은 비타로 자갈을 긁어낸 쪽에 떨어뜨린 다음 곡괭이 끝으로 침목을 찍어서 도상 밖으로 끌어낸다.

④ 바닥자갈 고르기

신 침목의 삽입이 용이하도록 바닥 자갈을 고른다.

⑤ 신 침목의 삽입 >> 03. 기사

2인 공동으로 신 침목을 밀어 넣는다. 이때 유의해야 할 사항은 다음과 같다.

㉠ 수심부를 밑으로 표피부를 상면으로 한다.
㉡ 측면이 수직이 아닌 것은 이 측면을 열차의 진입(進入)방향으로, 그리고 구배 구간에서는 이 측면을 구배의 높은 쪽으로 향하도록 한다.
㉢ 침목상면이 평면이 아닌 것은 폭이 넓은 쪽을 밑으로 가도록 부설한다.
㉣ 타이플레이트 또는 베이스플레이트를 부설하는 경우에는 침목을 밀어놓은 직후에 부설한다.

⑥ 도상자갈 처 넣기

한 사람이 크로바로 침목을 받쳐주면서 다른 한 사람이 삽으로 침목상면이 레일저부에 밀착될 때까지 침목 밑으로 자갈을 처 넣는다.

⑦ 스파이크 박기(체결장치 채우기)

스파이크 박기는 한 사람이 크로바로 침목 밑을 받쳐주면서 다른 한 사람이 궤간(軌

間)을 측정해 가며 스파이크를 박는다. 탄성체결장치의 경우에는 렌치 또는 스패너로 나사스파이크와 체결볼트를 조이고 팬플러로 체결장치를 채운다.

⑧ 도상자갈 긁어넣기
궤간 내에 도상자갈을 긁어 넣을 때에는 양질의 것을 긁어 넣어야 한다.

⑨ 도상 다지기
도상을 다질 때에는 긁어냈던 쪽을 먼저 다진 후에 양쪽을 뒷다짐한다.

⑩ 도상자갈 정리
도상자갈을 채워 넣은 다음 도상어깨 비탈정리 및 도상면 달고다짐을 한다.

(3) PC침목 교환작업(인력)

1) 준비작업

① 유간측정 및 정리
교환구간 외 유간을 측정하여 부적정한 개소는 미리 유간정리를 한다.

② 침목교환위치 표시
침목교환위치를 레일 복부에 백색페인트로 표시한다.

③ 레일밀림방지장치 철거
레일밀림방지장치(레일앵커 등)은 그날의 작업예정 구간의 것만을 미리 철거한다.

④ 신침목의 운반 및 배열 ≫ 05. 기사
㉠ PC침목을 운반할 때에는 반드시 각재(75×75mm 이상) 받침목을 사용하고 편적·편압이 발생하지 않도록 적재 운반한다.
㉡ 트로리 또는 화차에서 내릴 때는 폐타이어나 각재의 깔판을 깐 후 그 위에 내리되, 1m 이상 높이에서 떨어뜨려서는 안된다.
㉢ 침목을 내릴 때는 신호시설기둥, 전철전주, 케이블설치 등 안전시설에 손상이 없도록 하고 노반에 내려놓은 침목이 건축한계를 저촉하지 않도록 주의한다.
㉣ 앞서 내려놓은 침목 위에 각재 없이 겹쳐서 쌓아 놓아서는 안되며 비탈 밑으로 떨어지지 않도록 주의한다.
㉤ 터널 내에는 미리 터널 밖에 운반 적치하여 놓고 매일 교환할 수 있는 양만 그날 그날 운반하여 사용한다.

2) 본작업

① 작업인원표준
PC침목 교환은 4인 1조 작업을 표준으로 한다.

② 작업진행방향
레일밀림이 있는 구간은 밀림이 오는 방향으로 교환작업을 진행한다.
③ 용접부 위치주의
PC침목을 교환할 때는 레일용접부가 침목 상면에 놓이지 않도록 주의하여 부설한다.
④ 도상자갈 긁어내기
구 침목을 빼내는 데 필요한 만큼만, 침목 양측 및 단부의 자갈을 긁어낸다. 이때 긁어내는 작업은 2인이 침목 양쪽으로 나뉘어 중앙으로 진행하고 다음 작업 및 건축한계에 지장되지 않도록 한다.
⑤ 체결장치 해체철거 　　　　　　　　　　　　　　　　　　　　　≫ 02. 기사
레일체결장치 또는 스파이크의 해체철거 순서는 좌측 레일 외측 → 우측 레일 내측 → 좌측 레일 내측의 순서로 하고 철거한 체결장치는 작업에 지장을 주지 않는 위치에 둔다.
⑥ 궤광들기
인접의 구 침목 부근의 궤간 밖에, 양측으로부터 재크를 삽입하여 궤광을 서서히 구 침목을 빼낼 수 있는 정도까지만 든다.
⑦ 구 침목 빼내기
구 침목은 빼내어 시공기면 상에 놓아둔다. 구 침목은 자갈을 긁어낸 쪽으로 밀어낸 다음 침목 캣치를 사용하여 도상 밖으로 끌어낸다. 이때 곡선부에서는 곡선 내측으로 끌어낸다.
⑧ 침목위치 바닥 고르기
침목이 놓일 자리의 도상자갈 바닥 고르기는 신·구 침목의 높이의 차, 타이패드의 두께, 신 침목 삽입에 사용하는 공기구, 삽채움 작업의 여유 등을 고려하여 결정한다.
⑨ 신침목 삽입
교환침목은 침목캣치 등을 사용하여 교환 위치에 삽입한다.
⑩ 궤광 내리기
재크를 철거하면서 궤광을 내려놓는다.
⑪ 신침목 체결
침목 위에 레일패드를 놓고 빠루로 침목 끝을 받쳐올려 레일 저부에 밀착시킨 상태에서 절연블럭 등을 넣고 궤간을 확인해가면서 코일스프링 크립을 체결한다.
⑫ 침목 직각틀림 정정
⑬ 레일면 정정
도상 자갈을 제 위치에 다시 처넣으면서 수평이 좌우 균등하도록 삽채움을 한다.

⑭ 도상다지기

본 작업이 10m 정도 진행되면 뒤따라가면서 도상다지기를 한다. 이때의 도상다지기는 인력다짐과 기계다짐을 병행하는 것이 바람직하다.

⑮ 구 침목 빼내기와 신 침목의 삽입은 한개 한개 완료하면서 진행하도록 한다.

⑯ 작업 책임자는 레일체결장치가 연속 3개 이상 해체된 상태에서 열차를 통과시키는 일이 없도록 열차통과시마다 궤도상태를 사전 확인하여야 한다.

3) 뒷작업

① 궤도의 전반적인 보수 : 궤도의 안정을 기다려 궤간, 수평, 줄맞춤, 면맞춤, 체결장치 상태 등 궤도를 전반적으로 점검하여 보수한다.

② 도상자갈 면고르기 및 정리

③ 철거된 침목 운반 및 정리보관

(4) 침목교환작업(침목교환기)

1) 준비작업

① 유간이 부적정한 개소는 미리 유간정정을 한다.

② 신 침목 교환 위치에는 레일 복부에 백색표시를 해둔다.

③ 지하 매설물, 케이블, 레일밀림장치 등 교환작업에 지장을 주는 시설물은 미리 일시 철거한다.

④ 교환할 신 침목은 미리 현장에 운반 교환할 침목 부근에 배열한다. 그러나 교량, 터널 내 교환은 장비작업이 어려우므로 별도 인력작업에 의한다.

⑤ PC침목을 운반하는 경우에는 반드시 소정의 4각재 받침대를 사용토록 하며, 트로리 또는 화차에서 내릴 때는 지상에 헌타이어나 깔판 등을 깔아서 낙하충격에 의하여 손상되지 않도록 한다.

2) 본작업

① 레일체결장치, 스파이크, 기타 구 침목을 뽑아내고, 신 침목을 삽입하는 데 따르는 지장물을 해체 철거한다.

② 장비 회송 및 작업상태로 거치

장비(침목교환기)를 현장으로 회송시켜 교환현장 약 10m 전방에서 일단 정지시키고 작업책임자와 협의, 교환침목위치 부근으로 진입시킨다.

③ 신·구 침목의 교환

㉠ 장비 조작자는 신호에 따라 교환기의 지표가 교환침목의 중심점에 오도록 정차시킨다.

ⓛ 궤광은 적당한 높이(침목을 빼내고 삽입하는 데 숄더에 지장되지 않을 만큼의 높이)로 든다.
ⓒ 구 침목을 빼낸다.
㉣ 신침목의 삽입
④ 장비회송
⑤ 레일체결장치, 스파이크 체결
⑥ 도상 다지기
⑦ 일시 철거물 복구
⑧ 발생침목의 처리

3) 뒷작업
① 줄맞춤 정정
② 도상자갈 되메우기 및 정리

(5) 도상다지기 작업(인력)

1) 준비작업
① 작업구역의 결정
② 체결장치의 보수

2) 본작업
① 도상의 긁어낼 부분 표시
② 긁어내기 작업방법
도상을 긁어낼 때에는 인접한 몇 개소를 동시 시행한다. 그러나 그 연장이 너무 긴 경우에는 운전상태와 선로상태를 감안하여 수 개소씩 분할하여 시행한다.
③ 긁어내기 깊이 >> 03. 산업
도상을 긁어내는 깊이는 특히 필요한 경우를 제외하고는 다짐에 지장되지 않는 범위로 한다. 그러나 레일 밑의 도상은 반드시 긁어낸다.
④ 궤간 내 도상의 긁어내기
⑤ 작업기준레일 설정
⑥ 레일면의 정정
⑦ 레일의 들기

⑧ 다지기의 순서와 방법 ≫ 06. 기사, 08, 04, 03. 산업
　㉠ 다지기의 순서
　　8자형 다지기를 원칙으로 하되, 다만 선로상태 등에 따라 줄다지기 또는 2자형 다지기를 할 수 있다.

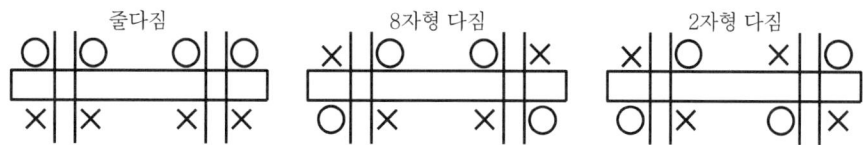

（주）O은 첫다짐, ×는 뒷다짐을 표시함

　㉡ 다지기의 방법 ≫ 04. 기사
　　다지기는 1개의 침목에 대하여 8개소 다지기로 한다. 다만 선로상태, 작업조건, 작업시간 등에 따라서 6개소 다지기 또는 4개소 다지기로 할 수 있다.

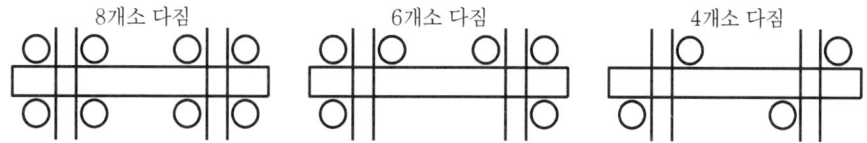

　㉢ 좌우 레일 밑을 모두 다질 때 한쪽 레일씩을 다질 때라도 먼저 양측 레일면을 정정한 후 다진다.
　㉣ 궤간 내 다지기의 넓이는 레일 중심에서 좌우 각 30cm 내지 40cm로 한다.
　　　　　　　　　　　　　　　　　　　　　　　　　　　≫ 13, 06. 기사, 04, 03. 산업
　㉤ 다지기는 다짐의 지지력이 균등하게 그리고 되도록, 고저부가 생기지 않도록 다진다.
　㉥ 다지기는 레일 밑 위치에서 시작하고 또한 레일 밑 위치에서 끝내도록 한다.
　㉦ 다지기를 마친 후 도상자갈 되메우기 작업은 다지기를 끝낸 침목마다 또는 인접한 몇 개소를 몰아서 시행하되, 밸러스트포크 또는 토사용 갈퀴를 사용하고 레일면 및 침목 상면의 자갈을 청소한다.
　㉧ 도상자갈 되메우기를 할 때 궤간 내에는 되도록 양질의 자갈로 되메우기 하여야 한다.
　㉨ 궤도의 줄맞춤이 불량한 개소에 대하여는 그 정도에 따라 레일을 들기 전 또는 다지기 직후에 정정한다.

ⓧ 침목 다지기가 끝난 곳은 그때마다 또는 작업구간을 몰아서 마무리 다지기를 한다. 그리고 침목 사이사이와 도상면 및 도상비탈면을 삽 등으로 면다지기를 달고 다짐을 한다.
ⓚ 침목위치 또는 직각틀림이 있는 것은 다지기 작업 전에 정정한다. ≫ 08, 03. 산업
ⓔ 스파이크 또는 탄성체결장치 등의 이완, 탈락 등이 없도록 고쳐박기, 되조이기 등을 한다.

⑨ 작업인원 ≫ 08, 03. 산업
작업인원은 3인 이상 통상 5인 협동작업을 표준으로 한다. 그러나 열차운전 상황, 작업 여건 등에 따라 증감할 수 있다.

(6) 줄맞춤 정정작업(인력)

1) 준비작업

① 줄맞춤의 정부 측정
㉠ 직선의 경우
기준레일을 걸타고 30m 내지 100m 떨어진 전방의 줄맞춤을 보아 그 불량개소의 방향 및 틀림량을 목측(目測)한다.

㉡ 곡선 및 완화곡선의 경우
적당한 간격으로 기준말뚝을 설치하였을 때에는 기준말뚝으로부터 이동 틀림 여부를 교차법으로 점검한 후 기준말뚝과 외측 레일과의 거리를, 기준말뚝이 없는 경우에는 외측 레일을 일정한 간격으로 분할 등분하여 교차법으로 분할점을 종거로, 기준말뚝 간격이 큰 경우에는 두 가지 방법을 겸용하여 측정한 것으로 틀림량을 측정한다.

② 체결장치 바로잡기
체결장치의 이완 여부를 점검하여 필요한 것은 바로 잡는다.

③ 침목단부 도상 파헤치기
도상이 고결상태의 개소로서 이동량(궤광 밀기량)이 상당할 것으로 보이는 개소는 침목 단부의 도상을 파헤쳐서 이동이 용이하도록 한다. 이때 파헤치는 것만으로 불충분한 경우에는 침목 단부 자갈을 긁어낸다.

④ 기준말뚝의 설치
기준말뚝의 간격, 위치, 높이 등에 대하여는 기준말뚝이 다른 작업에 미치는 영향, 말뚝의 이동 및 침하의 우려 여부, 이후 궤도 밀기의 난이 등을 감안하여 설치하되, 다음에 의한다.

㉠ 원곡선 및 완화곡선에 있어서는 부설레일이 정척(25m)인 경우 이음매부 및 중간부에 설치한다.
㉡ 기준말뚝을 트랜싯(Transit)에 의하여 설치할 때에는 완화곡선 길이에 따라 10m 전후로 하되 열차운전이 빈번한 개소에 있어서는 5m 내외로 한다.
㉢ 곡선의 시종점에는 반드시 기준말뚝을 설치하고 직선부 쪽으로도 같은 간격의 말뚝을 2개 내지 3개 설치한다.
㉣ 기준말뚝의 설치위치는 곡선외방 도상 비탈머리 부근 약 70cm 위치 레일과 병행하여 설치하는 것을 원칙으로 한다. 그러나 통로 등으로 이 치수의 확보가 어려운 특수한 개소에 있어서는 궤간 중심부에 설치할 수 있다.
㉤ 기준말뚝의 높이는 침목면 높이보다 5cm 정도 높게 한다.
㉥ 기준말뚝의 치수는 일반적으로 10×10×100cm 정도로 한다. 동상이 심한 개소는 적당한 길이로 하고 말뚝의 주위는 직경 1.0m 정도로 동상심도까지 모래로 치환하여 동상으로 인한 말뚝의 틀림을 방지한다.

2) 본작업
① 궤광밀기

중심말뚝에 맞춰 또는 목측에 따라 궤광밀기를 한다. 이때 목측에 의하는 경우에 작업책임자는 정정개소로부터 30m 내지 50m 정도 떨어진 위치에서 기준 측 레일을 걸타고 레일의 두부 내측선을 따라 보면서 밀기의 위치와 방향을 손동작으로 지시한다. 밀기의 순서는 아래 그림과 같이 하되, 일반적으로 틀림이 큰 부분(밀기량이 많은 개소)부터 순차적으로 밀고 그 좌우를 따라 민다. 그러나 밀기량이 크지 않을 때는 편압방식(한쪽부터 계속적으로 밀어가는 방식)으로 하는 것이 더 편리하다.

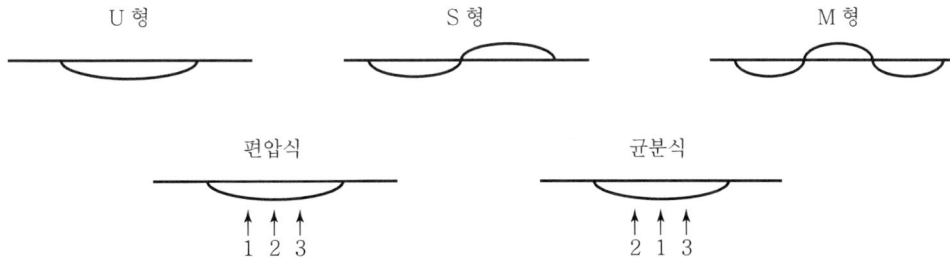

[궤광밀기의 방식과 순서]

② 밀기의 요령
㉠ 직선의 경우에 지휘자는 틀림량 측정의 요령에 준해서 목측에 의하여 밀기의 개소 및 방향을 지시한다.

ⓒ 곡선 및 완화곡선의 경우에는 다음과 같이 시행한다.
ⓒ 적당한 간격으로 기준말뚝이 설치되어 있는 경우 지휘자는 말뚝과 레일과의 거리가 계산된 소정의 치수에 일치하도록 밀기를 반복한다.
ⓔ 말뚝 간의 정정은 1작업구간 기준 말뚝개소의 밀기 완료 후 중앙점 또는 필요한 경우는 2, 3등분점을 종거법에 의하여 정정한다.
ⓜ 말뚝 간의 정정을 목측에 의하여 정정할 경우 지휘자는 곡선반경에 따라 20m 내지 30m 정도 떨어진 곡선 외측 침목 단부 부근에서 내다보아서 정정한다.
ⓗ 기준말뚝이 없는 경우 또는 말뚝간격이 큰 경우에는 교차법에 의하여 이동량을 계산하여 위 방법에 따라 정정한다.

3) 뒷작업
① 밀기를 끝내면 바로 침목 양단의 도상자갈을 정리하고 다지기를 충분히 한다. 이때 도상면 달고다짐을 겸하게 되면 더욱 좋다.
② 궤광밀기 및 도상정리 다지기 등 모든 작업이 끝나면 반드시 궤도검측을 시행한다.

4) 곡선 정정법 : 사장법과 교차법
① 사장법(絲張法)
곡선부 측량 2점 간에 실을 띄어 현(弦)을 만들고 그 현의 중앙종거를 재어 일반 측량학에서의 곡선 종거 계산법으로 정정하는 방법

$$V = \frac{L^2}{8R}$$

여기서, R : 곡선반경(m), L : 현의 길이(m), V : 중앙종거(m)

㉠ 반경 R=300m의 곡선에서 현(실)의 길이 10m의 경우,

중앙종거 $V = \frac{L^2}{8R} = \frac{10^2}{8 \times 300} = 0.042$(m)이다.

② 교차법(交叉法)
앞의 사장식에 의하여 구하는 방법으로서 여기에는 다음과 같은 조건이 포함되어 있음을 유의하여야 한다.
㉠ 어느 측점이 이동하면 그 측점의 종거는 그 이동량만큼 증감한다. 그러면서 동시에 그 측점 전후에 인접하는 측점의 종거는 그 양의 절반만큼 반대로 증감된다.
㉡ 어느 측점이 이동하더라도 그에 따라 인접 측점은 그 위치가 이동되지 않는다.

ⓒ 각 측점의 종거 수정에 따라 각 측점에서는 그 크기가 달라지지만 전 측점의 종거량을 모두 합계한 것은 일정하다.
ⓔ 측점의 이동은 곡선의 외측으로 향하여 이동하는 것을 (+), 내측을 향하여 이동하는 것을 (-)로 한다. 그러므로 종거가 크게 되는 쪽을 (+)의 이동, 적게 되는 방향을 (-)의 이동으로 한다.
ⓜ 종거도의 면적은 항상 같으며 그 중심의 위치도 좌우로는 변하지 않는다.

(7) 분기기 교환작업(인력)

1) 분기기 전체를 갱환하는 방법

   밀어넣기 방법, 들어놓기 방법, 원 위치 조립부설 방법

   ① 밀어넣기 방법

   교환할 분기기의 부근에 분기기를 조립할 수 있는 부지를 조성하고, 헌 침목 또는 H빔 등으로 받침대를 만들고 그 위치에서 분기기를 조립한 다음 레일 등을 이용한 미끄럼대 또는 롤러에 의하여 구 분기기를 철거한 자리에 밀어 넣어 정지시키는 방법이다.

   ② 들어놓기 방법

   밀어넣기와 같이 교환할 분기기의 부근에서 조립한 분기기를 밀어넣는 대신 적당한 크레인 등으로 들어 올려서 교환할 위치에 앉히는 방법과 분기기 공장 또는 분기기 조립 기지에서 조립한 분기기를 리프팅 유닛 장비로 화차에 적재, 교환장소까지 운반하여 구 분기기를 철거한 자리에 정확히 앉히는 방법이다.

   ③ 원 위치 조립부설 방법

   구 분기기를 해체 철거한 자리의 현 위치에서 신 분기기를 포인트, 주레일, 크로싱, 리드레일, 가드레일 등의 부재를 조립하면서 부설하는 방법이다.

2) 위의 방법들은 하급선구나 또는 부득이한 경우에 사용할 수 있는 방법이며, 원칙적으로 위의 밀어넣기 또는 들어놓기 방법으로 하여야 한다.

3) 밀어넣기 준비작업

   ① 신·구 분기기의 길이의 측정

   신·구 분기기의 길이 및 전후 이음매의 직각틀림을 측정하고 필요에 따라 유간정리 등의 사전 조치를 한다.

   ② 레일 마모량의 측정
   ③ 각종 볼트류 및 레일 체결장치 해체 준비
   ④ 레일 밀림방지 장치의 철거

⑤ 도상자갈 긁어내기

　침목 사이의 자갈을 긁어낸다.

⑥ 신분기기 밀어넣기의 준비　　　　　　　　　　　　　　　　　≫13, 09. 산업

　신분기기를 미끄럼 레일과 로라를 삽입할 수 있는 정도로 들어올리고 가받침대로 가받침한다. 미끄럼 레일은 다음 개소 수로 설치하고 그 구배는 1/20 내지 1/30 정도의 하구배(분기기가 놓일자리 방향으로)로 한다.

　㉠ 8#분기기 : 3개소

　㉡ 10#분기기 : 3개소

　㉢ 12#분기기 : 4개소

　㉣ 15#분기기 : 5개소

⑦ 기구 및 재료의 준비

　작업에 필요한 기구와 재료의 수량과 기능을 확인한다.

⑧ 부속품의 해체 철거

　전철봉, 지지봉, 포인트리버, 게이지타이로드 등은 해체 철거한다.

⑨ 레일류, 크로싱의 철거

　순서에 맞게 해체 철거하여 소정위치로 운반한다.

⑩ 침목의 철거

⑪ 도상자갈 고르기

　신 분기기를 놓았을 때 분기기의 레일면이 전후의 레일면보다 약간 낮은 상태가 되도록 도상자갈 면을 고른다.

4) 밀어넣기 본작업

① 미끄럼대 레일 및 로라의 삽입

　미끄럼 레일 받침대를 놓은 다음 미끄럼대 레일과 로라를 삽입한다.

② 임시 받침틀의 해체 철거

　분기기를 약간 들고 임시 받침대를 철거한 후 다시 내려놓는다. 이때 분기기가 전동하지 않도록 후방에서 로프로 지지하는 것이 좋다.

③ 양단 침목의 배치

　분기부 양단의 이음매부 침목을 소정의 위치에 배치한다.

④ 분기기의 밀어넣기

　분기기의 양단이 어긋지지 않도록 하면서 소정의 위치(분기기 자리)까지 서서히 밀어 넣는다.

⑤ 밀어넣기 장치철거

분기기를 약간 들고 팩킹으로 받친 다음 미끄럼대레일 및 받침대를 철거한 후 분기기를 다시 내린다.

⑥ 분기기의 세팅(자리 맞춤)

⑦ 침목의 체결

분기기 양단의 침목을 체결한다.

⑧ 도상자갈 쳐넣기

긁어냈던 도상자갈을 다지기에 적당한 만큼 다시 처넣는다.

⑨ 레일면의 정정 및 도상다지기

분기기 전후의 레일면의 면맞춤 및 수평맞춤을 정하고 필요에 따라 삽채우기를 한 후 분기부 총다지기를 한다.

⑩ 줄맞춤 정정

⑪ 부속품 붙이기

교환을 위하여 일시 해체 철거해 놓았던 분기기의 부속(포인트리버 등)을 다시 붙인다.

⑫ 보안장치의 다시 붙이기 및 상태확인

⑬ 점검

교환한 분기기 전반에 걸쳐 점검 확인한다.

5) 밀어넣기 뒷작업

① 도상자갈의 정리

도상자갈을 다시 메우고 고른 다음 도상면 달고다짐을 한다.

② 레일밀림방지 장치 등 다시 붙이기

③ 궤도 틀림의 검측

필요한 보수를 한 다음 궤도검측을 한다.

03 기출 및 적중예상문제

■ 정답 및 해설

01 본 작업 후 가장 먼저 침목 위치를 정정해야 한다.

02 레일밀림방지장치 철거는 PC침목 교환작업(인력)의 준비작업 단계이다.

03 신 침목 삽입 시 목 침목을 밀어 넣기 전이 아닌 침목을 밀어 넣은 직후에 부설한다.

04 기계화 작업의 경우 도상자갈 살포 시 운전속도는 10km/h 이하로 하여야 한다.

01 레일교환작업(정척/인력)의 본작업 후에 제일 먼저 시행하여야 할 작업은?　　　　　》15. 기사
① 침목 위치 정정　　② 유간 정정
③ 레일앵커 붙이기　　④ 검측

02 PC침목 교환작업(인력) 중 본 작업에 해당되지 않는 것은?　　　　　》15. 기사
① 침목 직각틀림 정정　　② 도상자갈 긁어내기
③ 침목위치 바닥 고르기　　④ 레일밀림방지장치 철거

03 보통침목 교환작업(인력)에서 신 침목의 삽입 시 유의사항으로 옳지 않은 것은?　　　　　》15. 기사
① 신 침목은 2인 공동으로 밀어 넣는다.
② 수심부를 밑으로 표피부를 상면으로 한다.
③ 침목상면이 평면이 아닌 것은 폭이 넓은 쪽을 밑으로 가도록 부설한다.
④ 타이플레이트 또는 베이스플레이트를 부설하는 경우에는 침목을 밀어 넣기 전에 부설한다.

04 도상자갈 주행살포에 사용하는 열차의 살포 시 운전속도에 대한 기준은?　　　　　》15. 산업
① 10km/h 이하　　② 20km/h 이하
③ 30km/h 이하　　④ 40km/h 이하

정답　01 ①　02 ④　03 ④　04 ①

Chapter 03 | 보선작업

05 PC침목 교환작업(인력)에 대한 설명으로 옳지 않은 것은?
>> 15. 산업

① 보통침목과 PC침목을 섞어서 부설하여서는 안 된다.
② 침목교환 구간은 반드시 도상다지기를 하여야 한다.
③ 이음매부에는 이음매침목(광폭침목)을 부설하여야 한다.
④ 곡선반경 800m 미만의 급 곡선부에는 일반 PC침목을 부설하지 못한다.

05 곡선반경 800m 미만이 아닌 600m 미만의 급곡선부에 일반 PC침목을 부설하지 못한다.

06 도상다지기 작업(인력)에서 1개의 침목에 대하여 몇 개소로 다지기 작업을 하는 것이 원칙인가?
>> 15. 산업

① 8개소 다짐 ② 6개소 다짐
③ 4개소 다짐 ④ 2개소 다짐

06 다지기는 8자형 다지기를 원칙으로 하되, 선로상태 등에 따라 줄 또는 2개소 다지기를 할 수 있다.

07 연간 레일 밀림량이 몇 mm를 초과하는 개소에는 밀림방지장치를 하여야 하는가?
>> 15. 산업

① 35mm ② 30mm
③ 25mm ④ 20mm

07 레일 밀림방지의 기준에 의하여 연간 레일 밀림량이 25mm 초과하는 개소에는 밀림방지 장치를 한다.

08 보선장비의 종류 중 곡선부에 레일 도유로 마모방지 및 레일 플로우(Flow)를 삭정하는 작업 또는 가드레일 보수작업 등은 어떤 작업에 해당되는가?
>> 16. 기사

① 궤도갱신작업 ② 레일버릇정정
③ 레일보수작업 ④ 레일체결장치 보수작업

08 곡선부에 레일 도유로 마모방지 및 플로우를 삭정하는 작업 또는 가드레일 보수작업 등을 레일보수작업이라 한다.

09 레일밀림 방지를 위해 활용되는 레일앵커의 부설에 대한 설명으로 옳은 것은?
>> 16. 기사

① 레일앵커는 되도록 유간정리 직전에 붙인다.
② 레일앵커의 붙이기 작업은 보통 1인이 한다.
③ 레일앵커는 좌·우측 모두 궤간 외측에서 때려 넣어 붙인다.
④ 레일 1개에 대한 레일앵커의 붙이는 위치는 산설식(띄엄띄엄 붙이기)을 원칙으로 한다.

09 붙이는 작업은 2~3인이 협동하여 진행하며, 레일앵커는 유간정리 직후에 붙인다. 또한 좌·우측 모두 궤간 내측에서 때려 넣어 붙인다.

정답 05 ④ 06 ① 07 ③ 08 ③ 09 ④

10 스파이크는 일단 뽑아올렸다가 다시 박아둔다.

10 레일교환작업의 준비작업에 관한 설명으로 틀린 것은?
>> 16. 기사

① 스파이크는 모두 뽑아 제거하여 신품으로 교환한다.
② 레일밀림방지장치(레일앵커 등)는 사전에 철거하여 부근 적당한 장소에 정돈해 둔다.
③ 궤도상에서 신/구 레일의 이동을 원활하게 하기 위하여 궤간 외측 도상면의 자갈을 침목면 이하로 골라 놓는다.
④ 신 레일과 이에 따르는 부속품은 사전에 충분한 검사를 하며 굽었거나 흠이 있는 것은 필요한 조치를 취한다.

11 열차 또는 작업차량의 운행 시에도 감시원을 선로에 반드시 배치하여야 한다.

11 선로유지보수작업 중 안전대책으로 틀린 것은? >> 16. 기사
① 선로작업을 할 때에는 반드시 선로차단 승인을 받은 후 작업을 착수하여야 한다.
② 고속철도의 경우 열차 또는 작업차량의 운행이 있어도 감시원을 배치하지 않아도 된다.
③ 열차감시원은 열차 접근을 인식하여 작업원에게 용이하게 알릴 수 있는 적정한 위치에 있어야 한다.
④ 열차감시원은 휴대무전기를 소지하고 작업원에게 열차 접근을 알릴 수 있는 확성기 또는 호각 등 적절한 경보장치를 휴대하여야 한다.

12 도상다짐의 일반적인 방법으로는 8개소 다짐을 원칙으로 하되, 선로상태 등에 따라 줄다짐 또는 2개소 다지기를 할 수 있다.

12 도상다짐의 일반적인 방법으로 옳은 것은?(단, 침목 1개에 대하여) >> 16. 산업
① 2개소 다짐   ② 4개소 다짐
③ 6개소 다짐   ④ 8개소 다짐

13 횡압방지용 도상어깨돋기 감소로 인한 일반철도 본선의 도상 보충의 기준치는? ≫ 16. 산업

① 5cm
② 10cm
③ 20cm
④ 30cm

13 선로유지관리지침에 의거 횡압방지용 도상어깨돋기 감소로 인한 본선의 도상보충 기준치는 5cm이다.

14 설계속도가 100km/h일 경우 패킹을 삽입할 때 전후 접속기울기는 얼마의 길이에서 체감하여야 하는가? ≫ 16. 산업

① 패킹두께의 200배 이상
② 패킹두께의 400배 이상
③ 패킹두께의 600배 이상
④ 체감길이를 두지 않아도 된다.

14 패킹을 삽입할 때의 전후 접속기울기는 설계속도에 따라 체감하여야 한다.
- V ≥ 120km/h
  → 패킹두께의 300배 이상
- V ≤ 120km/h
  → 패킹두께의 200배 이상

15 레일 끝 닳음 발생 우려 개소를 도상다지기에 의한 정정을 할 때 이음매부 첫째 침목(제1침목)의 도상다지기 타수는?(단, 제3침목의 도상다지기 타수=100일 때) ≫ 15. 기사

① 150
② 130
③ 120
④ 100

15 도상다지기에 의한 정정 시 3침목 타수=100이면 1침목은 1.5배 비율로 150타이다.
따라서 3침목 1.0, 2침목 1.2, 1침목 1.5 비율

정답 13 ① 14 ① 15 ①

CHAPTER 04 기계보선

01 기계보선 작업계획

(1) 필요성
열차운행 횟수와 통과 톤수가 급증하고 있어 궤도 파손의 진행은 가속화되고 있으며, 상대적으로 보수요원 및 실제 보선작업시간은 줄어들고 궤도연장은 매년 증가하고 있어 인력보수로 전 구간을 유지보수하기에는 어려운 실정에 있다.

(2) 기대효과
① 열차주행안전성 향상
② 승차감 향상
③ 도상강도 증대
④ 궤도보수 주기 연장
⑤ 유지보수노력 감소
⑥ 보선조직의 첨단화로 인적·물적 비용 감소
⑦ 철도 종합유지관리시스템 구축에 기여

(3) 기계화 추진을 위한 고려사항 >> 05. 산업
① 보수시간의 확보
② 보수기지, 보수통로의 정비
③ 기계 검사 수리체제의 정비

02 보선장비 종류 및 특성

(1) 도상 작업용 기계

선로보수 작업 중 가장 비용이 큰 것이 도상작업으로 약 40~50%이며 면, 수평, 줄맞춤과 동시에 도상다짐기계 및 자갈치기기계 등이 사용된다. 자갈치기 기계작업은 다수의 대형기계가 동시에 참가하는데 그 순서와 사용기계는 다음과 같다.

1) 밸러스트 클리너(㉝자갈 치기 장비, Ballast Clear)   》 12. 산업

   자갈치기, 작업능률 : 400km/h

2) 자갈보충 : Hoper Car

3) 밸러스트 레귤레이터(㉝자갈 정리 장비, Ballast Regulator)   》 02. 기사

   자갈정리, 침목상면 청소, 작업능률 : 1,000m/h

4) 멀티플 타이탬퍼(㉝궤도 다짐 장비, Multiple Tie-Tamper)   》 13. 11. 기사

   수평, 면맞춤, 줄맞춤 및 다지기, 작업능률 : 200~500m/h

[MTT]

[탬핑 유닛]   [리프팅/라이닝 유닛]

5) 밸러스트 콤팩터(㉝자갈 표면 다짐 장비, Ballast Compactor)

   도상어깨 및 침목사이 자갈 표면 다짐, 도상저항력 증대, 작업능률 : 700~800m/h

[Ballast Compactor]

[클립 컴팩터]

[브러시 박스]

6) Switch Tie-Tamper(70~90m/h) : 분기부 다지기

7) 동적궤도안정기(DTS ; Dynamic Track Stabilizer)

   도상의 안정화를 위하여 MTT의 결점을 보완하여 궤도침하를 억제하며, 다짐 후 감소된 도상횡저항력을 조기에 회복시킨다.

8) 수직 잭

   레일 면틀림 등 레일을 들어올릴 필요가 있을 때 사용하는 장비로서, 수동과 유압식이 있다.

[수동 트랙 잭]   [유압식 트랙 잭]

(2) 레일작업용 기계

>> 12. 09. 기사

1) 레일면 다듬기(레일 연마 차)

 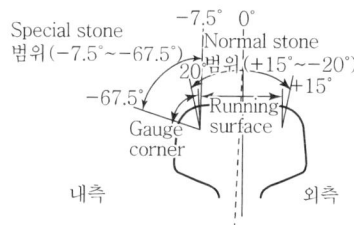 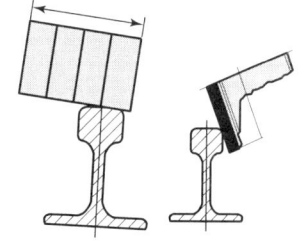

[연마트로리]   [레일연마 범위]   [연마지석]

2) 레일교환기

   신구레일의 교체가 동시에 될 수 있도록 한 기계

3) 레일절단기

   프레임(Frame) 일단을 힌지(Hinge)로 하여 절단하는 방법과 고속회전하는 그라인더를 사용한 절단기가 있음

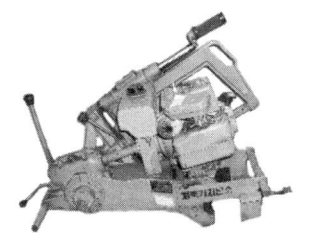
[엔진식 레일절단기]

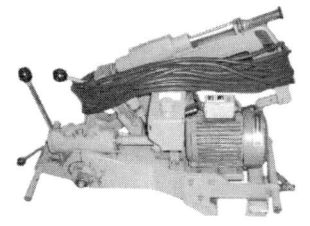
[전기식 레일절단기]

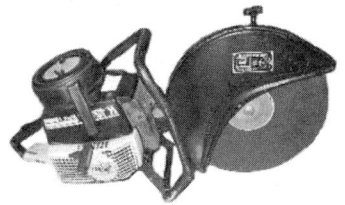
[고속절단기(구형) 6hp 공랭식]

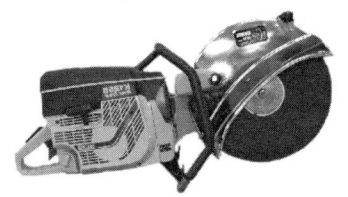
[고속절단기(신형) 7hp 공랭식]

4) 레일천공기

　　레일 이음매의 볼트구멍을 뚫는 데 사용

[레일천공기(전기식)]

[레일천공기(엔진식)]

5) 레일절곡

　　레일의 휨 또는 버릇교정, 분기기의 간격 붙임 등에 사용됨

6) 가열기

　　장대레일 설정 및 재설정시 작업 현장에서 레일을 가열하는 기계

7) 유간정정기

레일의 부설 및 교환 작업 시 부설된 레일의 간격(유간)을 조절하기 위하여 사용하는 무동력 장비로서 유압식과 기계식이 있다.

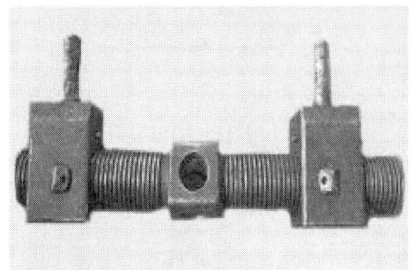

[유간정정기(기계식)]

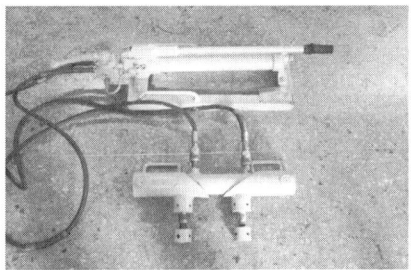

[유간정정기(유압식)]

(3) 기계화 작업의 분류

① 제1종 기계작업

장비명	인원	주요기능
멀티플 타이탬퍼	2인	궤도들기, 면맞춤, 줄맞춤, 다지기
밸러스트 컴팩터 또는 동적궤도안정기(DTS)	1인 2인	도상면 및 도상어깨면 달고다지기, 침목상면 체결장치청소
밸러스트 레귤레이터	2인	자갈정리, 자갈소운반 보충

② 제2종 기계작업

장비명	인원	주요기능
밸러스트 클리너	6인	자갈치기
견인용 기관차 또는 모터카 및 자갈화차	1인 (2)	도상자갈 운반 및 하화
밸러스트 레귤레이터	2인	도상자갈정리 및 침목·레일면 청소
멀티플 타이탬퍼	2인	양로, 다지기, 면맞춤, 줄맞춤 (다목적 다기능 장비)
밸러스트 컴팩터 또는 궤도안정기(DTS)	1인 2인	도상면 달고다지기 및 침목·레일면 청소

③ 기계화 작업 후 또는 긴 구간의 PC 침목교환 작업 후에 열차 서행시간을 최소화하기 위하여 DTS를 이용한 궤도 동적안정화 작업

④ 최적의 레일단면 형상을 유지하기 위한 레일면 다듬기 작업(레일 연마 차)
레일표면 결함제거로 사용수명 연장 및 레일 답면(❀바퀴 접촉면) 형상을 유지(Profile)하며 소음 및 진동 저감, 승차감을 향상시킨다.
　㉠ 수정연마(Corrective Grinding)
　㉡ 유지보수연마(Maintenance Grinding)
　㉢ 예방연마(Preventive Grinding)

03 기계보선작업(기계화 및 현대화 방안)

(1) 궤도관리체계의 전산화 구축
① 궤도틀림 관리기술 및 유지보수 등급 수립
② 네트워크망 구축
③ 고성능 궤도검측시스템의 도입
④ 궤도 품질평가 기준 설정

(2) 유지보수 비용절감을 위한 궤도구성품 및 고효율 보수장비 도입
① 중보선 장비의 최적 활용체계 구축 및 적정장비 확보
② 경보선 작업의 기계화 및 자동화

(3) 작업계획의 자동화 및 차별화
① 궤도 보수 기준의 차별화
② 궤도 설비의 강화 및 생력화 궤도

(4) 기계화 보수에 적합한 유지보수체제 전환
① 정기수선방식으로 전환
② 궤도유지관리시스템 구축

04 기출 및 적중예상문제

■ 정답 및 해설

01 3,000/600 = 5mm

02 평면성 틀림은 주행차륜의 플랜지가 레일을 올라타서 탈선의 원인이 된다.

03 줄틀림의 경우 곡선부에서는 외측 레일을 기준으로 외방 틀림량을 +, 내방 틀림량을 −로 한다.

01 측정스판(2점 간 거리)을 3m로 하고 캔트체감 비율을 600배라고 가정할 때 완화곡선에서 캔트의 체감에 따른 구조적 평면성 틀림량은? ≫ 05. 기사
① 3mm ② 5mm
③ 10mm ④ 12.5mm

02 다음 중 궤도의 평면성 틀림에 대한 설명으로 옳은 것은? ≫ 05. 산업
① 곡선부 내측 레일을 기준으로 한 수평 틀림
② 기준레일의 줄 및 면틀림이 중복된 틀림
③ 궤도의 10m 간격에 있어서 길이 방향에 대한 높이차
④ 궤도의 5m 간격에 있어서 수평 틀림의 변화량

03 궤도보수검사에 대한 설명 중 옳지 않은 것은? ≫ 11. 05. 산업
① 궤간은 확대틀림량을 (+), 축소틀림량을 (−)로 한다.
② 수평의 직선부는 좌측 레일, 곡선부는 내측 레일을 기준으로 하여 상대편 레일이 높은 것은 (+), 낮은 것은 (−)로 한다.
③ 면맞춤은 직선부는 좌측 레일, 곡선부는 내측 레일을 기준으로 측정하며, 높이 솟은 틀림량을 (+), 낮게 처진 틀림량을 (−)로 한다.
④ 줄맞춤은 직선부는 좌측 레일, 곡선부는 내측 레일을 기준으로 측정하며, 궤간내방으로 틀림량을 (+), 궤간 외방으로 틀림량을 (−)로 한다.

04 선로보수방식 중 정기수선방식의 장점이 아닌 것은?
>> 14. 08. 기사, 07. 산업

① 수시수선방식보다 보수주기가 길다.
② 고정된 상주요원을 줄일 수 있다.
③ 선로상태가 선로조건에 따라 균등하게 유지
④ 작업이 확실하고 경제적

4 불량개소 발생 시 그때그때 수선을 하지 못하므로 선로상태가 균등하지 못하다.

05 면틀림에 대한 설명 중 옳은 것은? >> 09. 산업
① 실제 열차 주행시의 선로틀림을 의미한다.
② 열차하중이 없는 상태의 측정틀림을 의미한다.
③ 한쪽 레일의 방향틀림으로 주행차량의 사행동이 일어나는 원인이 되는 틀림을 의미한다.
④ 한쪽 레일의 길이방향의 높이 차로 탈선의 원인이 되는 틀림을 의미한다.

5 면틀림에 따른 주행차륜의 플랜지가 레일을 올라타서 탈선의 원인이 된다.

06 궤도보수작업 중 도상저항력의 부족으로 인하여 레일길이 방향의 좌우 굴곡치 궤도틀림이 발생할 경우 보수하는 작업은?
>> 14. 11. 기사

① 면맞춤과 다지기작업   ② 줄맞춤 작업
③ 이음매처짐 정정작업   ④ 레일 버릇정정작업

6 레일길이 방향의 좌우 굴곡치 궤도틀림은 줄틀림을 의미한다.

07 궤도재료점검 중 레일점검 사항이 아닌 것은? >> 04. 산업
① 외관점검   ② 특별점검
③ 해체점검   ④ 초음파 탐상 점검

7 특별점검은 구조물 점검 시에 해당된다.

08 선로점검 중 궤도재료 점검시 불량판정의 기준으로 옳은 것은?
>> 03. 산업

① 목침목 : 박힘의 삭정량이 10mm 이상 된 것
② 스파이크 : 부식으로 15% 이상 중량이 감소된 것
③ 타이플레이트 : 바닥턱이 3mm 이상 마모된 것
④ 이음매판의 볼트 및 너트 : 부식으로 5% 이상 중량이 감소된 것

8 불량판정 기준
목침목 : 박힘의 삭정량이 20mm 이상된 것
스파이크 : 부식으로 10% 이상 중량이 감소된 것
이음매판의 볼트 및 너트 : 부식으로 10% 이상 중량이 감소된 것

정답 04 ③ 05 ③ 06 ② 07 ② 08 ③

Part 05 | 선로보수 및 점검

09 도상점검사항으로 토사혼입의 정도도 포함되며, 자갈입도는 부설시에 해당된다.

09 궤도재료 점검의 종류 중 도상점검시 시행하여야 할 사항으로 가장 거리가 먼 것은? ≫ 14. 기사, 04. 산업
① 단면부족
② 자갈의 입도
③ 도상보충 또는 정리양부
④ 도상횡저항력 유지상태 양부

10 유간정정 작업의 종류는 간이정리, 소정리, 대정리가 있다.

10 다음 중 유간정정 작업의 종류가 아닌 것은? ≫ 12, 07, 03. 산업
① 간이정리
② 소정리
③ 중정리
④ 대정리

11 PC침목의 운반은 응력이완이 일어나지 않도록 하고, 목재 받침재를 사용하며, 파손된 PC침목은 사용하지 않는다.

11 철도에서 PC침목 부설방법에 대한 설명 중 맞는 것은? ≫ 02. 기사
① PC침목의 운반은 응력이완이 일어나도록 모터카로 한다.
② 반경 600m 미만의 곡선에 부설할 경우에는 침목의 횡저항력 강화에 유의하고 도상을 보강하여야 한다.
③ PC침목 운반시 철재 받침재를 사용한다.
④ 파손된 PC침목은 모르타르로 보수하여 사용한다.

12 레일보수작업은 레일체결장치 보수, 침목보수, 교량침목부속품 보수, 도상자갈치기 작업과 함께 궤도재료보수작업에 포함된다.

12 보선작업을 분류할 때 곡선부에 레일 도유로 마모방지 및 레일 플로(Flow)를 삭정하는 작업 또는 가드레일 보수작업 등은 어떤 작업에 해당되는가? ≫ 04. 기사
① 레일보수작업
② 레일버릇정정
③ 레일체결장치보수작업
④ 레일진체작업

13 궤도보수작업에는 궤간정정, 수평, 면맞춤, 줄맞춤, 유간정정, 침목위치정정, 총다지기 작업 등이 있다.

13 보선작업을 보수의 대상이 되는 선로재료에 의하여 분류할 때 궤도보수작업에 속하는 것은? ≫ 09, 05. 기사
① 유간정정작업
② 레일보수작업
③ 침목교환
④ 궤도갱신

Chapter 04 | 기계보선

14 냉한지에서 노반 내의 물이 얼어 팽창하여 궤도를 들어올려 궤도면의 고저틀림을 발생시키는 현상은?   ≫ 04. 산업
① 워터 포켓
② 분니
③ 동상
④ 도상침하

14 동상이 발생하면 궤도틀림발생으로 승차감 저하, 열차안전운행을 저하시킨다.

15 보선작업의 기계화를 추진하기 위하여 배려해야 할 사항에 해당되지 않는 것은?   ≫ 05. 산업
① 열차운행의 고밀화, 영업시간의 증가
② 보수시간의 확보
③ 보수기지, 보수통로의 정비
④ 기계 검사 수리체제의 정비

15 열차운행의 고밀화와 영업시간의 증가로 보선작업 시간의 확보가 어려워진다.

16 보선작업의 기계화를 추진하기 위하여 배려하여야 할 사항과 거리가 먼 것은?   ≫ 10. 산업
① 보수시간의 확보
② 경제성 확보를 위한 보선 주기의 장기화
③ 보수기지, 보수통로의 정비
④ 보수작업조건이 적합한 기계의 개량, 개발

17 다음 장비 중 침목과 침목 사이 및 도상 어깨의 표면을 달고 다지기를 통하여 침목을 도상 내에 고정시키고 도상 저항력을 증대시키기 위하여 사용하는 장비는?
 ≫ 09. 산업, 13, 11, 08, 07, 06, 05, 04. 기사
① 멀티플 타이탬퍼(Multiple Tie-Tamper)
② 밸러스트 레귤레이터(Ballast Regulator)
③ 밸러스트 컴팩터(Ballast Compactor)
④ 밸러스트 클리너(Ballast Cleaner)

17 멀티플 타이탬퍼는 면, 수평, 줄맞춤 및 다지기 작업 장비, 밸러스트 레귤레이터는 자갈정리, 밸러스트 클리너는 자갈치기 장비이다.

정답 14 ③ 15 ① 16 ② 17 ③

18 침목과 침목 사이 및 도상어깨의 표면다지기에 적합한 장비는?
① 밸러스트 컴팩터　② 스위치 타이탬퍼
③ 핸드 타이탬퍼　④ 밸러스트 클리너

19 도상작업용 기계 중 분기부를 다지는 장비로 가장 알맞은 것은?
① 호퍼카　② 밸러스트 클리너
③ 밸러스트 레귤레이터　④ 스위치 타이탬퍼

20 살포한 자갈을 자주하면서 정리하고 소운반도 가능하며 브러시를 사용하여 침목 상면의 청소까지 시행할 수 있는 장비는?
① 멀티플 타이탬퍼　② 밸러스트 클리너
③ 밸러스트 컴팩터　④ 밸러스트 레귤레이터

21 보선기계 중 도상다지기 작업기계에 속하지 않는 것은?
① 멀티플 타이탬퍼　② 4두 타이탬퍼
③ 핸드헬드 타이탬퍼　④ 밸러스트 레귤레이터

22 다음 중 레일 작업용 보선장비는?
① 레일연마차
② 다이나믹 트랙 스태빌라이저
③ 스위치 타이탬퍼
④ 밸러스트 도저

23 다음 선로보수기계 장비 중 레일사용수명 연장을 도모하는 장비는? ≫ 02. 산업
① 밸러스트 클리너　　② 레일탐상차
③ 레일연마차　　　　 ④ 궤도검측차

23 레일연마차는 레일표면 결함제거로 사용수명 연장, 소음 및 진동을 저감시킨다.

24 현존의 도상면에 콩자갈을 추가 삽입하는 보선 장비는? ≫ 10. 기사
① 동적 궤도안정기　　② 자갈송풍기
③ 밸러스트 클리너　　④ 자갈흡입기

25 선로의 보수방법 중 보수주기는 짧으나 전 구간이 균등한 선로상태를 유지할 수 있는 선로보수 방법은? ≫ 11. 산업
① 정기수선방식　　　② 수시수선방식
③ 심야보수방식　　　④ 합동도급보수방식

26 다음 보선기계 중 도상작업용 기계에 속하지 않는 것은? ≫ 11. 산업
① 밸러스트 클리너　　② 밸러스트 레귤레이터
③ 스위치 타이탬퍼　　④ 멀티플 파워 렌치

27 다음 중 용어의 정의가 옳지 않은 것은? ≫ 05. 산업
① 궤간 : 레일의 윗면으로부터 14mm 아래지점에서 양쪽 레일 안쪽 간의 가장 짧은 거리
② 수평 : 한쪽 레일의 레일 길이 방향에 대한 레일면의 고저차
③ 줄맞춤 : 궤간 측정선에 있어서의 레일 길이 방향의 좌우 굴곡차
④ 부본선 : 정차장 내에 있어 주본선 이외의 본선로

27 수평 : 레일의 직각방향에 있어서 좌우레일면의 높이차
면(고저) : 한쪽 레일의 레일길이방향에 대한 레일면의 고저차

정답　23 ③　24 ②　25 ②　26 ④　27 ②

28 도상자갈치기는 도상 내에 토사혼입율이 최소 몇 % 이상일 때 시행하는가?
① 15% ② 20%
③ 25% ④ 30%

28 토사혼입율 25% 이상이거나 배수가 불량한 분니개소는 도상자갈치기를 하여야 한다.

29 고속철도의 선로 유지보수작업 시 안전대책 기준에 대한 설명으로 잘못된 것은?
① 선로작업을 할 때에는 반드시 선로차단 승인을 받은 후 작업을 착수한다.
② 인접선로의 열차속도는 150km/h 이하로 감속시킨 후 시행하여야 한다.
③ 반대 측 선로의 열차를 운행하면서 시행하는 모든 작업 시 반드시 선로 열차 진행방향에 열차감시원을 배치하여야 한다.
④ 열차감시원은 열차접근벨 설치 또는 적절한 경보기를 휴대하여야 한다.

29 반대 측 선로의 열차를 운행하면서 시행하는 모든 작업 시 인접선로의 열차속도를 170km/h 이하로 감속시킨 후 시행한다.

30 선로차단작업 시행책임자의 휴대품이 아닌 것은?
① 운전지조서
② 휴대무전기 또는 휴대전화기
③ 수신호기
④ 시계

30 운전지조서는 역의 운전담당자와 차단시간 확보를 위해 필요한 것으로 선로차단작업 시 필요하지 않다.

31 레일교환작업 시 신레일의 배열을 위해 사용하는 헌침목대의 간격은?
① 5~7m ② 7~10m
③ 10~12m ④ 12~15m

31 레일교환작업 시 신 레일의 배열을 위한 헌침목대의 간격은 5~7m로 한다.

정답 28 ③ 29 ② 30 ① 31 ①

32 레일교환작업을 완료한 후 이음매 위치가 이동되었을 경우 제일 먼저 시행하여야 할 작업은?　　》 09, 03. 기사
① 레일앵커 붙이기　　② 레일브레이스 설치
③ 유간정정　　④ 침목위치정정

32 레일교환작업 후 뒷작업에서 제일 먼저 시행하는 것은 침목위치정정이다.

33 보선작업지침상 레일교환작업 후에 제일 먼저 시행하여야 할 작업은?　　》 07. 기사
① 침목위치정정　　② 유간정정
③ 레일앵커 붙이기　　④ 검측

33 레일교환작업 후 뒷작업에서 제일 먼저 시행하는 것은 침목위치정정이다.

34 레일교환작업을 준비작업, 본작업, 뒷작업으로 구분할 때 준비작업에 속하지 않는 것은?　　》 06. 기사
① 신 레일의 흠검사　　② 도상면 고르기
③ 레일체결장치 해체　　④ 침목면 삭정

34 레일체결장치 해체는 본작업에 속한다.

35 레일교환 작업 시 작업종류에 해당되지 않는 것은?　　》 02. 산업
① 도상면 고르기
② 레일밀림 방지장치 철거
③ 이음매부 침목위치 바로잡기
④ 도상자갈 다지기

35 도상자갈다지기는 침목교환작업에 속한다.

36 PC침목 교환작업에 대한 설명 중 옳지 않은 것은?　　》 03. 산업
① 목침목과 PC침목을 섞어서 부설하여서는 안된다.
② 침목교환구간은 도상다지기를 하여야 한다.
③ 이음매부에는 현접법으로 목침목을 부설한다.
④ 혹서기에는 작업제한 규정을 엄수한다.

36 이음매부는 지접법으로 하고, 이음매침목을 부설하여야 한다.

정답　32 ④　33 ①　34 ③　35 ④　36 ③

Part 05 | 선로보수 및 점검

37 침목사이 도상자갈 긁어내기는 침목을 끌어내기에 적당한 정도로 하며, 좌우로 한 사람씩 나누어 침목단부로부터 중앙으로 전진하면서 긁어낸다.

37 보선작업지침상 침목교환작업(인력)시 도상자갈 긁어내기에 대한 설명 중 틀린 사항은? ≫ 14. 02. 기사
① 침목을 끌어내기에 적당한 정도로 한다.
② 2인 합동으로 중앙에서 좌우로 전진한다.
③ 레일 밀림이 있는 장소에는 밀림이 오는 쪽을 판다.
④ 긁어낸 자갈은 차량한계에 저촉되지 않도록 한다.

38 스파이크 등 체결장치 해체는 한 사람이 맡되 그 뽑는(해체하는) 순서는 외측 → 상대편 레일 내측 → 상대편 레일 외측 → 최초 시작쪽 레일의 내측 순으로 한다.

38 침목교환 작업 시 스파이크 뽑는 순서로 옳은 것은? ≫ 13. 02. 산업
① 한쪽 레일의 외측 → 상대편 레일 내측 → 상대편 레일 외측 → 최초 시작 쪽 레일의 내측
② 한쪽 레일의 외측 → 상대편 레일 외측 → 상대편 레일 내측 → 최초 시작 쪽 레일의 내측
③ 한쪽 레일의 내측 → 상대편 레일 외측 → 상대편 레일 내측 → 최초 시작 쪽 레일의 외측
④ 한쪽 레일의 외측 → 상대편 레일 내측 → 상대편 레일 내측 → 최초 시작 쪽 레일의 외측

39 신 침목의 삽입은 2인 공동으로 하며, 수심부를 밑으로, 표피부를 상면으로 한다.

39 보선작업 표준의 보통침목 교환작업(인력)에 대한 설명 중 옳지 않은 것은? ≫ 03. 기사
① 신 침목은 2인 공동으로 밀어 넣는다.
② 스파이크 등 체결구는 한 사람이 해체한다.
③ 도상다짐은 도상 긁어낸 쪽을 먼저 한다.
④ 신 침목 삽입은 수심부를 상면으로 가게 한다.

40 궤간 내 다지기의 넓이는 레일 중심에서 좌우 각 30cm 내지 40cm로 한다.

40 도상다짐에서 궤간 내 다지기의 넓이는 레일중심에서 좌우 각 얼마를 표준으로 하는가? ≫ 13. 06. 기사, 04. 산업
① 20~30cm   ② 30~40cm
③ 40~50cm   ④ 50~60cm

정답 37 ② 38 ① 39 ④ 40 ②

41 인력으로 도상다지기 작업을 시행하는 경우 다지기의 방법으로 적합하지 않은 방법은? ≫ 04. 기사
① 8개소 다짐   ② 6개소 다짐
③ 4개소 다짐   ④ 2개소 다짐

41 다지기는 1개 침목에 8개소 다지기로 하며, 선로상태, 작업조건, 작업시간 등에 따라 6, 4개소 다지기로 할 수 있다.

42 다음에서 도상다짐으로 틀린 것은? ≫ 08. 03. 산업
① 도상을 긁어낼 깊이는 특히 필요한 경우를 제외하고는 다짐에 지장되지 않는 범위로 한다.
② 다짐 넓이는 레일중심에서 좌우 각 300~400mm로 한다.
③ 침목위치가 불량한 것은 다짐 후에 정정한다.
④ 작업인원은 3인 이상으로 보통 5인 협동시행한다.

42 침목위치 또는 직각틀림이 있는 것은 다지기 작업 전에 정정한다.

43 사장법에 의하여 곡선전진을 할 때 현길이 L=12m이고, 곡선반경 R=500m인 경우 중앙종거 V는? ≫ 07. 산업
① 42mm   ② 40mm
③ 38mm   ④ 36mm

43 $V = \dfrac{L^2}{8R} = \dfrac{12^2}{8 \times 500}$
$= 0.036\text{m} = 36\text{mm}$

44 보선작업 표준상 줄맞춤 작업시 궤광밀기는 일반적으로 어느 개소부터 시행하는가? ≫ 04. 기사
① 지휘자와 먼 곳   ② 지휘자가 가까운 곳
③ 이동량이 작은 곳   ④ 이동량이 큰 곳

44 궤광밀기는 일반적으로 틀림이 큰 부분(밀기량이 많은 개소)부터 순차적으로 밀고 그 좌우를 따라 민다.

45 다음 중 제1종 기계작업단의 편성장비가 아닌 것은? ≫ 11. 기사. 07. 산업
① 멀티플 타이탬퍼   ② 밸러스트 컴팩터
③ 밸러스트 레귤레이터   ④ 밸러스트 클리너

45 1종 : 멀티플 타이탬퍼, 밸러스트 컴팩터, 궤도안정기, 밸러스트 레귤레이터

정답 41 ④ 42 ③ 43 ④ 44 ④ 45 ④

46 밸러스트 도저는 중보선장비에 속하지 않는다.

46 다음 장비 중 보선장비관리규정상의 중보선 장비에 해당되지 않는 것은? ≫ 03. 기사, 02. 산업
① 밸러스트 클리너 ② 모터카
③ 밸러스트 도저 ④ 밸러스트 컴팩터

47 핸드카는 작업원이 직접 손으로 밀고 다니는 장비로 소량의 작업기구이다.

47 자주식 장비에 속하지 않는 것은? ≫ 06. 기사
① 구조물 점검차 ② 모터카
③ 멀티플 타이탬퍼 ④ 핸드카

48 다음 중 자갈정리, 자갈 소운반·보충을 하기 위하여 사용되는 기계장비는? ≫ 02. 기사
① 밸러스트 레귤레이터 ② 밸러스트 컴팩터
③ 멀티플 타이탬퍼 ④ 호니카

49 10#분기기 3개소, 15#분기기 5개소로 총 8개소가 된다.

49 과업구간 내에 신 분기기 10#, 15# 각 1틀의 밀어넣기 작업을 시행하려면 미끄럼 레일의 설치 총 개소는? ≫ 13, 09. 산업
① 6개소 ② 7개소
③ 8개소 ④ 9개소

50 분기기 전체를 교환하는 방법 밀어넣기 방법, 들어놓기 방법, 원위치 조립부설 방법

50 인력분기기 교환작업 중 분기기 전체를 교환하는 방법으로 사용되지 않는 것은? ≫ 09. 산업
① 문형크레인 이동방법 ② 밀어넣기 방법
③ 들어놓기 방법 ④ 원위치 조립부설 방법

51 궤도보수점검에는 궤도틀림점검, 노반점검이 속하며, 궤도재료점검에는 레일·침목·이음매부·도상·체결구 등이 포함된다.

51 다음 선로점검 중 궤도보수 점검의 종류에 속하는 것은? ≫ 07. 산업
① 궤도틀림점검 ② 레일점검
③ 도상점검 ④ 목침목점검

정답 46 ③ 47 ④ 48 ① 49 ③ 50 ① 51 ①

52 곡선부 궤도보수 점검에서 곡선 외측 레일을 기준으로 측정하여야 하는 것은? ≫ 09, 02. 산업
① 궤간
② 수평
③ 면맞춤
④ 줄맞춤

52 줄맞춤은 직선부 좌측 레일, 곡선부 외측 레일을 기준으로 한다.

53 인력 궤도틀림점검에 대한 설명 중 틀린 것은? ≫ 04. 산업
① 수평의 경우 직선부는 좌측 레일을 측정
② 면맞춤의 경우 곡선부는 내측 레일을 측정
③ 줄맞춤의 경우 곡선부는 내측 레일을 측정
④ 궤간의 경우 축소 틀림량은 (−)로 표시

53 수평, 면맞춤은 직선부 좌측 레일, 곡선부 내측 레일을 기준으로 하며, 줄맞춤은 직선부 좌측 레일, 곡선부 외측 레일을 기준으로 한다.

54 다음 인력을 이용한 궤도보수 점검 종목 중 틀림량 부호가 틀린 것은? ≫ 04. 기사
① 수평점검에서 기준레일보다 낮은 틀림량 : (−)
② 줄맞춤 점검에서 궤간 외방으로 틀림량 : (−)
③ 궤간점검에서 축소 틀림량 : (−)
④ 면맞춤 점검에서 낮게 처진 틀림량 : (−)

54 줄맞춤 점검에서 궤간외방으로 틀림량을 (+), 궤간내방으로 틀림량을 (−)로 한다.

55 궤도검측차 검사의 본 점검은 전 본선을 연 몇 회 시행하는 것이 원칙인가? ≫ 12. 기사, 05, 03. 산업
① 1회
② 2회
③ 3회
④ 4회

55 궤도검측차 점검은 전 본선을 연 4회 시행하는 것을 원칙으로 한다.

56 분기기 틀림점검 시행 중, 백게이지의 틀림량이 보수한도를 초과하였는가를 점검하기 위한 점검의 위치는 다음 중 어느 부분인가? ≫ 05. 기사
① 크로싱부
② 리드부
③ 포인트부
④ 전철기 연결부

56 백게이지는 크로싱부에서 노스 레일과 주레일 내측에 부설한 가드레일 외측 간의 최단거리를 말한다.

정답 52 ④ 53 ③ 54 ② 55 ④ 56 ①

Part 05 | 선로보수 및 점검

57 궤간, 수평, 면맞춤, 줄맞춤의 4개 항목을 모두 측정해야 하는 위치는 포인트부 첨단과 리드부 직, 곡선 1/2 지점이다.

57 인력으로 분기기틀림점검을 시행할 경우 궤간, 수평, 면맞춤, 줄맞춤 등 4개 항목을 측정해야 하는 위치는? ≫ 02. 기사
① 포인트부의 이음매와 힐이음매
② 리드부 곡선 1/4 지점과 곡선 3/4 지점
③ 크로싱부 전단과 후단
④ 포인트부 첨단과 리드부 직, 곡선 1/2 지점

58 분기기 위치별 측정항목은 궤간, 수평, 면맞춤, 줄맞춤, 백게이지이다.

58 선로점검지침에서 정한 분기기 틀림점검의 측정 종별이 아닌 것은? ≫ 09. 기사
① 평면성   ② 궤간
③ 면맞춤   ④ 백게이지

59 궤도보수점검 : 궤도틀림점검, 노반점검

59 다음 중 궤도재료 점검에 해당하지 않는 것은? ≫ 11. 기사, 03. 산업
① 목침목점검   ② 노반점검
③ 분기기점검   ④ 도상점검

60 도상점검은 연 1회 이상 점검하며, 단면부족의 유무, 토사혼입 정도, 자갈보충 또는 정리의 양부, 도상횡저항력 유지상태의 양부, 도상콘크리트 균열 및 파손상태가 있다. 돌려놓기 또는 바꿔놓기 필요의 유무는 레일점검 항목이다.

60 본선 도상의 연 1회 이상 실시하여야 하는 점검 사항이 아닌 것은? ≫ 09, 07, 05, 02. 기사
① 토사혼입의 정도
② 단면부족의 유무
③ 돌려놓기 또는 바꿔놓기 필요의 유무
④ 도상 보충 또는 정리의 양부

61 레일점검사항은 레일의 손상, 마모 및 부식의 정도, 돌려놓기 또는 바꿔놓기 필요의 유무, 불량레일에 대한 점검표시 유무, 가공레일의 가공상태 적부가 있으며, 레일종별 상태는 건설 당시에 적용한다.

61 선로점검규정에서 제시하고 있는 레일점검 사항에 포함되지 않는 것은? ≫ 14. 기사, 03. 산업
① 레일의 손상, 마모 및 부식정도
② 돌려놓기 또는 바꿔놓기 필요의 유무
③ 레일의 종별 상태
④ 가공레일의 가공상태 적부

정답 57 ④ 58 ① 59 ② 60 ③ 61 ③

62 궤도재료점검에서 레일점검의 종류에 해당되지 않는 것은?

》 02. 산업

① 외관점검
② 해체점검
③ 초음파탐상점검
④ 궤도검측차점검

62 레일점검 종류는 외관점검, 해체점검, 초음파탐상점검이 있다.

63 궤도재료점검에서 스파이크 점검사항이 아닌 것은?

》 08. 산업

① 손상마모의 정도
② 굴곡 등으로 지지력 상실 유무
③ 3mm 이상 솟아올랐는지 여부
④ 각 체결장치의 상태 적정 여부

64 선로점검규정에서 선로구조물의 정기점검은 1년에 몇 회 시행하는가?

》 03. 기사

① 4회 ② 3회
③ 2회 ④ 1회

64 정기점검 : 연 2회
정밀점검 : 2년에 1회

65 선로구조물의 상태평가를 위한 점검 결과 주요 부재에 진전된 노후화(강재의 피로균열, 콘크리트의 전단균열, 침하 등)로 긴급한 보수·보강을 필요로 하고 사용제한 여부 판단이 필요한 상태 등급은?

》 08. 04. 산업

① A급 ② B급
③ C급 ④ D급

65 A급 : 문제점이 없는 최상의 상태
D급 : 주요부재에 결함이 발생하여 긴급한 보수·보강이 필요하며 사용제한 여부를 결정해야 하는 상태

정답 62 ④ 63 ④ 64 ③ 65 ④

66 작업원의 열차대피는 차량한계 밖으로 하고 반대편 열차가 동시에 올 수도 있으므로 반대선로로 대피하는 것은 위험하다.

66 선로보수 작업 중 열차대피 등에 관한 설명으로 옳은 것은?
>> 09. 산업

① 작업원의 열차대피는 차량한계 밖으로 하되 양쪽 방향으로 나누어 대피하여야 한다.
② 트랙잭크 등 열차 대피 준비에 시간을 요하는 공기구 사용 시 사전에 선로차단 작업으로 시행하여야 한다.
③ 선로작업 중 작업원은 반드시 반대선로에서 대기하도록 한다.
④ 복잡한 구내 복본선, 3복선 또는 교량상이나 터널 내의 작업시 작업 지휘자는 작업원에게 미리 열차대피방법과 대피장소를 충분히 지시하여 두어야 한다.

67 갑 부담 대여 기계기구류의 운전은 상당한 경험이 있는 유자격자로 하여금 취급하도록 하여야 한다.

67 궤도공사에서 기계 기구류 및 보수용 차에 관한 설명으로 틀린 것은?
>> 08. 산업

① 공사시공에 투입될 기계 또는 기구는 그 종류, 수량, 성능 및 이력 등 필요한 사항을 명확하게 작성한 명세서를 미리 제출하여 감독자의 승낙을 얻어야 한다.
② 갑 부담 대여 기계 기구류는 정비 사용 및 보관에 주의하고 기계의 운전은 기계기구를 원래 소유한 갑 소속의 운전원 외에는 취급하여서는 안된다.
③ 수시로 대체하는 중요한 기계부속품은 현장에 그 예비품을 항상 비치하여야 한다.
④ 긴급공사 및 중요공사에 있어서는 감독관의 지시에 따라 예비기계를 대기시켜야 한다.

68 레일용접공사의 하자 담보책임기간은 5년이다.

68 철도 궤도공사의 하자 담보책임기간으로 틀린 것은?
>> 08. 산업

① 레일용접 : 2년
② 분기기 설치 : 1년
③ 교량침목교환 : 1년
④ 콘크리트직결도상 : 5년

정답 66 ④ 67 ② 68 ①

Chapter 04 | 기계보선

69 멀티플 타이탬퍼의 주요 기능에 대한 설명으로 옳은 것은?
　　≫ 11. 기사

① 궤도들기, 다지기, 면맞춤, 줄맞춤
② 도상자갈정리 및 침목 레일면 청소
③ 도상면 달고 다지기 및 침목 레일면 청소
④ 도상자갈운반 및 하화

> 69 멀티플 타이탬퍼의 주요기능은 궤도들기, 면맞춤, 줄맞춤, 다지기이다.

70 선로점검지침에서 정하고 있는 궤도재료 점검의 도상점검항목에 속하지 않는 것은?
　　≫ 11. 기사

① 단면부족의 유무
② 토사혼입의 정도
③ 도상횡저항력 유지상태의 양부
④ 침목구체의 손상여부

> 70 도상점검은 연 1회 이상 점검하며, 단면부족의 유무, 토사혼입 정도, 자갈보충 또는 정리의 양부, 도상횡저항력 유지상태의 양부, 도상콘크리트 균열 및 파손상태가 있다.

71 고속철도 본선에 대한 궤도보수점검 및 궤도재료점검의 주기로 틀린 것은?
　　≫ 11. 산업

① 궤도검측차 점검 : 월 1회 이상
② 차량가속도측정점검 : 월 1회 이상
③ 분기기일반점검 : 월 1회 이상
④ 레일탐상차에 의한 초음파 탐상점검 : 분기별 1회 이상

> 71 고속철도 차량가속도 측정점검은 2주에 1회 이상 시행한다.

72 궤간 측정선에 있어서의 레일 길이 방향의 좌우 굴곡차를 의미하는 것은?
　　≫ 11. 산업

① 줄맞춤　　　　② 면맞춤
③ 궤간　　　　　④ 백게이지

> 72 줄맞춤
> 궤간 측정선에 있어서의 레일 길이 방향의 좌우 굴곡차

73 목침목 점검 시 침목 박힘의 삭정이 있을 때 불량 판정의 기준은?
　　≫ 11. 산업

① 10mm 이상　　② 15mm 이상
③ 20mm 이상　　④ 25mm 이상

정답 69 ①　70 ④　71 ②　72 ①　73 ③

74 궤간틀림은 확대틀림량을 +, 축소틀림량을 -로 표시한다.

74 궤간틀림의 설명이다. ( ) 안의 내용으로 옳은 것은?

> 좌우레일의 ( ), 즉 궤간에 대한 틀림으로 레일 두부면에서 ( )mm 이내의 레일 내측면 간의 거리로 표시하고 궤간틀림이 큰 경우는 주행차량이 ( )을 일으키며 궤간이 크게 확대되었을 때는 차륜이 궤간 내로 탈락하게 된다.

① 간격틀림, 16, 사행동
② 간격틀림, 14, 사행동
③ 수평틀림, 16, 신축
④ 수평틀림, 14, 신축

75 수시수선방식은 사전에 계획을 잡아 장기적인 작업이 안되므로 보수주기가 짧다.

75 선로보수방식 중 수시수선방식의 단점인 것은?
① 보수주기가 짧다.
② 고정된 상주요원을 줄일 수 있다.
③ 선로상태가 선로조건에 따라 균등하게 유지
④ 작업이 확실하다.

76 실제 열차 주행시의 틀림상태를 측정하는 것은 동적 틀림이다.

76 궤도틀림의 측정에 있어 정적틀림에 대한 설명 중 옳지 않은 것은?
① 실제 열차 주행시의 틀림상태를 말한다.
② 주행열차가 없을 때 측정하는 것을 말한다.
③ 체결장치 이완에 대한 측정이 불가하다.
④ 도상과 침목의 변화의 측정이 불가하다.

77 선로차단작업은 열차운행상 그 구간에 열차를 운행시키지 않고 작업하는 것을 말한다.

77 다음 중 작업성질에 따른 분류에 속하지 않는 것은?
① 선로유지작업   ② 재료교환작업
③ 선로보강작업   ④ 선로차단작업

정답 74 ② 75 ① 76 ① 77 ④

78 보선작업을 보수의 대상이 되는 선로재료에 의하여 분류할 때 궤도보수작업에 속하지 않는 것은?
① 궤간정정   ② 수평
③ 유간정정   ④ 자갈치기

78 자갈치기는 궤도재료보수작업에 속한다.

79 동상에 대한 발생개소와 문제점에 대한 설명 중 틀린 것은?
① 발생개소로는 분기개소, 터널갱구부이다.
② 발생개소로는 깎기부, 복토구간, 암거상부 되메우기 구간이다.
③ 궤도틀림발생으로 승차감 저하가 생긴다.
④ 도상입자 간 마찰이 감소된다.

79 도상입자 간 마찰이 감소되는 것은 분니현상으로 생기는 것이다.

80 열차주행 시 분말가루가 물에 섞여 궤도표면에 올라오는 현상을 말하며, 이것으로 인해 도상의 탄성력 저하 및 침하 발생, 도상입자 간 마찰감소, 궤도의 보수량이 증가하는데 이것을 무엇이라 하는가?
① 노반침하   ② 분니
③ 동상   ④ 도상침하

81 기계보선작업의 기대효과로 옳지 않은 것은?
① 열차주행안전성 향상   ② 승차감 향상
③ 궤도보수 주기 단축   ④ 도상강도 증대

81 기계보선작업은 궤도보수 주기 연장 및 유지보수노력 감소 효과가 있다.

82 도상의 안정화를 위하여 MTT의 결점을 보완하여 궤도침하를 억제하며 다짐 후 감소된 도상횡저항력을 조기에 회복시키기 위한 장비는?
① 멀티플 타이탬퍼   ② 밸러스트 레귤레이터
③ 궤도동적안정기   ④ 밸러스트 클리너

82 DTS는 미리 동적하중을 주어 다짐을 하여 MTT 작업 후 도상 횡저항력이 현저하게 줄어든 것을 조기에 회복시켜 서행기간을 줄여주는 효과가 있다.

정답 78 ④ 79 ④ 80 ② 81 ③ 82 ③

83 레일연마의 종류로는 수정연마, 유지보수연마, 예방연마가 있다.

83 최적의 레일단면 형상을 유지하기 위한 레일연마작업은 레일 표면 결함제거로 사용수명 연장 및 레일답면 형상유지(Profile) 하며 소음 및 진동저감, 승차감을 향상시킨다. 다음 중 레일 연마의 종류에 포함되지 않은 것은?
① 수정연마 ② 유지보수연마
③ 수시보수연마 ④ 예방연마

84 다지기는 1개 침목에 8개소 다지기로 하며, 선로상태, 작업조건, 작업시간 등에 따라 6, 4개소 다지기로 할 수 있다.

84 도상다지기 작업의 순서와 방법에 대한 설명 중 옳지 않은 것은?
① 다지기의 순서는 8자형 다지기를 원칙으로 한다.
② 다지기의 순서에서 선로상태 등에 따라 줄다지기 또는 2자형 다지기를 할 수 있다.
③ 다지기 방법의 다지기는 1개의 침목에 대하여 8개소 다지기를 한다.
④ 다지기 방법 중 선로상태, 작업조건 등에 따라서 4개소 다지기 또는 2개소 다지기로 할 수 있다.

85 평면성 틀림이란 궤도의 5m 간격에 있어서 수평틀림의 차이를 말함

85 일반철도에서 궤도의 평면성 틀림(twist)에 대한 설명으로 옳은 것은? 》 12. 기사
① 좌우레일의 간격 틀림
② 기준레일의 줄 및 면틀림이 중복된 틀림
③ 궤도의 10m 간격에 있어서 길이 방향에 대한 높이차
④ 궤도의 5m 간격에 있어서 수평 틀림의 차이

86 대단위 작업반 편성 및 대형 장비를 이용하여 일정한 주기로 재료갱환작업과 궤도보수작업을 시행한 후 매주기 상간에는 거의 보수작업을 시행하지 않는 선로보수 방식은? 》 12. 기사
① 심야보수방식
② 수시수선방식
③ 정기수선방식
④ 적기수선방식

정답 83 ③ 84 ④ 85 ④ 86 ③

87 줄맞춤 정정작업(인력)에서 기준 말뚝의 설치시 높이의 기준으로 옳은 것은? >> 13. 기사

① 침목면 높이보다 5cm 정도 낮게 한다.
② 침목면 높이보다 5cm 정도 높게 한다.
③ 침목면 높이보다 5mm 정도 낮게 한다.
④ 침목면 높이보다 5mm 정도 높게 한다.

88 고속철도 궤도보수점검의 종류에 해당되지 않는 것은? >> 12. 기사

① 차량가속도 측정점검
② 궤도검측차점검
③ 인력확인점검
④ 동절기점검

88 궤도보수점검의 종류(차량가속도 측정, 궤도검측차, 인력확인, 하절기)

89 PC침목 교환작업(인력)의 일반사항에 대한 설명으로 옳지 않은 것은? >> 12. 기사

① 침목교환은 열차서행운전조치로 작업한다.
② 이음매부에는 이음매침목을 부설하여야 한다.
③ 보통침목과 PC침목을 섞어서 부설할 경우에는 비율을 1 : 2로 한다.
④ 침목교환 구간은 반드시 도상다지기를 하여야 한다.

89 목침목과 PC침목을 섞어서 부설하지 않는다.

90 보선작업에 대한 설명 중 옳지 않은 것은? >> 12. 기사

① 도상 내에 토사혼입률이 25% 이상일 때에는 자갈치기를 시행하여야 한다.
② 장대레일 재설정 온도는 일반구간에서 22℃±3℃이다.
③ 연간 레일 밀림량이 25mm를 초과하는 개소에는 밀림방지 장치를 한다.
④ 인력 도상다짐에서 궤간 내 다지기의 넓이는 레일중심에서 좌우 각 30cm 내지 40cm로 한다.

90 장대레일 재설정 온도는 일반구간에서 25±3℃이다.

정답 87 ② 88 ④ 89 ③ 90 ②

▶ Part 05 | 선로보수 및 점검

91 이음매판 해체의 경우 본작업에 속한다.

91 레일교환작업(정척/인력)시 준비작업 사항이 아닌 것은?
>> 12. 기사

① 레일밀림방지장치 철거
② 침목면 삭정
③ 신레일의 배열
④ 이음매판의 해체

92 레일구부리기는 준비작업에 속한다.

92 정척레일을 인력에 의하여 레일을 외측(궤간 밖)에서 내측으로 넘겨 교환하는 레일 교환작업의 본 작업에 해당하지 않는 것은?
>> 13. 기사

① 이음매판의 해체
② 레일체결장치의 해체
③ 레일구부리기
④ 침목면 삭정 및 매목 박기

93 일반철도 구간의 궤도 재료 점검 중 스파이크 점검 시 불량 기준으로 옳지 않은 것은?
>> 13. 기사

① 길이가 20mm 이상 짧아진 것
② 두부가 훼손되어 빠루 등으로 뽑을 수 없는 것
③ 부식되어 10% 이상 중량이 감소된 것
④ 굴곡되어 교정이 곤란한 것

94 패킹은 2중으로 겹쳐 사용해서는 안 되며 못을 단단히 박아 탈락 유동되지 않도록 한다.

94 교량침목 교환작업의 준비작업으로 옳지 않은 것은?
>> 13. 기사

① 교량상 및 교량 전후의 레일 유간상태를 점검하고 필요한 때에는 미리 유간정리를 한다.
② 부설할 침목위치를 레일복부에 백색 페인트로 표시한다.
③ 패킹은 2중으로 겹쳐 사용하여야 하며 못을 단단히 박아 탈락 유동되지 않도록 한다.
④ 곡선부 침목은 캔트량에 맞게 정밀 가공한다.

정답 91 ④ 92 ③ 93 ① 94 ③

95 유간정리방법 중 대정리작업의 준비작업에 해당하지 않는 것은?　　　》 13. 기사
① 침목의 삭정
② 레일의 이동
③ 이음매관 보수
④ 스파이크 뽑았다가 다시 박기

95 레일의 이동은 본작업에 속한다.

96 레일면을 평활하게 하여 좋은 주행조건을 유지하게 하는 레일작업용 기계는?　　　》 12. 기사
① 레일교환기　　② 레일절단기
③ 레일천공기　　④ 레일연마기

97 고속철도 구조물 점검에 대한 설명으로 옳지 않은 것은?　　　》 12. 산업
① 정기점검은 1년에 1회 이상 실시한다.
② 정밀점검은 2년에 1회 이상 실시한다.
③ 정기점검과 정밀점검이 중복되는 경우 정기점검을 생략할 수 있다.
④ 긴급점검은 손상점검과 특별점검으로 구분할 수 있다.

97 정기점검은 분기별 1회 이상 실시

98 다음 중 목침목 점검 시 불량판정 사항으로 옳지 않은 것은?　　　》 12. 산업
① 스파이크 인발 저항력이 600킬로그램 미만인 것
② 절손된 것
③ 박힘의 삭정량이 20밀리미터 이상인 것
④ 부식된 단면이 1/4 이상인 것(겉과 속)

98 부식된 단면은 1/3 이상인 것

99 살포한 자갈을 자주(自做)하면서 고르게 밀어 표준도상면을 형성하면서 정리하는 도상작업용 기계는?　　　》 12. 산업
① 밸러스트 클리너　　② 밸러스트 레귤레이터
③ 밸러스트 콤팩터　　④ 스위치 타이탬퍼

정답　95 ②　96 ④　97 ①　98 ④　99 ①

▶ Part 05 | 선로보수 및 점검

100 긴급점검
현업시설관리자가 필요하다고 판단한 때 또는 관계행정기관의 장이 필요하다고 판단하여 현업시설관리자에게 긴급점검을 요청한 때

100 선로구조물 점검에 관한 설명으로 옳지 않은 것은? ≫ 13. 산업
① 선로구조물은 1종 시설물, 2종 시설물, 기타시설물로 구분한다.
② 정기점검은 전 노반구조물을 대상으로 육안 및 망원경, 거울 등의 보조기구를 사용하여 전반적인 외관상태를 세심히 관찰한다.
③ 정밀점검은 전 노반구조물을 대상으로 면밀한 외관조사와 간단한 측정 시험장비로 필요한 측정 및 시험을 실시한다.
④ 긴급점검은 소관부서의 장이 필요하다고 판단한 선로 구조물을 대상으로 정기점검 수준으로 시행한다.

101 본선의 경우
• 침목노출 : 1cm,
• 어깨폭 감소 : 2cm

101 다음은 일반철도의 도상자갈 보충의 기준표의 빈칸의 기준치 값으로 옳은 것은? ≫ 13. 산업

선별	침목노출(cm)	어깨폭 감소(cm)
측선	㉠	㉡

① ㉠ 1 ㉡ 2
② ㉠ 5 ㉡ 3
③ ㉠ 2 ㉡ 1
④ ㉠ 3 ㉡ 5

102 일반적인 도상용 자갈치기 기계작업 순서로서 알맞게 나열되어 있는 것은? ≫ 13. 산업

㉠ 모터카+호퍼카
㉡ 밸러스트 레귤레이터
㉢ 밸러스트 콤팩터
㉣ 멀티플 타이탬퍼
㉤ 밸러스트 클리너

① ㉠-㉡-㉢-㉣-㉤
② ㉠-㉡-㉣-㉢-㉤
③ ㉤-㉠-㉡-㉣-㉢
④ ㉤-㉠-㉡-㉢-㉣

정답 100 ④ 101 ④ 102 ③

Chapter 04 | 기계보선

103 보선장비의 발전경향으로 옳지 않은 것은? » 14. 기사
① 자동화 및 시스템화로 조작자 수의 최소화
② 기지 정치식에서 현장 자주식으로 변화
③ 컴퓨터가 설치된 첨단장비로 정밀하고 완벽한 시스템 구축
④ 자주식에서 견인식으로, 소형에서 대형으로 점진적인 규모 변화

104 1종 기계작업(멀티플 타이탬퍼, 밸러스트 콤팩터, 밸러스트 레귤레이터)시 소요되는 소요인원 수는? » 14. 기사
① 3인 ② 5인
③ 7인 ④ 9인

104 MTT(2인), 콤팩터(1인), RE(2인) DTS(2인)

105 선로보수의 기계화작업에 대한 장점으로 가장 거리가 먼 것은? » 15. 기사
① 보수인력과 작업비의 절감
② 궤도파괴의 감소
③ 균질작업이 가능
④ 작업능률의 향상

105 기계화작업의 장점은 열차주행 안전성 향상, 승차감 향상, 도상 강도 증대, 궤도보수주기도장, 유지보수노력감소, 첨단화에 의한 인적·물적 비용감소 등이 있다.

106 도상작업용 기계 중 분기부를 다지는 장비로 가장 알맞은 것은? » 15. 기사
① 호퍼카 ② 밸러스트 클리너
③ 밸러스트 레귤레이터 ④ 스위치 타이탬퍼

106 스위치 타이탬퍼는 분기부 다지기에 이용하는 보선장비이다.

107 1종 기계작업단의 편성장비가 아닌 것은? » 15. 기사
① 멀티플 타이탬퍼 ② 밸러스트 콤팩터
③ 밸러스트 클리너 ④ 밸러스트 레귤레이터

107 밸러스트 클리너는 2종 기계작업의 편성장비이다.

정답 103 ④ 104 ② 105 ② 106 ④ 107 ③

▶ Part 05 | 선로보수 및 점검

108 멀티플 파워렌치는 도상작업용 보선기계라 할 수 없다.

108 다음 보선기계 중 도상작업용 기계에 속하지 않는 것은?
≫ 15. 산업
① 밸러스트 클리너　　② 밸러스트 레귤레이터
③ 멀티플 파워렌치　　④ 스위치 타이탬퍼

109 기계화 작업분류의 제2종 기계 작업 장비에 밸러스트 도저는 없다.

109 2종 기계작업단의 편성장비에 속하지 않는 것은? ≫ 15. 산업
① 밸러스트 도저　　② 밸러스트 클리너
③ 밸러스트 레귤레이터　　④ 멀티플 타이탬퍼

110 동적궤도안정기(DTS ; Dynamic Track Stabilizer)에 대한 설명에 해당한다.

110 궤도의 다짐과 도상 클리닝 후에 궤도에 횡방향으로 진동을 주어 도상을 압밀시키고 궤도를 안정시키는 보선장비는?
≫ 16. 기사
① 멀티플 타이탬퍼　　② 도상 교환 작업차
③ 동적 궤도 안정기　　④ 밸러스트 레귤레이터

111 멀티플 타이탬퍼의 작업효과 파악방법으로는 궤도틀림의 파형, 통계량, 파형의 성장 등을 비교·분석하여야 한다.

111 멀티플 타이탬퍼 작업효과의 파악방법으로 틀린 것은?
≫ 16. 기사
① 궤도틀림의 파형을 비교하는 방법
② 궤도틀림의 통계량을 비교하는 방법
③ 궤도틀림의 최대치를 비교하는 방법
④ 궤도틀림 파형의 성장을 분석하는 방법

112 침목 사이 및 도상어깨면의 달고 다지기에 적합한 장비는 밸러스트 콤팩터이다.

112 침목과 침목 사이 및 도상어깨면의 달고다지기에 가장 적합한 장비는?
≫ 16. 산업
① 밸러스트 클리너(Ballast Cleaner)
② 핸드 타이탬퍼(Hand Tie-Tamper)
③ 밸러스트 콤팩터(Ballast Compactor)
④ 스위치 타이탬퍼(Switch Tie-Tamper)

정답　108 ③　109 ①　110 ③　111 ③　112 ③

PART

06

철도안전 및 사고복구

Chapter 01 개요
Chapter 02 철도안전관련법령
Chapter 03 철도사고복구

01 개요

철도사고 등의 발생을 미연에 방지하고, 철도안전을 확보하기 위하여 철도안전법, 철도안전법시행령, 철도안전법시행규칙 등을 제정하였으며, 철도사고 등이 발생한 경우에는 사고수습 또는 복구작업 시 인명의 구조 및 보호에 가장 우선순위를 두고, 비상대응절차에 따라 응급처치, 의료기관 긴급이송, 유관기관과의 협조 등 필요한 조치를 신속히 하도록 하고 있다.

01 정의

(1) 용어정의

① **철도운영** : 철도 여객 및 화물 운송, 철도차량의 정비 및 열차의 운행관리, 철도시설·철도차량 및 철도부지 등을 활용한 부대사업개발 및 서비스에 해당하는 것을 말한다.
② **철도차량** : 선로를 운행할 목적으로 제작된 동력차·객차·화차 및 특수차를 말한다.
③ **열차** : 선로를 운행할 목적으로 철도운영자가 편성하여 열차번호를 부여한 철도차량을 말한다.
④ **선로** : 철도차량을 운행하기 위한 궤도와 이를 받치는 노반(路盤) 또는 인공구조물로 구성된 시설을 말한다.
⑤ **철도운영자** : 철도운영에 관한 업무를 수행하는 자를 말한다.
⑥ **철도시설관리자** : 철도시설의 건설 또는 관리에 관한 업무를 수행하는 자를 말한다.
⑦ **철도종사자** : 다음 각 목의 어느 하나에 해당하는 사람을 말한다.
　㉠ 운전업무종사자 : 철도차량의 운전업무에 종사하는 사람
　㉡ 관제업무종사자 : 철도차량의 운행을 집중 제어·통제·감시하는 업무에 종사하는 사람
　㉢ 여객승무원 : 여객에게 승무(乘務) 서비스를 제공하는 사람
　㉣ 여객역무원 : 여객에게 역무(驛務) 서비스를 제공하는 사람
　㉤ 작업책임자 : 철도차량의 운행선로 또는 그 인근에서 철도시설의 건설 또는 관리와 관련한 작업의 협의·지휘·감독·안전관리 등의 업무에 종사하도록 철도운영자 또는

철도시설관리자가 지정한 사람
- ㅂ 철도운행안전관리자 : 철도차량의 운행선로 또는 그 인근에서 철도시설의 건설 또는 관리와 관련한 작업의 일정을 조정하고 해당 선로를 운행하는 열차의 운행일정을 조정하는 사람
⑧ 철도사고 : 철도운영 또는 철도시설관리와 관련하여 사람이 죽거나 다치거나 물건이 파손되는 사고로 국토교통부령으로 정하는 것을 말한다.
⑨ 철도준사고 : 철도안전에 중대한 위해를 끼쳐 철도사고로 이어질 수 있었던 것으로 국토교통부령으로 정하는 것을 말한다.
⑩ 운행장애 : 철도사고 및 철도준사고 외에 철도차량의 운행에 지장을 주는 것으로서 국토교통부령으로 정하는 것을 말한다.

(2) 철도사고의 범위

철도안전법 제2조제11호에서 "국토교통부령으로 정하는 것"이란 다음 각 호의 어느 하나에 해당하는 것을 말한다.

① 철도교통사고

철도차량의 운행과 관련된 사고로서 다음 각 목의 어느 하나에 해당하는 사고
- ㉠ 충돌사고 : 철도차량이 다른 철도차량 또는 장애물(동물 및 조류는 제외한다)과 충돌하거나 접촉한 사고
- ㉡ 탈선사고 : 철도차량이 궤도를 이탈하는 사고
- ㉢ 열차화재사고 : 철도차량에서 화재가 발생하는 사고
- ㉣ 기타철도교통사고 : 가목부터 다목까지의 사고에 해당하지 않는 사고로서 철도차량의 운행과 관련된 사고

② 철도안전사고

철도시설 관리와 관련된 사고로서 다음 각 목의 어느 하나에 해당하는 사고. 다만, 「재난 및 안전관리 기본법」 제3조제1호 가목에 따른 자연재난으로 인한 사고는 제외한다.
- ㉠ 철도화재사고 : 철도역사, 기계실 등 철도시설에서 화재가 발생하는 사고
- ㉡ 철도시설파손사고 : 교량·터널·선로, 신호·전기·통신 설비 등의 철도시설이 파손되는 사고
- ㉢ 기타철도안전사고 : 가목 및 나목에 해당하지 않는 사고로서 철도시설 관리와 관련된 사고

(3) 철도준사고의 범위

법 제2조제12호에서 "국토교통부령으로 정하는 것"이란 다음 각 호의 어느 하나에 해당하는

것을 말한다.
① 운행허가를 받지 않은 구간으로 열차가 주행하는 경우
② 열차가 운행하려는 선로에 장애가 있음에도 진행을 지시하는 신호가 표시되는 경우. 다만, 복구 및 유지 보수를 위한 경우로서 관제 승인을 받은 경우에는 제외한다.
③ 열차 또는 철도차량이 승인 없이 정지신호를 지난 경우
④ 열차 또는 철도차량이 역과 역 사이로 미끄러진 경우
⑤ 열차운행을 중지하고 공사 또는 보수작업을 시행하는 구간으로 열차가 주행한 경우
⑥ 안전운행에 지장을 주는 레일 파손이나 유지보수 허용범위를 벗어난 선로 뒤틀림이 발생한 경우
⑦ 안전운행에 지장을 주는 철도차량의 차륜, 차축, 차축베어링에 균열 등의 고장이 발생한 경우
⑧ 철도차량에서 화약류 등 「철도안전법 시행령」 제45조에 따른 위험물 또는 제78조제1항에 따른 위해물품이 누출된 경우
⑨ 제1호부터 제8호까지의 준사고에 준하는 것으로서 철도사고로 이어질 수 있는 것

(4) 운행장애의 범위

법 제2조제13호에서 "국토교통부령으로 정하는 것"이란 다음 각 호의 어느 하나에 해당하는 것을 말한다.
① 관제의 사전승인 없는 정차역 통과
② 다음 각 목의 구분에 따른 운행 지연. 다만, 다른 철도사고 또는 운행장애로 인한 운행 지연은 제외한다.
    ㉠ 고속열차 및 전동열차 : 20분 이상
    ㉡ 일반여객열차 : 30분 이상
    ㉢ 화물열차 및 기타열차 : 60분 이상

02 철도보호지구

(1) 철도보호지구 범위
① 철도경계선(가장 바깥쪽 궤도의 끝선을 말한다)으로부터 30m 이내
② 도시철도 중 노면전차의 경우에는 10m 이내

(2) 철도보호지구 행위제한(신고대상)
다음 각 호의 어느 하나에 해당하는 행위를 하려는 자는 대통령령으로 정하는 바에 따라 국토교통부장관 또는 시·도지사에게 신고하여야 한다.
① 토지의 형질변경 및 굴착(掘鑿)
② 토석, 자갈 및 모래의 채취
③ 건축물의 신축·개축(改築)·증축 또는 인공구조물의 설치
④ 나무의 식재(대통령령으로 정하는 경우만 해당한다)
⑤ 그 밖에 철도시설을 파손하거나 철도차량의 안전운행을 방해할 우려가 있는 행위로서 대통령령으로 정하는 행위
⑥ 노면전차 철도보호지구의 바깥쪽 경계선으로부터 20미터 이내의 지역에서 굴착, 인공구조물의 설치 등 철도시설을 파손하거나 철도차량의 안전운행을 방해할 우려가 있는 행위

02 철도안전관련법령

01 개요

① **법(法)** : 국가의 강제력을 수반하는 사회규범, 국가 및 공공기관이 제정한 법률, 명령, 규칙, 조례 따위이다(철도안전법).
② **시행령(施行令)** : 어떤 법률을 시행하는 데 필요한 규정을 주요 내용으로 하는 명령, 일반적으로 대통령령으로 제정된다(철도안전법 시행령).
③ **시행규칙(施行規則)** : 법령의 시행에 관한 사항을 상세히 규정한 규칙, 대통령령의 시행에 관하여 필요한 사항을 규정한, 일반적으로 국토교통부령으로 제정된다(철도안전법 시행규칙).
④ **철도안전법 제1조(목적)** : 이 법은 철도안전을 확보하기 위하여 필요한 사항을 규정하고 철도 안전 관리체계를 확립함으로써 공공복리의 증진에 이바지함을 목적으로 한다.
⑤ **철도산업발전기본법 제1조(목적)** : 이 법은 철도산업의 경쟁력을 높이고 발전기반을 조성함으로써 철도산업의 효율성 및 공익성의 향상과 국민경제의 발전에 이바지함을 목적으로 한다.
⑥ **철도사업법 제1조(목적)** : 이 법은 철도사업에 관한 질서를 확립하고 효율적인 운영 여건을 조성함으로써 철도사업의 건전한 발전과 철도 이용자의 편의를 도모하여 국민경제의 발전에 이바지함을 목적으로 한다.
⑦ **도시철도법 제1조(목적)** : 이 법은 도시교통권역의 원활한 교통 소통을 위하여 도시철도의 건설을 촉진하고 그 운영을 합리화하며 도시철도차량 등을 효율적으로 관리함으로써 도시교통의 발전과 도시교통 이용자의 안전 및 편의 증진에 이바지함을 목적으로 한다.

02 철도안전종합계획

(1) 철도안전 종합계획(철도안전법 제5조)

① 국토교통부장관은 5년마다 철도안전에 관한 종합계획(철도안전 종합계획)을 수립하여야 한다.
② 철도안전 종합계획에는 다음 각 호의 사항이 포함되어야 한다.
  ㉠ 철도안전 종합계획의 추진 목표 및 방향
  ㉡ 철도안전에 관한 시설의 확충, 개량 및 점검 등에 관한 사항
  ㉢ 철도차량의 정비 및 점검 등에 관한 사항
  ㉣ 철도안전 관계 법령의 정비 등 제도개선에 관한 사항
  ㉤ 철도안전 관련 전문 인력의 양성 및 수급관리에 관한 사항
  ㉥ 철도종사자의 안전 및 근무환경 향상에 관한 사항
  ㉦ 철도안전 관련 교육훈련에 관한 사항
  ㉧ 철도안전 관련 연구 및 기술개발에 관한 사항
  ㉨ 그 밖에 철도안전에 관한 사항으로서 국토교통부장관이 필요하다고 인정하는 사항
③ 국토교통부장관은 철도안전 종합계획을 수립할 때에는 미리 관계 중앙행정기관의 장 및 철도운영자 등과 협의한 후 기본법 제6조제1항에 따른 철도산업위원회의 심의를 거쳐야 한다. 수립된 철도안전 종합계획을 변경(대통령령으로 정하는 경미한 사항의 변경은 제외한다)할 때에도 또한 같다.
④ 국토교통부장관은 철도안전 종합계획을 수립하거나 변경하기 위하여 필요하다고 인정하면 관계 중앙행정기관의 장 또는 특별시장·광역시장·특별자치시장·도지사·특별자치도지사에게 관련 자료의 제출을 요구할 수 있다. 자료 제출 요구를 받은 관계 중앙행정기관의 장 또는 시·도지사는 특별한 사유가 없으면 이에 따라야 한다.
⑤ 국토교통부장관은 제3항에 따라 철도안전 종합계획을 수립하거나 변경하였을 때에는 이를 관보에 고시하여야 한다.

(2) 시행계획 및 수립절차

1) 시행계획(철도안전법 제6조)

① 국토교통부장관, 시·도지사 및 철도운영자 등은 철도안전 종합계획에 따라 소관별로 철도안전 종합계획의 단계적 시행에 필요한 연차별 시행계획을 수립·추진하여야 한다.
② 시행계획의 수립 및 시행절차 등에 관하여 필요한 사항은 대통령령으로 정한다.

2) 수립절차(철도안전법시행령 제5조)

① 법 제6조에 따라 특별시장·광역시장·특별자치시장·도지사 또는 특별자치도지사와 철도운영자 및 철도시설관리자(철도운영자 등)는 다음 연도의 시행계획을 매년 10월 말까지 국토교통부장관에게 제출하여야 한다.
② 시·도지사 및 철도운영자 등은 전년도 시행계획의 추진실적을 매년 2월 말까지 국토교통부장관에게 제출하여야 한다.
③ 국토교통부장관은 제1항에 따라 시·도지사 및 철도운영자 등이 제출한 다음 연도의 시행계획이 철도안전 종합계획에 위반되거나 철도안전 종합계획을 원활하게 추진하기 위하여 보완이 필요하다고 인정될 때에는 시·도지사 및 철도운영자 등에게 시행계획의 수정을 요청할 수 있다.
④ 제3항에 따른 수정 요청을 받은 시·도지사 및 철도운영자 등은 특별한 사유가 없는 한 이를 시행계획에 반영하여야 한다.

(3) 철도안전투자

1) 철도안전투자의 공시(철도안전법 제6조의2)

① 철도운영자는 철도차량의 교체, 철도시설의 개량 등 철도안전 분야에 투자(철도안전투자)하는 예산 규모를 매년 공시하여야 한다.
② 제1항에 따른 철도안전투자의 공시 기준, 항목, 절차 등에 필요한 사항은 국토교통부령으로 정한다.

2) 철도안전투자의 공시 기준(철도안전법시행규칙 제1조의5)

① 철도운영자는 법 제6조의2제1항에 따라 철도안전투자(이하 "철도안전투자"라 한다)의 예산규모를 공시하는 경우에는 다음 각 호의 기준에 따라야 한다.
   예산 규모에는 다음 각 목의 예산이 모두 포함되도록 할 것
   ㉠ 철도차량 교체에 관한 예산
   ㉡ 철도시설 개량에 관한 예산
   ㉢ 안전설비의 설치에 관한 예산
   ㉣ 철도안전 교육훈련에 관한 예산
   ㉤ 철도안전 연구개발에 관한 예산
   ㉥ 철도안전 홍보에 관한 예산
   ㉦ 그 밖에 철도안전에 관련된 예산으로서 국토교통부장관이 정해 고시하는 사항
   다음 각 목의 사항이 모두 포함된 예산 규모를 공시할 것
   ㉠ 과거 3년간 철도안전투자의 예산 및 그 집행 실적

    ㉡ 해당 년도 철도안전투자의 예산
    ㉢ 향후 2년간 철도안전투자의 예산
    국가의 보조금, 지방자치단체의 보조금 및 철도운영자의 자금 등 철도안전투자 예산의 재원을 구분해 공시할 것
    그 밖에 철도안전투자와 관련된 예산으로서 국토교통부장관이 정해 고시하는 예산을 포함해 공시할 것
② 철도운영자는 철도안전투자의 예산 규모를 매년 5월말까지 공시해야 한다.
③ 제2항에 따른 공시는 법 제71조제1항에 따라 구축된 철도안전정보종합관리시스템과 해당 철도운영자의 인터넷 홈페이지에 게시하는 방법으로 한다.

(4) 안전관리규정

1) 경영지침, 조직관리, 자료·정보관리, 안전점검, 안전성 평가, 시설관리 등 철도안전을 확보할 수 있도록 필요한 사항이 포함되어야 한다.

2) 내용 >> 10. 기사
   ① 철도안전의 경영지침에 관한 사항
   ② 철도안전목표 수립에 관한 사항
   ③ 철도안전 관련 조직에 관한 사항
   ④ 안전관리책임자 지정에 관한 사항
   ⑤ 안전관리계획의 수립 및 추진에 관한 사항
   ⑥ 철도안전과 관련된 자료 및 정보관리에 관한 사항
   ⑦ 철도의 운영, 철도시설의 건설·관리와 관련된 안전점검에 관한 사항
   ⑧ 철도안전시설의 확충에 관한 사항
   ⑨ 철도차량의 정비 등 철도차량안전에 관한 사항
   ⑩ 열차운행안전 및 철도보호에 관한 사항
   ⑪ 철도안전에 대한 교육훈련에 관한 사항
   ⑫ 철도사고 또는 운행장애의 보고·조사 및 처리에 관한 사항
   ⑬ 철도안전과 관련된 전문인력의 양성 및 수습관리에 관한 사항
   ⑭ 철도안전의 홍보에 관한 사항
   ⑮ 그 밖에 철도운영자 등이 필요하다고 인정하는 사항

(5) 비상대응계획

1) 철도운영자 등은 철도에서 화재·폭발·열차탈선 등 비상사태의 발생을 대비하기 위하여 국토교통부령이 정하는 바에 의하여 비상대응을 위한 표준운영절차 및 비상대응훈련 등이 포함된 비상대응계획을 수립하여 국토교통부장관의 승인을 얻어야 한다. 승인을 얻은 비상대응계획을 변경하고자 하는 때에도 또한 같다.

2) 기본계획

　① 비상대응계획의 목적 및 적용 범위
　② 비상대응계획 운영의 기본방침
　③ 비상대응계획의 운영절차 및 운영책임에 관한 사항

3) 기능별 비상대응계획

　① 긴급구조체계 및 지휘통제체계 등에 관한 사항
　② 긴급 상황의 전파, 비상연락체계 및 긴급대피 등에 관한 사항
　③ 여객보호를 위한 비상방송시스템의 가동 등 정보제공체계와 정보통제 등에 관한 사항
　④ 비상사태현장상황과 피해정보의 수집·분석·보고 등에 관한 사항
　⑤ 인명의 수색·구조 및 화재진압 등에 관한 사항
　⑥ 대량사상자 발생시 응급의료서비스 제공 등에 관한 사항
　⑦ 오염노출통제 및 긴급 방제 등에 관한 사항
　⑧ 비상사태현장의 접근통제 및 질서유지 등에 관한 사항
　⑨ 비상대응지도의 작성 및 긴급구조차량의 접근로 확보 등에 관한 사항
　⑩ 구조·지원기관 간 정보통신체계 운영 등에 관한 사항

4) 비상사태의 유형별 비상대응계획

　① 비상사태의 유형별 시나리오 및 단계별 대응절차
　② 비상사태의 유형별 대응매뉴얼 작성에 관한 사항
　③ 비상사태의 대응주체별 역할 및 책임
　④ 비상사태의 유형별 방송메세지 작성, 상황전파 등에 관한 사항
　⑤ 비상사태의 유형별 보고, 수습 및 복구체계
　⑥ 비상사태의 유형별 구조·지원기관 간 연락 및 협력체계

5) 비상대응훈련계획

　① 비상대응훈련의 목표 및 시나리오
　② 비상대응훈련의 시기·주기 및 방법(종합·부분·도상훈련 등)

③ 비상대응훈련에 따른 구조·지원기관 간 협력체계 등에 관한 사항
④ 비상대응훈련결과의 평가 및 개선대책에 관한 사항

(6) 종합안전심사

① 국토교통부장관은 철도운영자 등이 이 법에 따라 철도안전에 관한 업무를 성실하게 수행하고 있는지에 대하여 종합적으로 심사·평가하고, 그 결과 필요하다고 인정하는 때에는 철도시설물의 개선, 철도차량의 수선, 운영방법의 개선 등 철도안전에 관한 업무의 개선을 명할 수 있다.
② 2년마다 실시. 단, 철도운영자 등이 철도사고 등을 야기한 경우 필요에 따라 실시
③ 국토교통부 소속 공무원, 철도관련 분야별 전문적인 지식과 경험을 가진 자가 포함된 종합안전심사반(7인 이내)을 구성·운영한다.

≫ 09. 산업

03 철도종사자의 안전관리

(1) 철도차량 운전면허

1) 철도차량 운전면허(철도안전법 제10조)

① 철도차량을 운전하려는 사람은 국토교통부장관으로부터 철도차량 운전면허를 받아야 한다. 다만, 제16조에 따른 교육훈련 또는 제17조에 따른 운전면허시험을 위하여 철도차량을 운전하는 경우 등 대통령령으로 정하는 경우에는 그러하지 아니하다.
② 「도시철도법」제2조제2호에 따른 노면전차를 운전하려는 사람은 제1항에 따른 운전면허 외에 「도로교통법」제80조에 따른 운전면허를 받아야 한다.
③ 제1항에 따른 운전면허는 대통령령으로 정하는 바에 따라 철도차량의 종류별로 받아야 한다.

2) 운전면허 없이 운전할 수 있는 경우(철도안전법시행령 제10조)

① 법 제10조제1항 단서에서 "대통령령으로 정하는 경우"란 다음 각 호의 어느 하나에 해당하는 경우를 말한다.
  ㉠ 법 제16조제3항에 따른 철도차량 운전에 관한 전문 교육훈련기관(이하 "운전교육훈련기관"이라 한다)에서 실시하는 운전교육훈련을 받기 위하여 철도차량을 운전하

는 경우
- ⓒ 법 제17조제1항에 따른 운전면허시험(이하 이 조에서 "운전면허시험"이라 한다)을 치르기 위하여 철도차량을 운전하는 경우
- ⓒ 철도차량을 제작·조립·정비하기 위한 공장 안의 선로에서 철도차량을 운전하여 이동하는 경우
- ② 철도사고 등을 복구하기 위하여 열차운행이 중지된 선로에서 사고복구용 특수차량을 운전하여 이동하는 경우
② 제1항제1호 또는 제2호에 해당하는 경우에는 해당 철도차량에 운전교육훈련을 담당하는 사람이나 운전면허시험에 대한 평가를 담당하는 사람을 승차시켜야 하며, 국토교통부령으로 정하는 표지를 해당 철도차량의 앞면 유리에 붙여야 한다.

3) 운전면허 종류(철도안전법시행령 제11조)
① 고속철도차량 운전면허
② 제1종 전기차량 운전면허
③ 제2종 전기차량 운전면허
④ 디젤차량 운전면허
⑤ 철도장비 운전면허
⑥ 노면전차(路面電車) 운전면허

4) 운전면허 결격사유(철도안전법 제11조)
① 19세 미만인 사람
② 철도차량 운전상의 위험과 장해를 일으킬 수 있는 정신질환자 또는 뇌전증 환자로서 대통령령으로 정하는 사람
③ 철도차량 운전상의 위험과 장해를 일으킬 수 있는 약물(「마약류 관리에 관한 법률」 제2조제1호에 따른 마약류 및 「화학물질관리법」 제22조제1항에 따른 환각물질을 말한다. 이하 같다) 또는 알코올 중독자로서 대통령령으로 정하는 사람
④ 두 귀의 청력 또는 두 눈의 시력을 완전히 상실한 사람
⑤ 운전면허가 취소된 날부터 2년이 지나지 아니하였거나 운전면허의 효력정지기간 중인 사람

5) 신체검사
① **최초검사** : 해당 업무를 수행하기 전에 실시하는 신체검사
② **정기검사** : 최초검사를 받은 후 2년마다 실시하는 신체검사[최초검사나 정기검사를 받은 날부터 2년이 되는 날(신체검사 유효기간 만료일) 전 3개월 이내에 실시]

③ **특별검사** : 철도종사자가 철도사고 등을 일으키거나 질병 등의 사유로 해당 업무를 적절히 수행하기가 어렵다고 철도운영자 등이 인정하는 경우에 실시하는 신체검사

6) 적성검사

① **최초검사** : 해당 업무를 수행하기 전에 실시하는 적성검사
② **정기검사** : 최초검사를 받은 후 10년(50세 이상인 경우에는 5년)마다 실시하는 적성검사
③ **특별검사** : 철도종사자가 철도사고 등을 일으키거나 질병 등의 사유로 해당 업무를 적절히 수행하기 어렵다고 철도운영자 등이 인정하는 경우에 실시하는 적성검사

(2) 안전교육

1) 철도운영자 등은 자신이 고용하고 있는 철도종사자에 대하여 정기적으로 철도안전에 관한 교육을 실시하여야 한다.

2) 안전교육 대상자

① 운전업무종사자
② 관제업무종사자
③ 여객을 상대로 승무 및 역무서비스를 제공하는 자
④ 철도차량의 운행선로 또는 그 인근에서 철도시설의 건설 또는 관리와 관련한 작업의 현장감독업무를 수행하는 자
⑤ 정거장에서 철도신호기·선로전환기 또는 조작판 등을 취급하거나 열차의 조성업무를 수행하는 자
⑥ 철도에 공급되는 전력의 원격제어장치를 운영하는 자

3) 교육시간 >> 08. 산업

매분기 6시간 이상, 상기 안전교육 대상자에 속하지 않는 자는 매분기 3시간 이상 철도안전에 관한 교육을 실시하여야 한다.

04 철도재해업무처리규정

(1) 개요

1) 풍·수·설해, 지진 및 기타 이에 준하는 각종 자연 재해로부터 철도시설물과 재산을 보호하고, 열차안전 운행을 도모하며, 재해의 예방대책과 피해발생시 신속한 복구작업 수행에 필요한 사항을 규정함을 목적으로 한다.

2) 재해업무 관련소속은 다음에 의하여 재해대책조직 및 비상연락망 정비를 하여야 한다.
   ① 기동성 있는 조직편성
   ② 재해예방 또는 발생 시 긴급 소집될 수 있는 직원의 비상연락망 편성
   ③ 재해와 관련된 관계기관의 통신망을 비롯하여 유기적인 협조체제 수립

3) 보선사무소장, 전기, 전자통신, 제어사무소장, 건설사업소장과 지역사무소장은 기상자료를 수집, 분석하여 재해발생 우려가 있는 기상조건 발생 등에 대한 적절한 조치를 강구하여야 한다.

(2) 재해예방

1) 소장은 풍·수·설해, 지진 및 기타 이에 준하는 각종 자연재해로 인하여 피해가 우려되는 지역에 대한 시설물과 가시권 내 도시건설, 대지조성, 도로개량, 수로변경 등의 외부 요인으로 인한 재해예상지역을 조사하여야 한다.

2) 조사대상 ≫ 05. 기사
   ① 도시건설 및 대지조성지
   ② 도로건설 및 개량 사업지역
   ③ 농경지정리지역
   ④ 수로신설 및 개량지역
   ⑤ 그 외 안전저해 우려지역

3) 조사사항 ≫ 05. 산업
   ① 수로 또는 하천의 변화 상태
   ② 지형 변경 등으로 토사 및 수목유입 우려 상태
   ③ 깎기 및 돋기의 비탈붕괴 우려 상태

④ 전기시설물의 피해 우려 상태
⑤ 기타 철도 피해 우려 상태

4) 조사주기

① 시설물(전기시설물 포함) 순회 시는 재해요인 발생 여부와 재해우려지역을 점검하여야 한다.
② 소장은 점검반을 편성하여 매년 2회(4월, 10월) 정기적으로 조사를 하여야 한다.
③ 소장은 조사결과 정밀조사를 할 필요성이 있다고 인정될 때에는 외부전문기관에 의뢰할 수 있다.

5) 재해우려지역 조치

① 응급조치
   열차운전 및 여객공중의 안전에 우려될 때는 즉시 적절한 방호조치를 하여야 한다.
② 일반조치
   조사결과 피해가 시급하지 않을 경우에는 관계기관과 협의하여 공사시행을 요구하거나 적절한 방법으로 조치하여야 한다.

(3) 시설물 경계

1) 종류 》 04. 기사

① 제1종 경계
   소속직원의 전부 또는 일부가 출동하여 전 구간을 경계
② 제2종 경계
   소속직원의 일부가 출동하여 지정한 장소 또는 구간을 경계
③ 제3종 경계
   소속직원의 일부가 출동하여 지정한 시간에 장소 또는 구간을 경계

2) 경계의 기준 》 05, 03. 기사, 05. 산업

① 제1종 경계
   기상경보가 발령되었거나 강풍 또는 집중적인 폭우로 재해가 예상될 때
② 제2종 경계
   기상주의보가 발령되었거나 계속적인 강우로 재해가 예상될 때
③ 제3종 경계
   기상주의보가 발령되었거나 기상상태로 보아 재해가 예상될 때

3) 경계원 배치
   ① 시설 및 전기분야 분소장은 경계가 실시되었을 때에는 경계원을 즉시 배치하여 경계에 임하도록 조치하고, 그 결과를 해당 사무소장에게 보고하여야 한다.
   ② 경계원은 2명을 1개 조로 구성하되, 경계원의 부족 또는 군부대 및 기타 외부의 지원이 있을 때나 열차운행의 상태에 따라 단독경계를 할 수 있다.
   ③ 역 소재지의 경계구간에는 각종 지시 및 보고에 신속과 정확을 기하기 위하여 임무수행이 가능한 자를 경계원으로 지정하여야 한다.

 # 철도사고복구

01 사고보고

(1) 급보책임자

철도사고 또는 운전장애가 발생하였을 경우에 다음에 해당하는 자는 지역사무소장, 관계역, 소장 및 필요한 경우 경찰관서에 통보하여야 한다.

① 정거장 내(차량입환으로서 전용선 내의 것을 포함한다.)에서 발생한 사고 : 역장(신호소, 신호장에 근무하는 전기장, 전기원, 간이역에 근무하는 역무원 포함)
② 정거장 외(자갈선 내 입환을 포함한다.)에서 발생한 사고 : 기관사(차장은 기관사가 급보를 했는지 여부를 확인하고 필요시 직접급보를 하는 등 적극 협조 조치)
③ 전 각호 이외의 장소에서 발생한 사고 : 사고현장의 장 또는 발견자

(2) 급보내용

① 종별
② 발생시분
③ 발생장소(선명, 구간, 기점, 터널, 교량, 곡선, 구배, 깎기비탈 또는 축대의 유무 및 현장 부근 선로의 상황)
④ 열차번호 및 편성(시종착역, 기관차를 포함한 편성차 번호, 현차수, 환산양수 열차장 및 적재화물 등)
⑤ 관계자 소속, 직명, 성명, 연령(책임사고에는 채용 및 현직 임용연월일)
⑥ 원인(정확한 원인불명일 때는 추정에 의함)
⑦ 피해(차량, 선로, 기타 시설 및 적재화물의 손상 상태)
⑧ 사상(국적별, 남녀별, 사망, 중경상별, 인원수, 주소, 성명, 연령, 직업, 이송한 병원명 부상부위 등)
⑨ 사고현장의 상황(인접선 지장유무, 차량별 탈선 또는 전복의 상태, 지형조건 등)
⑩ 본선불통에 대한 수송조치
⑪ 사고의 조치 및 복구예정시간(본선을 지장하였을 때는 개통 예정일시)
⑫ 구원을 요할 때는 그 요지
⑬ 기타 응급조치에 필요하다고 인정되는 사항

(3) 사고보고

1) 국토교통부장관에게 즉시 보고해야 하는 철도사고 ≫11. 기사
   ① 열차의 충돌·탈선사고
   ② 철도차량 또는 열차에서 화재가 발생하여 운행을 중지시킨 사고
   ③ 철도차량 또는 열차의 운행과 관련하여 3인 이상의 사상자가 발생한 사고
   ④ 철도차량 또는 열차의 운행과 관련하여 5천만원 이상의 재산피해가 발생한 사고

2) 상기 항목에 해당하지 않는 철도사고 등이 발생한 때에는 국토교통부령이 정하는 바에 의하여 사고내용을 조사하여 그 결과를 국토교통부장관에게 보고하여야 한다.

02 사고복구

(1) 상비태세
   ① 각 역·소의 장은 복구에 필요한 장비와 물품 및 요원을 사고복구에 투입할 수 있도록 하여야 한다.
   ② 각 역·사무소장은 인근지역에 있는 복구장비 보유업체 및 복구장비의 이동 소요시간, 전화번호 등을 파악하여 대장에 기록, 관계직원이 보기 쉬운 일정장소에 비치하여야 한다.
   ③ 지역사무소의 열차운용과장은 사고복구장비의 배치현황(기중기, 유니목, 재크키트, 산소용접기, 절단기, 기타 사고 복구장비 등의 배치 소속별)을 알기 쉽게 배치도를 작성하여 관계 직원이 보기 쉬운 일정한 장소에 게시하여야 한다.

(2) 점검

1) 지역사무소장은 매분기 1회 이상 다음 사항을 점검하여 미비한 점에 대하여는 당해 소속장에게 시정요구를 하여야 하고, 해당 소속장은 즉시 이를 시정하여야 한다. ≫03. 산업
   ① 기중기 배치 및 기능
   ② 복구용 기중기 및 복구자재 비치상태
   ③ 비상차의 배치 및 적재품 현황
   ④ 출동훈련 실적

2) 기중기 및 사고복구 비상차를 관할하는 소속장은 매일 그 소재와 기능 및 적재품 현황을 확인하여 그 내용을 지역사무소 관련사령에게 보고하여야 하고, 관련사령은 운전사령에게 통고하여야 하며, 운전사령은 기중기 및 비상차의 배치상황을, 관련사령은 복구자재의 비치상황(비상화차 적재품 포함)을 항상 파악하고 있어야 한다.

(3) 사고복구용 비상자재 확보

① 보선사무소장은 다음 수량을 확보하고 월 1회 이상 수량 및 보관상태에 관하여 확인하여야 한다. 다만, 비상화차 소재 해당 보선사무소 및 선로반은 비상 화차의 적재재료(적재레일 제외)를 포함할 수 있다.

〈비상화차 적재 정수〉

품명	단위	수량	비고
보통침목	개	200	
레일(50kg)	개	16	길이 10m 이상
이형이음매판(60kg×50kgN)	조	4	
보통이음매판(50kg)	개	40	
이음매 볼트	개	80	
스프링 와셔	개	80	
스파이크	개	200	

〈복구재료 확보 정수〉   >> 04. 기사, 03. 산업

품명	단위	보선사무소	선로반	비고
보통침목	개	200	100	
레일(37,50,60)	〃	10	4	• 종별마다(단, 37kg, 60kg용은 정수의 1/2만 보유)
이음매판	〃	60	20	
이음매 볼트	〃	100	50	• 종별마다(단 37kg, 60kg용은 정수의 1/2만 보유)
스프링 와셔	〃	100	50	• 종별마다(단 37kg, 60kg용은 정수의 1/2만 보유)
크로싱	〃	2	–	• 종별마다(단 37kg, 60kg용은 정수의 1/2만 보유)
텅레일	〃	2	–	• 종별마다(단 37kg, 60kg용은 정수의 1/2만 보유)
스파이크	〃	400	200	• 종별마다(단 37kg, 60kg용은 정수의 1/2만 보유)
매목	〃	–	200	• 종별마다(단 37kg, 60kg용은 정수의 1/2만 보유)

② 복구재료는 사고발생시 또는 긴급을 요하는 경우 외에는 사용할 수 없다.
③ 보선사무소장은 복구재료를 사용하였을 경우에는 이를 즉시 보충하여야 한다.
④ 이음매볼트, 스프링와셔, 스파이크, 매목은 일정한 상자에 보관하고, 기타 복구재료는 반출이 용이한 장소에 보관하여야 한다.

(4) 복구훈련

① 기중기(유니목, 잭크키트 포함) 배치 소속장은 매월 1회 이상 조작훈련과 매분기 1회 출동훈련을 실시하고, 그 기록을 유지하여야 한다.
② 지역사무소장은 연간 1회 이상 가상사고 발생 비상소집 출동 복구훈련을 실시하고 훈련 중 문제점에 대한 시정책을 강구하여 전파교육을 시행하고, 그 기록을 유지하여야 한다.

(5) 출동

1) 지역사무소 운전사령은 기중기 출동 필요 및 요구가 있을 때는 즉시 기중기 출동을 지시하여야 하며, 가장 신속하고 정확하게 전달하는 방법을 택하여야 한다.

2) 기중기를 연결하여 운행할 때는 견인기관차 바로 다음에 연결하여야 한다. 다만, 지역사무소장이 사고복구작업에 유리하다고 판단하였을 때에는 예외로 하고, 이때에는 열차운행에 지장이 없도록 조치하여야 하며, 역장은 열차조성을 신속히 하여야 한다.

3) 다른 지역사무소관내 배치 기중기 출동이 사고복구에 유리하다고 판단될 경우에는 해당 지역사무소 운전사령에게 지체없이 기중기 출동을 의뢰하여야 하며, 동시에 본청 사령에게 보고하되 본청 운전사령은 즉시 기중기 출동을 지시하여야 한다.

4) 기중기가 출동하여 사고지역으로 이동하는 동안 지역사무소 운전·검수사령은 기중기 책임자와 수시 통화(무전기, 핸드폰 이용)하여, 사고상황을 사전에 알려주고, 기중기 책임자는 사전 복구방법을 강구하여야 한다. 다만, 지역사무소 운전·검수사령과 이동 중인 기중기의 책임자 간에 통화를 할 수 없을 때는 다음과 같이 조치하여야 한다.

① 지역사무소 운전·검수사령은 사전 사고상황을 파악하여, 기중기 운행지점 인근 역장을 통하여 무전으로 기중기 책임자에게 사고상황을 알려주어 사전 복구방법을 강구하도록 조치한다.
② 기중기 책임자는 인근역장을 통하여 지역사무소 사령자에게 사고상황을 알아보도록 요구하여 사전에 복구방법을 강구하여야 한다.

5) 기중기 출동은 다음의 범위 내에서 행하여야 한다.
   ① 기중기 출동 : 지시시각 30분 이내
   ② 복구요원 : 기중기 시발역 발차 전

6) 운전사령(역장 포함)은 사고현장에 조명 및 전화기 가설이 필요하다고 판단될 때에는 관할 전기사무소장(전기분소장)에게 즉시 지시하여 조명 및 전화기를 가설토록 조치하여야 한다. 이 경우 사고현장에 전화가설을 완료하였을 때에는 즉시 운전사령에 보고하여야 한다.
   ① 사고현장 전화기 : 3대 이상
   ② 휴대용 무선전화기 : 1대
   ③ 지역사무소장은 신속한 복구와 원활한 지휘통제를 위하여 다음 각목과 같이 전화통화자를 지정 운용하여야 한다. 다만, 사고현장의 형편에 따라 다른 사람을 지정할 수 있다.
      ㉠ 통화책임자(정) : 현장의 5급 이상 직원 중에서 지정하며, 보고책임자를 겸할 수 있다.
      ㉡ 통화담당자(부) : 열차운용과장은 사고발생 즉시 사령실 직원 1명 이상을 현장에 파견하여야 하고, 그 중에서 지정한다.
      ㉢ 통화보조자 : 전기통신원

(6) 복구작업 우선순위 >>07. 기사
① 인명의 구조 및 안전조치
② 본선의 개통
③ 민간인 및 철도재산의 보호

(7) 복구지휘자

지역사무소장(총지휘자)은 사고규모 및 유형에 따라 복구지휘자를 다음과 같이 지정하여 운영하여야 한다.

1) 기중기가 출동하는 사고와 차량의 분리, 절단이 필요한 사고
   차량사무소장

2) 자연재해(태풍, 홍수, 호우, 폭풍, 해일, 폭설, 지진)로 인하여 발생한 피해(전기시설물, 신호보안장치의 피해는 제외) 사고와 시설물의 균열, 파손, 붕괴사고 및 자동차 등 장비·기구가 우리청 시설물을 지장한 사고
   보선사무소장

3) 변전소, 전차선 등 전기시설물 및 신호보안장치 피해사고

    전기·제어사무소장

4) 화재, 화생방, 폭발, 환경오염 등 사고

    주요피해 시설물 또는 피해지역의 관리를 담당하는 소속장, 다만, 영업시설과 영업장소에서의 사고는 지역관리역장

5) 위 사항 외 기타 사고의 복구지휘자는 지역사무소장이 소속장 중에서 지정하여야 한다.

(8) 열차탈선 시 복구작업

① 가선을 부설 개통함이 편리하다고 인정하는 경우에는 그 설치가 용이할 때는 이에 의할 것
② 선로의 일부를 이동할 것
③ 탈선 차량을 선로 외로 제거하는 것이 유리하다고 판단되는 경우 제거할 것
④ 복선기, 작키를 유효하게 이용할 것
⑤ 궤조를 탈선차량의 하부에 삽입할 것
⑥ 차륜 또는 차축 등이 파손되었을 경우 불량대차 대신 예비대차를 사용할 것
⑦ 기중기, 유니목, 유압작키 등 복구장비를 사용할 것
⑧ 전차선 구간에서는 단전하는 등 안전조치를 취할 것

06 기출 및 적중예상문제

■ 정답 및 해설

01 철도안전법시행령에 의거 국토교통부 장관에게 즉시 보고하여야 하는 철도사고의 기준으로 틀린 것은? ≫ 11. 기사
① 열차의 충돌·탈선사고
② 철도차량 또는 열차에서 화재가 발생하여 운행을 중지시킨 사고
③ 철도차량 또는 열차운행과 관련하여 2천만원 이상의 재산피해가 발생한 사고
④ 철도차량 또는 열차의 운행과 관련하여 3인 이상의 사상자가 발생한 사고

2 철도차량운전면허자격 결격사유 19세 미만인 자 이외에 마약·대마·향정신성의약품 또는 알코올 중독자·앞을 보지 못하는 자 등이 있다.

02 철도차량운전면허를 받을 수 없는 자격 기준으로 틀린 것은? ≫ 11. 기사
① 정신병자·정신미약자·간질병자
② 듣지 못하는 자
③ 21세 미만인 자
④ 철도차량운전면허가 취소된 날로부터 2년이 경과되지 아니한 자

3 철도보호지구는 철도경계선으로부터 30m 이내 지역을 말한다.

03 철도안전법상 "철도보호지구"라 하면 철도경계선으로부터 몇 m 이내를 말하는가? ≫ 09. 기사, 11. 07. 산업
① 10m 이내　　② 20m 이내
③ 30m 이내　　④ 40m 이내

04 철도안전법에서 정하는 운전업무종사자에 대한 신체검사는 최초검사를 받은 후 몇 년마다 정기검사를 실시하는가?
   》 11. 산업
   ① 매년   ② 2년
   ③ 3년   ④ 5년

04 신체검사는 2년마다 정기검사를 실시한다.

05 일반철도의 경우 기상주의보가 발령되었거나 계속적인 강우로 재해가 예상될 때 취해야 될 조치로 적당한 것은?
   》 05, 03. 기사
   ① 3종경계실시
   ② 2종경계실시
   ③ 1종경계실시
   ④ 비상대기

05 선로경계 기준
   1종 : 기상경보, 강풍 또는 집중적인 폭우
   2종 : 기상주의보, 계속적인 강우
   3종 : 기상주의보, 기상상태

06 선로지장업무처리요령에서 선로장애가 아닌 것은?
   》 04. 기사
   ① 선로 내에 긴 말뚝을 박을 경우
   ② 도중하차가 어려운 중량물을 트로리로 운반할 경우
   ③ 건널목에서 경운기와 충돌하였을 때
   ④ 전차선이 단선된 경우

06 선로장애 : 선로 내에 장애물이 있어 열차를 정지하였을 때. "다"항은 운전사고에 해당한다.

07 다음은 운전사고 복구작업상 시설관리(보선)사무소의 사고복구용 비상자재 확보정수이다. 옳지 않은 것은? 》 04. 기사
   ① 보통침목 200개
   ② 레일 10개(부설종별마다)
   ③ 이음매판 60개(부설종별마다)
   ④ 스파이크 800개(부설종별마다)

07 보선사무소의 복구재료 확보정수 중 스파이크는 400개이다.

정답 04 ② 05 ② 06 ③ 07 ④

08 선로경계 기준
1종 : 기상경보, 강풍 또는 집중적인 폭우
2종 : 기상주의보, 계속적인 강우
3종 : 기상주의보, 기상상태

09 선로경계 종류
1종 : 소속직원 전부 또는 일부가 출동하여 전 구간 경계
2종 : 소속직원의 일부가 출동하여 지정한 장소 또는 구간을 경계
3종 : 소속직원의 일부가 출동하여 지정한 시간에 장소 또는 구간을 경계

10 조사대상
도시건설 및 대지조성지, 도로건설 및 개량 사업지역, 농경지 정리 지역, 수로신설 및 개량지역, 그 외 안전저해 우려지역

8 선로경계의 종류 및 기준 설명으로 옳지 않은 것은?
>> 04. 기사

① 제1종경계는 소속직원의 전부 또는 일부가 출동하여 전 구간을 경계
② 제2종경계는 소속직원의 일부가 출동하여 지정한 장소 경계
③ 제1종경계기준은 기상경보가 발령되거나 집중폭우로 재해가 예상될 때
④ 제2종경계기준은 기상상태로 보아 재해가 예상될 때

9 다음은 시설물 경계에 대한 설명이다. 옳지 않은 것은?
>> 05. 기사

① 경계의 종류는 제1종, 제2종, 제3종 경계로 구분한다.
② 제1종 경계의 기준은 기상경보가 발령되었거나 강풍 또는 집중적인 폭우로 재해가 예상될 때이다.
③ 제2종 경계시에는 소속직원의 전부 또는 일부가 출동하여 전 구간을 경계한다.
④ 경계원은 2명을 1개조로 구성하되, 경계원의 부족 또는 군부대 및 기타 외부의 지원이 있을 때나 열차운행의 상태에 따라 단독경계를 할 수 있다.

10 재해우려지역의 조사대상 및 사항에서 조사대상이 아닌 것은?
>> 05. 기사

① 도시건설 및 대지조성지
② 도로건설 및 개량 사업지역
③ 전기시설물의 피해우려 상태
④ 농경지 정리지역

11 재해우려지역의 조사사항으로 옳지 않은 것은? ≫ 05. 산업
① 농경지 정리 상태
② 수로 또는 하천의 변화 상태
③ 지형 변경 등으로 토사 및 수목유입 우려 상태
④ 깎기 및 돋기의 비탈붕괴 우려상태

11 조사사항
수로 또는 하천의 변화 상태, 지형변경 등으로 토사 및 수목유입 우려상태, 깎기 및 돋기의 비탈붕괴 우려상태, 전기시설물의 피해 우려상태, 기타 철도 피해 우려상태

12 다음 중 재해사고에 해당하지 않는 것은? ≫ 06. 기사
① 노반유실 및 침하
② 선로침수(범람)
③ 깎기 비탈 붕괴 및 산사태
④ 사용연수 경과에 따른 노반 어깨 부족 현상

12 재해사고는 풍·수·설해, 지진 및 기타 이에 준하는 각종 자연재해로 인한 사고를 말하며, 사용연수 경과에 따른 노반어깨 부족현상은 재해사고에 포함되지 않는다.

13 철도사고수습 또는 복구작업을 하는 때에 가장 우선순위를 두어야 하는 것은? ≫ 07. 기사
① 열차개통   ② 차량 및 선로 복구
③ 인명의 구조 및 보호   ④ 대체교통수단 마련

13 복구작업 우선순위
1. 인명의 구조 및 안전조치
2. 본선의 개통
3. 민간인 및 철도재산의 보호

14 철도보호지구 안에서 철도시설의 손괴시 국토교통부장관에게 신고하여야 하는 구역은? ≫ 07. 기사
① 궤도중심으로부터 30m 이내의 지역
② 가장 바깥쪽 궤도의 끝선에서 30m 이내의 지역
③ 궤도중심으로부터 40m 이내의 지역
④ 가장 바깥쪽 궤도의 끝선에서 40m 이내의 지역

14 철도보호지구는 철도경계선(가장 바깥쪽 궤도의 끝선)으로부터 30m 이내의 지역을 말한다.

15 열차운행의 일시중지 사유가 될 수 없는 것은? ≫ 08. 기사
① 천재지변으로 인하여 재해가 발생한 경우
② 악천후로 인하여 재해가 발생할 것으로 예상되는 경우
③ 열차 안의 승객이 위독한 경우
④ 열차운행에 중대한 장애가 발생할 것으로 예상되는 경우

15 열차 안의 승객이 위독한 경우에는 열차 일시정지를 하지 않는다.

정답 11 ① 12 ④ 13 ③ 14 ② 15 ③

Part 06 | 철도안전 및 사고복구

16 철도 경영혁신에 관한 사항은 철도안전관리규정에 포함되지 않는다.

16 철도안전관리규정에 포함되지 않아도 되는 사항은?
≫ 10. 기사
① 철도안전의 경영지침에 관한 사항
② 안전관리책임자 지정에 관한 사항
③ 철도안전과 관련된 자료 및 정보관리에 관한 사항
④ 철도 경영혁신에 관한 사항

17 철도안전종합계획은 5년마다 수립한다.

17 철도안전종합계획은 몇 년마다 수립하여야 하는가?
≫ 10. 기사
① 매 년(연 1회)   ② 2회
③ 3년   ④ 5년

18 운전사고는 열차사고(충돌, 탈선, 접촉, 화재)와 건널목사고를 말한다.

18 한국철도공사 철도사고 보고 및 수습처리규정에서 운전사고가 아닌 것은?
≫ 02. 산업
① 열차충돌   ② 열차탈선
③ 열차지연   ④ 열차화재

19 비상자재 확보정수에서 보통침목은 200개이다.

19 시설관리사무소장은 사고복구용 비상자재 중 보통 침목은 몇 개를 확보하여야 하는가?
≫ 03. 산업
① 100개   ② 200개
③ 300개   ④ 400개

20 선로장애 : 선로 내에 장애물이 있어 열차를 정지하였을 때

20 선로장애에 해당되지 않는 것은?(단, 일반철도의 경우임)
≫ 03. 산업
① 선로 내 긴 말뚝을 박을 경우
② 선로를 횡단하여 높고 무거운 물건을 이동하는 경우
③ 암석, 토사를 선로 부근에서 무너뜨리는 경우
④ 선로를 무단 보행하는 경우

정답 16 ④ 17 ④ 18 ③ 19 ② 20 ④

21 운전사고 시 출동태세를 확립하기 위하여 매분기마다 점검하여야 할 사항에 해당되지 않는 것은? ≫ 03. 산업
① 기중기 배치 및 기능
② 비상차의 적재품 현황
③ 출동훈련 실적
④ 복구예산 편성 여부

21 점검항목
- 기중기 배치 및 기능
- 복구용 기중기 및 복구자재 비치상태
- 비상차의 배치 및 적재품 현황
- 출동훈련 실적

22 다음 철도사고 중 종사원의 취급과오 또는 시설·차량기구 등의 정비소홀 등으로 인하여 발생한 사고는? ≫ 04. 산업
① 책임사고
② 운전사고
③ 일반안전사고
④ 시정조치

23 다음 중 열차 또는 차량의 운전 중에 발생한 사고로 열차사고와 건널목사고를 의미하는 것은? ≫ 05. 산업
① 운전사고
② 일반안전사고
③ 책임사고
④ 열차교차사고

23 운전사고 : 열차사고와 건널목사고

24 다음은 선로경계 기준을 설명한 것이다. 옳지 않은 것은? ≫ 05. 산업
① 기상경보가 발령되었을 때는 제1종경계를 실시한다.
② 강풍 또는 집중적인 폭우로 재해가 예상될 때는 제1종경계를 실시한다.
③ 기상정보, 예비특보 및 기상주의보가 발령되었을 때 제3종경계를 실시한다.
④ 국지적인 기상경보가 발령되었을 때는 제3종경계를 실시한다.

24 선로경계 기준
1종 : 기상경보, 강풍 또는 집중적인 폭우
2종 : 기상주의보, 계속적인 강우
3종 : 기상주의보, 기상상태

정답 21 ④ 22 ① 23 ① 24 ④

Part 06 | 철도안전 및 사고복구

25 철도안전법에서 정한 운전업무종사자에 대한 철도안전에 관한 교육시간의 기준은? ≫ 08. 산업
① 매분기 3시간 이상
② 매분기 6시간 이상
③ 매분기 9시간 이상
④ 매분기 12시간 이상

25 철도안전교육은 철도종사자의 경우 매분기 6시간 이상을 받아야 한다.

26 철도차량의 운행에 지장을 초래하는 것으로서 철도사고에 해당되지 아니하는 것을 무엇이라 하는가? ≫ 10. 산업
① 사상사고
② 충돌사고
③ 운행장애
④ 열차장애

26 운행장애 : 철도차량의 운행에 지장을 초래하는 것으로서 철도사고에 해당되지 않는다.

27 철도차량운전면허 없이 운전할 수 있는 경우로 옳지 않은 것은? ≫ 10. 산업
① 운전면허시험을 치르기 위하여 철도차량을 운전하는 경우
② 철도차량 정비시 공장 안의 선로에서 운전하여 이동하는 경우
③ 교육훈련담당자 부재시 운전실무 실습을 위해 철도차량을 운전하는 경우
④ 철도사고 복구시 열차운행이 중지된 선로에서 복구용 특수차량을 운전하여 이동하는 경우

27 운전실무 실습을 위한 철도차량 운전 시에는 반드시 교육훈련담당자를 동반해야 한다.

정답 25 ② 26 ③ 27 ③

MEMO

저자약력

성덕룡(成德龍)
- 서울과학기술대 철도전문대학원 철도건설공학과(공학박사)
- 現 경일대학교 철도학부 교수
- 前 대원대학교 철도건설과 교수
- 국토교통부 철도 및 철도파스너 분야 전문위원
- 경기도, 광주광역시 지방건설기술 심의위원
- 국가철도공단, 코레일, 서울/대구교통공사 설계자문위원
- (사)한국철도학회 이사(궤도토목분과위원, 논문집 부편집인)
- (사)한국구조물진단유지관리공학회 영문논문집 부편집인

박성현(朴城賢)
- 공학박사, 철도기술사
- 現 (주)서현기술단 궤도사업본부 본부장
- 現 대원대학교 철도건설과 겸임교수
- 국가철도공단, 코레일, 서울교통공사 설계자문위원
- 국토교통과학기술진흥원 건설교통분야 평가위원
- 국가건설기준센터 건설기준 전문위원
- (사)한국철도학회 이사
- (사)한국지반신소재학회 이사

정혁상(丁赫相)
- 성균관대학교(공학사, 공학석사), 한양대학교(공학박사)
- 現 동양대학교 철도건설안전공학과 교수
- 국가건설기준센터 철도 위원장
- 국토부 중앙건설심의위원
- 前 한국터널지하공간학회 논문집 편집위원장
- (사)한국철도학회 논문집 부편집인

권세곤(權世坤)
- 공학박사, 철도기술사
- 한국철도공사 책임연구원
- 국토부 중앙건설심의위원, 국가과학기술자문위원
- 국토교통과학기술진흥원 건설교통분야 평가위원
- (사)한국방재학회 철도분과위원장

철도공학

발행일 | 2024. 2. 25. 초판발행
2024. 11. 20. 개정 1판1쇄

저　자 | 성덕룡 · 박성현 · 정혁상 · 권세곤
발행인 | 정용수
발행처 |

주　소 | 경기도 파주시 직지길 460(출판도시) 도서출판 예문사
TEL | 031) 955-0550
FAX | 031) 955-0660
등록번호 | 11-76호

- 이 책의 어느 부분도 저작권자나 발행인의 승인 없이 무단 복제하여 이용할 수 없습니다.
- 파본 및 낙장은 구입하신 서점에서 교환하여 드립니다.
- 예문사 홈페이지 http : //www.yeamoonsa.com

정가 : 26,000원
ISBN 978-89-274-5601-8　13530